高等职业教育农业部“十二五”规划教材

宠物传染病 第二版

周建强　主编

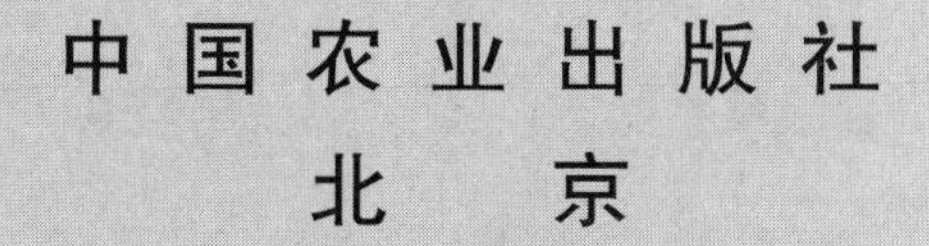

中国农业出版社
北　京

内容提要

本教材是高职高专宠物医学、宠物护理以及兽医专业主干课程教材。全书分基础理论和实验指导两部分，基础理论部分共 10 章，主要内容包括：宠物传染病的发生与流行过程、防制措施、诊断和治疗以及犬、猫传染病和观赏鸟、水生观赏宠物、观赏兔的各种传染病的病原、流行病学、症状、病变、诊断和防制。实验指导的内容包括与传染病相关的基本技术，以及犬瘟热等 11 种宠物传染病的实验室诊断技术。

本教材反映了当前宠物传染病防控的新技术，突出了职业素养和实践技能的培养，适合宠物养护与疫病防治专业人才培养方案的要求，以满足教学、科研、生产和推广不断发展的需求。

第二版编审人员名单

主　　编　周建强

副 主 编　朱俊平　娜日苏

编　　者　（以姓名笔画为序）

朱俊平　刘　静　张君慧

周兰勤　周建强　娜日苏

彭德旺

主　　审　朱国强

行业指导　彭德旺

企业指导　曹浪风

第一版编审人员名单

主　编　周建强

副主编　邹晓亮　朱俊平

编　者　（以姓名笔画为序）

王书权（辽宁医学院畜牧兽医学院）

王彤光（上海农林职业技术学院）

朱俊平（山东畜牧兽医职业学院）

邹晓亮（江苏农林职业技术学院）

汪鹏旭（徐州生物工程高等职业学校）

周建强（江苏畜牧兽医职业技术学院）

审　稿　杨廷桂（江苏畜牧兽医职业技术学院）

王子轼（江苏畜牧兽医职业技术学院）

第二版前言

宠物传染病是宠物专业的核心课程之一，随着我国高等职业教育学科建设和教学改革地不断深入，对课程教材提出了新的要求，即融“教、学、做”为一体，注重实用性、操作性、先进性。本教材是根据《国家中长期教育改革和发展纲要（2010—2020年）》中有关教学改革、人才培养等相关要求进行编写的，充分体现了“立足职业教育、重视实践技能、体现实用科技”的教育理念。

自2007年《宠物传染病》第一版出版以来，我国宠物行业迅速发展，对宠物行业从业人员也提出了更高的要求。为了把先进的科学技术及时融入教材，丰富其知识内容，我们对第一版进行了修订和补充。第二版教材在编写时将防制宠物传染病的相关知识和技能融为一体，突出理论知识的应用和实践能力的培养；删除了国内不常见的宠物传染病，以减少篇幅；增加了宠物兔、宠物龟和鳖的常见传染病防治，以满足宠物市场的需求。在实验室诊断方面以国家标准为基础，同时结合宠物医院的实际要求进行修订。在教材编写中，还新增设了一些栏目。在每个模块前面增加了知识目标和技能目标；后面增加了思考题，包括主要概念、简答和论述题目，以加强学生和读者对主要内容的把握。

本教材编写人员分工为：朱俊平（山东畜牧兽医职业学院）编写基础理论部分模块一、模块二、模块三，周建强（江苏农牧科技职业学院）编写模块四、模块七、实验指导部分，娜日苏（锡林郭勒职业学院）编写模块五、模块六，彭德旺（泰州市农委）编写模块八，刘静（江苏农牧科技职业学院）编写模块九观赏鱼痘疮病到白头白嘴病部分，周兰勤（泰州海陵区动物卫生监督所）编写模块九赤皮病到鳃霉病部分，张君慧（杨凌职业技术学院）编写模块十。本教材由扬州大学朱国强教授担任主审，编写过程中也等到了江苏省苏州市宠物医院院长曹浪风的支持与帮助，在此一并表示衷心的感谢！

由于学科间渗透日益加强，科技发展日新月异，资料收集难于全面，疏漏之处在所难免，恳请广大读者予以指正，以便在后续版本中不断改进和完善。

编　者

2014年6月

第一版前言

随着经济的发展、社会的进步、生活水平的提高和家庭成员结构的变化，我国家庭喂养宠物的现象更加普遍，宠物正在成为中国城市里的一个“新居民”。近年来，宠物传染病的发生也在逐年增加，且有些传染病是人兽共患病，给宠物和人类的健康带来一定的危害。因此，研究和防制宠物传染病，不仅为宠物保健提供可靠的保证，同时减轻了宠物主人精神上的压力和经济上的损失。虽然我国宠物行业发展的速度非常快，但系统介绍宠物传染病的书籍极少，为此，我们组织了6所高等职业技术院校从事宠物传染病临床教学、具有丰富实践经验的教师和专家编写了这本《宠物传染病》教材，以满足宠物诊疗工作和高等职业技术教育的需要。

本教材在编写过程中，力求体现系统性、适用性、科学性和先进性，突出理论知识的应用和实践能力的培养，强调以职业岗位能力培养为核心。本书不仅可作为高等职业技术教育教材，还可作为中等职业技术教育和基层兽医人员的参考书。

本教材由周建强任主编，具体分工为：周建强编写第四章、第五章的第十一节、第七章，实训指导第一部分中的实验四至实验七、第二部分中的实验三至实验六、实验八、实验九；邹晓亮编写绪论、第一章，实验指导第一部分中的实验一、实验二；朱俊平编写第二章、第三章，实验指导第一部分中的实验三；王彤光编写第八章；汪鹏旭编写第九章；王书权编写第五章的第一节至第十节，实验指导第二部分中的实验三、实验四、实验七。

在编写过程中，尽管对本书内容反复修改和审定，但疏漏在所难免，敬请同行专家和师生批评指正。

编　者

2007年11月

目　录

第一部分

基 础 理 论

模块一

宠物传染病的发生与流行过程

知识目标

掌握宠物传染病的特征、发生与流行的基本环节。熟悉宠物传染病流行病学调查和分析等方法。

技能目标

能运用所学知识正确地分析常见宠物传染病发生、发展的基本规律，为有效防制提供科学的指导。

项目一　宠物传染病的感染过程

（一）感染的概念

1. 感染的概念　病原微生物侵入宠物机体，在一定的部位定居、生长、繁殖，引起宠物机体产生病理反应的过程，称为感染，也可称传染。宠物感染病原微生物后会有不同的临诊表现，从不表现临诊症状到有明显症状甚至死亡，这种不同的表现称为感染梯度。这说明病原微生物对宠物的感染不仅取决于微生物本身的特性，而且与宠物的易感性、免疫状态以及环境因素有关。

当病原微生物具有相当的毒力和数量，且宠物机体的抵抗力较弱时，宠物机体就会表现出一定的临诊症状；如果病原微生物毒力较弱或数量较少，且宠物机体的抵抗力较强时，病原微生物可能在宠物体内存活，但不能大量繁殖，宠物机体不表现明显病状；当宠物机体抵抗力较强时，机体内并不适合病原微生物的生长，一旦病原微生物进入体内，机体能迅速动员自身的防御力量将病原微生物杀死，从而保持机体的正常稳定。

2. 感染发生的条件　传染的发生需要一定的条件，其中病原微生物是引起传染过程发生的首要条件，机体的易感性和环境因素也是传染发生的必要条件。

（1）病原微生物的毒力、数量与侵入门户。毒力是病原微生物致病能力的反映，病原微生物的毒力不同，与机体相互作用的结果也不同。病原微生物须有较强的毒力才能突破机体的防御屏障引起传染。

病原微生物引起感染，除必须有一定毒力外，还必须有足够的数量。一般来说病原微生物毒力愈强，引起感染所需的数量就越少；反之需要量就较多。

具有较强毒力和足够数量的病原微生物，还需经适宜的途径侵入易感动物体内，才可引发感染。有些病原微生物只有经过特定的侵入门户，并在特定部位定居繁殖，才能造成感染。例如，大肠杆菌经口进入机体；破伤风梭菌侵入深部创伤才有可能引起感染；流感病毒多经呼吸道传染；莱姆病主要通过带菌蜱等吸血昆虫叮咬吸血传染。但也有些病原微生物的侵入途径是多种的，例如炭疽杆菌、布鲁氏菌可以通过多种途径侵入宿主。

（2）易感动物。对病原微生物具有感受性的动物称为易感动物。宠物对病原微生物的感受性具有“种”的特性，因此宠物的种属特性决定了它对某种病原微生物的传染具有天然的免疫力或感受性。宠物的种类不同对病原微生物的感受性不同，如犬是犬瘟热病毒的易感动物，而猫、兔则是非易感动物。

另外，宠物的易感性还受年龄、性别、营养状况等因素的影响，其中以年龄因素影响较大。例如犬细小病毒容易感染刚断乳至90日龄的犬。

（3）外界环境因素。外界环境因素包括气候、温度、湿度、地理环境、生物因素（传播媒介、贮存宿主等）、饲养管理等，它们对于传染的发生是不可忽视的条件。环境因素改变时，一方面可以影响病原微生物的生长、繁殖和传播；另一方面可使宠物机体抵抗力、易感性发生变化。如夏季气温高，病原微生物易于生长繁殖，污染饲料和饮水，因此易发生消化道传染病；而寒冷的冬季能降低易感动物呼吸道黏膜抵抗力，则易发生呼吸道传染病。另外，某些特定环境条件下，存在着一些传染病的传播媒介，影响传染病的发生和传播。如有些传染病以昆虫为媒介，故在昆虫盛繁的夏季和秋季容易发生和传播。

（二）感染的类型

病原微生物与宠物机体抵抗力之间的关系错综复杂，影响因素较多，这造成了感染过程的表现形式多样化，从不同角度可分为不同的类型。

1. 外源性感染和内源性感染　病原微生物从外界侵入宠物机体引起的感染过程，称为外源性感染，大多数传染病都是此类。而病原微生物如果是寄生在宠物体内的条件性病原体，由于宠物机体抵抗力的降低，而引起的感染，称为内源性感染。

2. 单纯感染和混合感染、原发感染和继发感染　由单一病原微生物引起的感染，称为单纯感染；由两种以上的病原微生物同时参与的感染称为混合感染。宠物感染了一种病原微生物后，随着机体抵抗力下降，又有新的病原微生物侵入或原先寄居在机体内的条件性病原微生物引起的感染，称为继发感染；最先侵入机体内引起的感染，称为原发感染。如犬感染了犬瘟热病毒后，又感染了副流感病毒，那么犬瘟热病毒引起的感染是原发感染，副流感病毒引起的感染是继发感染。

3. 显性感染和隐性感染　一般按患病宠物病症是否明显可分为显性感染和隐性感染。宠物感染病原微生物后表现出明显的临诊症状称显性感染；不表现任何症状称为隐性感染。显性感染的宠物就是指临床上的患病宠物；隐性感染的宠物一般难以发现，多是通过微生物学检查或血清学方法查出，因此，在临床上这类宠物更加危险。所以宠物要定期体检，及时发现问题，防止传染发生。

4. 良性感染和恶性感染　一般以患病宠物的病死率作为标准。病死率高者称为恶性感染，病死率低的则为良性感染。如狂犬病致死率达100%，为恶性感染，犬轮状病毒病为良性感染。

5. 最急性、急性、亚急性和慢性感染　病程较短，一般在24h内，没有典型症状和病变的感染，称为最急性感染，常见于传染病流行的初期。急性感染的病程一般在几天到二三个星期不等，常伴有明显的症状，这有利于临诊诊断。亚急性感染的宠物临诊症状一般相对缓和，也可由急性发展而来，病程一般在二三个星期到一个月不等。慢性感染病程长，在一个月以上，如布鲁氏菌病、结核病等。

6. 典型感染和非典型感染　在感染过程中表现出该病的特征性临诊症状者，称为典型感染。而非典型感染则表现或轻或重，与特征性临诊症状不同。

7. 局部感染和全身感染　病原微生物侵入机体后，向全身多部位扩散或其代谢产物被吸收，从而引起全身性症状，称为全身感染，其表现形式有：菌（病毒）血症、毒血症、败血症和脓毒败血症等。而如果侵入体内的病原微生物毒力较弱或数量不多，病原微生物常被限制在一定的部位生长繁殖，并引起局部病变的感染，称为局部感染，如链球菌等引起的脓疮。

8. 病毒的持续性感染和慢病毒感染　某些病毒可以长期存活于宠物机体内，有的感染宠物持续有症状，有的间断出现症状，有的不出现症状，这称为病毒的持续性感染。疱疹病毒、副黏病毒和反转录病毒科病毒，常诱发持续性感染。

慢病毒感染是指某些病毒或类病毒感染机体后呈慢性经过，潜伏期长达几年至数十年，临床上早期多没有症状，后期出现症状后多以死亡结束，如猫获得性免疫缺陷综合征、猫海绵状脑病等。

以上感染的各种类型都是人为划分的，它们从某一方面反映了宠物感染病原微生物后的可能性，这可以帮助我们对各种传染病进行诊断、预防和有效地控制。

（三）传染病的概念及发展阶段

1. 传染病的概念　凡是由病原微生物引起，具有一定的潜伏期和临诊表现，并且具有传染性的疾病，称为传染病。

传染病因病原微生物的不同以及宠物的差异，在临床上表现各种各样，但同时也具有一些共性，传染病主要有以下特征。

（1）由病原微生物作用于机体引起。传染病都是由病原微生物引起的，如狂犬病由狂犬病病毒引起，犬瘟热由犬瘟热病毒引起。

（2）具有传染性和流行性。从患病机体内排出的病原体，侵入其他宠物体内，引起其他宠物感染，这就是传染性。传染性是传染病固有的重要特征，也是区别非传染性疾病的主要指标。个别宠物的发病造成了群体性的发病，这就是传染病的流行性。

（3）感染的宠物机体发生特异性免疫反应。几乎所有的病原体都具有抗原性，病原体侵入宠物体内一般会激发宠物机体的特异性免疫应答。但免疫反应的发生并不一定能保证机体健康，当免疫反应能杀灭或限制病原微生物时，宠物就会发病，甚至死亡。

（4）耐过宠物能获得特异性保护。当患传染病的宠物耐过后，机体内产生了一定量的特异性免疫效应物质（如抗体、细胞因子等），并能在体内存留一定的时间。在这段时间内，这些效应物质可以保护机体不受同种病原体的侵害。每种传染病耐过保护的时间长短不一，有的几个月，有的几年，也有终身免疫的。掌握传染病的耐过免疫对预防宠物传染病是非常有利的。

（5）具有特征性的症状和病变。由于一种病原微生物侵入易感动物体内，侵害的部位相对来说是一致的，所以出现的临诊症状也基本相同，显现的病理变化也基本相似。

传染病和其他疾病有所差异，也有共同的地方。临床上发现疑似传染病疫情时，要综合分析，认真诊断，争取早日确诊，控制疫情。

2. 传染病的发展阶段　为了更好地研究宠物传染病的发生、发展规律，人们将传染病分成了四个发展阶段，虽然各阶段有一定的划分依据，但有的界限不是非常严格。

（1）潜伏期。从病原微生物侵入机体并进行繁殖到宠物出现最初症状的一段时间，称为潜伏期。不同传染病的潜伏期不同，就是同一种传染病的潜伏期也不一定相同。但一般来说，还是相对稳定的，如犬细小病毒病的潜伏期为7～14d，犬瘟热的潜伏期为3～5d。潜伏期一般与病原微生物的毒力、数量、侵入途径和宠物机体的易感性有关，急性传染病的潜伏期比较一致；而慢性传染病的潜伏期则差异较大，较难把握。一种传染病的潜伏期短时，疾病经过往往比较严重；潜伏期长时，则表现较为缓和。

因为宠物处于潜伏期时没有临床表现，所以难以被发现，对健康宠物是较大的威胁。了解传染病的潜伏期对于预防和控制宠物传染病有极重要的意义。

（2）前驱期。宠物从出现最初症状到出现特征性症状的一段时间，称为前驱期。这段时间一般较短，仅表现疾病的一般症状，如食欲下降、发热等，此时进行诊断是非常困难的。

（3）明显期。是传染病特征性症状的表现时期，是传染病诊断最容易的时期。这一阶段患病宠物排出体外的病原微生物最多、传染性最强。所以患病宠物的隔离在明显期非常重要，这一阶段的措施是否得当，对传染病能否得到有效控制非常关键。

（4）转归期。是指明显期进一步发展到宠物死亡或恢复健康的一段时间。如果机体不能控制或杀灭病原体，则以死亡为转归；如果机体的抵抗力得到加强，病原体得到有效控制或杀灭，症状就会逐步缓解，病理变化慢慢恢复，生理机能逐步正常。在病愈后一段时间内，机体内的病原体不一定马上消失，会出现带毒（菌）现象。

项目二　宠物传染病的流行过程

（一）流行过程的概念

宠物传染病的流行过程（简称流行）是指传染病在宠物群体中发生、发展和终止的过程，也可以说是从个体发病到群体发病的过程。

（二）流行过程的基本环节

宠物传染病的流行必须同时具备三个基本环节，即传染源、传播途径和易感动物群。这三个环节同时存在并互相联系时，就会导致传染病的流行，如果其中任何环节受到控制，传染病的流行就会终止。所以人们在预防和扑灭传染病时，都要紧紧围绕三个基本环节来展开工作，从而达到防控传染病的目的。

1. 传染源　传染源是指某种传染病的病原体能够在其中定居、生长、繁殖，并能够将病原体排出体外的宠物，即正在患病或隐性感染以及带菌（毒）的宠物。传染源排出病原微生物的整个时期称为传染期。

被病原体污染的各种外界环境因素，不适于病原体长期的寄居、生长、繁殖，也不能排出病原。因此不能认为其是传染源，而应称为传播媒介。

（1）患病宠物。患病宠物是最重要的传染源，其在明显期和前驱期能排出大量毒力强的病原微生物，传染的作用也就大。

（2）病原携带者。这是指外表无症状但携带并排出病原体的宠物。由于很难发现，平时常常和健康宠物生活在一起，所以对其他宠物危害较大，是更危险的传染源。主要有以下几类：

①潜伏期病原携带者。大多数传染病在潜伏期并不排出病原微生物，所以并不能作为传染源。但少数传染病（如狂犬病、犬瘟热等）在潜伏期的后期能排出病原体，能够传播疾病。

②恢复期病原携带者。是指病状消失后仍然排出病原微生物的宠物体。大多数传染病恢复后不久，体内的病原微生物即从体内消失，但有部分传染病（如布鲁氏菌病、巴氏杆菌病等）康复后仍能长期带菌。对于这类病原携带者，进行反复的实验室检查才能查明。

③健康病原携带者。是指宠物本身没有患过某种传染病，但体内存在且能排出病原体。一般认为这是隐性感染的结果，如受轮病毒、沙门氏菌、结核杆菌等感染的某些宠物。

病原携带者存在间歇排毒现象，只有反复多次检查均为阴性时，才能排除病原携带状态。

2. 传播途径　病原微生物从传染源排出后，经一定的方式再侵入其他易感动物的路径称为传播途径。掌握传染病传播途径的重要性在于人们能有效地切断传染途径，保护易感动物的安全，传播途径可分为水平传播和垂直传播两大类。

（1）水平传播。是指传染病在群体之间或个体之间以水平形式横向平行传播，可分为直接接触传播和间接接触传播。

①直接接触传播。在没有任何外界因素的参与下，病原体通过传染源与易感动物直接接触（交配、舔、咬等）而引起的传播方式。最具代表性的是狂犬病，大多数患者是被狂犬病患病犬咬伤而感染的。其流行特点是一个接一个地发生，形成明显的链锁状，不会造成大面积流行，以直接接触传播为主要传播方式的传染病较少。

②间接接触传播。在外界因素的参与下，病原体通过传播媒介使易感动物发生传染的方式。一般通过以下几种途径传播。

a. 经污染的饲料和水传播。这是主要的一种传播方式。传染源的分泌物、排泄物等污染了宠物日粮、饮水及周围环境中的物体，其他生活在或经过该环境的宠物就可能感染病原微生物，如犬瘟热、犬细小病毒病等。

b. 经污染的空气（飞沫、尘埃）传播。空气并不适合于病原体的生存，但病原体可以短时间内存留在空气中。空气中的飞沫和尘埃是病原体的主要依附物，病原体主要通过飞沫和尘埃进行传播。几乎所有的呼吸道传染病都主要通过飞沫进行传播，如流行性感冒、结核病、犬传染性喉气管炎、猫病毒性鼻气管炎等。一般密度大、光线暗、通风不良等环境有利于病原体通过空气进行传播。

c. 经污染的土壤传播。炭疽芽孢等对外界抵抗力强，随传染源的分泌物、排泄物和尸体一起落入土壤而能生存很久，导致感染其他易感动物。

d. 经活的媒介物传播。主要是非本种动物和人类。

节肢动物：有蚊、蝇、蠓、虻和蜱等，主要是通过在患病动物和健康动物之间的刺蜇吸血而机械性传播病原体。可以传播莱姆病、犬埃利希氏体病、落基山斑点热、Q 热、血巴尔通体病等。

野生动物：野生动物的传播可分为两类。一类是本身对病原微生物具有易感性，在感染病原微生物后引起传染病的传播，如飞鸟传播禽流感，狼、狐传播狂犬病等；另一类是本身对病原微生物并不具有感受性，但能机械性传播病原微生物，如鼠类传播鼠疫、布鲁氏菌病、钩端螺旋体病等。

人类：宠物是人饲养的，人与宠物之间的接触最频繁，造成传染病传播的机会也较多。好多宠物饲养者缺乏防疫知识，有意无意地成了传染病的传播者。如接触了患病宠物后马上接触健康宠物，易造成传染病的传播。

（2）垂直传播。一般是指传染病从母体到子代两代之间的传播。它包括以下几种方式。

①经胎盘传播。受感染的宠物能通过胎盘血液循环将病原体传给胎儿，如伪狂犬病、布鲁氏菌病等。

②经卵传播。由带有病原体的卵细胞发育而使胚胎感染，如鸟的沙门氏菌病等。

③经产道传播。病原体通过子宫口到达绒毛膜或胎盘引起的传播，如大肠杆菌病、葡萄球菌病、链球菌病、疱疹病毒感染等。

3. 易感动物群　是指一定数量的有易感性的宠物群体。宠物易感性的高低虽与病原体的种类和毒力强弱有关，但主要还是由宠物的遗传性状和特异性免疫状态决定的。另外，外界环境也能影响机体的感受性。易感动物群体数量与传染病发生的可能性成正比，群体数量越大，传染病造成的影响越大。影响易感性的因素主要有三方面。

（1）宠物群体的内在因素。不同种宠物对一种病原体的感受性有较大差异，这是由遗传性决定的。宠物的年龄也与抵抗力有一定的关系，一般初生者和年老者抵抗力较弱，而年轻者抵抗力较强，这和机体的免疫应答能力高低有关。

（2）宠物群体的外界因素。宠物生活过程中的一切因素都会影响宠物机体的抵抗力。如环境温度、湿度、光线、有害气体浓度以及日粮成分、喂养方式、运动量等。

（3）特异性免疫状态。在传染病流行时，一般易感性高的宠物个体发病严重，感受性较低的宠物症状较缓和。通过获取母源抗体和接触抗原获得特异性免疫，就可提高特异性免疫的能力，如果宠物群体中70％～80％的宠物具有较高免疫水平，就不会引发大规模的流行。

宠物传染病的流行必须有传染源、传播途径和易感动物群三个基本环节同时存在。因此，宠物传染病的防制措施必须紧紧围绕这三个基本环节进行，施行消灭和控制传染源、切断传播途径及增强易感机体的抵抗力的措施，是传染病防控的根本。

（三）疫源地和自然疫源地

1. 疫源地　具有传染源及排出的病原体存在的地区称为疫源地。疫源地比传染源含义广泛，它除包括传染源之外，还包括被污染的物体、房舍、活动场所，以及这个范围内的可疑宠物群。防疫方面，对传染源采取隔离、扑杀或治疗，对疫源地还包括环境消毒等措施。

疫源地的范围大小，一般根据传染源的分布和病原体的污染范围的具体情况确定。它可能是个别宠物的生活场所，也可能是一个小区或村庄。人们通常将范围较小的疫源地或单个传染源构成的疫源地称为疫点，而将较大范围的疫源地称为疫区，疫区划分时应注意考虑当地的饲养环境、天然屏障（如河流、山脉）和交通等因素。通常疫点和疫区并没有严格的界限，而应从防疫工作的实际出发，切实做好疫病的防控工作。

疫源地的存在具有一定的时间性，时间的长短由多方面因素决定。一般而言，只有当所有的传染源死亡或康复且体内不带有病原体或离开疫区，经一个最长潜伏期没有出现新的病例，并对疫源地进行彻底消毒，才能认为该疫源地被消灭。

2. 自然疫源地 有些传染病的病原体在自然情况下，即使没有人类或人工饲养宠物的参与，也可以通过传播媒介感染宠物造成流行，并长期在自然界循环延续后代，这些疫病称为自然疫源性疾病。存在自然疫源性疾病的地区，称为自然疫源地。自然疫源性疾病具有明显的地区性和季节性，并受人类活动改变生态系统的影响。自然疫源性疾病很多，有狂犬病、犬瘟热、鹦鹉热、土拉杆菌病、布鲁氏菌病等。

在日常的宠物传染病防控工作中，一定要切实做好疫源地的管理工作，防止其范围内的传染源或其排出的病原微生物扩散，引发传病的蔓延。

（四）传染病流行过程的特征

1. 传染病流行过程的表现形式 在传染病的流行过程中，根据在一定时间内发病宠物的多少和波及范围的大小，大致分为以下四种表现形式。

（1）散发。是指在一段较长的时间内，一个区域的宠物群体中仅出现零星的病例。形成散发的主要原因为宠物群体免疫水平高，极少数没有免疫或免疫水平不高的宠物发病，如犬的狂犬病；某病的隐性感染比例较大，如犬钩端螺旋体病；有些传染病的传播条件非常苛刻，如破伤风需要破伤风梭菌和无氧创的同时存在。

（2）地方流行性。在一定的地区和宠物群体中，发病宠物较多，但常局限于一个较小的范围，称为地方流行性。炭疽、犬埃利希氏体病、落基山斑点热等有时出现地方流行性。

（3）流行性。是指在一定时间内宠物发病数或发病率超过了正常水平，波及的范围也较广。流行性传染病往往传播速度快，如果采取的防控措施不力，可很快波及很大的范围，如2003年的“非典”（SARS）。

“暴发”是指在一定的地区和宠物群中，短时间内（该病的最长潜伏期内）突然出现很多病例。

（4）大流行。是一种传播范围极广，群体中宠物发病率很高的流行过程，常波及整个国家或跨国流行。由于各国对传染病防疫工作的重视，所以现在这样的传染病很少发生。如流感曾出现过大流行。

以上几种形式之间并无严格的界限，这与当地的传染病发生情况、防疫水平等都有关系。

2. 流行的季节性和周期性

（1）季节性。某些传染病常常发生于一定的季节，或者某季节的发病频率明显高于其他季节，这称为传染病的季节性。具有季节性的传染病也称为季节性传染病，如犬埃利希氏体病等。造成季节性流行的原因较多，主要有以下几点。

①季节对病原体的影响。病原微生物在外界环境中存在时，受季节因素的影响。夏天气温高，光照时间长，不利于病毒在外界的存活，而细菌相对存活时间较长，所以夏天病毒性传染病的流行相对较少，细菌性传染病相对较多。

②季节对传播途径的影响。有些传染病的传播途径只有在一定的季节才具备，所以其他季节不会发生。如犬埃利希氏体病主要通过蜱传播，所以该病主要在夏末秋初发生。

③季节对宠物抵抗力的影响。宠物机体随着季节的变化，对各种传染病的抵抗力也会发生一定的变化。冬季呼吸道抵抗力一般较低，呼吸系统传染病较易发生；对条件性病原微生物来说，由于季节的原因导致宠物抵抗力降低时，比较容易发生内源性感染。

了解传染病的季节性，对人们有效地防控宠物传染病具有十分重要的意义，它可以帮助我们提前做好此类传染病的预防，从而避免传染病的发生。

（2）周期性。某些传染病在一次流行以后，常常间隔一段时间（常以数年计）后再次发生流行，这种现象称为传染病的周期性。这种传染病一般具有以下特点：易感动物饲养周期长，不进行免疫接种或免疫密度很低，宠物耐过免疫保护时间较长，发病率高等。

（五）影响流行过程的因素

宠物传染病的发生和流行主要取决于传染源、传播途径和易感动物群体三个基本环节，而这三个环节往往受到很多因素的影响，归纳起来主要是自然因素和社会因素两大方面。如果我们能够利用这些因素，就能很好地防止传染病的发生，否则传染病的防控工作就会受到很大影响。

1. 自然因素　对传染病的流行起影响作用的自然因素主要有气候、气温、湿度、光照、雨量、地形、地理环境等，它们对传染病的流行都能起到大小不一的作用。江、河、湖等水域是天然的隔离带，对传染源的移动进行限制，形成了一道坚固的屏障。夏季气温高，日照时间长，空气湿度小，非常不适合病原微生物的生长，传染病发生也会减少。对于生物传播媒介而言，自然因素的影响更加重要，因为媒介者本身也受到环境的影响。同时自然因素也会影响宠物的抗病能力，抗病力的降低或者易感性的增加，这都会增加传染病流行的机会。所以在宠物养殖过程中，一定要根据天气、季节等各种因素的变化，切实做好宠物的饲养和管理工作，以防传染病的发生和流行。

2. 社会因素　影响宠物传染病的流行的社会因素包括社会制度、生产力、经济、文化、科学技术水平等多种因素，其中最重要的是兽医卫生法规是否健全和得到充分执行。各地有关宠物饲养的规定正不断完善，宠物传染病的预防工作正不断加强，这与国家的政策保障、各地政府及职能部门的重视是分不开的。同时宠物传染病的有效防控需要充足的经济保障和完善的防疫体制，我国的举国体制起到了非常重要的作用。

项目三　宠物流行病学调查与分析

（一）流行病学的概念

流行病学是研究传染病在宠物群中发生、发展和分布的规律，以及制定并评价防疫措施，以预防和消灭传染病的一门学科。

（二）流行病学调查的方法

1. 询问调查　这是流行病学调查中最常用的方法。通过询问座谈，对宠物的饲养者、主人、宠物医生以及其他相关人员进行调查，查明传染源、传播方式及传播媒介等。

2. 现场调查　重点调查疫区的兽医卫生、地理地形、气候条件等，同时疫区的宠物存在状况、宠物的饲养管理情况等也应重点观察。在现场观察时应根据传染病的不同，选择观察的重点。如发生消化道传染病时，应特别注意宠物的食品来源和质量，水源卫生情况，粪便处理情况等；如发生节肢动物传播的传染病时，应注意调查当地节肢动物的种类、分布、生态习性和感染情况等。

3. 实验室检查　为了在调查中进一步确认致病因子，常常对疫区的各类动物进行实验室检查。检查的内容常有病原检查、抗体检查、毒物检查、寄生虫及虫卵检查等，另外也可检查宠物的排泄物、呕吐物，宠物食品、饮水等。

4. 统计分析　把各项调查得到的结果进行综合分析，对各种数据应用统计学方法归纳分析，以此进一步了解疫情。

（三）流行病学分析

流行病学分析是将流行病学调查所取得的材料，去伪存真，综合分析，找到传染病流行过程的规律，为人们找到有效的防控措施提供重要的帮助。

流行病学调查和分析中常用的统计指标有以下几个：

1. 发病率　是指一定时期内宠物群体中发生某病新病例的百分比。发病率能全面地反映传染病的流行速度，但往往不能说明整个过程，有时常有宠物呈隐性感染。

$$\text{发病率}=\frac{\text{一定时期内某宠物群体某病的新病例数}}{\text{同期内该群宠物平均数}}\times 100\%$$

2. 感染率　是指用临床检查方法和各种实验室检查法（微生物学、血清学等）检查出的所有感染某传染病的宠物数占被检查宠物总数的百分比。统计感染率可以比较深入地提示流行过程的基本情况，特别是在发生慢性传染病时有非常重要的意义。

$$\text{感染率}=\frac{\text{感染某传染病的宠物数}}{\text{被检查的宠物总数}}\times 100\%$$

3. 患病率　是指在一定时间内宠物群体中患病宠物数占该群宠物总数的百分比。病例数包括该时间内的新老病例。

$$\text{患病率}=\frac{\text{在某一定时间宠物群中存在的病例数}}{\text{在同一时间内该群宠物总数}}\times 100\%$$

4. 死亡率　是指因某病死亡的宠物数占该群宠物总数的百分比。它能较好地表示该病在宠物群体中发生的频率，但不能说明传染病的发展特性。

$$\text{死亡率}=\frac{\text{某宠物群在一定时期内因某病死亡动物数}}{\text{同时期该群宠物总数}}\times 100\%$$

5. 病死率　是指因某病死亡的宠物数占该群宠物中患该病宠物数的百分比。它反映传染病在临床上的严重程度。

$$\text{病死率}=\frac{\text{某时期内因某病死亡宠物数}}{\text{同时期内患该病宠物数}}\times 100\%$$

复习思考题

1. 简述感染、传染病和传染病流行过程的概念。
2. 宠物传染病具有哪些特征？
3. 感染有哪些类型？各有何特点？试述外界条件对病程的影响。

4. 传染病的发展过程分几个阶段？各有哪些表现？

5. 传染病的流行必须具备哪三个基本环节？它们之间有何关系？

6. 传染来源包括哪几类？为什么说发病宠物是主要的传染源，而带菌（毒）宠物更具危险性？

7. 传播方式和传播途径有何不同？

8. 影响宠物易感性的因素有哪些？

9. 何谓疫源地和自然疫源地？

10. 简述传染病流行过程的表现形式及特点。

11. 何谓流行过程的季节性和周期性？影响流行过程的因素有哪些？

12. 试述流行病学调查的目的、意义和主要方法。

模块二

宠物传染病的防制措施

知识目标

掌握宠物传染病的一般防制措施和一类传染病的扑灭措施。

技能目标

能熟练掌握免疫接种和药物保健技能，学会常见消毒剂的配制、使用方法并熟知注意事项。

项目一　防疫工作的基本原则和内容

（一）防疫工作的基本原则

1. 建立和健全各级防疫机构，特别是基层兽医防疫机构，以保证宠物传染病防疫措施的贯彻　宠物传染病防疫工作是一项与农业、商业、外贸、卫生、交通等部门都有密切关系的重要工作。只有各有关部门密切配合、紧密合作，从全局出发，统一部署，全面安排，才能把宠物传染病防疫工作做好。

2. 贯彻“预防为主”的方针　搞好防疫卫生、饲养驯化、预防接种、检疫、隔离、封锁、消毒等综合性防疫措施，提高宠物健康水平和抗病能力，控制和杜绝传染病的传播蔓延，降低发病率和死亡率。实践证明，只要做好平时的预防工作，就可以防止很多传染病的发生，就是一旦发生传染病，也能很快得到控制。随着宠物饲养量的急剧增加，“预防为主”的方针更显重要，如果防疫重点不放在预防方面，而忙于治疗个别病例，势必会造成发病率不断增加，防疫工作陷入被动的局面。

3. 贯彻执行兽医法规　1992 年 4 月 1 日起施行的《中华人民共和国进出境动植物检疫法》对我国动物检疫的主要原则和办法作了详尽的规定，2008 年 1 月 1 日起施行的《中华人民共和国动物防疫法》（修订版）对动物防疫工作的方针政策和基本原则作了明确而具体的规定。这两部法律是我国目前执行的主要兽医法规。

（二）防疫工作的基本内容

传染源、传播途径、易感动物群三个基本环节的相互联系，导致了传染病的流行。因此，采取适当的防疫措施来消除或切断三个基本环节的联系，就可以使传染病不再流行。但只采取一项防疫措施往往是不够的，必须采取“养、防、检、治”的综合防疫措施。综合防疫措施可分为预防措施和扑灭措施。

1. 预防措施　传染病发生前所采取的预防传染病发生的措施。

（1）加强饲养管理，增强宠物机体的抵抗力。

（2）宠物养殖场应贯彻自繁自养的原则，实行“全进全出”的生产管理制度。

（3）搞好免疫接种，加施免疫标识。

（4）搞好卫生消毒工作，定期杀虫、灭鼠，尸体、粪便进行无害化处理。

（5）认真贯彻执行防疫、检疫工作制度，加强流浪宠物及宠物市场管理。

（6）各地兽医机构调查研究本地疫情分布，普及宠物防疫科学知识。

2. 扑灭措施 传染病发生后消灭传染病所采取的措施。

（1）及时发现、诊断和上报疫情并通知毗邻单位。

（2）迅速隔离发病宠物，污染地消毒。发生危害大的疫病时，采取封锁措施。

（3）紧急免疫接种，对发病宠物进行及时、合理的治疗。

（4）合理处理死亡宠物和淘汰患病宠物。

以上预防措施和扑灭措施不是截然分开的，而是互相联系、互相配合、互相补充的。

项目二 检 疫

（一）检疫的概念

检疫就是应用各种诊断方法，对宠物及宠物产品进行疫病检查，并采取相应的措施，防止疫病的发生和传播。

检疫工作的运行是以相关的检疫法规作保证的，目前涉及检疫方面的法规有1992年4月1日施行的《中华人民共和国进出境动植物检疫法》、1997年1月1日施行的《中华人民共和国进出境动植物检疫法实施条例》、2008年1月1日起施行的《中华人民共和国动物防疫法》（修订版）等。

（二）检疫的作用

1. 防止患病宠物进入流通环节 通过检疫，可以及时发现宠物疫病以及其他妨害公共卫生的因素。

2. 保护人类健康 在宠物传染病中有多种可以传播给人，如炭疽、结核病、布鲁氏菌病、狂犬病、旋毛虫病、弓形虫病、高致病性禽流感、鼠疫等，我国每年有几千人死于狂犬病，近几年还有增多的趋势。

3. 维护我国贸易信誉 健康的宠物是保证国际间宠物贸易畅通无阻的关键。

4. 控制和消灭某些传染病 结核病、布鲁氏菌病等慢性病的防控可采取检疫净化的措施。

（三）检疫的对象

动物检疫对象是指动物检疫中政府规定的动物疫病（传染病和寄生虫病）。动物疫病的种类很多，动物检疫并不是把所有的疫病都作为检疫对象，而是由农业部根据国内外动物疫情、疫病的传播特性、保护人体健康等需要而确定的。在选择动物检疫对象时，主要考虑四个方面的因素：一是人兽共患疫病，如炭疽、布鲁氏菌病等；二是危害性大而目前防控有困难的动物疫病，如高致病性禽流感、痒病等；三是烈性动物疫病，如新城疫等；四是尚未在我国发生的国外传染病，如非洲猪瘟、牛海绵状脑病等。

农业部于2008年12月11日发布第1125号公告，发布了新版的《一、二、三类动物疫病病种名录》，1999年发布的农业部第96号公告同时废止。

1. 一类动物疫病（17种） 是指对人与动物危害严重，需要采取紧急、严厉的强制预防、控制、扑灭等措施的疫病。

口蹄疫、猪水疱病、猪瘟、非洲猪瘟、高致病性猪蓝耳病、非洲马瘟、牛瘟、牛传染性胸膜肺炎、牛海绵状脑病、痒病、蓝舌病、小反刍兽疫、绵羊痘和山羊痘、高致病性禽流感、新城疫、鲤春病毒血症、白斑综合征。

2. 二类动物疫病（77种） 是指可能造成重大经济损失，需要采取严格控制、扑灭等措施，防止扩散的疫病。

（1）多种动物共患病（9种）。狂犬病、布鲁氏菌病、炭疽、伪狂犬病、产气荚膜梭菌病、副结核病、弓形虫病、棘球蚴病、钩端螺旋体病。

（2）牛病（8种）。牛结核病、牛传染性鼻气管炎、牛恶性卡他热、牛白血病、牛出血性败血病、牛梨形虫病（牛焦虫病）、牛锥虫病、日本血吸虫病。

（3）绵羊和山羊病（2种）。山羊关节炎脑炎、梅迪-维斯纳病。

（4）猪病（12种）。猪繁殖与呼吸综合征（经典猪蓝耳病）、猪日本乙型脑炎、猪细小病毒病、猪丹毒、猪肺疫、猪链球菌病、猪传染性萎缩性鼻炎、猪支原体肺炎、旋毛虫病、猪囊尾蚴病、猪圆环病毒病、副猪嗜血杆菌病。

（5）马病（5种）。马传染性贫血、马流行性淋巴管炎、马鼻疽、马巴贝斯虫病、伊氏锥虫病。

（6）禽病（18种）。鸡传染性喉气管炎、鸡传染性支气管炎、传染性法氏囊病、马立克氏病、产蛋下降综合征、禽白血病、禽痘、鸭瘟、鸭病毒性肝炎、鸭传染性浆膜炎、小鹅瘟、禽霍乱、鸡白痢、禽伤寒、鸡毒支原体感染、鸡球虫病、低致病性禽流感、禽网状内皮组织增殖症。

（7）兔病（4种）。兔病毒性出血症、兔黏液瘤病、野兔热、兔球虫病。

（8）蜜蜂病（2种）。美洲幼虫腐臭病、欧洲幼虫腐臭病。

（9）鱼类病（11种）。草鱼出血病、传染性脾肾坏死病、锦鲤疱疹病毒病、刺激隐核虫病、淡水鱼细菌性败血症、病毒性神经坏死病、流行性造血器官坏死病、斑点叉尾鮰病毒病、传染性造血器官坏死病、病毒性出血性败血症、流行性溃疡综合征。

（10）甲壳类病（6种）。桃拉综合征、黄头病、罗氏沼虾白尾病、对虾杆状病毒病、传染性皮下和造血器官坏死病、传染性肌肉坏死病。

3. 三类动物疫病（63种） 是指常见多发、可能造成重大经济损失，需要控制和净化的疫病。

（1）多种动物共患病（8种）。大肠杆菌病、李氏杆菌病、类鼻疽、放线菌病、肝片吸虫病、丝虫病、附红细胞体病、Q热。

（2）牛病（5种）。牛流行热、牛病毒性腹泻/黏膜病、牛生殖器弯杆菌病、毛滴虫病、牛皮蝇蛆病。

（3）绵羊和山羊病（6种）。肺腺瘤病、传染性脓疱、羊肠毒血症、干酪性淋巴结炎、绵羊疥癣，绵羊地方性流产。

（4）马病（5种）。马流行性感冒、马腺疫、马鼻腔肺炎、溃疡性淋巴管炎、马媾疫。

（5）猪病（4种）。猪传染性胃肠炎、猪流行性感冒、猪副伤寒、猪短螺旋体痢疾。

（6）禽病（4种）。鸡病毒性关节炎、禽传染性脑脊髓炎、传染性鼻炎、禽结核病。

（7）蚕、蜂病（7种）。蚕型多角体病、蚕白僵病、蜂螨病、瓦螨病、亮热厉螨病、蜜蜂孢子虫病、白垩病。

（8）犬猫等宠物病（7种）。水貂阿留申病、水貂病毒性肠炎、犬瘟热、犬细小病毒病、犬传染性肝炎、猫泛白细胞减少症、利什曼病。

（9）鱼类病（7种）。鮰类肠败血症、迟缓爱德华氏菌病、小瓜虫病、黏孢子虫病、三代虫病、指环虫病、链球菌病。

（10）甲壳类病（2种）。河蟹颤抖病、斑节对虾杆状病毒病。

（11）贝类病（6种）。鲍脓疱病、鲍立克次氏体病、鲍病毒性死亡病、包纳米虫病、折光马尔太虫病、奥尔森派琴虫病。

（12）两栖与爬行类病（2种）。鳖腮腺炎病、蛙脑膜炎败血金黄杆菌病。

（四）检疫的分类

1. 国内检疫

（1）产地检疫。是宠物生产地的检疫。产地检疫可分两种：一是集市检疫监督，是在集市上对出售的宠物进行的检疫监督。由于宠物集市上的宠物集中，便于检疫与监督进行。遇到无检疫证的宠物要补检；检疫证过期的要重检；发病的要隔离、消毒、治疗或扑杀。二是收购检疫，是宠物饲养场在出售时，由收购部门与当地检疫部门配合进行的检疫。如果产地检疫不进行或不严格进行，就有可能将病原体散播到远方，影响远方宠物的安全。

（2）运输检疫监督。是对各种运输工具如火车、汽车、船只、飞机等运送的宠物和宠物产品所进行的检疫与监督工作，防止宠物传染病通过运输传播。

2. 国境口岸检疫 为了维护国家主权和国际信誉，防止国内宠物疫病传播到国外和国外宠物疫病传入，我国在国境各重要口岸设立宠物检疫机构，执行检疫任务。国境口岸检疫按性质不同分为进出境检疫、旅客携带宠物检疫、国际邮包检疫和过境检疫。

项目三 隔离和封锁

（一）隔离

隔离的目的是为了控制传染源，便于管理、消毒、切断传播途径，防止健康宠物继续受到传染，以便将疫情控制在最小的范围内就地扑灭。为此，在发生传染病时，首先查明传染病在宠物群中蔓延的程度，逐只（条）检查临诊症状，必要时进行血清学和变态反应检查。根据检疫的结果，将全部受检宠物分为发病宠物、可疑感染宠物和假定健康宠物三类，以便分别对待。

1. 发病宠物 有明显症状或其他方法诊断呈阳性的宠物，它们是危险性最大的传染源。选择不易散播病原体、消毒方便的房舍进行隔离。要严格消毒、加强卫生，及时治疗并有专人看管。隔离场所禁止无关人员和其他宠物接近；隔离区内的用具、饲料、粪便等，未经彻底消毒处理，不得运出；没有治疗价值的发病宠物，按有关规定作无害化处理。

2. 可疑感染宠物 无症状、但与发病宠物及其污染的环境有过明显接触的宠物，如同舍、同群、同水源、同用具等。这类宠物可能处于潜伏期，并有排出病原体的危险，应消毒后另选地方隔离，详加观察，出现症状的则按发病宠物处理，经过一个该传染病最长潜伏期无症状的，取消隔离。

3. 假定健康宠物 疫区内除上述两种外的其他易感动物，应与以上两种宠物严格隔离饲养，加强消毒卫生，进行紧急免疫接种和药物预防。

同时，我们应该知道，仅靠隔离不能扑灭传染病，需要与其他防疫措施相配合。

（二）封锁

1. 封锁的概念 当发生某些重要传染病时，在隔离的基础上，针对疫源地采取封闭措施，防止疫病由疫区向安全区扩散。根据《中华人民共和国动物防疫法》，发生一类动物疫病或当地新发现传染病时，进行封锁。

2. 封锁的程序 原则上由县级以上地方人民政府发布和解除封锁令。疫情发生在县级范围内的由县级畜牧兽医行政管理部门划定疫区，报请县级人民政府发布封锁令，并报地级人民政府备案。当地县级以上地方人民政府兽医主管部门应当立即派人到现场，划定疫点、疫区、受威胁区，调查疫源，及时报请本级人民政府对疫区实行封锁。

疫区范围涉及两个以上行政区域的，由有关行政区域共同的上一级人民政府对疫区实行封锁，或者由各有关行政区域的上一级人民政府共同对疫区实行封锁。必要时，上级人民政府可以责成下级人民政府对疫区实行封锁。

3. 封锁区的划分 根据该疫病的流行规律、当时流行的具体情况、宠物分布、地理环境、居民点以及交通等当地的具体条件充分研究，确定疫点、疫区和受威胁区。

4. 封锁的执行 应执行“早、快、严、小”的原则，即发现报告疫情、执行封锁要早，行动要迅速果断，封锁要严密，范围要小。具体措施如下：

（1）封锁区边沿采取的措施。主要包括：①设立标志，指明绕道路线；②设置岗哨，禁止易感动物通过封锁线；交通路口设立检疫、消毒站，对必须通过的车辆、人员和非易感动物进行消毒检疫。

（2）封锁区内采取的措施。主要包括：①发病宠物及同群宠物在严格隔离的基础上，合理处置（治疗、扑杀）；②污染区和污染物严格消毒，死亡宠物的尸体应深埋或化制，做好杀虫、灭鼠工作；③暂停宠物的集市交易活动，禁止从疫区输出易感动物及其产品和污染的饲料等；④易感动物紧急免疫接种。

（3）受威胁区内采取的措施。主要包括：①易感动物紧急免疫接种，建立免疫带；②禁止易感动物进出疫区，并避免饮用从封锁区流过的水；③禁止与封锁区进行宠物及宠物产品的贸易。

5. 解除封锁 疫区内最后一头发病宠物死亡或痊愈后，经过该病一个最长的潜伏期，无新病例出现，经终末消毒，由县级农牧部门检查合格后，经原发布封锁令的政府发布解除封锁，并通报毗邻地区有关部门。封锁解除后，有些病愈宠物在一定时间内有带菌（毒）现象，仍属于传染源，应根据其带菌（毒）时间，控制在原疫区内活动，不能将它们带到安全区去。

项目四　消毒、杀虫、灭鼠和宠物尸体的处理

(一) 消毒

消毒是贯彻“预防为主”方针的一项重要防疫措施。消毒的目的就是消灭被传染源散播于外界的病原体，以切断传播途径，阻止疫病的流行蔓延。

1. 消毒的种类　根据消毒的目的和时机不同，可分为三种。

(1) 预防消毒。平时对宠物舍、场地、用具和饮水等进行定期消毒，以达到预防一般传染病的目的。

(2) 随时消毒。在发生传染病时，为了及时消灭发病宠物排出的病原体而进行的消毒。消毒对象主要是发病宠物的排泄物和污染物，需要每天进行一次或多次随时消毒。

(3) 终末消毒。在发病宠物解除隔离、痊愈或死亡后，或者在疫区解除封锁之前，为了消灭疫区内可能残留的病原体而进行的全面彻底的消毒。

2. 消毒的方法　防疫工作中常用的消毒方法主要有以下三类。

(1) 物理消毒法。

①机械清除。用机械的方法如清扫、洗刷、通风、过滤等清除病原体，是最普通、最常用的方法。用这些方法在清除污物的同时，大量病原体也被清除，但是机械清除达不到彻底消毒的目的，必须配合其他消毒方法进行。清除的污物要进行发酵、掩埋、焚烧或用其他药物处理。

通风虽然不能杀灭病原体，但可以通过短期内舍内空气的交换，达到减少舍内病原体的目的。通风换气时间与舍内外温差、通风孔大小有关，一般不少于30min。

②阳光、紫外线和干燥。阳光具有天然洁净的消毒作用，其光谱中的紫外线有较强的杀菌能力，此外，阳光的灼热和蒸发水分引起的干燥也有杀菌作用。一般病毒和非芽孢细菌在阳光暴晒下几分钟至几小时就可杀死，阳光消毒能力的大小与季节、天气、时间、纬度等有关，要灵活掌握，并注意配合应用其他消毒方法。

紫外线杀菌作用最强的波段是250～270nm。紫外线对革兰氏阴性菌消毒效果好，对革兰氏阳性菌效果次之，对芽孢无效，许多病毒也对紫外线敏感。紫外线的消毒作用受很多因素的影响，表面光滑的物体才有较好的消毒效果，空气中的尘埃吸收大部分紫外线，因此消毒时，舍内和物体表面必须干净。用紫外线灯管消毒时，灯管距离消毒物品表面不超过1m，灯管周围1.5～2m处为消毒有效范围，消毒时间为1～2h。

③高温。高温对微生物有明显的致死作用，是最彻底的消毒方法之一。

a. 火焰烧灼。发生烈性传染病或由抵抗力强的病原体引起的传染病时（如炭疽），对污染的粪便、草料、病死宠物尸体焚烧，不易燃的地面、墙壁用喷射火焰消毒。

b. 煮沸消毒。多数非芽孢病原微生物在100℃沸水中迅速死亡，多数芽孢在煮沸后15～30min内死亡，煮沸1～2h可以杀灭所有病原体。在水中加入1%～2%的小苏打，可增强消毒效果。

c. 蒸汽消毒。相对湿度在80%～100%的热空气能携带许多热量，遇到物品凝结成水，释放出大量热能，从而达到消毒的目的。如果蒸汽和化学药品（如甲醛等）并用，可增强消毒效果。

d. 高压蒸汽灭菌法。用高压蒸汽灭菌器进行灭菌的方法，是应用最广泛、最有效的灭

菌方法。在 1.013×10^5Pa（一个大气压）下，蒸汽的温度只能达到100℃，当在一个密闭的金属容器内，持续加热，由于蒸汽不断产生而加压，随压力的增高其沸点也升至100℃以上，提高了灭菌的效果。高压蒸汽灭菌器就是根据这原理设计的。通常用0.105MPa的压力，在121.3℃温度下维持15～30min，即可杀死包括细菌芽孢在内的所有微生物，达到完全灭菌的目的。凡耐高温、不怕潮湿的物品，如各种培养基、溶液、玻璃器皿、金属器械、敷料、橡皮手套、工作服和小宠物尸体等均可用这种方法灭菌。所需温度与时间视灭菌材料的性质和要求决定。

e. 巴氏消毒法。由巴斯德首创，以较低温度杀灭液态食品中的病原菌或特定微生物，又不致严重损害其营养成分和风味的消毒方法。目前主要用于葡萄酒、啤酒、果酒及牛乳等食品的消毒。

（2）生物热消毒。主要用于污染粪便的无害化处理。利用嗜热杆菌繁殖产热可达70℃，能消灭病毒、病菌和寄生虫卵，但不能消灭芽孢。

（3）化学消毒法。许多化学药物能抑制微生物的生长繁殖或将其杀死，在防疫工作中，常用化学药品来进行消毒。

①影响消毒剂作用的因素。消毒剂的抗菌作用不仅取决于药物的理化性质，而且受许多相关因素的影响。

a. 消毒药的浓度。一般说来，消毒药的浓度愈高，杀菌力也就越强。也有的当浓度达到一定程度后，消毒药的效力就不再增高，如75%的酒精杀菌效果要比95%的酒精好。因此，在使用中应选择有效和安全的杀菌浓度。

b. 消毒药的作用时间。一般情况下，消毒药的效力与作用时间成正比，与病原微生物接触并作用的时间越长，其消毒效果就越好。

c. 微生物对消毒药的敏感性。不同的菌种和处于不同状态的微生物，对同一种消毒剂的敏感性不同。如病毒对碱类消毒剂很敏感，对酚类消毒剂有抵抗力；适当浓度的酚类消毒剂对繁殖型细菌消毒效力强，对芽孢消毒效力弱。

d. 温度。消毒药的杀菌力与环境温度成正相关，温度增高，杀菌力增强。

e. 酸碱度。环境或组织的pH对有些消毒剂的作用影响较大。如含氯消毒剂在pH处于5～6时，杀菌活性最强。

f. 消毒物品表面的有机物。消毒物品表面的有机物与消毒剂结合形成不溶性化合物，或者将其吸附、发生化学反应或对微生物起机械性保护作用。因此消毒药物使用前，消毒场所先进行充分的机械性清扫，消毒物品先清除表面的有机物，需要处理的创伤先清除脓汁。

g. 水质硬度。硬水中的 Ca^{2+} 和 Mg^{2+} 能与季铵盐类消毒剂、碘伏等结合成不溶性盐，从而降低消毒效力。

h. 消毒剂间的颉颃作用。有些消毒剂由于理化性质不同，两种消毒剂结合使用时，可能产生颉颃作用，使消毒剂药效降低。如阴离子清洁剂肥皂与阳离子清洁剂苯扎溴铵共用时，可发生化学反应而使消毒效果减弱，甚至完全消失。

②常用的消毒剂。常用的化学消毒剂品种很多，根据其结构可分为以下几类。

a. 碱类消毒剂。能水解菌体蛋白和核蛋白，使细胞膜和酶活性受损而死亡。

氢氧化钠（苛性钠、火碱）：对病毒、细菌杀灭力均好。由于腐蚀性强，主要用于外部环境、宠物舍地面的消毒。常用浓度为1%～2%，杀灭炭疽芽孢浓度为10%。

石灰乳：对病毒、细菌杀灭力均好，不能杀灭芽孢，由于腐蚀性强，主要用于外部环境消毒。常用浓度为20%，在配制石灰乳时，应随配随用，以免失效浪费。

b. 酸类消毒剂。能改变细胞膜的通透性，水解菌体蛋白和核蛋白。

硼酸：0.3%～0.5%的硼酸用于黏膜消毒。

c. 醇类消毒剂。能使菌体蛋白凝固和脱水，且能溶解脂质。

乙醇：应用最广泛的皮肤消毒剂，常用浓度为70%～75%。

d. 酚类消毒剂。能使菌体蛋白凝固、变性。

石炭酸（苯酚）：主要用于环境、排泄物消毒，常用浓度为5%。

来苏儿（煤酚皂液、甲酚皂液）：主要用于环境、排泄物、用品消毒，常用浓度为3%～5%；若用于皮肤消毒，则浓度为2%～3%。

菌毒敌（又名农乐，含酚41%～49%、醋酸22%～26%）：主要用于环境、排泄物、用品消毒，常用浓度为0.5%～1%；若用于熏蒸消毒，则每立方米用2g。

e. 氧化剂类消毒剂。遇到有机物释放出初生态氧，破坏菌体蛋白和酶。

过氧乙酸（过醋酸）：对病毒、细菌、芽孢、真菌均有杀灭作用。可用于环境、用品、空气及宠物舍的带宠物消毒。宠物舍带宠物消毒时的常用浓度为0.2%～0.3%，环境消毒时的常用浓度为0.5%，用品浸泡消毒时的常用浓度为0.2%。保存过氧乙酸时须要低温（3～4℃）避光保存，70℃以上会引起爆炸。

高锰酸钾：用于用品消毒时，常用浓度为0.1%；用于皮肤、黏膜消毒时，常用浓度为0.01%；杀芽孢时，常用浓度为2%～3%。

过氧化氢（双氧水）：对厌氧菌感染很有效，主要用于伤口消毒，常用浓度为1%～3%。

f. 卤素类消毒剂。容易渗入细胞内，对蛋白产生卤化和氧化作用。

漂白粉：主要成分为次氯酸钙，遇水产生次氯酸，次氯酸不稳定，易离解产生氧原子和氯原子，对病毒、细菌、芽孢、真菌均有杀灭作用。可用于环境、排泄物、用品的消毒。常用浓度为5%，杀灭芽孢浓度为10%～20%。次氯酸钙在酸性环境中杀灭力强，在碱性环境中杀灭力弱。

84消毒液：主要成分为次氯酸钠，有效氯含量5.5%～6.5%，可杀灭细菌、病毒、真菌和细菌芽孢。适用于用具、白色衣物、污染物的消毒。常用浓度为0.3%～0.5%。

氯胺-T：用于饮水消毒时浓度为0.000 4%；用于用品消毒时浓度为0.5%～1%；用于环境、排泄物消毒时浓度为3%～5%。

二氯异氰尿酸钠（优氯净、消毒灵）：遇水产生次氯酸，杀灭能力强，对病毒、病菌、芽孢、真菌均有杀灭作用。用于饮水消毒时浓度为0.0004%；用于用品、圈舍消毒时浓度为0.5%～1%；用于环境、排泄物消毒时浓度为3%～5%；杀灭芽孢浓度为5%～10%。

碘酊：用于皮肤消毒，常用浓度为含碘2%～5%。

碘甘油：用于黏膜消毒，常用浓度为含碘1%。

碘伏：是碘与表面活性剂的不定型结合物。用于饮水消毒时浓度为0.001 2%～0.002 5%；用于用品消毒时浓度为：0.005%。

g. 表面活性剂。季铵盐类消毒剂为最常用的阳离子表面活性剂，它吸附于细胞表面，溶解脂质，改变细胞膜的通透性，使菌体内的酶和中间代谢产物流失。

苯扎溴铵（新洁尔灭）：单链季铵盐类阳离子表面活性消毒剂，不能与阴离子表面活性剂（肥皂、合成类洗涤剂）合用。用于用品、皮肤消毒时浓度为0.1%；用于创面消毒时浓度为0.01%。

醋酸氯己定（洗必泰）：单链季铵盐类阳离子表面活性消毒剂，不能与阴离子表面活性剂（肥皂、合成类洗涤剂）合用。用于创面或黏膜消毒时浓度为0.05%；用于器械消毒时浓度为0.1%。

h. 挥发性烷化剂。能与菌体蛋白和核酸的氨基、羟基、巯基发生反应，使蛋白质变性、核酸功能改变。

环氧乙烷：本品有毒、易爆炸，主要用于皮毛、皮革的熏蒸消毒，按0.4～0.8kg/m^3的用量，维持12～48h，环境相对湿度在30%以上。

甲醛溶液（福尔马林）：对病毒、细菌、芽孢、真菌均有杀灭作用。用于喷洒地面、墙壁时，常用浓度为2%～4%；与高锰酸钾混合用进行熏蒸消毒时，混合比例是14mL/m^3福尔马林加入7g/m^3高锰酸钾。

i. 染料类。破坏细菌的离子交换机能，抑制酶的活性。

甲紫（龙胆紫、结晶紫）：是碱性染料，对革兰阳性菌杀灭力较强，也有抗真菌作用。用于皮肤或黏膜创面消毒时浓度为1%～2%；用于烧伤时浓度为0.1%～1%。

（二）杀虫

虻、蠓、蚊、蝇、蜱、虱、螨等节肢动物是重要的传播媒介。杀灭这些媒介昆虫和防止它们的出现，在消灭传染源、切断传播途径、保障人和宠物健康等方面具有十分重要的意义。杀虫方法主要有以下几种。

1. 物理杀虫法

（1）机械地拍、打、捕、捉。能消灭部分媒介昆虫，此法不适合用于大群饲养动物。

（2）火焰烧。用喷灯火焰烧昆虫聚居的墙壁，用火焰烧昆虫聚居的垃圾等废物。

（3）沸水烫。用沸水杀灭宠物用具、玩具、衣服、装饰品上的昆虫。

（4）纱网隔离。在宠物舍门窗安装纱网。

2. 生物杀虫法 是以昆虫的天敌或病菌及雄虫绝育技术控制昆虫繁殖等办法消灭昆虫。如用辐射使雄虫绝育；用过量激素抑制昆虫的变态或蜕皮；利用微生物感染昆虫，影响其生殖或使其死亡；消除昆虫滋生繁殖的环境，都是有效的灭虫方法。

3. 药物杀虫法 主要是应用化学杀虫剂来杀虫，根据杀虫剂对节肢动物的毒杀作用可分为：胃毒作用药剂（如敌百虫）、触杀作用药剂（如除虫菊酯）、熏蒸作用药剂（如硫酰氟）、内吸作用药剂（如灭蝇胺）。

目前使用的杀虫剂往往同时具有两种或两种以上的杀虫作用。实践中应用最多的是拟除虫菊酯类杀虫剂，此类杀虫剂具有广谱、高效、低毒、快速、残效短、用量少等优点，舍内使用0.3%的胺菊酯油剂喷雾，按0.1～0.2mL/m^3用量，蚊、蝇在15～20min内全部被击倒，12h全部死亡。

近来出现的昆虫生长调节剂（保幼激素、发育抑制剂），可阻碍或干扰昆虫正常生长发育而致其死亡，不污染环境，对人兽无害。保幼激素具有抑制幼虫化蛹和蛹羽化的作用；发育抑制剂能抑制表皮基丁化，阻碍表皮形成。

由于鸟类对有机磷类杀虫剂特别敏感，容易发生有机磷中毒，所以在饲养鸟类的场所不要使用有机磷类杀虫剂。

（三）灭鼠

鼠类是很多人兽疫病的传播媒介和传染源，它可传播炭疽、鼠疫、结核病、布鲁氏菌病、伪狂犬病、钩端螺旋体病、李氏杆菌病、巴氏杆菌病、立克次氏体病等。因此，灭鼠在防控人和宠物疫病方面具有很重要的意义。

灭鼠工作应从两个方面进行，一方面根据鼠类的生态特点防鼠、灭鼠，从宠物舍建筑着手，使鼠无处觅食和无藏身之处；另一方面，则采取各种方法直接杀灭鼠类。常用的灭鼠方法有以下三种。

1. 器械灭鼠法　利用物理原理制成各种灭鼠工具杀灭鼠类，如关、笼、夹、压、箭、扣、套、堵（洞）、挖（洞）、灌（洞）、翻（草堆）等。

2. 药物灭鼠法　利用化学毒剂杀灭鼠类，灭鼠药物包括杀鼠剂、绝育剂和驱鼠剂等，以杀鼠剂（杀鼠灵、安妥、敌鼠钠盐）使用最多。应用此法灭鼠时一定注意不要使宠物接触到灭鼠药物。

3. 生态灭鼠法　利用鼠类天敌捕食鼠类。

（四）宠物尸体的处理

患传染病死亡的宠物尸体含有大量病原体，如果不及时合理处理，就会污染外界环境，引起其他动物和人发病。因此，及时合理地处理宠物尸体，在宠物传染病的防控和维护公共卫生方面都有重要意义。处理宠物尸体的方法主要有以下四种。

1. 化制　尸体在特定的加工厂中加工处理，既消灭了病原体，又保留了有经济价值的东西，如工业用油脂、骨粉、肉粉等。

2. 深埋　选择干燥、平坦、远离水源和居民区以及其他养殖场的地方掩埋宠物尸体，深度在 2m 以上。此法简便易行，但处理不彻底，最好根据病原体种类在坑底和尸体表面撒布能杀灭病原体的消毒剂。

3. 腐败　将尸体投入专用的直径 3m、深 6～9m 的腐败深井，深井要用不透水的材料砌成、要有严密的井盖、内有通气管。此法不能用于炭疽等芽孢菌所致疫病的尸体处理。

4. 焚烧　适用于烈性、特别危险的疫病尸体处理，如炭疽等。此法消灭病原体最彻底，但所需费用高。

项目五　免疫接种和药物预防

（一）免疫接种

免疫接种是激发宠物机体产生特异性抵抗力，使易感动物转化为不易感动物的一种手段。在防控传染病的诸多措施中，免疫接种是最经济、最方便、最有效的办法之一。根据免疫接种的时机和目的不同可分为预防接种和紧急接种。

1. 预防接种

（1）预防接种的概念。在经常发生某些传染病、或有某些传染病潜在、或经常受到邻近地区某些传染病威胁的地区，为预防某些传染病的发生和流行，平时有计划地对健康宠物进行的免疫接种，称为预防接种。

（2）免疫源。通过接种利用病原微生物、寄生虫及其组分或代谢产物制成的疫苗，刺激宠物体产生免疫应答，从而抵抗特定病原微生物或寄生虫的感染，达到预防疫病的目的。已有的疫苗概括起来分为活疫苗、灭活疫苗、代谢产物和亚单位疫苗以及生物技术疫苗等。其中生物技术疫苗又分基因工程亚单位疫苗、合成肽疫苗、抗独特型疫苗、基因工程活疫苗以及DNA疫苗等。

（3）接种途径。根据生物制品和免疫宠物的不同，采用皮下注射、皮内注射、肌内注射、皮肤刺种、口服、喷雾、点眼、滴鼻等不同的接种方法，例如灭活疫苗、类毒素和亚单位疫苗不能经消化道接种，一般用于肌内或皮下注射。

（4）做好预防接种应该注意的问题。

①预防接种应该有周密的接种计划。为了做到预防接种有的放矢，应对本地传染病的发生和流行情况进行详细的调查。搞清本地过去曾经发生过哪些传染病，在什么季节流行。针对所掌握的情况，拟订每年的预防接种计划。例如，很多地区为了预防犬瘟热、犬传染性肝炎、犬细小病毒感染、犬副流感、狂犬病等病，要求每年定期接种一次，并且每只犬都要接种。

有时也进行计划外的预防接种。例如，引进或外调的宠物在运输前和宠物在手术前进行的免疫接种。此类情况下的预防接种需要机体尽快产生免疫力，也可以用高免血清进行被动接种。

如果本地过去从未发生过某些传染病，也没有从外地传入的可能时，可以不对这些传染病进行预防接种。

预防接种前，应对接种宠物进行详细的检查和调查，了解其健康状况、年龄（日龄或月龄）、配种时间、是否怀孕或处在泌乳期、产卵期，以及饲养条件的好坏等情况。健康的、适龄的、饲养条件较好的宠物，接种后可产生较好的免疫力；反之，接种后产生的免疫力较差，甚至不能引起明显的接种反应。怀孕宠物由于接种操作和疫苗反应可能导致流产或影响胎儿发育，泌乳期和产卵期的宠物由于接种操作和疫苗反应可能导致泌乳量减少和产卵量下降，应慎重进行预防接种。

②注意预防接种反应。预防接种反应的发生是多方面因素造成的。生物制品对机体来说是异物，接种后常有反应过程，不过反应的性质和强度也有所不同。对生产实践有影响的并不是所有的预防接种反应，而是不应有的不良反应或剧烈反应。不良反应是指经预防接种引起的持久的或不可逆转的组织器官损害或功能障碍而导致的后遗症。

a. 正常反应。由生物制品本身的特性引起的反应，其反应的性质和强度因生物制品而异。生物制品本身有一定毒性，接种后引起机体一定反应；某些疫苗是活疫苗，接种实际是一次轻度感染，也引起机体一定反应。要消除正常反应需要改进生物制品质量和接种方法。

b. 严重反应。由生物制品本身的特性引起较重的反应。产生严重反应的原因：生物制品质量较差、接种量大、接种途径不合适、个别宠物对某种生物制品过敏。要消除严重反应须严格控制生物制品质量和遵照说明书使用。

c. 合并症。是指与正常反应性质不同的反应。主要包括：超敏症（血清病、过敏休克、变态反应等），诱发潜伏期感染和扩散为全身感染（由于接种活疫苗后，防御机能不全或遭到破坏时可发生）。

③单苗和联苗结合使用。联苗是指由两种或两种以上的细菌或病毒联合制成的疫苗，一次免疫可达到预防几种疾病的目的。如犬瘟热-犬传染性肝炎-犬细小病毒病三联苗、犬的五联苗、犬的六联苗等。

给机体接种联苗可分别刺激机体产生多种抗体，它们可能彼此无关，也可能彼此影响。影响的结果，可能彼此促进、有利于抗体产生，也可能彼此抑制、阻碍抗体产生。同时，还要注意给机体接种联苗可能引起严重的接种反应，减少机体产生抗体。因此，究竟哪些疫苗可以同时接种，哪些不能，要通过试验来证明。国内外大量试验证明，犬瘟热、犬传染性肝炎、犬细小病毒感染、犬副流感、犬冠状病毒病、狂犬病、钩端螺旋体病可以同时接种。

联苗的应用可减少接种次数，减少接种宠物的应激反应，因而利于宠物生产管理。

④合理的免疫程序。免疫程序就是根据一定地区或养殖场内不同传染病的流行情况及疫苗特性为特定宠物制定的免疫接种计划，主要包括疫苗名称、类型，接种次序、次数、途径及间隔时间。

免疫接种必须按合理的免疫程序进行，一个地区、一个宠物饲养场可能发生的传染病不止一种，而用来预防这些传染病的疫苗的性质也不尽相同、免疫期也长短不一，不同宠物饲养场的综合防疫能力相差较大。因此，目前国际上还没有一个可供统一使用的免疫程序，应根据本地和本场的实际情况制定合理的免疫程序。

免疫程序的制订，至少考虑以下 8 个方面的因素：当地传染病的流行情况及严重程度，饲养场综合防疫能力，母源抗体的水平或上一次免疫接种引起的残余抗体水平，宠物机体的免疫应答能力，疫苗的种类，免疫接种方法，各种疫苗的配合，对宠物健康及生产能力的影响。

这 8 个因素是互相联系，互相制约的，必须统筹考虑。一般来说，免疫程序的制订首先要考虑当地疾病的流行情况及严重程度，据此才能决定需要接种什么种类的疫苗，达到什么样的免疫水平。幼龄宠物首次免疫接种时间的确定，除了考虑疾病的流行情况外，主要取决于母源抗体的水平，母源抗体水平低的要早接种，母源抗体水平高的推迟接种效果更好。

2. 紧急接种　在发生传染病时，为了迅速控制和扑灭疫情，而对疫区和受威胁区内尚未发病的宠物进行应急性免疫接种，称为紧急接种。

高免血清注入机体后免疫产生快，紧急接种以使用高免血清较为有效。

用疫苗紧急接种时仅对尚未发病的宠物进行，对发病宠物及可能感染的处于潜伏期的宠物，应该在严格消毒的情况下隔离，不能接种疫苗。由于外表无症状的宠物群中可能混有处于潜伏期的宠物，这部分宠物接种疫苗后不能获得保护，反而促使它更快发病，因此在紧急接种后的一段时间内可能出现发病宠物增多的现象，但疫苗接种后很快产生抵抗力，发病率不久即可下降，最终使疫病流行平息。

紧急接种在疫区及周围的受威胁区进行，发生某些烈性传染病（如高致病性禽流感）时，须在疫区周围 5km 紧急接种建立“免疫带”，以包围疫区，就地扑灭疫情，但这一措施须与其他防疫措施配合实施。

（二）药物预防

在平时正常饲养管理下，给宠物投服药物以防止疫病的发生，称为药物预防。目前，相当多的疫病没有疫苗或没有有效的疫苗。因此，在宠物饲料或饮水中加入某些药物，调节机体代谢、增强机体抵抗力和预防某些疫病的发生就具有重要意义。药物预防应注意以下问题。

1. 选择合适的药物

（1）最好是广谱抗菌药，可对多种病原体有效。

（2）药物的安全性要好，即对宠物毒性低。

（3）耐药性低，可较长时间使用，不易产生耐药现象。

（4）性质稳定，不易分解失效，便于长时间保存使用。

（5）价格低廉，经济实用。

2. 根据疫病的发生规律用药

（1）根据疫病发生规律，在发病年龄前或发病季节前用药预防。

（2）预防应激用药，如疫苗接种前后用药物预防。

（3）防止继发感染用药，某些病毒性传染病易继发细菌性传染病。

3. 严禁滥用药物　平时应尽量少用或不用药物，能用一种决不用多种。有疫苗的疫病尽可能使用疫苗来预防，肠道菌感染可试用微生态制剂。

4. 注意用药的剂量、用药期　使用过量的或长期使用抗微生物药会对宠物产生副作用，主要包括过敏、二重感染、毒性反应，甚至影响其产生主动免疫、降低生产性能等。

5. 合理的联合用药　合理的联合用药能发挥药物的协同作用，扩大抗菌范围，提高抑制或杀灭微生物的效果，降低药物的副作用，减少或延缓耐药性的产生。

复习思考题

1. 我国目前执行的主要兽医法规有哪几部？
2. 防制传染病应遵循的基本原则有哪些？
3. 采取综合性防疫措施有哪些基本措施？各以什么为目的？
4. 简述检疫工作的概念。检疫工作的作用、对象和种类有哪些？
5. 发生传染病时，应采取哪些基本的扑灭措施？为什么要这样做？
6. 消毒的目的、常用的消毒方法和消毒剂有哪些？
7. 杀虫、灭鼠的目的、意义和方法有哪些？
8. 什么是免疫接种？叙述其在防制宠物传染病发生和流行中的重要意义。
9. 何谓紧急接种及其作用？
10. 简述药物预防的目的和作用。

模块三

宠物传染病的诊断和治疗

知识目标

掌握宠物传染病的诊断方法和治疗原则。

技能目标

掌握针对病原体和宠物机体的治疗方法。

项目一　宠物传染病的诊断

对发生和怀疑的宠物传染病，诊断的及时而正确是预防工作的重要环节，是有效组织防疫措施的关键。诊断宠物传染病常用的方法有：临诊诊断、流行病学诊断、病理学诊断、微生物学诊断、免疫学诊断、分子生物学诊断等。诊断方法很多，但并不是每一种传染病和每一次诊断工作都需要全面去做，而是应该根据不同传染病的具体情况，选取一种或几种方法及时作出诊断。

（一）临诊诊断

临诊诊断是最基本的诊断方法。利用人的感觉器官或借助最简单的器械（体温计、听诊器等）直接对发病宠物进行检查。包括问诊、视诊、触诊、听诊、叩诊、嗅诊，有时也包括血、粪、尿的常规检查。

有些传染病具有特征性症状，如狂犬病、犬细小病毒病等，经过仔细的临诊检查，即可得出诊断。但是临诊诊断具有一定的局限性，对于发病初期未表现出特征性症状、非典型感染和临诊症状有许多相似之处的传染病，就难以做出诊断。因此多数情况下，临诊诊断只能提出可疑传染病的范围，必须结合其他诊断方法才能确诊。

（二）流行病学诊断

流行病学诊断是针对患传染病的宠物群体，经常与临诊诊断联系在一起的诊断方法。某些传染病临诊症状基本一样，但流行病学不一样。

流行病学诊断是在流行病学调查（疫情调查）的基础上进行的。可在临诊诊断过程中进行，通过向宠物主人询问疫情，对现场进行仔细检查，然后对调查材料进行统计分析，做出诊断。流行病学调查的内容如下：

1. 本次疫病流行的情况　最初发病的时间、地点、随后蔓延的情况，目前的疫情分布；疫区内各种宠物的数量和分布情况；发病宠物的种类、数量、性别、年龄；查清感染率、发病率、死亡率和病死率。

2. 疫情来源的调查　本地过去是否发生过类似的疫病？何时何地发生？流行情况如何？是否确诊？采取过何种防控措施？效果如何？附近地区是否发生过类似的疫病？本次发病前是否从外地引进过宠物、宠物饲料和宠物用具？输出地有无类似的疫病存在等。

3. 传播途径和方式的调查　本地各类有关宠物的饲养管理方法；宠物流动和防疫卫生情况；交通检疫和市场检疫情况；死亡宠物尸体处理情况；助长疫病传播蔓延的因素和控制疫病的经验；疫区的地理环境状况；疫区的植被和野生动物、节肢动物的分布活动情况，与疫病的传播蔓延有无关系。

综上所述，疫情调查不仅给流行病学诊断提供依据，而且为拟订防控措施提供依据。

（三）病理学诊断

对因传染病死亡宠物的尸体进行剖检，观察其病理变化，有些病理变化可作为诊断的依据。像犬传染性肝炎、禽流感、溃疡性肠炎等的病理变化有较大的诊断价值。但最急性死亡的病例，特征性的病变可能尚未出现，尽可能多检查几只，并选症状比较典型的剖检。有些传染病除肉眼检查外，还需作病理组织学检查，有的还需检查特定的器官组织，如疑为狂犬病时取大脑海马角组织进行包含体检查。

剖检尸体和采集病料时，注意以下几点：①在规定的地点和场所进行剖检，避免散播疫病；②怀疑为炭疽时，先做末梢血液涂片，必要时取脾抹片、染色镜检，排除炭疽后再解剖；③采取病料应在死后立即进行，夏季不超过6～8h，冬季不超过24h；④病料在短时间内不能送到检验单位时，用保存液保存。

（四）微生物学诊断

应用宠物微生物学的方法进行病原学检查是诊断传染病的重要方法。

1. 细菌病的诊断方法

（1）病料的采集、保存及运送。无菌操作采集病料，所用器械、容器等需事先灭菌。一般选择濒死或刚死亡的宠物。病料必须采自含病原菌最多的病变组织或脏器，采集的病料不宜过少。

取得病料后，应存放于有冰的保温瓶或4～10℃冰箱内，由专人及时送检，并附临诊病例说明，如：宠物品种、年龄、送检的病料种类和数量、检验目的、发病时间和地点、死亡率、临诊症状、免疫和用药情况等。

（2）细菌的形态检查。细菌的形态检查是细菌检验技术的重要手段之一。在细菌病的实验室诊断中，形态检查的应用有两个时机，一是将病料涂片染色镜检，初步认识细菌，决定是否进行细菌分离培养，有时通过这一环节即可得到确切诊断。如禽霍乱和炭疽的诊断。另一个时机是在细菌的分离培养之后，将细菌培养物涂片染色，观察细菌的形态、排列及染色特性，这是鉴定分离菌的基本方法之一，也是进一步生化鉴定、血清学鉴定的前提。

根据实际情况选择适当的染色方法，对病料中的细菌进行检查，常选择美蓝染色法或瑞氏染色法等单染色法，而对培养物中的细菌进行检查时，多采用革兰氏染色法等复染色法。

（3）细菌的分离培养。细菌的分离培养是细菌学检验中最重要的环节，细菌病的诊断常需要进行细菌的分离培养及移植。

细菌病的临床病料或培养物中常有多种细菌混杂，其中有致病菌，也有非致病菌，分离出目的病原菌是细菌病诊断的目的，也是进一步鉴定的前提。不同的细菌在一定培养基中有其特定的生长现象，如在液体培养基中出现均匀混浊、沉淀、菌环或菌膜等现象，在固体培养基上所形成菌落的形状、大小、色泽、气味、透明度、黏稠度、边缘结构和有无溶血现象等，根据这些特征，即可初步确定细菌的种类。

将分离到的病原菌进一步纯化，可为生化试验鉴定和血清学试验鉴定提供纯的细菌。此外，细菌分离培养技术也可用于细菌的计数和动力观察等。

（4）细菌的生化试验。细菌在代谢过程中，要进行多种生物化学反应，这些反应几乎都靠各种酶系统来催化，由于不同的细菌含有不同的酶，因而对营养物质的利用和分解能力不同，代谢产物也不尽相同，据此设计的用于鉴定细菌的试验，称为细菌的生化试验。

一般只有纯培养的细菌才能进行生化试验鉴定。生化试验在细菌鉴定中极为重要，方法也很多，主要有糖分解试验、V-P试验、甲基红试验、枸橼酸盐利用试验、吲哚试验、硫化氢试验、触酶试验、氧化酶试验、脲酶试验等。

（5）动物接种试验。选择对病原体最敏感的动物进行人工感染试验，是微生物学检验中常用的技术，最常用的是本动物接种和实验动物接种。

2. 病毒病的诊断方法

（1）病料的采集、保存和运送。与细菌病病料的采集、保存和运送方法基本一致，不同的是病毒材料的保存除冷冻外，还可放在50%甘油磷酸盐缓冲液中保存，液体病料采集后可直接加入一定量的青、链霉素或其他抗生素以防细菌的污染。

（2）包含体检查。有些病毒（如狂犬病病毒、伪狂犬病病毒）能在易感细胞中形成包含体，将病料制成涂片、组织切片或冰冻切片，特殊染色后，用普通光学显微镜检查。这种方法对能形成包含体的病毒性传染病，具有重要的诊断意义。

（3）病毒的分离培养。将采集的病料接种动物、禽胚或组织细胞，可进行病毒的分离培养。供接种或培养的病料应作除菌处理，除菌方法有滤器除菌、高速离心除菌和用抗生素处理等。

被接种的动物、禽胚或细胞出现死亡或病变时，可用血清学试验等进一步鉴定病毒。

（4）动物接种试验。病毒病的诊断也可用动物接种试验来进行。取病料或分离到的病毒接种实验动物，通过观察记录动物的发病时间、临诊症状及病变甚至死亡的情况，来判断病毒的存在。

（五）免疫学诊断

免疫学诊断是传染病诊断和检疫常用的方法，包括血清学试验和变态反应两类。

1. 血清学试验　血清学试验是利用抗原和抗体特异性结合的免疫学反应进行诊断，具有特异性强、检出率高、方法简易快速的特点。可以用已知抗原来测定被检宠物血清中的特异性抗体，也可以用已知抗体来测定被检材料中的抗原。血清学试验有中和试验（毒素抗毒素中和试验、病毒中和试验等），凝集试验（直接凝集试验、间接凝集试验、间接血凝试验、SPA协同凝集试验和血细胞凝集抑制试验等），沉淀试验（环状沉淀试验、琼脂扩散沉淀试验和免疫电泳等），溶细胞试验（溶菌试验、溶血试验），补体结合试验，免疫标记技术等。

2. 变态反应 结核分枝杆菌、布鲁氏菌等细胞内寄生菌，在传染的过程中，能引起以细胞免疫为主的Ⅳ型变态反应。这种变态反应是以病原微生物或其代谢产物作为变应原，在传染过程中发生的，因此称为传染性变态反应。临床上常用传染性变态反应来诊断细胞内寄生菌引起的慢性传染病，如通过给宠物皮内注射结核菌素，根据局部炎症情况判定是否感染结核杆菌。

（六）分子生物学诊断

分子生物学诊断又称基因诊断。主要是针对不同病原微生物所具有的特异性核酸序列和结构进行测定。其特点是灵敏度高、特异性强、检出率高，是目前最先进的诊断技术。主要方法有核酸探针、PCR 技术和 DNA 芯片技术。

1. PCR 诊断技术 PCR 技术又称聚合酶链式反应，是 20 世纪 80 年代中期发展起来的一项极有应用价值的技术。PCR 技术就是根据已知病原微生物特异性核酸序列（目前可以在因特网 Gene bank 中检索到大部分病原微生物的特异性核酸序列），设计合成与其 5′端同源、3′端互补的 2 条引物。在体外反应管中加入待检的病原微生物核酸（称为模板 DNA）、引物、dNTP 和具有热稳定性的 Taq DNA 聚合酶，在适当条件下（Mg^{2+}、pH 等），置于 PCR 仪，经过变性、复性、延伸 3 个步骤（3 种不同的反应温度和时间）为一个循环，进行 20～30 次循环。如果待检的病原微生物核酸与引物上的碱基匹配，合成的核酸产物就会以 2^n（n 为循环次数）呈递数递增。产物经琼脂糖凝胶电泳，可见到预期大小的 DNA 条带出现，就可做出确诊。

此技术具有特异性强、灵敏度高、操作简便、快速、重复性好和对原材料要求较低等特点。它尤其适用于那些培养时间较长的病原菌的检查，如结核分枝杆菌、支原体等。PCR 的高度敏感性使该技术在病原体诊断过程中极易出现假阳性，避免污染是提高 PCR 诊断准确性的关键环节。

常用检测病原体的 PCR 技术有反转录 PCR（RT-PCR）、免疫 PCR 等。

RT-PCR 是先将 mRNA 在反转录酶的作用下，反转录为 cDNA（互补 DNA），然后以 cDNA 为模板进行 PCR 扩增，通过对扩增产物的鉴定，检测 mRNA 相应的病原体。

免疫 PCR 是将一段已知序列的质粒 DNA 片段连接到特异性的抗体（多为单克隆抗体）上，从而检测未知抗原的一种方法。它集抗原-抗体反应的特异性和 PCR 扩增反应的极高灵敏性于一体。该技术的关键是连接已知抗体与 DNA 之间的连接分子，此分子具有两个结合位点，一个位点与抗体结合，另一个位点与质粒 DNA 结合。当抗体与特异性抗原结合，形成抗原抗体-连接分子-DNA 复合物，再用 PCR 扩增仪扩增连接的 DNA 分子，如存在 DNA 产物即表明 DNA 分子上连接的抗体已经与抗原发生结合，因为抗体是已知的，从而检出被检抗原。

2. 核酸杂交技术 核酸杂交技术是利用核酸碱基互补的理论，将标记过的特异性核酸探针同经过处理、固定在滤膜上的 DNA 进行杂交，以鉴定样品中未知的 DNA。由于每一种病原体都有其独特的核苷酸序列，所以应用一种已知的特异性核酸探针，就能准确地鉴定样品中存在的是何种病原体，进而做出疾病诊断。核酸杂交技术敏感、快速、特异性强，特别是结合应用 PCR 技术之后，对靶核酸检测量已减少到皮克（pg）水平。

3. 核酸分析技术 核酸分析技术包括核酸电泳、核酸酶切电泳、寡核苷酸指纹图谱和核苷酸序列分析等技术，都已用于病原体的鉴定。例如，一些 RNA 病毒（轮状病毒、流感病毒等），由于其核酸具多片段性，故通过聚丙烯酰胺凝胶电泳分析其基因组型，便可做出快速诊断。又如，疱疹病毒等 DNA 病毒，在限制性内切酶切割后电泳，根据呈现的酶切图谱可鉴定出所检病毒的类型。

项目二 宠物传染病的治疗

（一）宠物传染病治疗的意义

宠物传染病的治疗，一方面是为了挽救发病宠物，减少损失；另一方面也是为了消除传染源，是综合性防疫措施的一个组成部分。从流行病学观点来看，传染病的治疗还应考虑经济问题，用最少的花费取得最佳的治疗效果。目前对各种宠物传染病的治疗方法虽不断改进，但仍有些疫病尚无有效的疗法。当认为发病宠物无法治愈，或治疗需要时间很长，医疗费用过高，或发病宠物对周围的人和其他动物有严重的传染威胁时，可以淘汰宰杀。尤其是传入一种过去没有发生过的危害性较大的新病时，为了防止疫病蔓延扩散，在严格消毒的情况下将发病宠物淘汰处理。因此，我们既要反对那种只管治不管防的单纯治疗观点，又要反对那种从另一个极端曲解“预防为主”、“防重于治”，认为重在预防，治疗可有可无的偏见。

（二）宠物传染病治疗的原则

宠物传染病的治疗与普通病不同，治疗宠物传染病的原则有以下几点。

（1）治疗宠物传染病，特别是那些流行性强，危害严重的传染病，必须在严格封锁或隔离的条件下进行，务必使治疗的发病宠物不成为散播病原体的传染源。

（2）对因治疗和和对症治疗相结合，既要考虑针对病原体，消除其致病作用，又要帮助宠物机体增强一般抗病能力和调整、恢复生理功能，“急则治表，缓则治本”。

（3）局部治疗和和全身治疗相结合。

（4）中西医治疗相结合，取中西医之长，达到最佳治疗效果。

（5）用药方面，坚持因地制宜、勤俭节约的原则。

（三）治疗方法

1. 针对病原体的疗法 针对病原体的疗法就是帮助机体杀灭或抑制病原体，或消除其致病作用的疗法。可分为特异性疗法、抗生素疗法和化学疗法等。

（1）特异性疗法。应用针对某种传染病的高免血清、痊愈血清（全血）等特异性生物制品进行治疗，因为这些制品只对某种特定的传染病有效，故称为特异性疗法。例如犬瘟热血清只能治疗犬瘟热，对其他病无效。

在临床上，高免血清主要用于某些急性传染病的治疗，例如犬瘟热、犬传染性肝炎、犬细小病毒病等。使用高免血清时，应注意以下几点：

①早期使用。抗毒素具有中和外毒素的作用，抗病毒血清具有中和病毒的作用，这种作用仅限于未和组织细胞结合的外毒素和病毒，而对已和组织细胞结合的外毒素、病毒及产生的组织损害无作用。因此，用免疫血清治疗时，愈早愈好，以便使毒素和病毒在未达到侵害部位之前，就被中和而失去毒性。

②多次足量。应用免疫血清治疗有收效快、疗效高、维持时间短的特点，因此，多次足量注射才能收到好的效果。

③途径适当。免疫血清的使用途径是注射，不能经口使用。静脉注射时吸收最快，易引起过敏反应，应预先加热到30℃左右；皮下注射和肌内注射量较大时应多点注射。

④防止过敏。使用异种动物制备的免疫血清时可能会引起过敏反应，要注意预防，最好用提纯制品。

（2）抗生素疗法。抗生素是治疗细菌性传染病的主要药物，使用抗生素时应注意以下问题。

①掌握抗生素的适应证。抗生素各有其主要适应证，可根据临诊诊断，估计致病菌种，依据不同抗菌药物的抗菌谱，选用适当药物。最好用分离的病原菌进行药物敏感试验，选择敏感的药物用于治疗。

②考虑用量、疗程、给药途径、不良反应、经济价值。抗菌药在机体内要发挥杀灭或抑制病原菌的作用，必须在靶组织或靶器官内达到有效的浓度，并维持一定的时间。

开始用药时，药物剂量宜大，以便集中优势药力给病原体以决定性打击，以后再根据病情酌减用量。疗程应根据疾病的类型、发病宠物的具体情况决定，一般急性感染的疗程不宜过长，可于感染控制后3d左右停药。同时，血中有效浓度维持时间受药物在体内的吸收、分布、代谢和排泄的影响。因此，应在考虑各药的药物动力学、药效学特征的基础上，结合宠物的病情、体况，制定合适的给药方案，包括药物品种、给药途径、剂量、间隔时间及疗程等。

此外，使用毒性较大的药物或用药时间较长时，最好进行血药浓度监测，作为用药的参考，以保证药物的疗效，减少不良反应的发生。

③不滥用抗生素。滥用抗生素不仅无益于发病宠物的治疗，反而会产生种种危害。

④联合用药。联合应用抗生素的目的主要在于扩大抗菌谱、增强疗效、减少用量、降低或避免毒副作用，减少或延缓耐药菌株的产生。

联合用药在下列情况下应用：用一种药物不能控制的严重感染或混合感染；病因未明而又危及生命的严重感染，先进行联合用药，确诊后再调整用药；容易出现耐药性的细菌感染；需要长期治疗的慢性疾病，为防止耐药菌的出现，而进行联合用药。

抗生素的联合应用要结合临诊经验控制使用。联合应用时有可能通过协同作用增进疗效，如青霉素与链霉素、土霉素与红霉素的合用主要表现协同作用。但是不适当的联合用药（如青霉素与红霉素、土霉素与头孢类合用会产生颉颃作用），不仅不能提高疗效，反而可能影响疗效，而且增加了病菌与多种抗生素的接触机会，更易产生广泛的耐药性。

抗生素和磺胺类药物的联合应用，也常用于治疗某些细菌性传染病。如链霉素和磺胺嘧啶合用可防止病菌迅速产生对链霉素的耐药性，这种方法可用于布鲁氏菌的治疗；青霉素与磺胺类药物的联合应用也常比单独使用的效果好。

（3）化学疗法。使用有效的化学药物帮助宠物机体消灭或抑制病原体的治疗方法，称为化学疗法。治疗宠物传染病常用的化学药物有以下几类。

①磺胺类药物。这类化学药物对大多数革兰氏阳性菌和部分革兰氏阴性菌有效，对衣原体和某些原虫也有效。对磺胺药较敏感的病原菌有链球菌、肺炎球菌、沙门氏菌、化脓放线菌、大肠杆菌等；一般敏感菌有葡萄球菌、变形杆菌、巴氏杆菌、产气荚膜梭菌、炭疽杆

菌、绿脓杆菌等。某些磺胺药还对球虫、疟原虫、弓形虫等有效，但对螺旋体、立克次氏体、结核杆菌、支原体等无效。

不同磺胺类药物对病原菌的抑制作用亦有差异。一般来说，其抗菌谱强度的顺序为SMM＞SMZ＞SD＞SDM＞SMD＞SM_2＞SDM＞SN。

根据磺胺药内服吸收情况，可分为肠道易吸收、肠道难吸收及局部外用三类，肠道易吸收的磺胺药用于治疗全身感染，如SMM、SD、SMD等；肠道难吸收的磺胺药用于治疗肠道感染，如SG、PST等；外用的磺胺药，主要用于局部软组织和创面感染，如SN、SD-Ag等。

②甲氧苄啶。甲氧苄啶有甲氧苄氨嘧啶（TMP）和二甲氧苄氨嘧啶（DVD，敌菌净）等，与磺胺类药物或某些抗生素并用，能显著增加疗效。对多种革兰氏阳性菌及革兰氏阴性菌有抗菌活性，其中较敏感的有链球菌、葡萄球菌、大肠杆菌、变形杆菌、巴氏杆菌和沙门氏菌等，但对铜绿假单胞菌、结核杆菌、钩端螺旋体无效。

③喹诺酮类药。喹诺酮类药物具有抗菌谱广、杀菌力强、吸收快、体内分布广泛、与其他抗菌药无交叉耐药性、使用方便、不良反应小等特点。这类药物主要有恩诺沙星、诺氟沙星（氟哌酸）、环丙沙星、二氟沙星、单诺沙星（达氟沙星）、氧氟沙星等。

④硝基咪唑类药。这类药物主要有甲硝唑、地美硝唑、替硝唑、氯甲硝唑、氟硝唑等，对大多数专性厌氧菌和原虫具有较强的作用，包括拟杆菌属、梭状芽孢杆菌属、产气荚膜梭菌、粪肠球菌等；但对需氧菌或兼性厌氧菌效果差。

⑤抗病毒药。抗病毒药一般毒性较大，应用较抗菌药少。目前应用的抗病毒药可通过干扰病毒吸附于细胞、阻止病毒进入宿主细胞、抑制病毒核酸复制、抑制病毒蛋白质合成、诱导宿主细胞产生抗病毒蛋白等多种途径发挥效应。

a. 吗啉胍（病毒灵）。能抑制病毒复制的各个环节，对流感病毒、副流感病毒、呼吸道合胞体病毒等RNA病毒有作用，对DNA型的某些腺病毒也有一定的抑制作用。

b. 金刚烷胺。窄谱抗病毒药。对甲型流感病毒效果好，亦能抑制丙型流感病毒、仙台病毒和伪狂犬病病毒的复制，但对乙型流感病毒、疱疹病毒、麻疹病毒、腮腺炎病毒等效果差。金刚乙胺对甲型流感病毒效果好于金刚烷胺，且毒性低。

c. 三氮唑核苷（病毒唑、利巴韦林）。广谱抗病毒药，对DNA病毒及RNA病毒均有抑制作用。敏感的病毒有流感病毒、副流感病毒、腺病毒、疱疹病毒、正黏病毒、副黏病毒、痘病毒、细小核糖核酸病毒、轮状病毒等。

d. 磷甲酸钠。磷甲酸钠主要抑制疱疹病毒及反转录病毒。

e. 甲红硫脲。亦即甲基靛红-β-缩氨硫脲，具有明显抑制痘病毒的作用，也对某些腺病毒有效。在兽医临床上，用于治疗痘病毒感染及犬传染性肝炎等。

f. 聚肌胞。聚肌胞为干扰素诱生剂，有广谱抗病毒作用，兽医在临床上，用于防治传染性犬肝炎病毒、疱疹性角膜炎等。

g. 干扰素。干扰素是机体活细胞被病毒感染或干扰素诱生剂的刺激后产生的一种低分子质量的糖蛋白。具有抗病毒感染、抗肿瘤、增强机体免疫力和抗纤维化等生物学活性。

h. 黄芪多糖。黄芪多糖是药用植物黄芪的提取物，进入机体后能诱导机体自身产生内源性的干扰素，作用于宿主细胞，产生一种抗病毒蛋白，既可抑制病毒蛋白质的合成，也可影响病毒的组装和释放。黄芪多糖有抗病毒感染、增强机体对病原微生物的吞噬作用、控制继发感染等作用。

i. 板蓝根和大青叶。是从药用植物板蓝根和大青叶中提取的有效成分，包括靛苷、β-谷甾醇、氨基酸等，有很好的增强机体免疫力、抗病毒感染、抗细菌感染和抗炎等作用。

此外，许多中草药（香菇多糖、鱼腥草、金银花、龙胆草等）也有抗病毒作用。

2. 针对机体的疗法 在宠物传染病的治疗过程中，既要考虑针对病原体，消除其致病作用，又要帮助宠物机体增强一般抗病能力和调整、恢复生理功能，促使机体战胜疾病，恢复健康。

（1）加强护理。对发病宠物护理的好坏，直接关系到治疗的效果，护理工作是治疗的基础。宠物传染病的治疗，应在严格隔离的场所进行，冬季注意保暖防寒，夏季注意防暑降温，隔离舍必须光线充足、安静、干燥、通风良好，并随时消毒，防止发病宠物彼此接触，严禁闲人入内观摩；供给发病宠物充足、清洁的饮水，每一发病宠物有单独的饮水用具；给以容易消化的高质量饲料，少喂勤添，根据病情的需要，可人工灌服或注射葡萄糖、维生素或其他营养性物质。此外，根据当时当地的具体情况、传染病性质和发病宠物的临诊特点进行适当的护理工作。

（2）对症治疗。在传染病治疗中，为了减缓或消除某些严重的症状，调节或恢复机体的生理机能而进行的内外科疗法，称为对症治疗。退热、止痛、止血、镇静、兴奋、强心、利尿、止泻、防止酸中毒和碱中毒、调节电解质平衡以及进行某些急救手术和局部治疗等，都属于对症治疗的范围。

复习思考题

1. 宠物传染病的诊断方法有哪些？
2. 简述临诊诊断和流行病学诊断的意义。
3. 试述病理学诊断、微生物学诊断、免疫学诊断及分子生物学诊断的优、缺点。
4. 简述宠物传染病的治疗原则和意义。
5. 传染病的流行病学调查（诊断）有哪些内容？
6. 工作中使用疫苗和药物有哪些误区？
7. 试述药物预防的利和弊。

模块四 犬、猫病毒性传染病

知识目标

掌握犬、猫病毒性传染病的诊断与防制措施。

技能目标

掌握犬、猫常见病毒性传染病的诊断要点及防治要点。

狂 犬 病

狂犬病（rabies），又名恐水病（hydropHolia），俗称疯狗病，是由狂犬病毒引起的人兽共患的一种急性、自然疫源性的传染病。临诊上以狂躁不安、意识紊乱，继之局部或全身麻痹而死为主要特征。

狂犬病是一种古老的自然疫源性疫病，广泛分布于除大洋洲岛国以外的世界五大洲各国，在大多数发展中国家，本病是一种严重的传染病。在我国各地均有不同程度的发生，近年来由于宠物犬和肉用犬的饲养量增加，本病在我国个别地区有上升的趋势。

【病原】

狂犬病病毒（Rabies Virus，RV）属弹状病毒科（*Rhabdoviridae*）狂犬病毒属（*Lyssavirus*）成员，核酸型为RNA。病毒颗粒呈弹状，大小为（180～250）nm×75nm。病毒粒子外有囊膜，内有核蛋白壳。囊膜的最外层有由糖蛋白构成的许多纤突，排列比较整齐，此突起具有抗原性，能刺激机体产生中和抗体。病毒含有5种主要蛋白（L、N、G、M_1和M_2）和2种微小蛋白（P_{40}和P_{43}）。L蛋白呈现转录作用；N蛋白是组成病毒粒子的主要核蛋白，是诱导狂犬病细胞免疫的主要成分，常用于狂犬病病毒的诊断、分类和流行病学研究；G蛋白是构成病毒表面纤突的糖蛋白，具有凝集红细胞的特性，是狂犬病病毒与细胞受体结合的结构，在狂犬病病毒致病与免疫中起着关键作用；M_1蛋白属特异性抗原，并与M_2构成细胞表面抗原。

RV具有凝集鹅和1日龄雏鸡红细胞的能力，并可被特异性抗体所抑制，故可用HA和HI试验鉴定。

RV能在多种原代细胞（鸡成纤维细胞、小鼠和仓鼠肾上皮细胞）培养物中增殖，也能在传代细胞（BHK-21、兔内皮细胞系等）中增殖，尤其对BHK-21细胞非常敏感。也可在鸡胚内增殖，特别是对5～6日龄鸡胚进行绒毛尿囊膜接种，病毒在绒毛尿囊膜和胚体中枢神经系统内增殖，直至12日龄时病毒滴度逐渐下降。

从自然病例分离的病毒称为街毒，将街毒接种于兔脑，连续传代使潜伏期变短，并稳定不变，称为固定毒，因而可用作疫苗。单克隆抗体研究表明，不同地区分离的“街毒”之间存在着抗原差异，也发现“街毒”与“固定毒”之间在抗原组成上有所不同。这可能是疫苗的保护作用有时不完全的原因。

病毒主要存在于患病宠物的中枢神经组织、唾液腺和唾液中，其他脏器、血液、乳汁中可能有少量病毒存在。在中枢神经和唾液腺细胞的细胞质内常形成狂犬病特有的包含体，称内基氏（Negri）小体。

病毒能抵抗组织自溶和腐败，在室温中不稳定，反复冻融可使病毒灭活。病毒对酸、碱、石炭酸、福尔马林、升汞等消毒药物敏感。各种脂性溶剂、70%酒精、碘液和 pH 降低时均可使之灭活。病毒对日光、X 射线和湿热（50℃ 15min，100℃ 2min）敏感。但在冷冻或冻干状态下可长期保存病毒。

【流行病学】

本病能感染人及所有的温血动物，包括鸟类；在少数国家的野生动物中流行严重，以鼬鼠、香猫、松鼠、臭鼬和蝙蝠为主，随后传至狼、狐、犬、猫等野兽和家兽，再传至人以及牛、猪、马、羊等动物。

患病和带毒的动物（我国以犬为主）是主要的传染源和病毒储存宿主，病犬在潜伏期时，其唾液就可排毒。在我国的流行地区，外观健康的犬血清阳性率达 8.3%～25%。

本病主要通过咬伤、损伤的皮肤黏膜、消化道摄入、呼吸道吸入等途径传播（图 4-1），具有明显的连锁性。各种动物的发病比例不同：犬 72%，牛 18.4%，鹿 5.5%，马 4.2%，猪 3%。本病一年四季均可发生，但春夏季发生较多，这与犬的活动期有一定关系。感染不分性别、年龄。

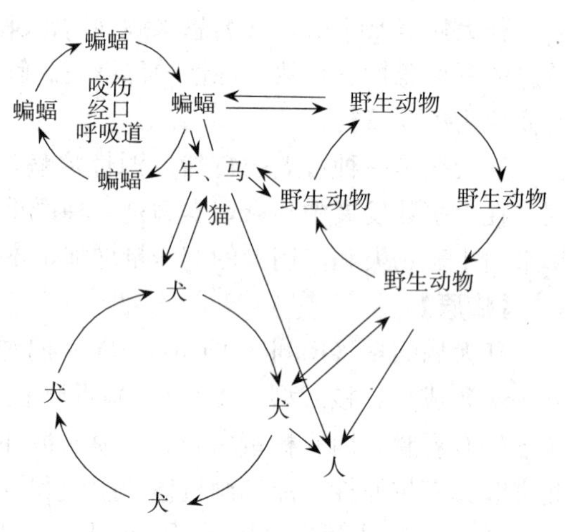

图 4-1　狂犬病的感染途径

病毒对神经和唾液腺有明显的亲嗜性。病毒经过神经元的途径侵害神经，并存在于有髓神经的轴索内。病毒由中枢沿神经向外周扩散，抵唾液腺，进入唾液。病毒在中枢神经系统繁殖，可损害神经细胞和血管壁，引起血管周围的细胞浸润。神经细胞受到刺激后引起神志扰乱和反射性兴奋性增高；后期神经细胞变性，逐渐引起麻痹症状，最后因呼吸中枢麻痹造成死亡。

人和大部分其他哺乳动物易感，如肉食目的犬科动物（犬、狐、狼），猫科动物（猫、貂等），国内已报告有小牛和猪患病。此外，非哺乳类动物如鸡也可被感染。实验动物中，家兔、小鼠和豚鼠都易感。

人和哺乳动物的感染绝大部分是被患犬咬伤，因患犬的唾液中含有病毒。当然外表健康的动物也可能带毒，它们是病毒的贮存宿主。已经证明吸血蝙蝠和食虫、食果蝙蝠在病毒的散布中也起重要作用。因为蝙蝠可感染和排出狂犬病病毒，但它本身并不发生致死性的临诊症状。所有这些都可成为人畜患病的传染源。

非咬伤感染可通过吸入和食入传染性物质。如经呼吸道吸入，或健康动物的皮肤和黏膜原有创伤或磨伤时再接触含有病毒的唾液即可被感染。在非洲还有从蚊虫体内分离到病毒的报道，说明可能还有另外的传播途径。

【症状】

潜伏期很不一致，这与感染病毒的量，感染的部位及宠物的易感性相关。一般为15d，长者可达数月或一年以上。犬、猫、猪一般为10～60d，人为30～90d。犬的临诊表现分两型：狂暴型和麻痹型（或沉郁型）。

1. 狂暴型　分前驱期、兴奋期和麻痹期。

（1）前驱期。表现精神沉郁，常躲在暗处，不听呼唤，不愿与人接近。食欲反常，喜吃异物，吞咽时颈部伸展，瞳孔散大，唾液分泌增多，后躯软弱，性格变态。此期约经半天到2d。

（2）兴奋期。表现狂暴，常主动攻击人畜，高度兴奋。狂暴之后出现沉郁，病犬卧地，疲劳不动，一会又立起，眼斜视，精神惶恐。稍受刺激就出现新的发作，疯狂攻击，或自咬四肢、尾及阴部，病犬常在外游荡，多不归家。吠声嘶哑，下颌麻痹，流涎。此期经2～4d。

（3）麻痹期。由于三叉神经麻痹出现下颌下垂，舌脱出，流涎，很快后躯及四肢麻痹，卧地不起，抽搐，最后因呼吸中枢麻痹或衰竭而死。病程1～2d。

2. 麻痹型或沉郁型　病犬只经过短期兴奋即进入麻痹期。表现喉头、下颌、后躯麻痹，流涎，张口，吞咽困难。一般经2～4d死亡。

猫多为狂暴型，症状与犬相似，但病程较短。在出现症状后2～4d死亡。在发作时，攻击抓伤其他猫、宠物和人，对人危害较大。

【病变】

尸体消瘦，皮肤可见咬伤，撕裂伤。口腔、咽和喉黏膜充血、糜烂，胃内空虚或有异物，胃肠黏膜充血或出血，脑膜及实质中可见充血和出血。病理组织学检查，脑呈非化脓性脑脊髓炎变化。病变以脑干和海马角最明显。特征变化是在多种神经细胞胞质内出现嗜酸性包含体，称为内基氏小体。这是病毒寄生于神经元尼氏体部位的标志。应该注意的是，有时死于狂犬病的犬找不到包含体。

【诊断】

根据宠物出现的典型症状和病程、病史可作初步诊断。对可疑病犬应拘禁观察或扑杀，并进行实验室诊断。

1. 病理组织学检查　将出现脑炎症状的患病宠物扑杀，取小脑或大脑海马角部作触片或病理切片，经Giemsa染色或H-E染色后镜检，见神经细胞内有内基氏小体，即可诊断。病犬脑组织的阳性检出率仅为70%。

2. 荧光抗体法　取可疑病犬脑组织或唾液腺制成触片或冰冻切片，用荧光抗体染色（将纯化的狂犬病高免血清γ球蛋白用异硫氰荧光素标记）在荧光显微镜下观察，见细胞质内出现黄绿色荧光颗粒即可诊断。此法快速且特异性强，其检出率可达90%。

3. 动物接种　取脑病料制成乳剂，经脑内途径接种30日龄小鼠，观察3周。若在接种后1～2周内小鼠出现麻痹症状和脑膜炎变化即可确诊。

也可通过血清中和试验，检验狂犬病抗体而确定。此外，酶联免疫吸附试验、核酸探针技术也可用于本病的诊断。

【防制】

捉捕和管理患病宠物应极其小心，以免被咬伤感染。如果死亡，应将患犬头部送到有条件的实验室作有关项目的检查。当人被可疑的狂犬病的犬咬伤时，应尽量挤出伤口中的血液，用肥皂水彻底清洗，并用3%碘酊处理，接种狂犬病疫苗。最好同时在伤口周围浸润处注射免疫球蛋白或抗血清，可降低发病率。家畜被病犬或可疑病犬咬伤后，应尽量挤出伤口的血，然后用肥皂水或0.1%升汞水、酒精、醋酸、3%石炭酸、碘酊等消毒药或防腐剂处理，并用狂犬病疫苗紧急接种，使被咬动物在疫病的潜伏期内就产生主动免疫，以免发病。

凡是病犬，且过去又没进行过免疫的，应立即处死。对于免疫的犬，在已知的免疫期内若接触病犬或被咬伤，应彻底处理创伤，再给动物注射疫苗，并将其隔离饲养，至少观察30d。

用灭活或改良的活毒疫苗可预防狂犬病。用改良的活毒疫苗免疫犬，应在3～4月龄时首免，一岁时再免疫，然后每三年免疫一次。灭活苗的免疫期比较短，首免之后3～4周二免，此后每年接种一次。猫用狂犬病疫苗接种，首免应在3周龄，以后每年接种一次。

附：人患本病多是由于被病犬咬伤所致。病初表现头痛，乏力，食欲不振，恶心、呕吐等。被咬伤部位有发痒，似蜜蜂爬等感觉，脉搏快，瞳孔散大，多泪，流涎，出汗，有时呼吸肌和咽部痉挛，出现呼吸困难，见到水就恐惧，故名恐水症（恐水症只发生于人）。有时也出现狂暴，不能自制。通常在发病3～4d后，因全身麻痹死亡。

伪狂犬病

伪狂犬病（pseudorabies，PR）是多种家畜和野生动物都可感染的一种急性病毒性传染病，家畜中以猪发生较多，但犬也可感染发病。猪群暴发本病时，犬常先于猪或与猪同时发病。本病与狂犬病有类似症状，曾被误认为狂犬病，而后启用了伪狂犬病病名。本病以奇痒和脑脊髓炎为主要特征。

本病早在1813年前后就存在于美国，1902年匈牙利学者Aujeszky首次认定本病是与狂犬病不同的一种独特型的疾病，并报道了发生于牛、犬和猫的病例，因此得名Aujeszky disease。目前，除了澳大利亚外，广泛分布世界许多国家。我国于1947年在家猫中发现本病，1956年在仔猪群中发现本病。

【病原】

伪狂犬病病毒（Pseudorabies virus，PRV），属疱疹病毒科（*Herpesviridae*）水痘病毒属（*Varicellovirus*）成员。病毒粒子呈球形，完整的病毒粒子由核心、衣壳、外膜和囊膜组成，直径为150～180nm，核衣壳直径105～150nm，有囊膜，表面有呈放射状排列的长8～10nm的纤突。基因组为线性双股DNA，可编码70～100种病毒蛋白，其中有50种为结构蛋白。糖蛋白gE、gC和gD在免疫诱导方面起着重要作用。

PRV仅有一个血清型，但毒株间存有差异。病毒能在鸡胚和多种哺乳动物的细胞上增殖，产生核内嗜酸性包含体。当病毒适应鸡胚后，易连续继代。病毒在猪肾细胞、兔肾细胞和鸡胚细胞上能形成蚀斑。

病毒在pH4～9保持稳定，8℃存活46d，24℃为30d，55～60℃经30～50min才能灭活，80℃经3min灭活。病毒对外界环境抵抗力很强，在畜舍干草中的病毒，夏季可存活1个月，冬季达1.5个月。病畜肉中的病毒可存活5周以上，腐败11d的肉中病毒才能死亡。

在 0.5%石炭酸中可存活 10d。病毒对乙醚、氯仿等有机溶剂和紫外线照射等敏感。常用的消毒药如 0.5%石灰乳、0.5%盐酸、1%氢氧化钠、福尔马林、氯制剂等都能很快将其杀灭。

【流行病学】

本病自然发生于猪、牛、绵羊、犬、猫、野生动物中，鼠可自然发病，其他动物如水貂等也可发生本病。实验动物中兔最易感，小鼠、大鼠、豚鼠等也可感染。人不发生本病。猪场猪群暴发本病时，犬常先于猪或与猪同时发病。本病多散发，有的呈地方性流行。

病猪、带毒猪和带毒鼠类为本病重要传染源。

伪狂犬病病毒主要存在于病猪体内，并随鼻液、唾液、尿、乳汁及阴道分泌物向外排毒，犬常因食入病猪肉或病死鼠肉后感染发病，病犬虽有很高的致死率，但并不能向外界排毒。本病主要经消化道感染，但也可经呼吸道、皮肤创口及配种而感染。不分品种、性别和年龄的犬、猫均可感染发病。本病一年四季均可发生，但以冬春季节多发。

【症状】

感染犬的潜伏期为 3～6d，少数长达 10d。病初，患犬精神不振，对周围事物表现淡漠，见到主人也无表情，不食，蜷缩而卧。之后逐渐发展到情绪不稳，坐立不安，睡眠不宁，毫无目的地往返运动和乱叫。特征性症状是不断地舐擦皮肤某处，稍后表现奇痒难忍，有抓、咬、舐、搔等表现，严重时将该处皮肤抓咬得皮开肉绽，甚至发出悲哀的叫声。这种典型形式多取急性经过，常在 2d 内死亡。

非典型伪狂犬病的病程较长，缺乏典型的奇痒症状，主要表现沉郁，虚弱，不断呻吟，且时而呆望身体某一处，显示该处疼痛。有节奏性摇尾，面部肌肉抽搐，瞳孔大小不一等症状。

狂躁型伪狂犬，主要表现情绪激动，乱咬各种物体，有攻击行为，或在室内乱窜，抗拒触摸。因咽部麻痹而不能吞咽，不断地流涎。两眼瞳孔大小不等。反射兴奋性增高，后期降低。

不论以上哪一种类型，病后期都会出现头颈部肌肉和唇肌痉挛，最后出现呼吸困难、痉挛死亡，病程常为 24～48h，病死率高达 100%。

感染猫的潜伏期为 1～9d。病初表现嗜睡、沉郁、不安、有攻击动作、抗拒触摸，之后病情迅速发展，表现为过分吞食，唾液增多、呕吐、无目的乱叫，病后期表现较严重的神经症状，感觉过敏、摩擦脸部。奇痒并导致自咬。这种典型伪狂犬多取急性经过，常在 3d 内死亡。非典型伪狂犬占感染猫的 40%，病程较长，常无典型的奇痒症状。主要表现为沉郁、虚弱、吞食等症状。但节奏性摇尾、面部肌肉抽搐、瞳孔不均等现象在两种形式的病程中均能见到。

【病变】

脑膜明显充血，脑脊髓液增多。表现为弥散性非化脓性脑膜脑炎及神经节炎。脑神经细胞和星状细胞内可见到核内包含体。肺水肿。

【诊断】

依据流行特点和临诊资料，可作出初步诊断。确诊本病应取脑、脊髓等组织进行实验室诊断。

1. 病理学诊断　在组织切片中可见到神经细胞内核中的包含体。

2. 荧光抗体试验 用可疑病料制成触片或冰冻切片，直接进行荧光染色，在神经细胞胞质及细胞核内见到荧光，即可确诊。

3. 动物接种试验 将病料用PBS制成10%悬液，经2000r/min离心10min，取上清液1～2mL经腹侧皮下或肌内接种家兔，通常在36～48h后注射部位出现剧痒，病兔啃咬注射部位皮肤，皮肤脱毛、破皮和出血，继而四肢麻痹，体温下降，卧地不起，最后角弓反张，抽搐死亡。但在个别情况下，可能病料中含病毒量过低，潜伏期可能会延长至7d。

此外，血清中和试验、琼脂扩散试验、补体结合试验、PCR技术及酶联免疫测定等也常用于本病的诊断，其中血清中和试验最灵敏，假阳性少。

【类症鉴别】

本病要和狂犬病鉴别。患狂犬病犬攻击人很厉害，患伪狂犬病犬虽有攻击动作，但并不是真的攻击人。伪狂犬病犬表现奇痒，狂犬病犬则无。患狂犬病犬曾有咬伤史，而本病无。

【防制】

主要应加强灭鼠，禁止饲喂生猪肉，更不能喂病猪肉。对病犬粪便和尿液要随时冲刷清理，犬舍用2%烧碱进行消毒处理。

本病尚无特效疗法。对无治疗价值的患犬、猫应及早扑杀，作无害化处理。对名贵种犬、猫，早期应用抗伪狂犬病高免血清治疗，可取得一定疗效。防止继发感染，可用磺胺类药物。人对PRV一般不易感，仅有个别人感染后可出现皮肤剧痒现象，通常不引起死亡，因此，猫、犬感染对公共卫生不构成危险。由于病毒仅局限于神经组织，所以在猫、犬中不会发生横向传播。

疫区可试用伪狂犬病弱毒疫苗，对4月龄以上的犬肌内注射0.2mL；大于1岁的犬注射0.5mL，3周后再接种1次，剂量为1mL。

犬 瘟 热

犬瘟热（canine distemper，CD）是由犬瘟热病毒引起的犬和食肉目中许多动物的一种急性、高度接触性、致死性传染病。临诊上以双相热型，急性卡他性鼻炎，随后以支气管炎、卡他性肺炎、胃肠炎和神经症状为特征。病后期部分病例可出现鼻翼皮肤和足垫高度角质化（硬脚垫病）。

CD于18世纪末叶流行于欧洲，1905年Garre证实是由病毒引起的疾病。我国1973年发现此病，1980年分离到病毒。目前，本病在全世界普遍存在，已成为犬和毛皮动物的重要传染病。

【病原】

犬瘟热病毒（Canine distemper virus，CDV）属于副黏病毒科（*Paramyxoviridae*）麻疹病毒属（*Morbillivirus*），病毒基因组为单分子负链RNA，只有一个血清型。病毒呈圆形或不整形，直径110～550nm，多数在150～330nm，有囊膜，囊膜表面有纤突，具有吸附细胞的作用。病毒粒子中含有核衣壳蛋白（N）、磷蛋白（P）、大蛋白（L）、基膜蛋白（M）、融合蛋白（F）、附着或血凝蛋白（H），其中N蛋白和F蛋白与麻疹病毒和牛瘟病毒具有很高的同源性，可引起交叉免疫保护。F蛋白能引起动物的完全免疫应答。

病毒存在于肝、脾、肺、脑、肾、淋巴结等多种器官和组织中。病毒可在犬、犊牛肾细胞以及鸡成纤维等细胞上生长，但初次分离培养比较困难，一旦适应细胞后，易在其他细胞上生长，其中以犬肺巨噬细胞最为敏感，可形成葡萄串状的典型细胞病变。病毒在鸡胚尿囊膜上能形成特征性痘斑，常被用作测定病毒中和抗体的标准体系。

病毒对低温有较强的抵抗力，－10℃可存活几个月，－70℃或冻干条件下可长期存活，0℃以上感染力迅速丧失，干燥的病毒在室温中较稳定，32℃以上易被灭活。病毒对可见光、紫外线、有机溶剂和碱性溶液敏感。临诊上常用3%氢氧化钠溶液、3%福尔马林、5%石炭酸作为消毒剂，有较好的杀灭病毒作用。

【流行病学】

在自然条件下，犬科、鼬科以及浣熊科的浣熊和小熊猫等均有易感性。不同性别、年龄和品种均可发病。以1岁以内的犬多发，特别是3～6月龄的幼犬。纯种犬发病率高于土种犬。犬瘟热一年四季均可发病，但以冬春寒冷季节多发。

病犬和带毒犬是主要的传染源，其次是患有本病的其他动物和带毒动物。病犬的眼鼻分泌物、唾液、粪、尿及呼出的气体等均含有大量病毒，曾有人报道感染犬瘟热病毒的犬60～90d后，尿液中仍有病毒排出。传播途径是病犬与健康犬直接接触，主要经呼吸道感染，其次为消化道感染，也可经眼结膜、口鼻腔黏膜、阴道和直肠黏膜感染。同室犬一旦有犬瘟热发现，无论采取怎样严密防护的措施，都不能避免同居一室的犬感染。也有人提出，犬瘟热病毒还能通过胎盘垂直传播，造成流产和死胎。

耐过犬可获得坚强的免疫力。仔犬可通过初乳获得母犬70%～80%的被动免疫。

本病流行常有一定的周期性，一般每隔2～3年出现一次大流行。近年来，由于养犬业发展迅猛，犬的调运交流频繁，以至犬群的免疫水平不定，发病周期已不再明显。

【症状】

犬瘟热潜伏期随传染源来源的不同长短差异较大。来源于同种动物的潜伏期为3～6d，来源于异种动物的野毒株，由于需要一段时间适应，潜伏期可拖延到30～90d。

由于感染病毒的毒力与数量不一，环境条件、年龄及免疫状态不同，因此表现的症状也有差异。病初精神不振，食欲下降或不食。眼、鼻流出浆性分泌物，1～2d后转为黏性或脓性，有时混有血丝，发臭。体温升至39.5～41℃，持续约2d，然后消退至常温。此时病犬感觉良好，食欲恢复。2～3d后体温再次升高，并持续数周，即所谓的双相型发热。可见有流泪、眼结膜发红、眼分泌物由液状变成黏脓性。鼻镜发干，有鼻液流出，开始是浆液性鼻液，后变成脓性鼻液。病初有干咳，后转为湿咳，呼吸困难，呕吐。严重病例发生腹泻，粪呈水样，恶臭，混有黏液和血液。有的发生肠套叠。最终因严重脱水和衰弱死亡。

神经症状大多在上述症状好转后10d左右出现。主要以足垫、鼻端皮肤出现角质化的病犬多发。由于犬瘟热病毒侵害中枢神经系统的部位不同，症状有所差异，常表现为癫痫、转圈、站立姿势异常、步态不稳、共济失调、咀嚼肌及四肢出现阵发性抽搐等神经症状，此种神经性犬瘟热多预后不良。经胎盘感染的幼犬在4～7周龄时发生神经症状，且成窝发作。

发热初期，少数幼犬下腹部、大腿内侧和外耳道发生水疱性或脓疱性皮疹，康复时干枯消失。这可能是继发细菌感染引起的，因为单纯性病毒感染不见这种皮疹。

犬瘟热病毒可导致部分犬眼睛损伤，临诊上以结膜炎、角膜炎为特征，角膜炎大多是在发病后15d左右多见，角膜变白，重者可出现角膜溃疡、穿孔、失明。

幼犬死亡率很高，可达80%～90%。并可继发肺炎、肠炎、肠套叠等。临诊上一旦出现特征性犬瘟热症状，常预后不良，特别是未免疫的犬。临诊上进行对症治疗，对病情的发展很难控制，部分恢复的犬一般都可留下不同程度的后遗症，如舞蹈病和麻痹症等。

仔犬在7d内感染时常出现心肌炎，双目失明。幼犬在永久齿长出之前感染本病，则牙釉质严重损害，表现牙齿生长不规则。警犬、军犬发生本病后，常因嗅觉细胞萎缩而导致嗅觉缺损。妊娠母犬感染本病可发生流产、死胎和仔犬成活率下降等现象。

【病变】

犬瘟热病理解剖缺乏特征性变化。可见有不同程度的上呼吸道和消化道卡他性炎症。上呼吸道有黏液性或脓性渗出物。肺充血、出血。胃肠黏膜肿胀、充血和出血，大肠常有过量黏液。肝、脾瘀血、肿大。胸腺萎缩并有胶冻样浸润。脑膜充血、出血，脑室扩张及脑脊液增多，呈非化脓性脑膜炎变化。肾上腺皮质变性。轻度间质性附睾炎和睾丸炎。

【诊断】

本病诊断比较困难，经常存在混合感染（如犬传染性肝炎等）和细菌性继发感染而使临诊表现复杂化。只有将临诊调查资料与实验室检查结果结合考虑才能确诊。

1. 镜检

（1）在病毒感染期，病犬白细胞数减少（$4\times10^{9}\sim1\times10^{10}$个/L）。继发感染时，白细胞数增多（可达$4\times10^{10}\sim8\times10^{10}$个/L）。

（2）特征性包含体是诊断犬瘟热的重要辅助手段。检查时取洁净玻片，滴加一滴生理盐水，用刀片在病犬的鼻黏膜、阴道黏膜上刮取上皮细胞，混于玻片上的生理盐水中，置空气中自然干燥，用甲醛固定，经苏木素-伊红染色镜检。细胞核染成蓝色，细胞质为淡玫瑰色，包含体为红色。一个细胞可能有1～10个多形性包含体，呈椭圆形或圆形，直径为1～2μm。

2. 荧光抗体试验　取发病后2～5d的血液白细胞层或病后5～21d的眼结膜或生殖道上皮细胞做涂片，直接进行荧光抗体染色镜检，检查到病毒抗原者判为阳性。

也可采用中和试验、补体结合试验、酶标抗体技术和CD病毒抗原快速检测试纸进行诊断。

【防制】

（1）本病的预防办法是定期进行免疫接种犬瘟热疫苗。目前我国生产的犬瘟热疫苗是细胞培养弱毒疫苗。免疫程序为首免在6周龄进行，二免为8周龄，10周龄进行三免。以后每年免疫一次，每次的免疫剂量为2mL，可获得一定的免疫效果。鉴于12周龄以下幼犬的体内存在母源抗体，可明显地影响犬瘟热疫苗的免疫效果，因此，对12周龄以下的幼犬，最好应用麻疹疫苗（犬瘟热病毒与麻疹病毒同属麻疹病毒属，有共同抗原），其具体免疫方法是，当幼犬在1月龄及2月龄时，各用麻疹疫苗免疫一次，其免疫剂量为每犬肌内注射1mL（2.5人份），12～16周龄时，用犬瘟热疫苗免疫。据报道，用此免疫程序免疫时，可获得较好的免疫效果。目前市场上出售的六联苗、五联苗、三联苗等均可按以上程序进行免疫。

（2）一旦发生犬瘟热，为了防止疫情蔓延，必须迅速将病犬严格隔离，病舍及环境用火碱、次氯酸钠、来苏儿等消毒剂进行彻底消毒。严格禁止病犬和健康犬接触。对尚未发病但有感染可能的假定健康犬及受疫情威胁的犬，应立即用犬瘟热高免血清进行被动免疫或用小儿麻疹疫苗进行紧急预防注射，待疫情稳定后，再用犬瘟热疫苗进行免疫。

（3）在出现临诊症状之后，可用大剂量的犬瘟热高免血清进行注射，控制病情发展。在犬瘟热最初发病期间给予大剂量的高免血清，可以使机体增加足够的抗体，防止出现临诊症状，以达到治疗目的。对于犬瘟热临诊症状明显，出现神经症状的中后期，即使注射犬瘟热高免血清也很难治愈。

（4）对症治疗。补糖、补液、退热，防止继发感染和酸中毒，加强饲养管理等方法，对本病有一定的治疗作用。

犬传染性肝炎

犬传染性肝炎（infectious canine hepatitis，ICH）是由犬传染性肝炎病毒引起的犬的一种急性、高度接触性、败血性传染病。临诊上以马鞍型高热、严重血凝不良、肝受损、角膜混浊等为主要特征。

犬传染性肝炎于1947年由Rubarth最早发现，又称Rubarth氏病。1959年，Kapsenberg等首先分离到病毒。目前本病广泛分布于世界各地。我国于1983年发现本病的存在，1984年从病犬体内分离到病毒，1989年从患脑炎的狐狸中分离到病毒。本病是犬、狐狸的重要传染病之一。

【病原】

犬传染性肝炎病毒（Infectious Canine hepatitis virus，ICHV）属于腺病毒科（*Adenoviridae*）、哺乳动物腺病毒属（*Mastadenovirus*）成员。来自世界各地的毒株抗原性都相同。病毒粒子为球形，无囊膜，直径为70～80nm，20面体对称，有纤突，纤突顶端有一个直径4nm的球状物，具有吸附细胞和凝集红细胞的作用。基因组为双股线状DNA。依据DNA各基因转录时间先后顺序不同，区分为E_1～E_4、L_1～L_5等基因区段，分别编码病毒早期转录蛋白和结构蛋白。

犬的腺病毒分为CA-Ⅰ型和CA-Ⅱ型。CA-Ⅰ型是引起犬传染性肝炎的病原，称为犬传染性肝炎病毒（ICHV）。CA-Ⅱ型是引起犬传染性喉气管炎的病原。两者具有70%的基因亲缘关系，所以在免疫上有交叉保护作用。

CA-Ⅰ型在4℃ pH7.5～8.0时能凝集鸡红细胞，在pH6.5～7.5时能凝集豚鼠、大鼠和人O型红细胞，这种现象能被特异性血清所抑制。利用这种特性可进行HA和HI试验。CA-Ⅱ型不能凝集豚鼠的红细胞，利用此特性可与CA-Ⅰ型相区别。

病毒易在犬肾和犬睾丸细胞内增殖，也可在猪、豚鼠的肺细胞和肾细胞中增殖，出现细胞病变，并可形成直径1～3μm的蚀斑，常有核内包含体，初为嗜酸性，而后变为嗜碱性。

犬传染性肝炎病毒与人的乙型肝炎病毒无关。对外界抵抗力较强，对有机溶剂和酒精有抗性，污染的注射器和针头仅用酒精消毒仍可传播本病。但紫外线照射可灭活病毒，甲酚和有机碘类消毒剂可杀灭病毒。病毒不耐高温，在50～68℃时，5min即失去活力。常用消毒剂为苯酚、甲醛、碘酊和3%的苛性钠。

【流行病学】

在自然条件下，病毒由口腔和咽上皮侵入附近的扁桃体，由淋巴液和血液扩散至全身。犬和狐狸均是自然宿主，尤其是病犬及带毒犬是本病的重要传染源。病毒于患病初期就存在于血液中，在病犬和隐性感染犬的病程中病毒均可随分泌物和排泄物排出体外污染外界环境。康复犬经尿中排毒可达6～9个月之久。易感犬通过接触被病毒污染的用具、饮水、食物等经消化道、呼吸道及眼结膜感染发病，感染病毒的怀孕母犬也可经胎盘将病毒传染给胎儿。体外寄生虫也可成为传播媒介。

本病不同性别和品种的犬均可感染发病，但常见于以 1 岁以内的幼犬，尤以断奶前后的仔犬发病率最高。幼犬的病死率高达 25%～40%。成年犬很少出现症状。康复犬可产生坚强的免疫力。本病发生无明显的季节性，但以冬季多发。

【症状】

自然感染传染性肝炎的犬潜伏期为 6～9d。

1. 最急性型 多见于初生仔犬至 1 岁内的幼犬。病犬突然出现严重腹痛和体温明显升高，有时呕血或血性腹泻。发病后多在 24h 内死亡，如能耐过 48h，多能康复。

2. 急性型 此型病犬可出现本病的典型症状，多能耐过而康复。病初，精神轻度沉郁，有多量浆液性鼻液，羞明流泪，寒战怕冷，体温高达 41℃，持续 1～3d，然后降至正常体温，稳定 1d 左右，接着又第二次体温升高，呈“马鞍”型体温曲线。在体温上升的早期，血液学检查可见白细胞减少，常在 2.5×10^9 个/L 以下。随后出现腹痛、食欲不振、口渴、呕吐、腹泻，病犬可视黏膜苍白，有的齿龈和口腔黏膜有斑状或点状出血，扁桃体和全身淋巴结肿大。心跳加快，呼吸急促，多数病例出现蛋白尿。病犬血凝时间延长，如有出血，往往流血不止。有的病例出现步态踉跄、过敏等神经症状。可视黏膜有轻度黄疸。在急性症状消失后，约有 20%的恢复期病犬出现单侧或双侧间质性角膜炎和角膜水肿，甚至呈蓝白色的角膜翳，称为肝炎性蓝眼病，在 1～2d 内可迅速出现白色混浊，持续 2～8d 后逐渐恢复。也有的由于角膜损伤造成永久性视力障碍。病犬重症期持续 4～7d 后，多很快康复。

3. 慢性型 多见于流行后期，基本无特定的临诊症状，可见轻度至中度食欲不振，精神沉郁，水样鼻液及流泪，便秘与下痢交替，体温 39℃。有的病犬狂躁不安，边叫边跑，可持续 2～3d。此类病犬死亡率低，但生长发育迟缓，有可能成为长期排毒的传染源。

4. 亚临诊（无症状）型 无临诊症状，但在血清中可检测到特异性抗体。

【病变】

皮下常有水肿。肝肿大，包膜紧张，质脆，呈淡棕色或血红色，表面呈颗粒状，肝小叶清晰。腹腔积液，暴露于空气后常发生凝固，液体中含有大量血液。肠系膜可见纤维蛋白渗出物，并常与腹膜粘连。胆囊呈黑红色，胆囊壁水肿、增厚、出血，胆囊黏膜有纤维蛋白沉着。体表淋巴结、颈淋巴结和肠系膜淋巴结肿大、出血。脾肿大，有点状出血。组织学检查，肝小叶中心坏死，常见肝细胞、枯否氏细胞和静脉内皮细胞有核内包含体。在具有眼色素层炎症病犬中，可在其色素层的沉淀物中查到病毒抗原与抗体形成的免疫复合物。

病毒从消化道上皮散布到局部淋巴结，随后发生病毒血症，进而病毒广泛地散布到身体其他部位（特别是肝、肾、淋巴结和血管内皮）。由于这些部位组织的损害，而出现相应的临诊症状。在疾病的急性发热阶段病毒侵入眼，可出现角膜水肿和严重的角膜炎。肝的损害自始至终存在（尽管通过免疫荧光技术证明病毒早已从肝消失），其肝细胞仍然存在不同程度的病变，很可能是自身免疫的原因。

全身感染后，病毒长期存在于肾中，并通过尿液排毒。最初病毒局限在血管内皮，特别是肾小球的毛细血管内皮，引起轻度的肾小球病变，出现蛋白尿。随后，病毒从肾小球血管内皮消失，而出现在肾小管上皮中，引起局灶性间质性肾炎。所以病犬的肾损害是原发性损伤和自身免疫反应的联合表现。

【诊断】

根据流行病学，临诊症状和病理变化可作出初步诊断。突然发病和出血时间延长是犬传染性肝炎的暗示，确诊依赖于特异性诊断。

1. 病毒分离 生前采取发热期病犬血液，或用棉签蘸取扁桃体；死后采取全身各脏器及腹腔液体，特别是肝或脾最为适宜，将病料接种犬肾原代细胞或幼犬眼前房中（角膜混浊并产生包含体），可出现腺病毒所具有的特征性细胞病变，并可检出核内包含体。

2. 血凝抑制反应 利用传染性肝炎病毒能凝集人的O型红细胞、鸡红细胞的特性进行HA和HI试验。

3. 皮内变态反应 将感染的脏器制成乳剂，进行离心沉淀，取其上清液用福尔马林处理后作为变态反应原。将这种变态反应原接种于皮内，然后观察接种部位有无红、肿、热、痛现象，若有为阳性，反之为阴性。

也可选用血凝试验、补体结合试验、荧光抗体试验和CIH病毒抗原快速检测试纸进行诊断。

【鉴别诊断】

本病与犬瘟热有相似之处，其鉴别要点为：肝炎病例易出血，且出血后凝血时间延长，而犬瘟热没有这种现象；肝炎病例解剖时有特征性的肝和胆囊病变以及腹腔中的血样渗出液，而犬瘟热无此现象；肝炎病毒感染后在感染组织中发现核内包含体，而犬瘟热主要为胞质内包含体；肝炎病毒人工感染能使犬、狐发病，而不能使雪貂发病，犬瘟热极易使雪貂发病，且病死率高达100%。

【防制】

1. 预防 避免盲目地由国外及外地引进犬，防止病毒传入。患病后的康复犬一定要单独饲养，最少隔离半年以上。

防止本病发生最好的办法是定期对犬进行健康免疫。国外最早使用的是利用犬腺病毒Ⅰ型感染犬肝制备的脏器灭活苗，后来研制成功的犬腺病毒Ⅰ型细胞培养弱毒苗，因其可使部分免疫犬发生“蓝眼”现象，现已逐步为犬腺病毒Ⅱ型弱毒疫苗所代替。这两种弱毒疫苗，免疫性、安全性都很好，接种14d后即可产生免疫力。目前多数是采用多联苗联合免疫的方法。国内生产的灭活疫苗免疫效果较好，且能消除弱毒苗产生的一过性症状。幼犬7～8周龄第1次接种、间隔2～3周第2次接种，成年犬每年免疫2次。

自然感染发病犬，免疫期长达5年之久。

2. 治疗 在发病初期可用传染性肝炎高免血清治疗，有一定的作用。一旦出现明显的临诊症状，即使使用大剂量的高免血清也很难有治疗作用。对症治疗，静脉注射葡萄糖、三磷酸腺苷、辅酶A以及补液对本病康复有一定作用。全身应用抗生素及磺胺类药物可防止继发感染。

对患有角膜炎的犬可用0.5%利多卡因和氯霉素眼药水交替点眼。出现角膜混浊，一般认为是对病原的变态反应，多可自然恢复。若病变发展使眼前房出血时，用3%～5%碘制剂（碘化钾、碘化钠）、水杨酸制剂和钙制剂以3∶3∶1的比例混合静脉注射，每日1次，每次5～10mL，3～7d为1个疗程。或肌内注射水杨酸钠，并用抗生素点眼液。注意防止紫外线刺激，不能使用糖皮质激素。

治疗本病无特效药物。此病毒对肝的损害作用在发病1周后减退，因此，主要采取对症治疗和加强饲养管理。病初大量注射抗犬传染性肝炎病毒的高效价血清，可有效地缓解临诊症状。但对最急性型病例无效。

对贫血严重的犬，可输全血，间隔48h以每千克体重17mL的量连续输血3次。为防止继发感染，结合广谱抗生素，以静脉滴入为宜。

对于表现肝炎病状的犬，可按急性肝炎进行治疗。葡醛内酯按每千克体重5～8mg肌内注射，每日1次。辅酶A 50～700IU/次，稀释后静脉滴注。肌苷100～400mg/次口服，每日2次。核糖核酸6mg/次，肌内注射，隔日1次，3次为1个疗程。

犬传染性喉头气管炎

犬传染性喉头气管炎（infectious laryngotracheitis）是由犬腺病毒Ⅱ型引起的犬的传染病。临诊特征表现为持续性高热、咳嗽、浆液性至黏液性鼻漏、扁桃体炎、喉气管炎和肺炎。该病多见于4月龄以下的幼犬。在幼犬可以造成全窝或全群咳嗽。

1962年加拿大的Ditchfield等首次从仔犬体内分离到单纯引起呼吸道病变（喉气管炎）而不引起肝炎的腺病毒Ⅱ型病毒，即A26株（Toronto A26/61株）。2006年我国首次分离到腺病毒Ⅱ型病毒。

【病原】

犬传染性喉头气管炎病毒（Infectious laryngotracheitis virus），属于腺病毒科（*Adenoviridae*）、哺乳动物腺病毒属（*Mastadenovirus*）、犬腺病毒Ⅱ型（Canine adenovirus type-Ⅱ，CAV-Ⅱ）。该病毒在形态、结构和理化特性方面与犬传染性肝炎病毒（CAV-Ⅰ）基本一致，且两者具有70%的基因亲缘关系，在免疫上能交叉保护。CAV-Ⅱ仅能凝集人O型红细胞，不能凝集豚鼠红细胞，而CAV-Ⅰ既能凝集人O型红细胞，也能凝集豚鼠红细胞。

CAV-Ⅱ与CAV-Ⅰ的抵抗力相似，在犬舍中可存活数月，一般消毒剂均可杀灭该病毒。

【流行病学】

犬和狐可经各种途径发生人工感染，犬科其他动物，如狼、山狼等也易感。从临诊发病情况统计，该病多见于4月龄以下的幼犬。在幼犬可以造成全窝或全群咳嗽，故又称“犬窝咳”或“仔犬咳嗽”。

本病主要通过呼吸道分泌物散毒，经空气尘埃传播，引起呼吸道局部感染。

【症状】

犬腺病毒Ⅱ型感染潜伏期为5～6d。持续性发热1～3d，体温在39.5℃左右。主要表现肺炎症状，呼吸困难，肌肉震颤。鼻部流浆液性或脓性鼻液，可随呼吸向外喷射水样鼻液。病初表现6～7d的阵发性干咳，以后表现为湿咳，有痰液，呼吸急促，人工压迫气管即可出现反射性咳嗽。听诊有气管音，肺部可听到广泛性啰音。口腔咽部检查可见扁桃体肿大，咽部红肿。病情继续发展可引起坏死性肺炎。病犬表现精神沉郁、不食。并有呕吐和腹泻症状出现。该病往往易与犬瘟热病毒、犬副流感病毒、犬疱疹病毒及支气管败血波氏杆菌等混合感染。混合感染的犬预后大多不良。

【病变】

本病无特征性病理变化，主要表现为咽部肿大、扁桃体炎、喉气管炎和肺炎等病变。鼻腔和气管有多量黏液性和脓性分泌物，咽喉部黏膜肿胀并有出血点，扁桃体肿大，肺膨胀不全，有与正常肺组织界线分明的肝变区，部分肺组织实变，有的支气管内积有脓性分泌物和血样分泌物，肺门淋巴结肿大。小肠段浆膜有的有出血点，肠系膜淋巴结肿胀、充血，肠黏膜充血、出血，部分肠黏膜有脱落现象，有的肠管内有血样内容物。其他脏器没有肉眼可见的病变。

【诊断】

可根据病史和临诊症状进行初步诊断。确诊则依赖于病毒分离和鉴定。也可通过双份血清中特异性抗体升高的程度确定。

【防制】

（1）发现本病后应立即隔离病犬。犬舍及环境用2%氢氧化钠液、3%来苏儿消毒。

（2）预防接种。目前多采用多价苗联合进行免疫，其免疫程序同犬瘟热。

目前我国还没有犬腺病毒Ⅱ型高免血清，所以发现本病一般均采用对症疗法，常用镇咳药、祛痰剂、补充电解质、葡萄糖等，并防止继发感染。

犬细小病毒感染

犬细小病毒感染（canine parvovirus infection，CP）是犬细小病毒引起的犬的一种急性、高度接触性传染。以急性出血性肠炎和非化脓性心肌炎为特征。多发生于幼犬，病死率10%～50%。

1977年Eugster等首先在病犬粪便中发现细小病毒粒子。1978年美国、加拿大、澳大利亚和欧洲分别分离到细小病毒。1982年我国首次报道有本病的存在，目前已广泛流行。

【病原】

犬细小病毒（Canine parvovirus，CPV），属于细小病毒科（*Parvovirioae*）细小病毒属（*Parvovirus*）成员。核酸为单股线状DNA，病毒粒子直径为20～24nm，呈20面体对称，无囊膜。可在犬肾原代细胞或传代细胞中生长。病毒能在猫胎肾，犬胎肾、脾，牛胎脾等原代或次代细胞中增殖。目前常用MDCK和F81等传代细胞分离病毒。病毒应在细胞培养后不久或同时接种，才可达到增殖的目的。在感染细胞核内能检出包含体。

病毒粒子有VP1、VP2、VP3三种多肽，其中VP2为衣壳蛋白主要成分，具有血凝活性，在4℃和25℃时可凝集罗猴和猪的红细胞，但不凝集其他动物的红细胞。CPV与猫的泛白细胞减少症病毒（FPV猫细小病毒）有极近的亲缘关系，抗原性很相近，因此FPV疫苗具有抗本病毒感染的效能。

本病毒对各种理化因素有较强的抵抗力，所以一旦发病，很难彻底消除。病毒在室温下能存活3个月，60℃耐受1h，pH3处理1h后仍有感染性。但对福尔马林、氧化剂和紫外线敏感。对乙醚、氯仿等有机溶剂不敏感。

【流行病学】

犬是本病的主要宿主，其他犬科动物如狼、狐等也可感染。犬细小病毒对犬具有高度的传染性，各种年龄和不同性别的犬都有易感性，但以刚断乳至90日龄的犬更为易感，其发病率和病死率都高于其他年龄组，往往以同窝暴发为特征。依据临诊发病犬的种类来看，纯种犬及外来犬比土种犬发病率高。

病犬、隐性带毒犬是本病的主要传染源，感染后7～14d可经粪便向外界排毒。康复犬也可长期带毒。病犬的粪便中含病毒量最高。

感染途径主要为病犬与健康犬直接或间接接触感染。病毒随粪便、尿液、呕吐物及唾液排出体外，污染食物、垫料、饮水、食具和周围环境，主要经消化道感染。苍蝇、蟑螂和人也可成为本病的机械传播者。3～4 周龄犬感染后常呈急性致死性心肌炎；8～10 周龄的犬以肠炎为主。小于 4 周龄的仔犬和大于 5 岁的老犬发病率低，分别为 2%和 16%。

犬细小病毒病多为散发，在养犬比较集中的单位常呈地方流行性。本病一年四季均可发生，但以冬春季节多发，天气寒冷，气温骤变，拥挤，卫生水平差和并发感染，可加重病情和提高死亡率。

【症状】

本病在临诊上可分为肠炎型和心肌炎型。

1. 肠炎型　自然感染的潜伏期为 7～14d，病初表现发热（40℃以上）、精神沉郁、不食、呕吐。初期呕吐物为食物，之后为黏稠、黄绿色黏液或血液。发病 1d 左右开始腹泻。初期粪便为黄色或灰黄色稀粪，常覆有多量黏液和伪膜，随病情发展，粪便呈咖啡色或番茄酱汁样的含血稀粪。以后排便次数增加、出现里急后重，血便带有特殊的腥臭气味。血便数小时后病犬表现严重脱水症状，眼球下陷、鼻镜干燥、皮肤弹力高度下降、体重明显减轻。对于肠道出血严重的病例，由于肠内容物腐败可造成内毒素中毒和弥散性血管内凝血，造成休克、昏迷死亡。血象变化，病犬的白细胞数可少至 60%～90%（由正常犬的 1.2×10^{10} 个/L 减至 4×10^{9} 个/L 以下）。病程短的 4～5d，长的 1 周以上。成年犬发病一般不发热。

2. 心肌炎型　多见于 50 日龄以下的幼犬。常发病突然，数小时内死亡。病犬常出现无先兆性症状的心力衰竭，脉搏快而弱，心律不齐。心电图 R 波降低，S-T 波升高。有的病犬突然呼吸困难。有的犬可见有轻度腹泻后而死亡。病死率 60%～100%。

【病变】

1. 肠炎型　自然死亡犬极度脱水、消瘦，腹部蜷缩，眼球下陷，可视黏膜苍白，肛门周围附有血样稀便或从肛门流出血便。胃肠道广泛出血性变化，小肠出血明显，肠腔内含有大量血液，特别是空肠和回肠的黏膜潮红，肿胀，散布有斑点状或弥漫性出血，严重时肠管外观为紫红色。淋巴结充血、出血和水肿，切面呈大理石样。在小肠黏膜上皮细胞中可见有核内包含体。

2. 心肌炎型　心脏扩大，心房和心室有瘀血块，心肌或心内膜有非化脓性坏死灶和出血斑纹，心肌纤维严重损伤。肺水肿，局灶性充血和出血，肺表面色彩斑驳。在病变的心肌细胞中有时可发现包含体。

【诊断】

依据流行特点、特征性症状可作出初步诊断，确诊需进行实验室诊断。

1. 镜检　取病死犬小肠后段和心肌做组织切片，查到肠上皮细胞或心肌细胞内有包含体即可确诊。

2. 电镜检查　取发病后 2～5d 的病犬粪便，加等量的 PBS 后，混匀，以 3000r/min 离心 15min，再取上清液加等量氯仿振荡 10min，离心取上清液，用磷钨酸复染后进行电镜观察。可见有直径约 20nm 的圆形或六边形病毒粒子。在发病后 6～8d 的粪便中，由于抗体的产生，病毒粒子常被凝集成块而不易观察。

3. 病毒分离鉴　将病犬粪便材料进行无菌处理，再经胰蛋白酶消化后同步接种猫肾或犬肾等易感细胞培养，通过荧光或血凝试验鉴定病毒。

4. 血凝试验　常用于检测粪便中的病毒效价，用1%猪红细胞作为指示系统，当证明血凝效价（HA）≥1∶80可作为阳性感染的指示标准。

此外，CP病毒抗原快速检测试纸也常用于诊断。

【防制】

1. 预防　预防本病主要依靠免疫接种疫苗和严格的犬的检疫制度。目前国内使用的疫苗有犬细小病毒弱毒和灭活疫苗、犬二联苗（犬细小病毒病、犬传染性肝炎）、犬三联苗（犬瘟热、犬细小病毒病、犬传染性肝炎）、犬五联苗等。对30～90日龄的犬应注射3次，90日龄以上的犬注射两次，每次间隔2～4周。每次注射1头份的剂量（2mL），以后每半年加强免疫1次。

在本病流行季节，严禁将个人养的犬带到犬集中的地方。当犬群暴发本病后，应及时隔离，对犬舍和饲具应反复消毒。对轻症病例，应采取对症疗法和支持疗法。对于肠炎型病例，因脱水失盐过多，及时适量补液显得十分重要。为了防止继发感染，应按时注射抗生素。发现本病应立即进行隔离饲养，防止病犬及病犬饲养人员与健康犬接触，对犬舍及场地用2%～4%烧碱水或10%～20%漂白粉等反复消毒。目前犬细小病毒肠炎单苗少见，多为与其他病毒性传染病混在一起的联苗，免疫程序同犬瘟热疫苗。

2. 治疗　犬细小病毒病早期应用犬细小病毒高免血清治疗。目前我国已有厂家生产，临诊应用有一定的治疗效果。犬细小病毒高免血清按每千克体重0.5～1.0mL，皮下或肌内注射，每日或隔日注射1次，连续2～3次。

对症治疗，补液常用林格氏液与10%葡萄糖生理盐水加入维生素C、维生素B_1及5%碳酸氢钠注射液静脉注射，每日2次，可根据脱水的程度决定补液量的多少。防止继发感染可选用庆大霉素、卡那霉素、红霉素等静脉注射，同时口服泻痢停等。止吐可肌内注射爱茂尔、灭吐灵、胃复安或阿托品等。便血严重者可用维生素K或止血敏等。

犬疱疹病毒感染

犬疱疹病毒感染（canine herpesvirs infection，CaH）是由疱疹病毒引起的仔犬的一种急性、高度接触性、败血性传染病。其特征是幼犬呈现呼吸困难及全身性的出血和坏死病变，而成犬呈隐性感染或出现上呼吸道和生殖道疾病。

本病于1965年由Carmichaelt和Stewart分别在美国和英国从患病病仔犬分离到病毒。此后，日本、澳大利亚、南非及欧洲的许多国家相继从不同症状的犬中分离到病毒。本病现已分布于多数养犬国家和地区，我国是否存在尚不清楚。

【病原】

犬疱疹病毒（Canine herpesvirus，CaHV）在分类上属于疱疹病毒科（*Herpetoviridae*）甲型疱疹病毒亚科（*Alphaherpesvirinae*）水痘病毒属（*Varicellovirus*）中的犬疱疹病毒Ⅰ型（Canine herpesvirus Ⅰ，CaHV-1）。病毒粒子直径为90～100nm，带有囊膜的病毒平均直径为142nm。病毒核酸为双股DNA，有囊膜，在细胞核内增殖，形成核内包含体，但无血凝特性。CaHV-1只有一个血清型，但从不同地区、不同病型分离的毒株可能存在毒力的差异。

CaHV-1在犬胎肾细胞、新生犬肾原代细胞和传代细胞系易感，对犬肺和子宫组织细胞也敏感，在35～37℃中培养很容易增殖，从接种12～16h开始出现细胞病变，由局灶性的圆形变性细胞组成，并从培养瓶壁上脱落。部分细胞核内出现着色不明显的嗜酸性包含体，感染细胞内的染色质大部分集聚于核膜位置。病毒中在琼脂覆盖层下形成界限明显、边缘不整的小型蚀斑。

病毒对低温的抵抗力较强，易在较低温度条件下增殖，因此在体温调节功能尚未健全的仔犬体内能充分增殖，而在成年犬体温较低的呼吸道和外生殖器官增殖。

CaHV-1对乙醚、氯仿敏感，它对高温的抵抗力较弱，56℃经4min被破坏。37℃经5h，病毒的感染力下降50%。－70℃保存的毒种（含10%血清的病毒悬液）只能存活数月。冻干毒种保存数年毒价无明显变化。病毒在酸性环境（pH4.5）中，经30min即可失去致病力。但在pH6.5～7.0比较稳定。

【流行病学】

CaHV-1仅感染犬，小于14日龄幼犬的体温偏低，恰好处于CaHV-1的最适增殖温度，因此易感性最高，常可造成致死性感染。5周龄以上幼犬和成年犬感染后常不表现临诊症状，但病毒能在其呼吸道和生殖道黏膜上增殖。

传染源为病犬或带毒犬。病毒可通过口腔、鼻腔、生殖道的分泌物和尿液中排出，污染环境，仔犬主要经呼吸道和产道感染，也可经胎盘垂直传播。此外仔犬间还能通过口、咽相互传染。母源抗体水平对仔犬的发病程度有着重要影响，抗体阳性母犬哺育的仔犬感染后症状不明显，而抗体阴性母犬所产的仔犬可发生致死性感染。康复犬可长期带毒。

严重病例仅见于1～2周龄的仔犬，1周龄内仔犬的病死率可达80%。本病传播迅速，仔犬群几乎同群发病，但流行过程不长。

【症状】

潜伏期为3～8d。自然感染通常发生于5～14日龄仔犬，发病1～2d后出现病毒血症。新生仔犬感染后常无明显症状突然死亡；稍大仔犬感染后，表现为吮乳停止，呕吐，呼吸困难。粪便软而无臭，呈黄绿色或绿色，有时有恶臭。病犬常出现阵发性腹痛而发出持续痛苦的惨叫声，压迫腹部时有痛感。个别耐过仔犬常遗留中枢神经症状，如共济失调，向一侧作圆周运动或失明等。3日龄内仔犬多在发病后48h内死亡。少数仔犬外观健康活泼，但吮乳后表现腹痛；3～5周龄病犬的全身症状不明显，仅呈现轻度鼻炎和咽炎症状，主要表现打喷嚏、干咳，鼻分泌物增多，经2周左右可自愈，个别可致死亡；5周龄以上幼犬和成年犬多呈隐性感染。

妊娠母犬可能发生胎盘感染，症状随孕期不同而不同，可引起阴道炎或流产、死产、产弱胎、屡配不孕。母犬本身常无明显症状。仔犬若继发或并发犬瘟热或细菌感染时，有可能发生致死性肺炎。

公犬可见阴茎炎和包皮炎，分泌物增多。

【病变】

新生幼犬的致死性感染以实质性器官病变为主，尤其是肝、肾、肺的变化最为明显，表面有多量的弥漫性的直径在2～3㎜的灰白色坏死灶和小出血点。胸腹腔内可见带血的浆液性液体。全身淋巴结肿大。肺出血和水肿，呼吸道黏膜有卡他性炎症。脾充血、肿大。肠黏膜表面有点状出血。肾皮质弥漫性充血和出血，在出血灶中央有特征性灰白色坏死灶。全身淋巴结水肿和出血。鼻、气管和支气管有卡他性炎症。多发性坏死病变也见于妊娠母犬的胎儿表面和子宫内膜。偶尔可见黄疸和非化脓性脑炎。

在坏死灶附近的肺泡和间质细胞中可见到嗜酸性核内包含体，在肝、肾坏死区邻近的细胞内也可见到嗜酸性核内包含体。

【诊断】

根据流行特点、症状及病理剖检特征可作出初步诊断，最后确诊需要依靠病原学或血清学试验。

1. 病毒抗原检测　采症状明显的幼龄犬的肾、脾、肝和肾上腺，或用棉拭子蘸取成年犬或康复犬口腔、上呼吸道和阴道黏膜，制成切片或组织涂片，用荧光抗体染色检测是否存在 CaHV 特异抗原。本法准确快速。

2. 病毒分离鉴定　按上述方法采样，无菌处理后接种犬肾单层细胞，逐日观察有无 CPE，用中和试验鉴定病毒分离物。

3. 血清学试验　血清中和试验和蚀斑减数试验，用于检测本病血清抗体。

4. 中和试验　犬感染 CaHV-1 后，抗体可持续 2 年以上，因此测定血清中和抗体只能作为回顾性诊断和流行病学调查。

5. 蚀斑减数试验　将病毒-正常血清混合物以及病毒-待检血清混合物分别接种于犬肾单层细胞，随后覆盖 1%的营养琼脂，比较正常血清组与待检血清组产生的蚀斑数，以两者的差数表示待检血清的中和能力。

【防制】

本病目前尚无特效疫苗。因此，预防本病主要采取综合性措施，如加强饲养管理、定期消毒、防止与外来病犬接触，不要从经常发生呼吸器官疾病的犬群中买入幼犬；发现病犬应及时隔离，应用广谱抗生素，以防继发感染等。

一般发病的仔犬很难治愈，可进行补液，并使用广谱抗生素，以防止继发感染。试用抗病毒类药物，吗啉胍按每千克体重 0.5～1mL，口服，每日 1 次。当发现病犬时立即隔离。病犬应放入保温箱中，开始 3h 保温箱的温度为 38℃，以后降至 35℃，相对湿度 60%为宜，并不断口服 5%葡萄糖溶液以防仔犬脱水。同时，皮下或腹腔注射发病仔犬的母犬血清（康复犬血清）或犬 γ 球蛋白制剂 2mL，可减少死亡。

对妊娠母犬接种灭活疫苗，通过母体产生的抗体保护仔犬是防治本病的有效方法。但犬疱疹病毒的抗原性较弱，至今尚未研制出有效的弱毒疫苗。有试验证明，多次接种加佐剂的灭活疫苗，能产生一定水平的抗体。

用氯制剂稀释 30 倍作为消毒剂，可有效地杀灭环境中的病毒。

犬副流感病毒感染

犬副流感病毒感染（canine parainfluenzavirus infection，CPI）是由副流感病毒 5 型引起犬的一种主要的呼吸道性传染性疾病。临诊表现为发热、流涕和咳嗽，病理变化以卡他性鼻炎和支气管炎为特征。近年来研究认为，该病毒也可引起急性脑脊髓炎和脑内积水，表现为后躯麻痹和运动失调等症状。

本病于 1967 年 Binn 等首次从患呼吸道疾病的犬中用犬肾细胞培养分离出副流感病毒 5

型，并一直认为仅局限于呼吸道感染。1980 年 Evermann 等从患后躯麻痹和运动失调犬的脑脊液中分离到本病病毒。目前，世界所有养犬国家和地区几乎都有本病流行。

【病原】

病原为副流感病毒 5 型（Parainfluenza virus 5），又称犬副流感病毒（Canine parainfluenzavirus，CPIV），在分类上属于副黏病毒科（*Paramyxoviridae*），副黏病毒属（*Paramyxovirus*）成员。核酸类型为单股 RNA。病毒直径为 100～180nm。病毒在细胞质中复制，成熟后在细胞膜上以出芽形式释放。

CPIV 粒子为多形性，一般呈球形。有囊膜，其表面有 H（血凝素）抗原和 N（神经氨酸酶）抗原。CPIV 只有一个血清型，但不同毒株间的毒力有所差异。在 4℃和 24℃条件下可凝集人 O 型、鸡、豚鼠、大鼠、兔、犬、猫和羊的红细胞。CPIV 可在原代和传代犬肾、猴肾细胞中增殖。CPIV 可在鸡胚羊膜腔中增殖，鸡胚不死亡，羊水和尿囊液中均含有病毒，血凝效价可达 1∶128。

病毒存在于患犬的鼻黏膜、气管黏膜和肺中，咽、扁桃体含病毒量较少。血液、食道、唾液腺、脾、肝和肾不含病毒。

病毒对热不稳定，4℃和室温条件下保存，感染性很快下降。在酸、碱性溶液中易破坏，在中性溶液中较稳定，对脂溶剂、非离子去污剂、甲醛和氧化因子均敏感。在 0.5%水解乳蛋白和 0.5%牛血清 Hank's 液中 24h 感染性不变。−70℃条件下 5 个月内稳定。

【流行病学】

CPIV 可感染玩赏犬、实验犬和军警犬，在军犬中是常发生的呼吸道疾病之一，在实验犬中可产生犬瘟热样症状。成年犬和幼龄犬均可感染发病，但幼龄犬病情较重。本病传播迅速，常突然暴发。

急性期病犬是最主要的传染来源，病毒主要存在于呼吸系统，自然感染途径主要是呼吸道。临诊上常与支气管波氏菌、支原体混合感染。

【症状】

潜伏期 3～6d。患犬突然发热，精神沉郁、厌食，并流出大量浆液性或黏液性甚至脓性鼻液，结膜发炎，部分病犬出现咳嗽和呼吸困难现象，扁桃体红肿。单纯 CPIV 感染常可在 3～7d 自然康复。若与支气管败血波氏菌混合感染时，犬的症状更加严重，成窝犬咳嗽、并出现肺炎现象，病程一般在 3 周以上，11～12 周龄犬死亡率较高。成年犬症状较轻，死亡率较低。有些犬感染后可表现后躯麻痹和运动失调等症状。有的病犬后肢可支撑躯体，但不能行走。膝关节反射、腓肠肌腱反射和自体感觉不敏感。

【病变】

可见鼻孔周围有浆液性、黏液性或脓性分泌物，结膜炎，扁桃体炎，气管、支气管炎和肺炎病变，有时肺部有点状出血。出现神经症状的主要表现为急性脑脊髓炎和脑内积水，整个中枢神经系统和脊髓均有病变，前叶灰质最为严重。组织学检查鼻上皮细胞变性，纤毛消失，黏膜和黏膜下层、肺、气管及支气管有大量炎性细胞浸润。神经型可见脑周围有大量淋巴细胞浸润及非化脓性脑膜炎。

【诊断】

根据流行病学、临诊症状和病理变化可作出初步诊断。本病与其他犬呼吸道传染病的临诊表现非常相似，不易区别，因此确诊必须经实验室诊断。

细胞培养是分离和鉴定CPIV的最好方法，取呼吸道病料，适当处理后接种犬肾细胞，每隔4～5d进行一次豚鼠红细胞吸附试验，盲传2～3代可出现CPE，再用特异性抗血清进行HI试验鉴定病毒。另外，利用血清中和试验和血凝抑制试验，检查双份血清（发病初期和恢复期）的抗体效价是否上升，血清抗体滴度增高2倍以上者，即可判为CPIV感染阳性，此法具有回顾性诊断价值。也可使用荧光抗体技术或CPIV快速检测试纸进行检测。

【防制】

接种副流感病毒疫苗，对预防本病有积极作用。加强饲养管理，特别注意犬舍周围的环境卫生，可减少本病的诱发因素。对新购入犬要进行检疫，隔离和预防接种。发现病犬应及时隔离、消毒，病重犬应及时淘汰。

犬副流感病毒感染目前尚无特异性疗法。可采用增强机体免疫机能，抗病毒感染、抗继发感染，补充体液等方法进行对症治疗。抗病毒感染常用利巴韦林、双黄连等；防止继发感染和对症治疗，常结合使用抗生素和止咳化痰药物；注射犬用高免血清或免疫球蛋白，具有紧急预防作用，对发病初期的犬也有一定的治疗效果。

犬冠状病毒病

犬冠状病毒病（canine cornavirus disease，CCD）是犬的一种急性胃肠道传染病，其临诊特征为腹泻。此病发病急、传染快、病程短、死亡率高。如与犬细小病毒或轮状病毒混合感染，病情加剧，常因急性腹泻、呕吐、脱水迅速死亡。

1971年美国首次从腹泻军犬粪便中电镜检出犬冠状病毒，1974年Binn在德国首次分离到病毒。世界上许多国家和地区都有本病流行的报告。国外曾有人随机测定了实验用犬，经血清学证实，约有20%受其感染。我国亦已多次出现本病暴发。

【病原】

犬冠状病毒（canine cornavirus CCV），属冠状病毒科（*Coronaviridae*），冠状病毒属（*Coronavirus*）成员。病毒粒子呈圆形（直径为80～100nm）或椭圆形（长径为80～200nm，宽径为75～80nm），有囊膜，囊膜表面具有长约20nm的纤突。纤突末端呈球状，使整个纤突呈花瓣状。核衣壳呈螺旋对称，内含单股RNA。病毒含有6～7种多肽，其中4种是糖肽，不含RNA聚合酶及神经氨酸酶。

CCV在易感染细胞胞质内增殖，能在多种犬原代细胞和传代细胞上生长，并出现细胞病变。

病毒对外界环境的抵抗力较强。粪便中的病毒可存活6～9d，污染物在水中可保持数天传染性。因此，犬群中一旦发生本病，很难在短时间内控制其流行和传播。CCV对热、乙醚、氯仿及去氧胆酸钠敏感。在pH3.0，20～22℃的条件下不能灭活。紫外线和一些能够灭活其他动物冠状病毒的化学药品都可灭活CCV。

【流行病学】

本病仅感染犬、狐等犬科动物。各种品种和年龄的犬都易感，但幼犬症状明显，发病率几乎100%，病死率可达50%以上，成年犬多呈轻症或亚临诊症状。本病传播迅速，数日内可蔓延全群。

传染源主要是病犬和带毒犬。CCV 主要存在于病犬的胃肠道内，并随粪便排出，污染饲料、饮水、用具和周围环境，经消化道和呼吸道感染易感犬。人工感染的犬，排毒时间接近两周，病毒在粪便中可存活 6～9d。污染物在水中可保持传染性数日。

本病一年四季均可发生，冬季多发，可能与 CCV 对热敏感，对低温有相对的抵抗力有关。饲养密度过高、卫生条件较差、初乳摄入不足、断乳、分窝、调运、气温骤变等因素都会增高本病的易感性。

【症状】

潜伏期一般为 1～3d。临诊症状轻重不一，可能呈致死性的水样腹泻，也可能无临诊症状。幼犬较成年犬症状剧烈。病初精神不振，厌食，嗜睡，呕吐，先呕吐未消化的食物，后吐黄色酸味黏液；继而出现急性胃肠炎型腹泻，粪便先为灰白色或黄白色糊状物，最后呈橙色或绿色水样稀粪，常带有血液，有恶臭。患犬精神沉郁，卧地懒动，强行赶走，步态摇摆。鼻镜干燥，迅速消瘦，眼球下陷，脱水症状明显。如不及时治疗，幼犬 1～2d，成年犬 2～4d 死亡。同窝犬一旦出现病例，常在 2d 内传染全窝仔犬。多数病例不发热。如无继发感染，则白细胞数减少。多数病犬在 7～10d 内恢复，但有些病犬特别是幼犬常在发病后 24～36h 内死亡，死亡率通常随日龄的增长而降低，成年犬很少死亡。

CCV 经常和犬细小病毒（CPV）、类星状病毒、轮状病毒混合感染。CCV 既可以单独也可以和 CPV 一起导致犬腹泻的发生。混合感染时，特别是与 CPV 发生混合感染时，症状与病变严重，死亡率显著增高。

【病变】

表现为不同程度的胃肠炎变化。尸体严重脱水，腹部增大，腹壁松弛，胃、肠壁变薄，肠管扩张，肠内充满黄白色或黄绿色液体，有时还有气体和血液。胃、肠黏膜充血、出血。肠系膜淋巴结肿大。胆囊肿大。病犬易发生肠套叠。病理组织学检查可见小肠绒毛萎缩、变短并可发生融合，隐窝变深，黏膜固有层的细胞成分增多，上皮细胞变平以至呈短柱形，杯状细胞排空。肠黏膜脱落是本病的特征性病变。

【诊断】

本病流行特点、临诊症状、病理剖检缺乏特征性变化，在血液学和生物化学方面也没有特征性指标，因此必须依靠病毒分离、电镜观察、荧光抗体和血清学检查来确诊，在这些方法中，电镜观察最为准确迅速。

1. 电镜检查 取粪便用氯仿处理，低速离心，取上清液，低于铜网上，经磷钨酸复染后，用电子显微镜观察是否有特殊形状的病毒粒子。

2. 病毒分离鉴定 取典型病犬的新鲜粪便，经常规处理后，接种于 A_{72} 细胞或犬肾原代细胞上培养，用荧光抗体染色检测病毒，或待细胞出现 CPE 后，用已知阳性血清作中和试验鉴定病毒。为提高病毒分离率，粪便要新鲜，避免反复冻结。

此外，中和试验、乳胶凝集试验、ELISA 等也常用于血清抗体检测。

【防制】

本病目前尚无特效疫苗供免疫用，主要采取一般性综合措施。

1. 预防 犬舍每天打扫，清除粪便，保持干燥、清洁卫生。每周用百毒杀（按瓶签说明使用）或 0.1%过氧乙酸溶液严密喷洒消毒。病犬圈舍用火焰消毒法消毒。饲料、饮水要清洁卫生，不喂腐烂变质饲料和污浊饮水。病犬剩下的饲料、饮水挖坑深埋，饲具要彻底消毒后再用。刚出生的幼犬吃足初乳，从而获得母源抗体以增强免疫保护力，是预防此病的重要措施。也可给无免疫力的幼犬注射成年犬血清加以预防。一只犬发病，须全窝防治。立即隔离病犬，专人专具饲养护理。

2. 治疗

（1）用5%～10%葡萄糖注射液和5%碳酸氢钠注射液250～1000mL、炎克星注射液按犬体重每千克用0.1～0.2mL，静脉滴注，每天1次，连用2～3d，以防因严重脱水和自身酸中毒而引起死亡。

（2）人用氯霉素2～4支（每支2mL，含25万U），或用速灭杀星注射液，每千克体重0.2～0.4mL，肌内注射，每日2次，连注3d。

（3）葡萄糖甘氨酸溶液。配制方法：葡萄糖45g、氯化钠9g、甘氨酸7g、柠檬酸0.5g、柠檬酸钾0.2g、无水磷酸钾43g，溶解于2000mL常水中，混匀，让犬自由饮用（切勿灌服，以防因呛死亡）。可缓解症状，有较好的治疗效果。

犬轮状病毒感染

轮状病毒感染（canine rotavirus infection，CR）是由轮状病毒引起的幼犬消化道机能紊乱的一种急性肠道传染病。临诊上以腹泻、脱水和酸碱平衡紊乱为特征。成年犬感染后一般取隐性经过。

本病广泛存在于世界各国，我国于1981年从患严重腹泻的病犬的粪便中分离到犬轮状病毒。

【病原】

犬轮状病毒（canine rotavirus，CRV）属呼肠孤病毒科（*Reoviridae*）轮状病毒属（*Rotavirus*）成员。病毒粒子呈圆形，直径66～75nm，有双层囊膜，核心直径36～38nm。其外有两层衣壳，内层衣壳的壳粒为柱形，向外呈放射状排列如车轮辐条，外层衣壳宛如轮圈，故得此名。

成熟病毒颗粒含11×10^6～12×10^6u的双股RNA基因组。含两种主要的病毒蛋白质：VP2相对分子质量135 000，VP3相对分子质量40 000。完整的病毒颗粒在氯化铯中的浮密度为1.3g/mL，沉降系数为520～530S，核中的浮密度为1.38g/mL，空心颗粒是1.29～1.30g/mL。

轮状病毒很难在细胞培养中繁殖生长，有的即使增殖，一般不产生或仅轻微产生细胞病变。轮状病毒的抗原性有群特异性和型特异性。群特异性抗原（共同抗原）存在于内衣壳，为各种动物及人的轮状病毒所共有，用补体结合反应、免疫荧光、免疫扩散、免疫电镜、免疫对流电泳可检测出来。型特异性抗原存在于外衣壳，与RNA基因组片段有关，用中和试验、酶联免疫吸附试验可将各种动物轮状病毒区分开来。

病毒对乙醚、氯仿、去氧胆酸钠有抵抗力，对pH3.0和胰酶稳定。56℃ 30min感染力下降，63℃ 30min可被灭活。粪便中的病毒在18～20℃的条件下，经7个月仍具有传染性。用1%高锰酸钾、来苏儿、碘酊、碳酸钠和十六烷基三甲基溴化胺处理病毒，经60min仍存活。0.01%碘、1%次氯酸钠和70%酒精可将病毒灭活。在4℃和37℃温度条件下，对猪和人的红细胞（O、AB型）有凝集作用。

【流行病学】

轮状病毒感染通常以突然发生和迅速传播的方式在动物群中广泛流行，常呈地方流行性。患病的人、动物和隐性感染带毒者是本病的重要传染源。轮状病毒主要存在于患犬的小肠内，尤其是下 2/3 处，即空肠和回肠部。病毒随粪便排出体外，污染周围环境。消化道是本病的主要感染途径。痊愈动物仍可从粪便中排毒，排毒时间至少 3 周。轮状病毒在犬和动物间有一定的交互感染性，所以，只要病毒在犬或某种动物中持续存在，就有可能造成本病在自然界中长期传播。本病传播迅速，多发生于晚秋、冬季和早春的寒冷季节。卫生条件不良、潮湿、寒冷或有疾病侵袭（如腺病毒感染）等，均可促使病情加剧，死亡率增高。CRV 通常引起幼犬严重感染，特别是 10～45 日龄的幼龄犬，成年犬感染后多呈亚临诊症状。

【症状】

从腹泻死亡仔犬中分离的轮状病毒，人工经口接种易感仔犬，可于接种后 20～24h 发生腹泻，并可持续 6～10d。1 周龄以内的仔犬常突然发生腹泻，排出黄绿色稀粪，并有恶臭或呈无色水样便，常混有黏液，严重者粪便带有黏液和血液。病犬被毛粗乱，肛门周围有粪便污染。一般患犬的食欲、体温及精神状态变化不大。有的患犬因脱水和酸碱平衡失调，出现心跳加快，皮温和体温降低。脱水严重者，常因衰竭而死亡。

在一些无临诊症状的健康犬粪便中，也可分离出轮状病毒。

【病变】

人工感染后 12～18h 死亡幼犬无明显异常病理变化。病程较长的死亡幼犬被毛粗乱，病变主要集中在小肠。轻型病例，肠管轻度扩张，肠壁变薄，肠内容物中等量、呈黄绿色。严重病例，小肠黏膜脱落、坏死，有的肠段弥漫性出血，肠内容物中混有黏液和血液。其他脏器不见异常。

【诊断】

轮状病毒感染发生于冬末春初的寒冷季节，多侵害幼犬，突然发生单纯性腹泻，发病率高而死亡率低，主要病变一般在消化道的小肠，根据这些特点，可以作出初步诊断。确诊尚需进行实验室检查。早期大多采用电镜及免疫电镜，也有采用补体结合试验、免疫荧光、反向免疫电泳、乳胶凝集等进行检测。近年来主要采用 ELISA，此法可检测大量粪便标本，方法简便，精确，特异性强，可区分各种动物的轮状病毒。

1. 免疫荧光染色法 刮取小肠上皮或将腹泻粪便适当稀释后制成涂片，干燥、固定，用荧光素标记的特异性抗体染色，在荧光显微镜下检查，观察到阳性荧光细胞可作出诊断；或先用兔抗轮状病毒抗体染色后，再用荧光素标记的抗兔 IgG，进行间接染色。

2. ELISA 法 试验操作与常规方法相同，采用夹心法或双夹心法，检查样品中轮状病毒抗原，可测出 1ng 轮状病毒抗原。敏感性高，但要求使用高纯度的免疫血清才能保证有强的特异性。

3. 反向间接血凝法 本试验只需在 V 型 96 孔微量反应板上进行，可直接检查样品中轮状病毒抗原。方法简便，特异性良好。

【防制】

目前尚无疫苗可用。预防本病加强饲养管理，提高犬体的抗病能力，认真执行综合性防疫措施，彻底消毒，消除病原。

病犬应立即隔离，选择清洁、干燥、温暖的场所，停止喂奶，改用葡萄糖甘氨酸溶液（葡萄糖 45g，氯化钠 8.5g，甘氨酸 6g，枸橼酸 0.5g，枸橼酸钾 0.13g，磷酸二氢钾 4.3g，水 2000mL）或葡萄糖氨基酸溶液给病犬自由饮用。也可静脉注射葡萄糖盐水和 5%碳酸氢钠溶液，以防脱水、脱盐。

要保证幼犬能摄食足量的初乳而使其获得免疫保护。也可试用皮下注射成年犬血清。

腹泻犬的水和电解质大量丧失，小肠营养吸收障碍，因此，重症犬必须输液。根据皮肤弹性和眼球下陷情况以及测定红细胞容积和血清总蛋白量来确定脱水的程度，以乳酸林格氏液和 5%葡萄糖液按 1∶2 的比例混合输液为好。防止细菌继发感染，可加入抗生素、免疫增强剂等。

犬乳头瘤病

犬病毒性乳头状瘤病（canine oral papillomatosis）是由犬口腔乳头状瘤病毒（Canine oral papillomavirus COPV）引起的，以口腔、眼部或皮肤出现乳头状瘤为特征的病毒性传染病。

COPV 为乳多空病毒科（*Papovariddae*），乳头状瘤病毒属（*Papillmauirus*）。病毒粒子呈圆形，直径 40～50nm，病毒粒子中央为核心，外为衣壳，壳粒清晰可见。病毒基因组为双股环状 DNA。病毒可在 50%甘油盐水中长期存活，58℃加热 30min 可使其灭活。

乳头瘤病毒具有高度的宿主、组织特异性，可转化鳞状上皮或黏膜的基底层细胞，只能在其自然宿主体内的特定组织中引起肿瘤。犬乳头状瘤病毒有 2 个型：一种感染 1 岁以内幼犬的口、咽黏膜，引起口腔乳头状瘤；另一种感染老龄犬，引起皮肤乳头状瘤。人工感染表明，潜伏期为 4～6 周。口腔乳头状瘤通常发生在唇部，随后蔓延至颊、舌、腭和咽部等黏膜处，大多在 4～21 周内自行消散，极少恶性变。将肿瘤乳剂涂擦于幼犬划破的口腔黏膜上，于接种部及其邻近的黏膜和皮肤上可发生乳头状瘤。但将肿瘤乳剂接种于阴道黏膜、眼结膜和皮下，则不引起乳头状瘤。眼部乳头状瘤常生长在结膜、角膜或眼睑边缘。皮肤乳头状瘤多为单一的肿瘤或角化物，可生长于身体的任何部位，但多见与四肢末端、指（趾）间或脚垫。

由于多数乳头状瘤可自行消退，因此无需治疗。个别病例的肿瘤会持续 6～24 个月或更长时间。对于持续性的口腔肿瘤，采用手术切除、冷凝或挤压肿瘤，可诱发其自行消退。对于眼部和皮肤的乳头状瘤，多采用手术切除术进行治疗。

康复犬具有免疫性，血清中出现中和抗体，但循环抗体不能使肿瘤消退，机体体液免疫机能下降也不能增加机体对乳头状瘤病毒感染的敏感性，肿瘤的自行消退主要是细胞介导免疫的作用。采取肿瘤组织制成乳剂，加入福尔马林灭活，给幼犬做肌内注射，常有一定的免疫预防作用。

猫病毒性鼻气管炎

猫病毒性鼻气管炎（feline viral rhinotracheitis，FVR）又称为传染性鼻气管炎，是由病毒引起的猫的一种急性高度接触性上呼吸道感染的传染病。以角膜结膜炎、发热、频频打喷嚏、鼻和眼流出分泌物以及流产为特征。本病主要侵害仔猫，发病率可达100%，死亡率可达50%，成年猫不发生死亡。

本病在世界各地均有发生。

【病原】

猫鼻气管炎病毒（Feline rhinotracheitis virus），属疱疹病毒科（*Herpetoviridae*），甲疱疹病毒亚科（Alphherpesvirinae），猫Ⅰ型疱疹病毒（Feline herpesvirus type-1，FHV-1）。具有疱疹病毒的一般特性。病毒粒子中心致密，外有囊膜，核酸型为双股DNA。病毒粒子直径为128～168nm。立体对称的核衣壳上分布162个壳粒。

病毒在感染猫的鼻、咽、喉、气管、结膜、舌的上皮细胞内定居增殖，有的可扩展到全身。病毒易在猫肾、肺原代细胞中增殖，产生细胞病变，形成核内包含体和多核巨细胞。不同毒株的病毒特性相同，均属于一个血清型。

该病毒可吸附和凝集猫的红细胞，可以采用红细胞凝集试验（HA）及红细胞凝集抑制试验（HI）来检测抗原或抗体，病毒在乙醚处理后仍能在37℃下凝集猫红细胞，为临诊诊断提供依据。

该病毒对外界环境抵抗力较弱，离开宿主后仅能存活数天。对酸、乙醚和氯仿等脂溶剂敏感，对甲醛和酚等消毒剂敏感。在－60℃条件下可存活180d，56℃ 4～5min灭活，干燥条件下12h内可被灭活。

【流行病学】

猫和猫科动物均有易感性。本病传播迅速，常突然发病，病猫的临诊表现多种多样。

病猫和带病毒猫是主要传染源。急性感染猫通过鼻、眼和咽喉部的分泌物可持续排出大量病原体达数周；康复猫也可持续带毒一段时间，并断断续续地向外界排放病毒，污染环境。在自然条件下，主要经呼吸道感染健康猫，也可以经消化道感染，本病的传播方式主要为直接接触感染。有些猫感染后不呈现明显症状，称为隐性感染，但仍能向外排出病毒。仔猫通常在4～6周龄时，因其母源抗体水平下降而易感。孕猫感染后，可经胎盘垂直感染胎儿。

FHV-1在略低于正常体温时增殖最快，因此，感染多局限于眼、口和上呼吸道等浅表组织，偶有气管黏膜感染，很少出现下呼吸道或肺感染的现象，个别猫可发生病毒血症，导致全身组织感染。

幼猫较成年猫易感，病死率也高。

【症状】

潜伏期2～6d，幼猫比成年猫易感，且症状更明显。

重症病例主要呈现结膜炎、鼻炎、支气管炎、溃疡性口炎，有的引起全身性皮肤溃疡，原发性间质性肺炎，肝、肺等脏器坏死，阴道炎等症状。

发病初期体温升高，上呼吸道感染症状明显，出现阵发性咳嗽，打喷嚏，羞明流泪，结膜炎，食欲减退，体重下降，精神沉郁。鼻腔分泌物增多，开始为浆液性鼻液，3～5d后可转变为脓性分泌物。眼部常有黏性或脓性分泌物，严重时，眼睛会被脓性分泌物粘连而闭合。由于分泌物刺激，眼鼻周围的被毛脱落。舌和硬腭出现溃疡的猫，可出现过度流涎的现象。仔猫患病约半个月死亡，病死率可达50%以上，继发感染死亡率更高。成年猫感染常出现结膜炎症状，角膜充血，口腔糜烂溃疡，进食困难，由口腔不断流出黏性分泌物，有臭味。慢性病例以鼻窦炎、溃疡性结膜炎和眼球炎为主要特征，重者可导致失明。鼻腔由于炎症和脓性分泌物阻塞可使呼吸道狭窄，以至呼吸困难、窒息。成年猫死亡率20%～30%。病猫经过治疗耐过7d后可逐渐康复。这种病一般又被称为"猫感冒"。

有的病例有较明显的热性全身性症状，病猫体温升高，达40℃左右，精神沉郁，食欲减少，体重减轻等全身症状明显。

有的主要表现呼吸道症状和结膜炎。病猫频频出现咳嗽、打喷嚏和鼻分泌物增多，有黏液性眼分泌物。角膜出现树枝状充血和结膜水肿的变化，舌、硬腭及软腭、口唇可见溃疡，溃疡初期表现为水泡，2～3d后破溃，上皮变黄、脱落，出现典型的溃疡灶，口臭，流涎，被毛粗乱。

生殖器官感染FHV-1时，可导致阴道炎和子宫颈炎，并发生短期内不孕。孕猫感染后常不出现典型的上呼吸道症状，但能造成死胎或流产，即便顺产，幼猫多伴有呼吸道症状，体质衰弱，易出现死亡。

【病变】

鼻黏膜、眼结膜潮红、肿胀并覆有浆液性乃至脓性分泌物，喉部和气管常有弥漫性充血现象。较严重病例，鼻甲部有局限性坏死，眼结膜、扁桃体、会厌软骨、喉头、气管、支气管甚至细支气管的部分黏膜上皮也发生局灶性坏死，舌面有溃疡，扁桃体肿胀、出血，局部淋巴结肿大、充血，肺充血和呈现小的实变区。

特征性的病理组织学变化可见鼻腔、扁桃体、会厌、气管和瞬膜上皮细胞内有嗜酸性包含体，其数量以发病后2～4d最多。

【诊断】

从临诊症状看，FHV-Ⅰ所致疾病与FCV感染、FPV感染和猫肺炎（衣原体感染）很难区分，只有依靠特异性的血清学试验或病原分离才能作出准确诊断。最可靠的诊断是分离病毒。根据流行病学、症状等要点仅可作出初步诊断。

【防制】

接种猫鼻气管炎弱毒疫苗或灭活疫苗可预防本病发生。第一次预防注射于8～10周龄，第二次预防注射在第12～14周龄，以后每年定期注射一次以加强其免疫力。加强饲养管理，增强猫的抗病能力，是积极的措施。同时还要避免和病猫接触，防止感染。

治疗常采用抗菌药物，防止继发性感染，并配合对症治疗。使用庆大霉素，每千克体重用1万～1.5万U，分3～4次内服；或用复方新诺明片，每日2次，每次1/4片内服。还可以用2%～3%的硼酸溶液冲洗眼部，然后用氯霉素眼药与可的松眼药水交替点眼，3～5次/d。5-碘脱氧脲嘧啶核苷对溃疡性角膜炎有较好效果。当病猫进食量太少或有脱水现象时，应及时补液，进行支持治疗。

猫泛白细胞减少症

猫泛白细胞减少症（feline panleucopenia，FP）又名猫传染性肠炎或猫瘟热、猫瘟，是由猫细小病毒引起的猫的一种急性、高度接触性、致死性传染病。主要发生于1岁以内的幼猫，临诊表现为突然发热、呕吐、腹泻、高度脱水和明显的白细胞数减少，是家猫最常见的传染病之一。

1930年由Hammon和Ender首次分离到病毒以来，世界各地均有本病发生的报道。我国于 1984 年分离到本病病毒。

【病原】

猫细小病毒（Feline parvovirs FPV）在分类学上属细小病毒科（*Parvovirus*）、细小病毒属（*Parvovirioae*）成员。核酸类型为单股 DNA。FPV 仅有一个血清型。本病毒与犬细小病毒（CPV）、水貂肠炎病毒（MEV）有抗原相关性。FPV 血凝性较弱，仅能在 4℃和 37℃条件下凝集猴和猪的红细胞。病毒能在猫肾、肺和睾丸等原代细胞中增殖，传代 5 次以上可产生明显的 CPE 和核内包含体。

病毒对乙醚、氯仿、胰蛋白酶、0.5%石炭酸及 pH3.0 的酸性环境具有一定抵抗力，耐热，50℃1h、66℃30min 可被灭活。低温或甘油缓冲液内能长期保持感染性。0.2%甲醛处理 24h 即可失活。次氯酸、戊二醛、漂白粉溶液等对其也有杀灭作用。病毒对季铵盐类、碘酊和酚消毒剂具有抵抗性。

【流行病学】

此病主要感染猫，但猫科其他动物（野猫、虎、豹）均可感染发病。各种年龄的猫都可感染发病，但主要发生于 1 岁以下的小猫，2～5 月龄的幼猫最易感。

病猫和康复带病毒猫是本病主要传染源。病毒随呕吐物、唾液、粪便和尿液排出体外，污染食物、食具、猫舍以及周围环境，使易感猫接触后感染发病。侵入门户主要是消化道和呼吸道。病猫康复后的几周或者一年以上还可以从粪尿中向外界排毒。在病毒血症期间，跳蚤和一些吸血昆虫亦可传播此病。孕猫感染后，还可经胎盘垂直传染给胎儿。

此病多见于冬、春季节，12 月至翌年 3 月，发病率占 55.8%以上，其中 3 月份的发病率达 19.5%，病程多为 3～6d。如能耐过 7d，多能康复。病死率一般为 60%～70%，高的可达 90%以上。

【症状】

潜伏期一般为 2～9d。在易感猫群中，感染率高达 100%，但并非所有感染猫都出现症状。根据临诊表现可分为以下 3 种临诊类型：

1. 最急性型 病猫来不及出现症状，就突然死亡，常误判为中毒病。

2. 急性型 病猫仅表现精神委顿、食欲不振等前驱症状，很快于 24h 内死亡。

3. 亚急性型 病初，病猫精神委顿，食欲不振，体温高达 40℃以上，24h 后下降至常温。2～3 日后，体温再度上升到 40℃以上，呈明显的双相热。第二次发热时，症状加剧，病猫高度沉郁，衰弱，伏卧，头置于前肢。呕吐物开始为食物，后为胃液，呈黄绿色，属于顽固性呕吐。病后 3d 左右发生腹泻，排出带血的水样稀粪，并迅速脱水。当病猫高热时，白细胞数可减少到 2.0×10^9 个/L 以下（正常猫为 12.5×10^9 个/L）。一般减少到 5.0×10^9 个/L 以下为重症，2.0×10^9 个/L 以下多预后不良。

妊娠母猫感染后可发生胚胎吸收、死胎、流产、早产；有的产出小脑发育不全的畸形胎儿，并常出现神经症状；有的视网膜发育异常。

【病变】

病死猫可见尸体明显脱水和消瘦。主要病变在消化道，可见小肠黏膜肿胀、炎症、充血、出血，严重的呈伪膜性炎症变化，特别是空肠和回肠更为显著，内容物呈灰黄色，水样，恶臭。肠系膜淋巴结肿胀、充血、出血、坏死。肝肿大，呈红褐色。脾肿胀、出血。肺充血、出血、水肿。多数病例长骨的红髓呈液状或胶冻状，此点具有一定的诊断价值。

组织学变化主要是肠黏膜和肠腺上皮细胞与肠淋巴滤泡上皮细胞变性，并可见到嗜酸性和嗜碱性 2 种包含体，但病程超过 3～4d 以上者，往往消失。

【诊断】

临诊症状明显，顽固性呕吐（用止吐药无效），呕吐物为黄绿色，双相体温，白细胞数明显减少，可初步诊断。

实验室诊断，该病毒具有凝集猪红细胞的特性，可采用血凝抑制试验进行血清学诊断。

【防制】

1. 预防措施

（1）平时应搞好猫舍及其周围环境卫生，新养的猫必须进行免疫接种，隔离观察 6d 未见异常时，方可混群饲养。

（2）免疫接种。目前已有 FPV 的灭活疫苗和弱毒疫苗 2 种，其中弱毒疫苗免疫效果好于灭活疫苗，但因其对幼猫的脑部组织发育具明显影响，故不能用于妊娠猫和小于 4 周龄的猫。

FPD 弱毒疫苗：45～60 日龄断乳幼猫首免，4～5 月龄二免，一年后再免疫 1 次。成年猫每 3 年免疫 1 次。

灭活疫苗：首免在猫断奶前后（6～8 周龄）进行，10～16 周龄时二免，以后每年免疫注射 1 次。

（3）病死猫和中后期病猫扑杀后均应深埋或焚烧。用 2%福尔马林溶液彻底消毒污染的饲料、水、用具和环境，以切断传播途径，控制疫情发展。

2. 治疗方法　目前对本病尚无特效药物，亦缺乏有效疗法。一般多采取以下综合措施。

（1）特异疗法。通常在病初注射大剂量猫瘟免疫血清，可获得一定疗效。用法：每千克体重 2mL，肌内注射，隔日一次。

（2）抗菌疗法。注射庆大霉素、卡那霉素等广谱抗生素，以控制混合感染或继发感染。如肌内注射庆大霉素 20mg 或卡那霉素 200mg，1d2 次，连用 4～5d。

（3）对症疗法。

脱水：静脉注射加有复合维生素 B、维生素 C、5%葡萄糖生理盐水 50～100mL，分 2 次注射。

呕吐不止：每千克体重肌内注射爱茂尔、维生素 B_1 各 0.5mL，每日分 2 次注射。

猫获得性免疫缺陷症

猫获得性免疫缺陷症（feline acquired immunodeficiency syndrkme，FAIDS）是由猫获得性免疫缺陷症病毒（FIV）引起的危害猫类的慢性接触性传染病，也称猫艾滋病（FAIDS）。临诊表现以慢性口腔炎、鼻炎、腹泻及高度虚弱为特征。

1986 年 Pederxon 在美国首次从病猫体内分离到病毒，之后在世界各地相继有本病的报道。由于本病与人免疫缺陷病毒（HIV），即艾滋病（AIDS）相似，故又称 FAIDS。

【病原】

猫免疫缺陷病毒（Feline immunodeficiency virus，FIV）在分类学上属于反录病毒科

(*Retroviridae*)，慢病毒属（*Lentivirus*），猫慢病毒群 3（3-feline lentivirus group）中的唯一成员。核酸型为正链线性 RNA 的二聚体。FIV 病毒粒子呈球形或椭圆形，直径 105～125nm，核衣壳呈棒状或锥形，偏心，从感染细胞的细胞膜上出芽而释放。

FIV 能在原代猫血液单核细胞、胸腺细胞、脾细胞和猫 T-淋巴母细胞系如 MYA-1、3201、Fel-039 和 FL-74 细胞上生长增殖。其中 MYA-1 对测试的几株 FIV 均敏感，可用于病毒的分离、滴定和中和试验。病毒感染细胞后可产生明显的细胞病变，其特征为合胞体细胞形成、细胞中出现空泡和细胞崩解。

病毒主要存在于血液、淋巴器官、骨髓和唾液中，以骨髓和肠系膜淋巴结中含病毒量最高，血液和脑组织含病毒量次之，肾、肺、肝等器官含毒量较低。

病毒对热、氯仿、乙醚、去污剂、甲醛敏感，但对紫外线有很强的抵抗力。

【流行病学】

FIV 与其他慢病毒一样，具有严格的宿主特异性，可能只感染猫，而不会在其他动物间传播流行。病猫的感染率明显高于健康猫。各种年龄、性别的猫均可感染发病，由于 FIV 感染的潜伏期较长，因此发病多为 5 岁以上的猫。公猫的感染率比母猫高 2 倍多。尤其是未经去势的公猫患病更多。因此认为猫患 FAIDS 与其性行为有直接关系。

FIV 在唾液中的含量较高，可经唾液排出。本病主要经猫打斗和咬伤的伤口而感染。散养猫由于活动自由，相互接触频繁，因此，较笼养猫的感染率要高。在猫两性间的互舐中也能传染本病。精液是否传染 FIV 未得到证实，母子间可相互传染。本病呈世界范围性分布，在流行地区的猫群中，FIV 阳性率达 1%～12%，高危险猫群中高达 15%～30%。猫群密度越大，患 FAIDS 的猫越多。

【症状】

潜伏期长短因猫而异，一般为 3 年。表现临诊症状的平均年龄为 10 岁，故自然发病的病例多见于中、老龄猫。感染猫免疫功能低下，易遭受各种病原包括病毒、细菌、真菌和寄生虫的侵袭，抗生素治疗在大多数情况下只能缓解症状而不能根除疾病。

发病初期，表现发热、不适、淋巴细胞和中性粒细胞减少、淋巴腺肿大等非特异性症状。随后 50%以上病猫表现慢性口腔炎、齿龈红肿、口臭、流涎，严重者因疼痛而不能进食。约 25%的猫出现慢性鼻炎和蓄脓症。病猫常打喷嚏，流鼻涕，长年不愈，鼻腔内储有大量脓样鼻液。由于 FIV 破坏了猫的正常免疫功能，肠道菌群失调，常表现菌痢或肠炎。约有 10%猫的主要症状为慢性腹泻。约 5%表现神经紊乱症状。发病后期常出现弓形虫病、隐球菌病、全身蠕形螨和耳螨、疥癣等。有些病猫因免疫力下降，对病原微生物的抵抗力减弱，稍有外伤，即会发生菌血症而死亡。

FIV 感染后的临诊表现包括急性期、无症状携带期（AC）、持续的扩散性淋巴瘤期（PGL）、AIDS 相关综合征（ARC）和艾滋病期 4 个期。急性期可达 4 周或长达 4 个月。自然感染猫 18%发病死亡，18%出现严重疾病，50%以上无临诊症状。但猫一旦进入 ARC 和 AIDS 期，其平均寿命不足 1 年。

临诊症状明显的病猫，血细胞出现异常，如贫血、淋巴细胞减少症、中性粒细胞减少症、血红蛋白过多等，另有约 10%的猫出现血小板减少症。

【病变】

结肠可见亚急性多发性溃疡病灶，盲肠和结肠可见肉芽肿，空肠可见浅表炎症。淋巴结滤泡增多，发育异常呈不对称状，并渗入周围皮质区，副皮质区明显萎缩。脾红髓、肝窦、肺泡、肾及脑组织可见大量未成熟单核细胞浸润。

【诊断】

猫感染 FIV 后，潜伏期很长，即使出现临诊症状，往往也是与其他病原共同作用的结果。临诊上，应注意区别猫艾滋病与猫白血病，二者的症状十分相似，均表现为淋巴结肿大、低热、口腔炎、齿龈炎、结膜炎和腹泻等。但 FIV 引起的 FAIDS，齿龈炎病变更为严重，齿龈极度红肿。

根据本病持久性白细胞减少，特别是淋巴细胞及中性粒细胞减少（血细胞容量＜24%、白细胞总数＜5.5×10^9 个/L、淋巴细胞＜1.5×10^9 个/L、中性粒细胞＜2.5×10^9 个/L、血小板＜1.5×10^9 个/L），贫血和高 γ 球蛋白血症等可作出初步诊断。

确诊本病可采用病毒分离鉴定、血清学试验和 PCR 技术等方法进行。

1. 病毒分离　病毒分离的最好样品是肝素抗凝血。室温条件下，病毒在该样品中可存活 1d 左右，如将血样立即与 3 倍的细胞培养液混合，则有利于血细胞存活，可提高病毒的分离成功率。分离病毒的程序因实验室而异，一般方法是首先分离并收集淋巴细胞，然后加含伴刀豆球蛋白 A（Con A）的细胞培养液进行培养，Con A 促进猫 T4 细胞分裂，但 Con A似乎对 FIV 增殖有抑制作用，即 3d 后要清洗细胞，重悬于不含 Con A 并加有白细胞介素-2 的营养液中。每 10d 左右补加新培养液、经 Con A 刺激的淋巴细胞和营养液，每周观察细胞病变，或用电镜观察病毒粒子，或测定培养物的反转录酶（RT）活性，连续观察 6 周。电镜超薄切片可鉴定 FIV 粒子。

2. 血清学试验　抗体的检测通常是用市售的 ELISA、免疫荧光法、免疫印迹试验试剂盒。因 ELISA 有时出现假阳性和假阴性，故有些实验室用免疫荧光和免疫斑点法加以验证。免疫印迹法可同时检查几种病毒蛋白抗体，因而是最特异的检查抗体方法。近年来，逐步应用重组蛋白或人工合成的多肽代替病毒裂解物作为抗原，ELISA 的特异性已经得到很大改进。

PCR 可检出病毒的基因组核酸，对检测血清阳性的可疑病例很有帮助。国外为确诊猫艾滋病，常进行其他实验室检查，包括持续性白细胞减少（特别是淋巴细胞和中性粒细胞减少）、贫血及 γ 球蛋白血症。淋巴结活检可见增生（早期）或萎缩（晚期）。CD4 细胞计数及 CD4/CD8 比例的检查可作为诊断和判断预后的辅助方法。

虽然许多 FIV 感染猫最终发展成猫艾滋病，但潜伏期很长，而有的猫在临诊上从不发病。因此，对一只临诊健康的猫来说，从其体内检出病毒或抗体，不能证明该猫已患猫艾滋病，也不能据此做出可靠的预后判断。另一方面，抗体和病毒分离阴性的猫也不能排除 FIV 感染，因为有些猫感染后需 1 年或更长的时间血清才转为阳性，并且在患病后期抗体也可能下降到不能检出的水平。

【防制】

1. 预防　疫苗的研究工作正在进行，尚未在临诊上应用。最佳的预防措施是改善饲养环境和饲养方式，限制猫自由出入，防止健康猫和野猫或流浪猫接触。猫的住处和饮食具要经常消毒，保持清洁，雄猫实行阉割去势术。病（死）猫要集中处理，彻底消毒，以消灭传染源，逐步建立无 FIV 猫群。

2. 治疗　目前尚无治疗本病的有效药物和疗法。患病猫只能采取对症治疗和营养疗法以延长生命。特异性抗病毒药物叠氮胸腺嘧啶（AZT）（每千克体重5mg）可减少病毒的复制，且常常会提高感染FIV的猫的生活质量。另外α干扰素（30U/只）可通过刺激白细胞介素-1等的释放来调节机体免疫功能。

猫传染性腹膜炎

猫传染性腹膜炎（feline infectious peritonitis，FIP）是猫科动物的一种慢性进行性高度致死性的病毒性传染病，主要表现为渗漏型和非渗漏型两型。以腹膜炎，大量腹水积聚或以各种脏器出现肉芽肿为主要特征。

本病最早发现于20世纪60年代，但有关本病的预防、控制、治疗至今仍未解决。

【病原】

猫传染性腹膜炎病毒（Feline infectious peritonitis virus，FIPV）为冠状病毒科（*Coronaviridae*），冠状病毒属（*Coronavirus*）成员。病毒核酸成分为单链RNA，能在活体内连续传代增殖，亦可在猫肺细胞、腹水等组织中培养。经乳鼠脑内接种病毒3d后，病毒滴度最高。病毒粒子呈多形性，大小为90～100nm，螺旋状对称。有囊膜，囊膜表面有长15～20nm的花瓣状纤突。在抗原性上与猪传染性胃肠炎病毒有密切关系，也与犬冠状病毒及人冠状病毒229E有关。

FIPV对乙醚、氯仿等脂溶剂敏感，对外界环境抵抗力较差，室温下1d可失去活性。一般常用的消毒药均可将其灭活。但对酚、低温和酸性环境抵抗力较强。

【流行病学】

在自然条件下，不同年龄的猫均可感染，但老龄猫和2岁以内的猫发病率较高。仔猫的母源抗体一般在8周时消失。本病无品种性别差异，但纯种猫发病率高于一般家猫。

本病主要通过与病猫接触传染，健康带毒猫也是重要传染源之一。本病自然感染的确切途径尚不完全清楚，一般认为经消化道感染、呼吸道或经吸血昆虫叮咬传播，蚤、虱等昆虫是主要传播媒介。病猫从粪尿中可排出病毒，也可经胎盘垂直感染胎儿。本病多呈地方性流行，在污染猫群中有85%～97%的猫临诊上正常，但血清抗体为阳性。初次发病猫群的发病率可达25%以上，但从整体上看，发病率较低。猫群一旦发病，病死率几乎为100%。

【症状】

本病有渗出型（湿型）和非渗出型（干型）2种形式，渗出型以体腔积液为特征，非渗出型以各种脏器出现肉芽肿病变为特征。

1. 渗出型 病初食欲减退，精神沉郁，体重减轻，体温升高并维持在39.7～41℃（黄昏时较高，入夜后会慢慢下降），血液白细胞总数增加。持续1～6周后腹部膨大，雌猫常被误认为是妊娠。腹部触诊有波动感（腹腔积液），但病猫无痛感。有的出现呕吐或下痢。中度至重度贫血。雄猫可能会阴囊肿大。病程可延续2个月。最后，呼吸困难、贫血、衰竭，很快死亡。25%的病猫还可出现胸腔渗出液，心包液增多，导致呼吸困难和心音沉闷。有的病例，尤其是疾病晚期可出现黄疸现象。

2. 干燥型 有些病例不出现腹水症状。主要表现为眼、中枢神经、肾和肝损害，眼角膜水肿，虹膜睫状体炎，眼房液变红，眼前房中有纤维蛋白凝块，渗出性内膜炎，甚至视网膜脱落，在初期多见有视网膜炎焰状出血。中枢神经症状为后躯运动障碍，运动失调，背部感觉过敏、痉挛。肝受损时出现黄疸。肾衰竭，腹部触诊可及肾。少数干性 FIP 可发展成湿性形式。雄猫有睾丸周围炎或附睾炎。此型病例多在 5 周内死亡。

【病变】

渗出型主要是腹水增多，有时可达 1L，淡黄色透明液体，常混有纤维蛋白絮状物，接触空气后即发生凝固。腹膜表面覆有纤维素性渗出物，肝、脾、肾表面也附有纤维蛋白。肝表面常有直径为 1～3mm 的坏死灶，并向内深入肝实质中。有的伴有胸腔积液和心包积液。肠系膜淋巴结和盲肠淋巴结肿大。

干燥型病例眼部病变为坏死性和脓性肉芽性眼色素层炎；角膜炎性沉淀和眼前房出血；视网膜出血，血管炎，局部脉络膜视网膜炎。常见到脑水肿，肾表面凹凸不平，有肉芽肿样变化。

【诊断】

通常根据流行病学、临诊表现及剖检变化，可作出初步诊断。确诊则必须依靠血清学检验和病毒分离。

1. 病毒分离　采取病猫鼻腔分泌物或病变组织接种于猫组织细胞培养，依据产生的病变，并经中和试验或荧光抗体试验检测病毒抗原。

2. 动物接种　将组织培养毒经口或鼻接种小猫，极易复制本病，但也有症状表现较轻的感染猫。

3. 血清学诊断　补体结合试验、琼脂扩散试验、中和试验等均可用于检测血清抗体滴度的升高。

【防制】

目前对此病无疫苗可供应用。

目前尚无可靠治疗措施。病初可用皮质类固醇药物治疗，有一定疗效。应消灭吸血昆虫（如虱、蚊、蝇等）及老鼠，防止病毒传播。病猫和带毒猫是本病的主要传染源，健康猫应力避与之接触。一旦发生本病，应立即将病猫隔离，对污染的环境应立即消毒。

目前尚无有效的治疗药物。一旦出现典型症状后，大多预后不良。

猫杯状病毒感染

猫杯状病毒感染（feline calicivirus infections，FC）是猫的一种病毒性上呼吸道传染病。主要表现为上呼吸道症状，即精神沉郁，浆液性或黏液性鼻漏，结膜炎、口腔炎、支气管炎或肺炎，伴有双相热。杯状病毒感染是猫的一种多发病，发病率较高，但死亡率低。

1957 年 Fastier 首次分离到 FCV。目前世界上许多国家从家猫中分离到病毒。我国猫群中也存在本病。

【病原】

猫杯状病毒（Feline calicivirus ，FCV）属杯状病毒科（*Caliciviridae*）、杯状病毒属（*Calicivirus*）成员。核酸型为单股 RNA，病毒粒子直径 35～40nm，32 个空心壳粒呈二十面体立体对称。病毒的名称来自外观，即病毒粒子表面镶嵌着 32 个杯状壳粒而得名。病毒在细胞质内繁殖，有时呈结晶状或串珠状排列。

FCV 毒株较多，如 FCV-F9、FCV-M8、FCV-225、FCV-2280 和 FCV-LLK 等。这些毒株经中和试验证明在血清学上虽有交叉，但差异很大，在补体结合试验和免疫荧光试验上存在有广泛的交叉性，但可通过琼脂扩散试验将各毒株区别开来。因此，许多学者认为这些毒株仅是单一型的血清学变种。

病毒对脂溶剂（乙醚、氯仿和脱氧胆碱盐）具有抵抗力。pH3 以下时失去活性，pH4～5 时稳定。50℃ 30min 灭活。该病毒无血凝特性。FCV 可在猫肾原代细胞、猫舌二倍体细胞、猫胸腺细胞及猫胎肺细胞中增殖，并产生病变。病毒在非猫源细胞中不易增殖。

【流行病学】

自然条件下，仅猫科动物对此病毒易感，常发生于 8～12 周龄的幼猫。主要传染源为病猫和带毒猫。患猫在急性期可随鼻分泌物、粪便和尿液排出大量病毒，污染环境，主要通过飞沫、尘埃经呼吸道传染易感猫。康复猫和隐性感染猫也能长期持续排毒，是最危险的传染源。宠物商店、宠物医院、后备种群、实验猫群等密集居住处，更利于本病的传播。

【症状】

潜伏期为 1～7d。初期发热至 39.5～40.5℃。口腔溃疡是最显著的特征，口腔溃疡以舌和硬腭、腭中裂周围明显，溃疡处稍凹陷，发红，边缘不整齐。患猫精神欠佳、打喷嚏，口腔及鼻腔分泌物增多，流涎，病猫不停地用舌头乱舔口腔。眼鼻分泌物开始为浆液性，4～5d 后为脓性。角膜发炎、羞明。有的病猫出现鼻镜干燥，龟裂。病毒毒力较强时，可发生肺炎，常出现呼吸急促，甚至呼吸困难，精神极度沉郁，食欲废绝，肺部听诊有干性或湿性啰音。仅患上呼吸道感染的小猫病死率约 30%，出现肺炎病型的病死率更高。FCV 感染如不继发其他病毒性感染（如传染性鼻气管炎病毒）、细菌性感染，大多数能耐过，但往往成为带毒者。病程 7～10d。

【病变】

表现为上呼吸道症状的猫，可见结膜炎、鼻炎、舌炎及气管炎。舌、腭初期出现水泡，后期水泡破溃形成溃疡。溃疡的边缘及基底有大量中性粒细胞浸润。肺部可见纤维素性肺炎（仅表现肺炎型症状的病猫）及间质性肺炎，后者可见肺泡内蛋白性渗出物及肺泡巨噬细胞聚积，肺泡及其间隔可见单核细胞浸润。

支气管及细支气管内常有大量蛋白性渗出物、单核细胞及脱落的上皮细胞。若继发细菌感染时，则可呈现典型的化脓性支气管肺炎的变化。表现全身症状的仔猫，其大脑和小脑的石蜡切片可见中等程度的局灶性神经胶质细胞增生及血管周围套出现。

【诊断】

依据症状和病变，如舌、腭部的溃疡、结膜炎、角膜炎、肺炎以及胸腹水等，只能作出疑似诊断。

由于多种病原均可引起猫的呼吸道疾患，且症状非常相似，因此，确切诊断较为困难。在本病的急性期，可取眼结膜刮取物、鼻腔分泌物和咽部及溃疡部组织，用猫源细胞进行病原分离。病毒的鉴定可用补体结合试验、免疫扩散试验及免疫荧光试验。

【防制】

本病康复猫带毒可达 35d 之久，故对病猫应严格隔离，防止病毒扩散、交叉感染。目前国外已有 FCV 疫苗供应。由于疫苗病毒最易增殖的温度为 31℃，与鼻腔的温度相近，所以此疫苗采用点鼻方式接种，即可产生黏膜抗体 IgA，也可产生体液抗体 IgG，从而达到保护作用。此疫苗适用于16周龄以上的猫，免疫2次，间隔3～4周。在血清学检测阴性的猫群中，疫苗的使用可降低50%～75%的发生率。

目前尚无治疗本病的特异性疗法，可试用利巴韦林、胸腺肽、吗啉胍等。口腔溃疡严重时，可用冰硼散吹撒患部，或用0.1%高锰酸钾冲洗口腔，也可用棉签涂搽碘甘油或龙胆紫。鼻炎症状明显时，可用麻黄素、氢化可的松和庆大霉素混合滴鼻。出现结膜炎的病猫，可用5%的硼酸溶液洗眼后，再用吗啉胍眼药水和氯霉素眼药水交替滴眼。防止继发感染可使用头孢唑啉、环丙沙星等。

中药治疗时可用银花15g，连翘15g，黄连10g，千里光10g，射干15g，豆根12g，板蓝根20g，穿心莲20g，大青叶12g，甘草6g水煎。用小型金属注射器从口角灌服、每日3次。

猫痘病毒感染

猫痘病毒感染（feline poxvirus infections，FP）是由牛痘病毒（Cowpox virus）或类牛痘病毒（Cowpox-like virus）引起的一种传染病，但在家猫和野生猫中不常发生。本病主要见于西欧。

猫是偶然宿主，通过和自然贮存宿主（如野生啮齿动物和小型哺乳动物）接触而感染。本病发生似有季节性，多数病例出现在6～11月份，即夏秋季节。病毒可引起典型皮肤丘疹或结节，继而发展为水疱并破裂，留下溃疡面或结痂。丘疹或结节最常见于头颈部和四肢，也可发生于机体任何部位。

临诊上患猫表现不适、发热、食欲减退或更严重的致死性全身感染，出现支气管肺泡肺炎和渗出性胸膜炎。

可通过免疫荧光测定或电镜观察进行诊断，在感染组织内见到痘病毒即可确诊。

本病尚无特效治疗药物，只能采取支持疗法，保持体液平衡及营养摄入，并服用适当的广谱抗生素以防继发感染。皮质类固醇可加重病情，应禁用。多数轻微皮肤痘病变的患猫可在4～6周内康复，但皮肤广泛性损害和免疫损伤的猫常以死亡告终。

预防本病的办法是避免猫和野生贮存宿主接触，尚无特异性疫苗应用。猫痘病毒感染还可由病猫传染给人类，引起威胁生命的全身性疾病。

猫 白 血 病

猫白血病（feline leukemia，FeL）是指因造血系统和淋巴系统肿瘤化引起的在病理形态上表现不同类型的恶性肿瘤性疾病的总称。主要分为两种，一种表现为淋巴瘤、红细胞性或成髓细胞性白血病；另一种是免疫缺陷性疾病，此种与前一种细胞异常增殖相反，主要以细胞损害和细胞发育障碍为主，表现胸腺萎缩、淋巴细胞减少、中性粒细胞减少、骨髓红细胞发育障碍而引起的贫血。

1964年Jarrett等在美国首先发现本病，之后，在世界许多国家都有发生本病的报道。20世纪70年代，美国和欧洲进行的血清调查表明，本病在混养猫群中的阳性率为28%，未混养猫的阳性率仅为1%～2%。

【病原】

猫白血病病毒（Feline leukemia virus，FeLV）和猫肉瘤病毒（Feline sarcoma virus，FeSV），均属反转录病毒科（*Reteroviridae*），正反转录病毒亚科（*Orthoretrovirinae*），哺乳动物C型反转录病毒属（*Mammalian type* C *retrovirus*）成员。两种病毒结构和形态极其相似，病毒粒子呈圆形或椭圆形，直径为90～110nm，单股RNA及核心蛋白构成的类核体位于病毒粒子中央，含有反转录酶，类核体被衣壳包围，最外层为囊膜，表面有糖蛋白构成的纤突。当病毒进入机体复制时，囊膜表面的抗原成分可刺激机体产生中和抗体。FeLV为完全病毒，遗传信息存在于病毒RNA上，可不依赖于其他病毒完成自身的复制过程。

感染病毒后，在病猫的T细胞和B细胞淋巴肉瘤（LSA）细胞膜上可检出一种与病毒感染相关的抗原，即猫肿瘤病毒相关的细胞膜抗原（FOCMA）。该抗原的分子质量为70ku，可诱导机体产生相应抗体，多数情况下滴度较高。

该病毒对热、干燥敏感。对乙醚、氯仿和胆盐敏感，加热56℃ 30min可被灭活。常用消毒剂（如0.5%酚和福尔马林等）及酸性环境（pH<4.5以下）也可使其灭活。病毒对紫外线有一定的抵抗力。

【流行病学】

本病仅发生于猫，无品种、性别差异，幼猫较成年猫易感，4月龄以内的猫对本病的易感性最强。病毒主要通过呼吸道、消化道传播。潜伏期的猫可通过唾液排出高浓度的病毒，进入猫体内的病毒可在气管、鼻腔、口腔上皮细胞和唾液腺上皮细胞内复制。一般认为，在自然条件下，消化道比呼吸道传播更易进行。除水平传播外，也可垂直传播，妊娠母猫可经子宫感染胎儿。吸血昆虫也可起到传播媒介作用。本病病程短，病死率高，约有半数病猫在发病后4周内死亡。

【症状】

本病潜伏期较长，一般为2个月或更长，症状各异，一般可分为肿瘤性疾病及免疫抑制疾病两类：

1. 肿瘤性（增生性）疾病

（1）消化道淋巴瘤型。主要以肠道淋巴组织或肠系膜淋巴结出现B细胞淋巴瘤组织为特征。腹外触压内脏可感觉到有不同形状的肿块，肝、肾、脾肿大。临诊上可视黏膜苍白、贫血、体重减轻、食欲减退，有时有呕吐和腹泻。此型约占全部病例的30%。

（2）多发淋巴瘤型。全身多处淋巴结肿大，体表淋巴结（颌下、肩前、膝前及腹股沟等）均可触及到肿大的硬块。患猫表现消瘦、贫血、减食、精神沉郁等症状。此型约占全部病例的20%。

（3）胸腺淋巴瘤型。瘤细胞常具有T细胞特征，严重的整个胸腺组织被肿瘤组织所代替。有的波及纵隔前部和膈淋巴结，由于纵隔膜及淋巴形成肿瘤，压迫胸腔并形成胸水，可造成严重的呼吸困难，使患猫张口呼吸，致循环障碍，表现十分痛苦。经X射线拍片可见胸腔有肿瘤的存在。临诊解剖可见猫纵隔淋巴肿瘤可达300～500g。此型多见于青年猫。

（4）淋巴白血病。该类型常有典型临诊症状。初期表现为骨髓细胞异常增生。由于白血细胞引起脾红髓扩张，会导致恶性病变细胞的扩散，脾肿大、肝肿大、淋巴结轻度至中度肿大。临诊上常出现间歇热、食欲下降、机体消瘦、黏膜苍白、黏膜及皮肤上出现出血点，血液检查可见白细胞总数增多。

2. 免疫抑制型疾病　此类型病猫死亡的主要原因是贫血、感染和白细胞减少。

主要是病毒对T细胞，尤其是未成熟的胸腺淋巴细胞有较强的致病作用，从而使T细胞数量减少及功能下降，胸腺萎缩，使T细胞对促有丝分裂原的母细胞化反应降低。病毒的囊膜蛋白抗原具有免疫抑制作用。由于以上原因造成了机体的防卫功能丧失，白细胞下降，使机体无能力防护外来病原菌的侵入，最终全身感染死亡。病猫常出现体重下降、贫血、发热、下痢、血便、多尿等现象。

【病变】

病死猫尸检时，可见鼻腔、鼻甲骨、喉和气管黏膜有弥漫性出血及坏死灶。扁桃体及颈部淋巴结肿大，并有出血小点。慢性病例常有鼻窦炎病变。有的在相应脏器上可见到肿瘤。本病致病模式与猫免疫缺陷病（FAIDS）病毒类似，均会引发免疫抑制作用，并导致肿瘤的形成及细胞病变。

【诊断】

通常根据流行特点、临诊症状和剖检变化可以作出初步诊断。由于不同病型的症状不同，使诊断非常困难，必须借助实验室诊断，包括病理学、病毒学和血清学等方法，其中最常用的是血清学诊断。

1. 间接荧光抗体试验（IFA）　这种检测方法对病毒抗原敏感、特异，但检测出的IFA阳性仅能表明被检猫感染了病毒，不能证明是否发病。

2. 酶联免疫吸附试验（ELISA）　此法应用较为广泛，且比IFA方便，其阴性结果的符合率较高，为86.7%，但阳性结果的符合率较低，仅有40.8%。因此用ELISA检测出的结果须经IFA验证。

【防制】

目前已研制出FeLV活疫苗，该苗可诱导产生高滴度的中和抗体以及FOCMA（猫肿瘤病毒相关细胞膜抗原）抗体，但个别猫不能抵抗野毒感染和强毒攻击。

目前尚无特效药物进行治疗。发现病猫都要扑杀，对可疑病猫应在隔离条件下进行反复的检查，尽量做到早确诊。

国外多用血清学疗法。在对症治疗及支持治疗的基础上，大剂量输注正常猫的全血浆和血清，或是小剂量输注含高滴度FOCMA抗体的血清可使患猫淋巴肉瘤完全消退。但有学者不赞成治疗，因患猫可带毒和散毒，建议施行安乐死。

猫呼肠孤病毒感染

呼肠孤病毒（Reovirus）属呼肠孤病毒科（*Reoviridae*）呼肠孤病毒属（*Reovirus*）成员，是一种定居于多种动物上呼吸道和胃肠道的双链RNA病毒。病毒对热、胰凝乳蛋白酶、DMSO和十二烷基硫酸钠（SDS）有强大的抵抗力。pH3.0稳定，对去氧胆酸盐、乙醚、氯仿、1%H_2O_2、3%福尔马林、5%来苏儿和1%石炭酸有抵抗力。过碘酸盐可迅速杀死本病毒。病毒具有凝集人O型红细胞和公牛红细胞的特性。经血凝试验和中和试验可将病毒分为3个血清型，它们之间有交叉反应。3个型的病毒都有抗原变异和亚型存在。

呼肠孤病毒感染在猫群中非常普遍。国外血清流行病学调查显示，美洲以血清1型和3型病毒感染为主。欧洲则以3型病毒感染为主。2型感染最少。存在猫和人相互传染的可能。本病毒能在易感猫之间迅速传染。

以2型呼肠孤病毒进行实验性感染，可引起猫发生隐性感染并发生血清阳转，或引起温和型缺乏全身症状的自限性腹泻。自然感染猫的潜伏期为4～19d，病程为1～26d。可引起腹泻和较轻的上呼吸道病症状，并表现瞬膜前突，怕光羞明，眼有少量浆液性分泌物等现象，常不必治疗可痊愈。3型呼肠孤病毒实验性感染可引起仔猫发生浆液性、黏液性或脓性结膜炎。但在自然发生的上呼吸道疾病中的作用并不明确。

呼肠孤病毒感染的诊断常用病毒分离的方法。采取病猫结膜拭子、粪便或上呼吸道病料，接种猫肾细胞，盲传几代产生CPE。感染细胞用pH4.95，0.01%吖啶橙液染色，细胞质呈橘红色，细胞质内有大而不规则呈苹果绿色包含体。

目前尚无有效疫苗可供应用。只能依靠综合性防治措施预防本病。患猫稍加治疗即可康复。尚无特异性治疗方法。

猫合胞体病毒感染

猫合胞体病毒感染（feline syncytium-forming virus infections，FeSFVI）是由猫合胞体病毒引起的猫的多关节发生渐进性关节炎。

1970年Hackett等在美国首次于猫体内分离到病毒，1974—1975年英国也查出有FeSFV的存在。目前我国尚未见相关报道。

猫合胞体病毒（Feline syncytium-forming virus，FeSFV）又称为泡沫病毒（Foamy virus），属反转录病毒科（*Retroviridae*）泡沫病毒亚科（*Spumavirinae*）泡沫病毒属（*Spumavirus*）成员。可在灵长类、仓鼠、猫、牛和家兔等动物体内引起持久和无症状的感染。FeSFV在快速生长的细胞培养中形成一种多核的合胞体。

病毒粒子呈球形或卵圆形，直径约100nm，外层为脂蛋白包膜，表面有纤突，中心是20面体的核衣壳，基因组长为11kb，含有*env*、*gag*、*pol*、*pro*等结构蛋白基因。病毒基因组是连续线型单链RNA，相对分子质量（7～10）$\times 10^6$。病毒不能凝集动物红细胞。

FeSFV对热、酸、氯仿及可见光敏感，但对紫外线抵抗力较强。FeSFV复制早期发生在核内，对病毒感染的细胞进行免疫荧光染色，能观察到核内荧光。FeSFV常见于自发性变性的细胞培养物内。

FeSFV感染在猫群中普遍存在。病毒于感染猫体内呈潜伏状态。各种组织器官均可检出病毒，血液中病毒含量也很高，但病毒似乎只从口咽部排出。由猫体分离病毒时，需盲传几代才能产生明显的细胞病变，但再将分离的病毒接种猫时，常不引起疾病，故被认为不具有临诊意义。血清流行病学调查发现，FIV感染猫经常同时感染有FeSFV，这两种病毒均可通过咬伤感染。研究表明，FeSFV感染并不增加猫对FIV的易感性、病程和严重程度，亦即二者在疾病发生上无相互联系。与FeSFV相关的最重要的一种疾病，是猫慢性进行性多发性关节炎。患有这种严重变形性关节障碍的多数病猫，都与FeLV共感染。因此，FeSFV在这些动物中的真正致病作用目前尚不清楚。

自然条件下FeSFV的传播存在多种途径，1～4岁猫FeSFV感染率达50%，主要是通过口、鼻途径水平传播。25%～50%的新生仔猫也可检出病毒，说明该病毒亦可经胎盘垂直传播。但由于FeSFV多引起持续性及无临诊症状的无危险性感染，仅有少数猫感染后有慢性渐进性多关节炎的症状，表现为步态僵硬，关节肿大以及外周淋巴结肿大。没有必要采取预防措施，目前也无治疗方法。FeSFV 对人类和其他动物没有传染性，因此没有公共卫生学意义。

检查病猫关节液，可发现中性粒细胞和大单核细胞数增多。检测猫血清中病毒中和抗体可对 FeSFV 感染做出诊断。另外，应用免疫荧光、琼脂扩散试验诊断效果也很好。

猫轮状病毒感染

猫轮状病毒（Feline rotavirus，FRV）属呼肠孤病毒科（*Reoviridae*）轮状病毒属（*Rotavirus*）成员。病毒粒子呈圆形，直径 66～75nm，有双层囊膜，核心直径 36～38nm。其外有两层衣壳，内层衣壳的壳粒为柱形，向外呈放射状排列如车轮辐条，外层衣壳宛如轮圈，故得此名。

轮状病毒很难在细胞培养中繁殖生长，有的即使增殖，一般不产生或仅轻微产生细胞病变。轮状病毒的抗原性有群特异性和型特异性。群特异性抗原（共同抗原）存在于内衣壳，为各种动物及人的轮状病毒所共有，用补体结合反应、免疫荧光、免疫扩散、免疫电镜、免疫对流电泳可检测出来。型特异性抗原存在外衣壳，用中和试验、酶联免疫吸附阻止试验可将各种动物轮状病毒区分开来。成熟病毒颗粒含约 14×10^6u 的双股 RNA 基因组。含两种主要的病毒蛋白质：VP2 相对分子质量为135 000，VP3 相对分子质量为40 000。完整的病毒颗粒在氯化铯中的浮密度为 1.3g/mL，沉降系数为 520～530S，核中的浮密度为 1.38g/mL，空心颗粒是 1.29～1.30g/mL。

患病的人、动物及隐性感染的带毒者，都是重要的传染源。病毒存在于肠道，随粪便排出体外，经消化道途径传染给猫。轮状病毒有一定的交互感染作用，可以从人或动物传给另一种动物，只要病毒在人或一种动物中持续存在，就有可能造成本病在自然界中长期传播。本病多发生于晚冬至早春的寒冷季节。卫生条件不良，与腺病毒等合并感染，可使病情加剧，死亡率增高。

猫的轮状病毒感染十分普遍，健康猫和腹泻猫的粪便中均可分离到病毒。但目前缺乏对自然感染本病的伴侣宠物的临诊症状描述。实验性感染猫，仅呈隐性、温和性和自限性腹泻。

临诊上对轮状病毒感染采取对症治疗和支持疗法。

近年来研究证明，猫、犬和人的轮状病毒基因群间同源性较高。尽管人畜之间的相互传播尚未证实，但人畜病毒株间的高度相关性已经引起人们的关注。

猫亨德拉病

亨德拉病（hendra disease）是由亨德拉病毒（Hendra virus）引起的人和多种动物共患的致死性呼吸道性传染病。

本病于 1994 年 9 月在澳大利亚昆士兰州的亨德拉地区首次发现。在 1998 年马来西亚的森美兰州、马六甲州、吡叻州、雪兰莪州、沙巴州等地流行，并蔓延到新加坡。其他国家和地区尚未报道有此病存在。

【病原】

亨德拉病毒（Hendra virus，HeV）旧称马麻疹病毒（Equine Morbillivirus），属副黏病毒科（*Paramyxoviridae*）成员。病毒颗粒大小不一，一般为38～600nm，表面有15nm和18nm两个不同长度的纤突，形成一种双边缘状。

HeV颗粒含有一个负极性单链RNA分子。其长度约15kb，相对分子质量在（5～7）×10^6，能编码10～20个蛋白。病毒的转录或复制需要RNA的核糖蛋白复合物和有关的蛋白。病毒通过外膜与细胞表面膜融合进入细胞，并且通过芽生或在细胞内滞留。

HeV能在MDCK、BHK、Vero、RK13和MRC5等细胞中增殖，也能在鸡胚中传代。HeV无神经氨酸酶活性，也不具有凝集动物红细胞的能力。

病毒对外界环境的抵抗力不强。一般的消毒药及肥皂液均可杀灭病毒。

【流行病学】

1994年在澳洲东岸昆士兰省首府布里斯班尼（Brisbane）近郊的亨德拉镇暴发了一种严重感染马和人的致死性呼吸道疾病，当时分别有21匹赛马和2个人感染，其中14匹马和1人死亡。从死亡的病人和马中都分离到亨德拉病毒。马可以自然感染亨德拉病毒，而人感染主要是因为接触病马的组织或体液所致。实验经由皮下、鼻腔或口服接种给马和猫，均会造成致死性肺炎；而狐蝠经由上述途径接种，呈现无症状感染而有抗体产生。血清学和病毒分离得知至少三种狐蝠（灰首狐蝠 *Pteropus poliocephalus*，中央狐蝠 *Pteropus alecto* 和眼镜狐蝠 *Pteropus conspicillatus*）是该病毒的自然宿主。

1998年11月在马来西亚森美兰州开始发生的猪脑炎，先后在森美兰州、马六甲州、吡叻州、雪兰莪州、沙巴州等地流行，并蔓延到新加坡。猪发病后，症状是发热、呼吸困难，很远距离便可听到猪咳嗽。最特殊的现象是腹部肌肉阵挛，直至死亡。猪发病后，许多猪农和接触猪的人也被感染，引发脑炎，有的人几小时便可死亡。有的全家人都发病，有父子、兄弟同时死于脑炎的报道。到1999年4月2日为止，马来西亚有84人死亡，新加坡有1人死亡。

本病除人易感外，还有猪、牛、马、羊、犬、猫等。目前尚未发现有人与人之间相互传染的报道。

【症状】

猫的潜伏期一般为4～11d，最长16d。病初精神沉郁、厌食、发热、嗜睡，接着发展成为呼吸困难、急促、浅表和费力，心跳过速、运动失调等。可视黏膜发绀，有时可出现轻度黄染现象。口鼻有多量泡沫状分泌物是常见的晚期特征。一般在出现症状后24h内死亡。

一般情况下感染猫多呈现亚临诊症状，但在体内可检测到中和抗体。

【病变】

病猫出现呼吸系统病理变化，如胸腔积水、严重肺水肿、充血、肿大，肺实质有大小不等的瘀点状出血，肺门淋巴结肿胀。气管中有多量白色或微红色的泡沫状液体。有些猫具有胃肠道病变如盲肠充血、肠系膜淋巴结水肿。有的纵隔的心包有显著胶样水肿。

组织病理学变化包括急性间质性肺炎、浆液纤维蛋白性肺泡水肿、肺泡间出血、小血管栓塞、肺泡壁坏死、肺组织及肺血管上皮合胞体细胞形成，肺泡内有单核细胞、巨噬细胞和少量的嗜中性粒细胞等。有的病例在小肠淋巴结、脾和集合淋巴结见有合胞体细胞。

【诊断】

临诊上可根据病史和临诊症状做出推测性诊断。通过组织病理学检查，如能在肺小血管和其他器官中发现特征性的合胞体即可确诊。电镜检查可以见到特征性病毒颗粒结构，特别是双边缘外膜。荧光抗体技术可检出病料组织中的病毒抗原。还可采集恢复期血清进行抗体检查，也有助于诊断。

【防制】

由于本病发生的地理位置局限，呈局部流行或散发，因此，目前尚未研制出有效的疫苗，也无特异的治疗药物，只能采取对症治疗和支持疗法，但本病病死率很高。

猫波纳病

猫的波纳（鲍那）病（borna disease，BD）是由波纳病毒科中的波纳病病毒（Borna disease virus，BDV）引起的一种以非化脓性脑膜脑脊髓炎为特征的传染病。

波那病毒可以在温血动物身上增殖，造成神经感染综合征，会导致生物的动作反常，甚至致命。这种病毒最早是在欧洲的羊和马身上发现，在欧洲、亚洲、非洲和北美洲发现它感染的动物包括鸟类、猫、牛和灵长类。波那病毒的命名，是源自此病毒于1885年在德国萨克森（Saxony）的波那（Borna）的马身上造成流行，致死率达80%～100%。

波纳病毒为有囊膜的RNA病毒，直径85～125nm，基因组为不分节段的负股单链RNA，长约8.98kb，含5个主要的开放阅读框架（ORFs），编码3种结构蛋白，但其抗原性较弱，很难在机体中测出其中和抗体。病毒仅有一个血清型。BDV也可以感染人类，是一种经由动物传染给人类的人兽共患传染病。

病毒可在5～11日龄鸡胚绒毛尿囊膜上生长（孵育温度为35℃），也能在水貂胚胎脑细胞中增殖。波纳病毒可能是一种虫媒病毒，蜱是可能的传播媒介，飞沫传染及经饲料饮水传播也可能存在。对人工感染的实验动物，病毒可在机体内持续存在数月或数年，不出现临诊症状或缓慢出现症状。

急性感染时，临诊症状包括步态摆晃、后肢运动失调、轻瘫，俗称“摇摆病”。在波纳病流行地区，亚临诊感染十分普遍。临诊上表现正常，但血清呈阳性。病理表现为非化脓性脑膜脑脊髓炎，包括血管周围淋巴细胞性浸润（血管套）、神经节细胞变性以及神经胶质细胞增生等。在海马角和嗅球的神经细胞内，出现小型的圆形嗜伊红性核内包含体。

根据临诊症状和躯体运动表现，可对本病做出初步诊断。对脑脊髓液进行分析，应呈现非化脓性炎症特征。可通过死后组织学检查、免疫学诊断以及对脑组织BDV的RT-PCR扩增进一步确诊。

本病目前尚无有效治疗方法。急性感染猫可自然康复。

猫星状病毒感染

1987年Harbour等首次于猫的腹泻物中发现星状病毒。据报道，星状病毒普遍感染人、牛、羊、犬、猫、猪、火鸡、鼠等动物。不同种动物的病毒未见有交叉感染的报道。

猫星状病毒（Feline astrovirus）属星状病毒科（*Astroviridae*）哺乳动物星状病毒属（*Mastrovirus*）成员，病毒无囊膜，病毒粒子直径为28～30nm。核酸型为单链RNA。

病毒可在牛胚肾、猪胚肾和猫胚细胞中增殖，但在培养液中不能存在血清，而须加胰蛋白酶进行培养。

自然感染猫发生持续性水样腹泻，并伴有体重减轻、厌食和极度虚弱。一般不发生脱水等严重并发症。但大多数猫感染星状病毒后表现为隐性、温和型或自限性感染。

对其感染尚无特异性的治疗方法，仍采取补液、支持疗法等综合措施。目前尚无疫苗供应。通常认为感染猫对人健康无危险。

猫海绵状脑病

猫的传染性海绵状脑病（feline spongiform encephalopathy，FSE）是由朊病毒（Prion）感染引起的一种传染病。牛海绵状脑病（BSE）又称“疯牛病”，1985年首次报道于英国，以后美国、加拿大、新西兰、日本等国也相继报道。1991年英国牧场奶牛暴发BSE，损失严重。

自1990年在英国发现第一例FSE以来，世界上已发现百余例FSE，其中90%在英国。除了牛、羊和家猫之外，目前还发现有野猫、羚羊、水貂和鹿感染此类海绵状退行性脑病。但是，迄今为止，尚未发现鸡、鸭、马、犬发生此病的报道。也许该症在它们身上的潜伏期更长，也许它们的体内对食物链中病源的侵袭有抵抗力，这些都有待进一步研究。

据报道猫患本病是因饲喂含未完全加工已感染BSE的肉和骨的饲料所致。

病猫呈进行性神经症状，运动与感觉反应受到严重影响。大部分感染猫表现为焦虑不安，有侵犯性，行动不协调，对声音和触摸特别敏感。

猫海绵状脑病的诊断可通过组织病理学检查进行，病猫呈现典型海绵状退行性脑病病变，脑内出现原纤维和修饰的朊病毒蛋白（PrP）。

目前尚无有效治疗方法，感染猫常以死亡告终。如生前怀疑患猫为海绵状脑病，可实施安乐死术。

疯牛病的致病因子仅存在于病牛的脑、脊髓和小肠内，因此，避免猫摄入以上BSE感染组织，就可有效防止本病发生。按照BSE的根除计划，改变饲料加工程序就可消除该病在动物中的流行。

猫传染性海绵状脑病类似于疯牛病，是通过食物链传染的。由于病猫的排泄物和分泌物中没有致病成分，就不会导致此病在猫中流行，且人们通常不食用猫肉，故该病没有感染人类的危险（除非人吃了病猫的脑组织或脊髓），因此，无公共卫生学意义。

复习思考题

1. 狂犬病有几种类型？有哪些主要传播方式和感染途径？如何确诊和防制？
2. 伪狂犬病主要临床表现有哪些？
3. 犬瘟热的诊断要点、鉴别要点是什么？临诊上应注意与哪些类症疾病鉴别？如何防制本病？
4. 犬传染性肝炎的传播途径、主要症状、特异诊断方法是什么？
5. 犬传染性喉气管炎流行特点和特征症状有哪些？如何防制？
6. 犬细小病毒感染主要诊断依据是什么？
7. 犬细小病毒感染主要传播途径是什么？如何控制细小病毒感染？

8. 犬疱疹病毒感染的主要传播途径是什么？如何防制？
9. 犬副流感病毒感染的流行病学、临诊表现和病理变化特征是什么？如何防制？
10. 犬冠状病毒病的主要传播途径是什么？如何控制本病？
11. 犬轮状病毒感染的主要传播途径是什么？如何诊断和控制犬轮状病毒感染？
12. 犬乳头瘤病的特征是什么？
13. 简述猫病毒性鼻气管炎的流行病学特点和防制措施。
14. 猫泛白细胞减少症的临诊症状是什么？如何诊断和防制？
15. 猫获得性免疫缺陷综合征主要病理变化是什么？主要诊断依据是什么？
16. 猫传染性腹膜炎的病因是什么？主要临诊症状有哪些？
17. 如何区别猫杯状病毒感染和其他上呼吸道疾病？
18. 猫痘病毒感染的主要症状是什么？
19. 猫白血病有哪些疾病类型？
20. 猫呼肠孤病毒感染的主要特征是什么？
21. 猫合胞体病毒感染的特征是什么？本病是如何传播的？
22. 针对猫轮状病毒感染应采取哪些治疗方法？
23. 应如何采取措施防止亨德拉病传入我国？如果发现可疑病例应如何处置？
24. 如何诊断猫波纳病、猫星状病毒感染和猫海绵状脑病？

模块五

犬、猫细菌性传染病

知识目标

掌握犬、猫细菌性传染病的诊断与防制措施。

技能目标

掌握犬、猫常见细菌性传染病的诊断方法及防制要点。

布鲁氏菌病

布鲁氏菌病（brucellosis）又名布氏杆菌病，是由布鲁氏菌引起的一种人兽共患传染病。本病的特征为生殖器官和胎膜发炎、流产、不育和多种组织器官的局部病灶。本病属自然疫源性疾病。世界各地都存在本病。

【病原】

布鲁氏菌（Brucella）又名布氏杆菌，是布鲁氏菌属的革兰氏阴性小杆菌。长期以来，将布鲁氏菌属分为马耳他布鲁氏菌（我国称为羊布鲁氏菌）、流产布鲁氏菌（牛布鲁氏菌）、猪布鲁氏菌、绵羊布鲁氏菌、沙林鼠布鲁氏菌和犬布鲁氏菌，最近又报道海豚布鲁氏菌及海豹布鲁氏菌。在自然条件下引起犬、猫布鲁氏菌病的病原主要是犬布鲁氏菌、马耳他布鲁氏菌、流产布鲁氏菌和猪布鲁氏菌，呈显性或隐性感染，成为重要的传染源。

本菌呈球形、球杆状或短杆状，大小为（0.5～0.7）μm×（0.6～1.5）μm，多单在。不形成芽孢和荚膜，无鞭毛，无运动性。经柯兹罗夫斯基和改良 Ziehl-Neelsen 染色，本菌染成红色，背景及杂菌染成蓝色或绿色。是专性需氧菌，对培养基的营养要求比较高，初代分离培养时需要5%～10%的CO_2，加血液、血清、组织提取物等，而且生长缓慢，经数代培养后才能在普通培养基、大气环境中生长，且生长良好。在固体培养基上，光滑型菌落无色透明、表面光滑湿润，菌落一般直径为0.5～1.0mm，在光照下，菌落表面有淡黄色的光泽。粗糙型菌落不太透明，呈多颗粒状。有时还出现混浊不透明、黏胶状的黏液型菌落，在培养中还会出现这些菌落的过渡类型。

本菌对自然因素的抵抗力较强，在适当的环境条件下，布鲁氏菌在污染的水和土壤中可存活1～4个月，皮毛上2～4个月，在乳、肉中可存活60d，粪中120d，流产胎儿中至少75d，子宫渗出物中200d。对热敏感，巴氏消毒法可以杀死，煮沸立即死亡。直射日光下0.5～4h死亡。0.1%升汞数分钟，3%～5%来苏儿、2%福尔马林、5%生石灰乳均能在15min内将其杀死。

【流行病学】

多种动物（羊、牛、猪、鹿、马、骆驼、犬、猫、兔等）和人均对布鲁氏菌病易感或带菌。因此，本病的传染源十分广泛。犬是犬布鲁氏菌病的主要宿主，也是马耳他、流产、猪布鲁氏菌病携带者。马耳他、牛、猪布鲁氏菌病可由其他种属的动物传染给犬、猫，犬布鲁氏菌则主要是在犬群中传播。受感染的母犬在分娩或流产时将大量布鲁氏菌随着羊水、胎儿和胎衣排出，流产后的阴道分泌物及乳汁中都含有布鲁氏菌。感染的公犬、猫，可自精液及尿液排菌，成为布鲁氏菌病的传染源，在发情季节非常危险，到处扩散传播。有些犬感染后 2 年内仍可通过交配散播本病。排出的病原菌不仅可通过污染的饲料、饮水经消化道感染，还可以通过损伤的黏膜、皮肤、呼吸道、眼结膜等途径感染，也可经胎盘垂直传播。

【症状】

本病潜伏期长短不一，短的半月，长的 6 个月。犬、猫感染布鲁氏菌病后多呈隐性感染，或仅表现为淋巴结炎，少数经潜伏期后表现全身症状。怀孕母犬、猫最显著的症状是流产。常在怀孕 2～3 月时发生流产，流产前出现分娩预兆，阴唇和阴道黏膜红肿，生殖道炎症引起阴道内流出淡褐色或灰绿色分泌物。流产胎儿常发生部分组织自溶、皮下水肿、瘀血和腹部皮下出血。部分母犬感染后并不发生流产，而是怀孕早期胚胎死亡并被母体吸收。流产后可能发生慢性子宫炎，引起长期屡配不孕。公犬和公猫感染后有的不显症状，有的出现睾丸炎、附睾炎、前列腺炎、阴囊肿大及包皮炎、精子异常等，也可导致不育。除生殖系统症状外，还可能出现嗜睡、消瘦、脊髓炎、眼色素层炎等症状，也有的发生关节炎、腱鞘炎、有时出现跛行。

【病变】

隐性感染病例见不到明显的病理变化，或仅见淋巴结炎性肿胀。流产母犬和猫及孕犬、孕猫可见阴道炎及胎盘、胎儿部分溶解，并伴有脓性、纤维素性渗出物和坏死灶。发病的公犬和公猫可见包皮炎，睾丸、附睾可能有炎性坏死灶和化脓灶。有的发生关节炎、腱鞘炎或滑液囊炎。布鲁氏菌除了定居于生殖系统组织器官外，还可随血流到达其他组织器官而引起相应的病变，如椎间盘炎、眼前房炎、脑脊髓炎的变化等。

【诊断】

引起犬、猫流产，不育及睾丸炎或附睾炎，阴囊肿大等的原因比较复杂，根据流行病学和临床症状等只能作出初步诊断，确诊需要实验室检查。注意与钩端螺旋体病、弓形虫病等鉴别诊断。

1. 细菌学检查　几乎从布鲁氏菌感染犬猫的组织和分泌物的涂片中都可检出菌。常用的是采取流产胎衣、胎儿胃内容物或有病变的肝、脾、淋巴结等病变组织，制成涂片或触片后染色镜检。有条件的情况下，也可以进行布鲁氏菌的分离培养。

2. 动物接种　取新鲜病料或制成病料匀浆悬浮液给无特异抗体的豚鼠腹腔接种 0.5～0.8mL，于 14～21d 后进行心脏采血分离血清做凝集试验，根据凝集价做出判定。于 20～30d 后剖杀，采取肝、脾、淋巴结进行分离培养。

3. 血清学检验　犬猫在感染布鲁氏菌 7～15d 可出现抗体，检测血清中的抗体是布鲁氏菌病诊断和检疫的主要手段。国内常以平板凝集试验用于本病的筛选，以试管凝集试验和补体结合试验进行实验室最后确诊。对于疑难病例，还可选用抗球蛋白试验、巯基乙醇凝集试验和酶联免疫吸附试验等作为辅助诊断方法，也可用 PCR 法进行快速诊断。

【防制】

预防犬猫布鲁氏菌病尚无合适的疫苗可供使用，主要预防措施是加强检疫并及时淘汰阳性犬猫。新购入的犬猫，应先隔离观察一个月，经检疫确认健康后才可继续饲养；种公犬猫在配种前要进行检疫，阴性者用于配种，阳性者立即处理；发现患病犬猫立即隔离，污染的场地、栏舍及其他器具均应彻底消毒。流产物、阴道分泌物等要严格消毒并深埋处理。同时工作人员要做好兽医卫生防护工作。

因为布鲁氏菌进入机体后，巨噬细胞和其他吞噬细胞将其吞噬并运送到淋巴结和生殖道，细菌在单核吞噬细胞内持续存在，因此，临床治疗使用链霉素、卡那霉素、利福平等抗生素结合维生素治疗，一般只能达到临床治愈，很难清除病原，必须反复进行血液培养以检验疗效，停药几个月后感染还可能反复。抗菌治疗费用较高，并且本病在公共卫生上也有重要意义，所以出现患病犬猫，应立即隔离和逐步淘汰。

【公共卫生】

人类可以感染布鲁氏菌病，其传染源主要是患病动物，一般不由人传染给人，所以人类布鲁氏菌病的预防与消灭，有赖于动物布鲁氏菌病的预防和消灭。犬布鲁氏菌病对人的感染性虽然较低，但仍可以感染人。兽医工作人员、饲养人员在接触可疑犬、猫，特别是流产病例时应注意防护。人感染后临床症状是波浪热或间歇热、盗汗、全身不适、乏力、头疼、关节炎、神经痛、淋巴结炎、体重减轻、肝脾肿大及生殖器官炎症等，需进行血清学和细菌学检验才能确诊。早期抗生素治疗效果较好。有些病例经过短期急性发作后恢复健康，有的则反复发作，慢性布鲁氏菌病通常无菌血症，但感染可持续多年。

弯曲菌病

弯曲菌病（campylobacteriosis）原名弧菌病，也称弯杆菌病，是由弯曲菌引起的人兽共患传染病。因感染病原菌的种或亚种不同而表现不同的临床症状。犬、猫弯曲菌病是一种急性腹泻病，主要以发热、腹痛、腹泻为特征。本病呈世界性分布，在我国也广泛存在。

【病原】

犬、猫弯曲菌病主要是弯曲菌属的空肠弯曲菌（Campylobacter jejuni）引起的。细菌大小为（0.3～0.4）μm×（1.5～3.0）μm，菌体弯曲呈弧形、豆点状、螺旋形或当两个细胞相连时，表现为S形、海鸥展翅状，在老龄培养物中可形成球状体。无芽孢及荚膜，一端或两端具有单鞭毛，运动活泼。革兰氏染色阴性，复染时沙黄不易着色，宜用石炭酸复红，结晶紫染色效果好。微需氧，对培养条件要求高，最适生长温度为42～45℃，37℃可生长，30℃以下不生长。在加有血液、血清的培养基中10%CO_2条件下初代培养良好。对1%牛胆汁有耐受性，十分适合于纯菌分离。固体培养基上经48h培养后可以形成两种类型的菌落：一种是边缘不整齐、蔓延生长的菌落；另一种是圆形、隆起、半透明的细小菌落。在血平板上不溶血。在麦康凯琼脂上生长微弱或不生长。在液体培养基中轻微混浊生长，常有油脂状沉淀，不易散开。生化特征为氧化酶接触试验阳性，尿素酶试验阴性，不液化明胶，不能发酵及氧化糖类，V-P、甲基红试验阴性。

由于本菌对氧敏感，在外界环境中很易死亡。对干燥抵抗力弱，在琼脂平板上置室温下2～3d即死亡。对酸和热敏感，pH2～3或58℃ 5min均可杀死本菌。对常用消毒剂敏感。

在脱脂乳、蔗糖、甘油中，于−25℃可存活6个月。

【流行病学】

空肠弯曲菌广泛存在于多种动物（鸡、鸭、犬、猫、猪、貂、狐等）和人肠道中，是本病的主要传染源。家禽的带菌率很高，一般认为是最主要的传染源，猪的带菌率也很高。病原菌随患病动物、人或带菌动物的粪便、乳汁和其他分泌物等排出体外，污染食物、饮水及周围环境。本病主要经消化道感染，也可随乳汁和其他分泌物排出散播传染。苍蝇等节肢动物带菌率也很高，可能成为重要的传播媒介。犬、猫常见的一个重要感染途径是摄食未经煮熟的家禽肉或未消毒牛奶等。此外，环境、生理、手术应激及并发其他肠道感染可加重病情。

【症状】

与细菌数量、毒力、是否有保护性抗体和其他肠道感染有关。幼犬和幼猫最易感染并表现临床症状，多见于6月龄以下的犬、猫，尤其是受到某些应激因素的影响后。

临床上主要表现为严重腹泻，排出有多量黏液的水样、胆汁样粪便，重症者可见黏液血便。精神沉郁、嗜睡，食欲减退或废绝，偶尔有呕吐，一般体温正常。个别犬可能表现为急性胃肠炎，病程持续1～3周，治疗及时，很少死亡。有并发感染及血样腹泻时，死亡率增高。也有些犬、猫感染后慢性腹泻或间歇性腹泻。

【病变】

胃肠道充血、水肿和溃疡，通常结肠壁水肿增厚、瘀血、出血，偶尔可见小肠充血。

【诊断】

主要采用细菌学检查，另外还可应用血清学检查方法，或用PCR方法直接检测粪样中的细菌。要注意与其他病原体引起的腹泻，特别是病毒性腹泻进行鉴别。

1. 细菌学检查

（1）直接涂片镜检。取新鲜粪便后直接在相差或暗视野显微镜下观察弯曲菌的快速运动，据此可做出推测性诊断。在本病急性阶段，粪便中排出大量病菌，也可涂片染色镜检观察本菌。

（2）细菌的分离鉴定。可选用专用选择性培养基对粪便进行培养，挑选可疑菌落进行生化鉴定。

2. 血清学检查　主要有试管凝集试验、间接免疫荧光试验等。可采用特异性的杀菌试验来检测血清抗体滴度的上升情况，也可用酶联免疫吸附试验方法检验感染情况。

【防制】

对本病采取综合性防疫措施，加强清洗和消毒工作，保持环境、用具等的清洁卫生。避免犬、猫摄食被病菌污染的食物和饮水。发现患病动物后要隔离治疗，及时消毒，防止疫情扩大。

病情轻者不经治疗多可自愈，对重症或对人的公共卫生构成威胁时，使用抗生素和对症治疗。本菌对庆大霉素、红霉素、多西环素或链霉素、卡那霉素、氟苯尼考等均敏感，对青霉素、头孢菌素耐药。喹诺酮类药物治疗效果不错，但该病主要发生于幼龄犬、猫，此类药物对软骨发育有一定的毒性作用，应予以考虑。幼龄腹泻犬、猫，需注意补充体液和电解质。某些宠物虽然经过抗生素治疗，但仍然可以继续排菌，遇此情况可考虑用另一种抗生素连续治疗。进行药物治疗的同时考虑其他并发疾病的防治。

【公共卫生】

空肠弯曲菌是引起人类腹泻的重要病原。现已确认，犬、猫和灵长动物是人类感染的重要来源。带菌犬、猫也可能传染人类，所以新购进的犬、猫更应加以重视。人主要通过被污染的食物、饮水经消化道或接触患病动物而感染。人感染后出现急性肠炎，食物中毒等症状。应注意饮食卫生，教育儿童不要和犬、猫与家禽等玩耍，出现本病及时治疗。

沙门氏菌病

沙门氏菌病（salmonellosis）是由沙门氏菌属细菌引起的人畜共患传染病的总称，临床上主要以败血症和肠炎为特征。本病呈世界性分布，我国也广泛存在。犬和猫的沙门氏菌病不多见，但健康犬和猫可以携带多种血清型的沙门氏菌，对公共卫生安全构成一定的威胁。

【病原】

沙门氏菌属是一群寄生于人和动物肠道内的生化特性和抗原结构相似的革兰阴性杆菌。沙门氏菌属包括近2000个血清型，绝大多数沙门氏菌对人和动物有致病性，能引起多种不同临床表现的沙门氏菌病，并为人类食物中毒的主要原因之一。犬、猫沙门氏菌病主要是由鼠伤寒沙门氏菌、肠炎沙门氏菌、亚利桑那沙门氏菌及猪霍乱沙门氏菌引起，其中以鼠伤寒沙门氏菌最常见。鼠伤寒沙门氏菌以周鞭毛运动，无芽孢和荚膜。为兼性厌氧菌，在普通培养基上生长良好，在固体培养基上培养24h后长成表面光滑、半透明、边缘整齐的小菌落。在液体培养基中呈均匀混浊生长。生化特征除具有硫化氢（三糖铁琼脂）阳性，V-P阴性，靛基质阴性，MR阳性，赖氨酸脱羧酶阳性，发酵葡萄糖产酸和不发酵乳糖等沙门氏菌属的共性外，其主要特征为阿拉伯糖、卫矛醇、左旋酒石酸、黏液酸试验为阳性。

本菌对外界环境有一定的抵抗力，在水中可存活2～3周，粪便中存活1～2个月，在土壤中存活数月，在含有机物的土壤中存活得更长。对热和大多数消毒药很敏感，60℃经5min可杀死肉类中的沙门氏菌，常用消毒剂均能达到消毒目的。

【流行病学】

鼠伤寒沙门氏菌在自然界分布较广，易在动物、人和环境间传播。传染源主要为患病或带菌的动物或人，长期或间歇性随粪排菌，污染饲料、水、土壤、垫料、用具和环境，通过直接或间接接触传播。该病主要经消化道感染，偶尔可经呼吸道途径感染，空气中含沙门氏菌的尘埃和饲养员等都可成为传播媒介。沙门氏菌的带菌现象非常普遍，当机体抵抗力降低时，可发生内源性感染。

对本病仔幼犬、猫易感性最高，多呈急性暴发；成年犬、猫多呈隐性带菌，少数也会发病。本病无明显的季节性，但与卫生条件低下、阴雨潮湿、环境污秽、饥饿和长途运输等因素密切相关。

【症状】

患病犬、猫症状的严重程度取决于感染细菌的数量、年龄、营养状况、是否有应激因素、有无并发感染等。临床上，可将其分为如下几种类型。

1. 菌血症和内毒素血症　此型多见于幼龄、老龄及免疫抑制的犬、猫。精神极度沉郁，食欲减退乃至废绝，体温升高到41℃，虚弱，严重时出现休克和抽搐等神经症状，甚至死亡。有的会出现胃肠炎症状，表现腹痛和剧烈腹泻，排出带有黏液的血样稀粪，有恶臭味，严重脱水。少数犬不见任何症状而死于循环虚脱。

2. 胃肠炎型　临床上最常见。往往幼龄及老龄犬、猫较为严重。潜伏期3～5d，开始表现为精神委顿，食欲下降，继之可出现呕吐，病初体温升高达40℃，随后出现腹泻。粪便初呈稀薄水样，后转为黏液性，严重者胃肠道出血而使粪便混有血迹。腹泻猫还可见流涎。数天后患病犬、猫体重减轻，迅速脱水，黏膜苍白，贫血，虚弱，休克，可发生死亡。成年犬多表现为1～2d的一过性剧烈腹泻。

3. 局部脏器感染　细菌侵害肺时可出现肺炎症状，咳嗽、呼吸困难和鼻腔出血。出现子宫内感染的犬、猫还可引起流产、死产或产弱仔。出现菌血症后细菌可能转移侵害其他脏器，而引起与该脏器病理有关的症状。

4. 无症状感染　多见于感染少量沙门氏菌或抵抗力较强的犬、猫，可能仅出现一过性症状或不显任何临床症状，但可成为带菌者。

患病犬、猫仅有少部分在急性期死亡，大部分3～4周后恢复，少部分继续出现慢性或间歇性腹泻。无论患病、隐性感染或康复犬、猫均带菌排菌，长的达数周甚至数月。

【病变】

最急性死亡的病例可能见不到病变。病程稍长的可见到尸体消瘦，黏膜苍白，脱水。有明显的黏液性、出血性或坏死性肠炎变化，主要在小肠后段、盲肠和结肠黏膜出血坏死、大面积脱落，肠内容物含有黏液、脱落的肠黏膜，严重的混有血液。肠系膜及周围淋巴结肿大出血，切面多汁。由于局部血栓形成和组织坏死，可在大多数组织器官如肝、脾、肾出现密布的出血点和坏死灶。肝肿大，呈土黄色，有散在的坏死灶。肺常水肿有硬感，脑实质水肿，心肌炎和心外膜炎等。

【诊断】

根据流行病学、临床症状与病理变化可以作出初步诊断，确诊必须进行实验室检查。注意与犬细小病毒、冠状病毒感染及猫泛白细胞减少症及大肠杆菌病等鉴别诊断。

1. 细菌的分离鉴定　这是确诊的最可靠的方法。从肝、脾、肠系膜淋巴结和肠道取病料，接种于SS琼脂培养基或麦康凯培养基上。SS琼脂上长呈圆形、光滑、湿润、灰白色菌落，在麦康凯琼脂上呈无色小菌落。但必须注意，培养结果阴性并不能排除沙门氏菌感染的可能性，因为在其他细菌共存的条件下，很难培养出沙门氏菌。为此，肠道及粪便所取材料应接种在选择性培养基或增菌培养基中，如四硫磺酸盐增菌液、亚硒酸钠增菌液、煌绿-胱氨酸-亚硒酸钠肉汤或煌绿-胱氨酸-四磺酸钠肉汤培养液，24h后再在选择性培养基如SS琼脂、HE琼脂、麦康凯琼脂等上传代。获得纯培养后，再进一步鉴定，可进行生化鉴定。

2. 粪便检查　通过检验粪便中白细胞数量的多少，可以判断肠道病变情况。粪便中大量白细胞的出现，是沙门氏菌性肠炎及其他引起肠黏膜大面积破溃疾病的特征。相反，粪中缺乏白细胞，则应怀疑病毒性疾患或不需特别治疗的轻度胃肠道炎症。

3. 血清学诊断　采集血液分离血清做凝集试验及间接血凝试验诊断沙门氏菌感染。但用于亚临床感染及处于带菌状态的动物，其特异性则较低。荧光抗体和酶联免疫吸附试验等方法也可用于本病的诊断。

【防制】

预防本病需要加强饲养管理，保持饲料和饮水的清洁卫生，消除发病原因。发现病猫或犬，应立即隔离，加强给予易消化富有营养的食物。对圈舍、用具仔细消毒，特别要注意及时清除粪便，焚烧消毒。

治疗以抗菌和对症治疗为主。沙门氏菌对多种抗生素、呋喃及磺胺类药物敏感，但沙门氏菌易形成耐药性，最好治疗前进行药敏试验，以确定用药。常用的药物有恩诺沙星每千克体重2.5～5mg，每日2次，内服，连用3～5d；磺胺嘧啶每千克体重50～70mg，首次量可加倍，分2次喂服，连用5～7d；呋喃唑酮每千克体重2.5～5mg，分2次内服，连用1周。此外，同时进行对症治疗。对心脏功能衰竭者，肌内注射0.5%强尔心1～2mL（幼犬减半）；有肠道出血症者，可内服安络血，每次2.5～5mg，每天2～4次；清肠制酵，保护肠黏膜，亦可用0.1%高锰酸钾液或活性炭和次硝酸铋混悬液进行深部灌肠。

【公共卫生】

犬、猫沙门氏菌病可传染给人，潜伏期多为12～48h，主要症状为体温升高、恶心、呕吐、腹胀、腹痛、便秘或严重的腹泻、严重的震颤等及部分病例胸腹部出现少数玫瑰疹。大多数患者可于数天内恢复健康。为防止本病由犬、猫及其他动物传染给人，应加强食品卫生检验，接触患病犬、猫注意个人防护，加强清洁和消毒工作。

耶尔森菌病

耶尔森菌病（yersiniosis）是主要由小肠结肠炎耶尔森菌引起的一种人畜共患传染病，其特征是小肠结肠炎、胃肠炎或全身性症状等。呈世界性分布，我国也广泛存在。

【病原】

小肠结肠炎耶尔森菌（*Yersinia enterocolitica*），属肠杆菌科，耶尔森菌属，大小为（0.5～0.8）μm×（1～3）μm，菌体呈多形性。革兰氏阴性，偶尔可见两级浓染。无芽孢和明显的荚膜，在22～28℃培养时有鞭毛，都有动力，但在37℃时则不形成或很少有鞭毛。多数小肠结肠炎耶尔森菌是兼性厌氧菌，最适生长温度为20～28℃，耐低温，在4℃能生长。细菌生长对培养基营养要求不高，在普通琼脂培养基上生长良好，部分菌株在血液琼脂平板上出现溶血环。在麦康凯琼脂上，本菌较其他肠道致病菌生长慢，菌落小，在2～3d后就自溶。在22～25℃培养时VP试验阳性，37℃则阴性。本菌不液化明胶，接触酶试验阳性，氧化酶试验阴性。

【流行病学】

耶尔森菌病几乎遍布世界各地，具有广泛的宿主，是灰鼠、野兔、猴和人的致病菌，并已从马、牛、羊、猪、犬、猫、骆驼、家兔、豚鼠、鸽、鹅、鱼等动物中分离到此菌。目前认为扁桃体带菌猪是人类感染本菌的主要传染来源和储存宿主，而带菌的猫和犬是其他动物感染的主要来源。本病通过饮水和食物经消化道感染，或接触感染动物，也可通过与屠宰工人、饲养管理人员的间接接触而感染。

【症状和病变】

表现为厌食、持续腹泻、粪便带有血液或黏液，急性病例可出现腹痛。但大多数被感染的犬、猫临床症状不明显。

主要病理变化是肠黏膜充血和出血，肠系膜淋巴结肿大。组织学检查表现为慢性肠炎并有单核细胞浸润。

【诊断】

从粪便中分离出细菌并不能确诊是本病，因为部分动物是本菌的携带者。从血液和淋巴结中分离到该菌则对于区分临床感染和无症状携带者具有重要意义。细菌的分离鉴定是确诊的最可靠的方法。采集病料可以取病变的淋巴结、血液或其他标本。对非污染的材料可用血琼脂平板直接划线分离。对污染的材料可用去氧胆酸盐琼脂、麦康凯或SS琼脂板上划线分离。也可将病料接种实验动物（豚鼠、小鼠或大鼠），死后取肝、脾、淋巴结于血平板上分离。分离的疑似菌落可以进行生化鉴定，也可进行血清学和毒力鉴定。

【防制】

由于多种动物可以携带耶尔森菌，因此预防本病比较困难。主要采取加强饲养管理，增强机体抵抗力，加强清洁和消毒工作等综合性防疫措施。

目前治疗可用多种抗生素和磺胺类药物。本菌对青霉素药物普遍有耐药性，选用四环素、氟苯尼考、庆大霉素、头孢菌素以及氟喹诺酮类药物治疗本病有效。同时，对于腹泻严重的病例，需要进行输液以调节机体水和电解质平衡，补充足够的维生素类和能量等。

【公共卫生】

犬、猫耶尔森菌病传染给人的机会比较低，但也有发生的报道。因此，当怀疑犬、猫受感染时，应对其粪便进行分离培养，及时诊断和采取隔离治疗等措施。人感染后以急性炎症为主，临床症状因感染器官而异，肠炎最常见。应避免幼儿、老年人与免疫抑制病人、受感染犬猫及可能的污染物接触，减少发病机会。

鼠　疫

鼠疫（plague）是鼠疫耶尔森菌引起的人兽共患的自然疫源性烈性传染病，主要以侵害淋巴系统和肺为特征。

【病原】

鼠疫耶尔森菌（*Yersinia pestis*）又称鼠疫杆菌，是卵圆形的革兰氏阴性短杆菌。大小为（0.5～0.8）μm×（1～2）μm，多单个存在，偶尔成双或短链。以感染动物新鲜内脏组织做触片，美蓝或瑞氏染色时有明显的两级浓染。经培养基上继代后，两级染色不甚明显。无芽孢，无鞭毛，毒力强的菌株有厚的荚膜（或称封套）。兼性厌氧菌，能在普通培养基上生长，但生长缓慢。在鲜血琼脂或血清琼脂平板上生长良好，在鲜血琼脂平板上，28℃培养48h后，长成透明的、中央隆起、不溶血、边缘呈花边样的菌落，这种菌落形态为本菌的特征。在肉汤培养基中培养时，液体清亮，液面有菌膜，静置培养4～5d后形成钟乳石状下垂生长物，此特征具有一定的鉴别意义。

鼠疫耶尔森菌对外界抵抗力强，在寒冷、潮湿的条件下不易死亡，在－30℃仍能存活。可耐直射日光1～4h，在干燥的痰和蚤粪中存活数周，在冻尸中能存活4～5个月，但对一般消毒剂的抵抗力不强。

【流行病学】

鼠疫为自然疫源性传染病，鼠等啮齿动物是鼠疫耶尔森菌的自然宿主和储存宿主，蚤是该菌的主要传播媒介。已证明约有200余种动物可自然感染鼠疫，我国已基本查明有11种啮齿动物为该菌的储存宿主，并有 11 种节肢动物可作为其传播媒介。该病一般先在鼠类间发病和流行，大批鼠死亡后，通过鼠蚤的叮咬而传染其他动物或人类。人被感染后，主要通过人蚤或呼吸道途径在人群中传播，人与动物直接接触也可感染本病。猫和犬最常见的感染途径为捕食带菌鼠或野兔，经过消化道或被鼠蚤叮咬而感染。

该菌对热及常用消毒药均敏感，但在干燥的痰中可存活一个月以上，在蚤粪和土壤中能存活 1 年左右。

【症状】

猫发生本病较为多见，而犬发生的记录不多。犬感染后常呈一过性表现，体温升高达 40.5℃，持续 3d 左右，1 周后康复。

猫感染后表现为急性型，一般 1～7d 死亡或康复；慢性型病程 2～4 周。可发生肺型、淋巴结炎型和败血症型鼠疫。猫的肺型鼠疫较少见，出现急性、出血性支气管肺炎症状。临床上最常见的是化脓性淋巴结炎，主要颈部和下颌淋巴结急性肿胀、变软呈紫色或出血性梗死。如病程稍长，淋巴结出现各期坏死并化脓。败血症型表现为体温升高至 41℃左右，精神高度沉郁，虚弱，皮肤黏膜广泛出血，并有鼻出血、便血、尿血等严重出血现象，很快出现休克死亡。

【诊断】

在鼠疫区，淋巴结肿大或颈部肿大的可疑猫应加以注意，必须进行及时而准确的诊断。

1. 直接涂片检查 取病变淋巴结穿刺液、血液或死亡宠物的脏器等涂片或印片，分别进行革兰氏或美蓝染色，检查细菌的形态和染色特性。

2. 细菌分离鉴定 可将穿刺液、尸体组织材料、心血等接种于血液琼脂培养基上，经约 48h 培养后形成直径 1～1.5mm 灰白色黏稠的粗糙型菌落，挑取可疑菌落进行染色、镜检、血清凝集试验、噬菌体裂解及免疫荧光染色等鉴定。

3. 血清学试验 常用间接血凝试验、反向间接血凝试验、鼠疫放射免疫沉淀试验及酶联免疫吸附试验等。

4. 荧光抗体染色 用荧光素标记的鼠疫抗体检测组织触片或标本中的耶尔森菌。但由于本属菌之间存在众多的抗原交叉，故一般认为此法只能进行快速初步诊断，但最后确诊仍有赖于病菌的分离与鉴定。

【防制】

预防本病的关键是消灭传染源，切断该病的流行环节。做好灭鼠和消灭寄生蚤工作。一旦发病，上报疫情，采取综合性防疫措施，及时控制和消灭疫情。

对本病氨基糖苷类、磺胺类、恩诺沙星等都有效，治疗至少应持续到临床症状消失后 21d。鼠疫是人兽共患烈性传染病，所以治疗价值不大的患病犬、猫，应予以处死，并进行无害化处理。

【公共卫生】

犬、猫的鼠疫可以传染给人。所以怀疑为本病，应及时与相关部门联系，以便进行快速确诊，防止病原扩散和污染周围环境；对所有可疑犬、猫进行严格隔离；对患病犬、猫进行治疗或处理时应注意个人防护；对可疑被污染处进行严格的消毒并驱杀宠物体表、家庭和宠物医院的寄生蚤。人患鼠疫后，初期表现为高热，头痛，乏力，恶心，呕吐，皮肤瘀血、出血，接着淋巴结肿痛，如不及时治疗，肿大的淋巴结迅速化脓、破溃，引起严重的毒血症，继发肺炎或败血症死亡。一旦确诊为鼠疫，应上报主管部门控制疫情并及时进行诊治。

土拉菌病

土拉菌病（tularenmia）又称野兔热、土拉热、兔热病、土拉杆菌病，是由土拉热弗朗西斯菌（*Francisella tularensis*）引起的人兽共患的急性传染病。临床上主要以体温升高，淋巴结肿大，肝、脾和其他脏器发生脓肿、坏死为特征。

【病原】

土拉热弗朗西斯菌（*Francisella tularensis*）是弗朗西斯菌属的一种多形态的细菌，在患病动物的血液中近似球形，在适宜培养基的幼龄培养物中呈卵圆形、小杆状、豆状、丝状等，在老龄培养物上呈球状。为革兰氏阴性球杆菌，呈两极着色，无鞭毛，不运动，无芽孢，强毒的土拉菌有荚膜。该菌为专性需氧菌，生长最适宜温度是37℃，营养要求苛刻，在普通培养基上不生长。在葡萄糖半胱氨酸血琼脂平板上培养2～4d形成边缘整齐、圆形、中心突起的光滑型灰白色细小菌落，围绕特征性褪色光环，直径约1mm。本菌能分解葡萄糖、麦芽糖和甘露糖，迟缓产酸不产气，不能发酵蔗糖。可由半胱氨酸或胱氨酸产生H_2S，氧化酶试验阴性，不水解明胶，不产生吲哚。

土拉热弗朗西斯菌具有Vi和O抗原，前者与毒力和免疫原性有关。该细菌与布鲁氏菌有部分共同抗原，可以相互产生交叉凝集。

本菌对低温具有特殊的耐受力，在0℃以下水中可存活9个月，在20～25℃水中可存活1～2个月且毒力不发生改变。在动物尸体中低温保持8～9个月，在病兽毛中能生存35～45d。对热和化学消毒剂抵抗力较弱，常用消毒药很快将其杀死。

【流行病学】

本病的感染普广，野兔和其他啮齿动物是本菌的自然储存宿主。多种皮毛兽、家禽、鱼类、两栖动物及爬行类都有发病的报道，人也感染。感染本病的动物是传染源，主要通过蜱、蚊和其他吸血昆虫叮咬传播，被污染的饲料、饮水也是重要疫源。犬可作为本病的储存宿主或带菌蜱的媒介，但一般很少发病，如捕食带菌兔则可急性发病。猫对土拉菌病易感，经吸血昆虫叮咬、捕食兔或啮齿动物，甚至被已感染猫咬伤等途径均可感染。人因接触动物而感染，人与人之间不能相互传播。

本病一年四季均可发生，春末、夏季多发，出现季节性发病高峰往往与各种野生啮齿动物以及吸血昆虫的繁殖滋生有关。但秋冬季也可发生水源感染。

【症状和病变】

本病的潜伏期为1～10d。一些病例常不表现明显的症状而迅速死亡。犬很少发病。猫在临床上表现为发热，精神沉郁，厌食，体表淋巴结肿大或出现黄疸及肺炎等症状，最终衰竭死亡。

土拉热弗朗西斯菌通过黏膜损伤或昆虫叮咬侵入临近组织后引起炎症反应，在巨噬细胞内寄生并扩散到全身淋巴和组织器官，引起淋巴结肿胀、坏死和肝、脾脓肿，有时见白色坏死灶。肺充血、肝变。

【诊断】

根据流行病学、临床症状可初步诊断，确诊要依靠微生物学检查。由于本病可感染人，因此，应采取适当的防护措施，避免直接接触病猫的分泌物和渗出液等。

1. 涂片镜检 用肝、脾、肾或血液在载玻片上做成触片或涂片，染色镜检土拉热弗朗西斯菌。

2. 分离培养 可采取肝、脾、心血和淋巴结等样本接种于加有半胱氨酸或胱氨酸的血琼脂平板，37℃需氧培养观察2～4d，同时接种麦康凯琼脂平板排除其他革兰氏阴性菌，然后取可疑菌落进行鉴定。

3. 动物接种试验 一般不作为常规的鉴定方法，在验证分离物的特性以及接种病理组织样品时可用此法，但必须在安全的条件下进行。常用小鼠或豚鼠，观察临床症状及病理变化。

4. 血清学诊断 血清学试验对本病诊断的意义不大，因为多数动物在感染后，产生特异性抗体前就已死亡。但对犬、猫流行病学调查有一定意义。血清学方法多采用试管凝集试验，酶联免疫吸附试验可用于土拉菌病的早期诊断，免疫荧光抗体技术鉴定、毛细管沉淀试验和土拉菌素皮内试验也有一定的诊断价值。

【防制】

预防本病要消灭传染源，切断流行环节。应驱除野生啮齿动物和吸血昆虫。发病后严格隔离患病犬、猫，及时处理，彻底消毒场舍用具。有价值的犬、猫可用链霉素和庆大霉素、金霉素、氟苯尼考等治疗，另外红霉素、利福平也有效。

【公共卫生】

土拉菌病流行地区或受威胁地区出现疑似患病犬或猫，应及时与相关部门联系，以便快速确诊，防止病原扩散和污染周围环境。本病可由犬、猫传给人，因此与患病猫（或犬）接触人员应注意防范，特别是疫区兽医工作人员进行治疗或处理时要穿工作服、戴口罩和手套，并全面彻底消毒处理。人患土拉菌病后表现为沉郁，食欲降低，呕吐，腹泻，淋巴结肿胀等，应及时诊断治疗。病人康复后获得坚强的免疫力。疫区人群用弱毒活苗皮肤划痕免疫或气雾免疫，可取得良好的预防效果。

诺卡氏菌病

诺卡氏菌病（nocardiasis）是由诺卡氏菌引起的一种人兽共患的慢性传染病，特征是局部皮肤发生蜂窝织炎，组织器官化脓、坏死或形成脓肿。本病广泛分布于世界各地，我国也不例外，在犬、猫中也有发生。

【病原】

犬、猫诺卡氏菌病主要由星形诺卡氏菌（*Nocardia asteroides*）引起，巴西诺卡氏菌和豚鼠诺卡氏菌也可引起本病。星形诺卡氏菌为革兰氏阳性杆菌，有时有分支，有时分支菌丝缠结或呈长丝，不形成荚膜和芽孢，无运动性。抗酸染色呈弱酸性，但延长1%盐酸酒精脱色时间即可转为阴性，借此可以与结核分枝杆菌相区别。培养早期菌体多为球状或杆状，分支状菌丝较少，时间较长则可见有丰富的菌丝体。病灶、脓、痰、脑脊液中细菌为纤细的分支状菌丝，与放线菌属形态相似，但菌丝末端不膨大，不产生孢子。

本菌为专性需氧菌，培养较易。在普通培养基和沙氏培养基中，室温或37℃可缓慢生长，菌落大小不等，不同细菌产生不同色素。星形或豚鼠诺卡氏菌菌落呈黄色或深橙色，表面无白色菌丝。巴西诺卡氏菌表面有白色菌丝。通常培养 4～5d 后，菌丝开始裂解成球菌状或短杆菌状，菌落也渐渐融合成薄膜状。

本菌不耐热，一般消毒药可杀死。

【流行病学】

诺卡氏菌广泛分布于自然界，尤其是土壤中，是土壤腐物寄生菌。星形诺卡氏菌对人和多种动物有致病性。各种年龄、品种和性别的犬、猫都可发病，免疫功能降低的犬、猫更易发病。发情季节发病多，犬的发病率比猫高。本病主要经过皮肤创伤感染而发病，少数病例也经呼吸道感染。犬、猫多由尖牙、骨刺、芒刺、杂物刺伤经黏膜、皮肤伤口感染。

【症状】

本病在病菌感染后既能在创伤局部发病，也可经淋巴和血液传播到全身，这与免疫功能、抵抗力相关。根据临床症状分为全身型、胸型和皮肤型 3 种。

1. 全身型　犬多发，由于病原在体内广泛散播，出现高热，厌食，消瘦，咳嗽，流鼻涕，呼吸困难，有时出现神经症状，类似犬瘟热。

2. 胸型　犬和猫均发生，由吸入感染，主要出现胸膜炎症状，体温升高，呼吸困难，高热及胸腔有脓性渗出物而发生脓胸，渗出液像番茄汤。

3. 皮肤型　多发生于四肢、耳下、颈部等处，在损伤感染处出现蜂窝织炎，脓性肉芽肿，结节性溃疡及排脓瘘管、脓肿等。脓肿中含有混浊、灰色或棕红色黏性脓块，其中可见针头大的菌丝丛。还出现相应淋巴结的肿胀。

【病变】

除皮肤病变外，胸腔变化较明显。胸腔有灰红色脓性渗出物，胸膜上附有纤维素，可形成肉芽肿。肺有多量粟粒大到豌豆大的灰黄色或灰红色小结节，或有斑块状实变病灶。肺门淋巴结肿大。有时其他脏器也可见硬或软的小结节，能在肝、脾、肾、肾上腺、椎骨体和中枢神经系统引起化脓、坏死和脓肿。

【诊断】

根据流行病学和临床症状可得出初步诊断，确诊需实验室检查。

1. 涂片镜检　取脓汁或渗出物涂片后采用革兰氏或抗酸染色，镜检可见有革兰氏阳性和抗酸性杆菌或分支菌丝。

2. 分离培养　取脓汁或渗出物和病变组织接种沙氏培养基、普通琼脂培养基，或血液琼脂于 37℃培养，可见菌落干燥、蜡样，用接种针不容易挑取，在厌氧条件下不能生长，对分离的细菌可做进一步的生化鉴定。

3. 动物接种　取脓汁或纯培养物腹腔接种小鼠，待发病或死亡后采取病料进行涂片或分离培养。

【防制】

预防本病尚无有效的免疫制剂，关键在于防止发生创伤和及时处理创伤。

治疗时对脓肿局部可进行外科手术刮除、胸腔引流。全身治疗使用磺胺类药物和抗生素，剂量要足，疗程要长。用磺胺嘧啶治疗，每千克体重 50～70mg，2 次/d，内服；磺胺二甲氧嘧啶每千克体重按 50～70mg，2 次/d，内服。也可用磺胺增效剂及磺胺和青霉素联合应用。另外还可用红霉素和二甲胺四环素治疗。治疗一般需 6 个月以上，治愈率皮肤型可达 80%，胸型达 50%，全身型只有 10%左右。

大肠杆菌病

大肠杆菌病（colibacillosis）是由大肠埃希氏菌引起的人兽共患的传染病。本病的特征为严重的腹泻和败血症，主要侵害仔幼犬、猫。本病广泛存在于世界各地。

【病原】

大肠埃希氏菌（*Escherichia coli*）又名大肠杆菌，是所有温血动物肠道后端的常在菌，肉食动物和杂食动物带菌量远比草食动物多，部分菌株有致病性或条件致病性。本菌为革兰氏阴性无芽孢的直杆菌，大小（0.4～0.7）μm×（2～3）μm，两端钝圆，有的近似球杆状，散在或成对，大多数菌株以周身鞭毛运动，但也有无鞭毛的变异株。有些致病菌株有荚膜或微荚膜。多数致病的菌株表面上有一层与毒力相关的特殊菌毛。兼性厌氧菌，在普通培养基上生长良好，在液体培养基内呈均匀混浊，试管底常有絮状沉淀，有特殊粪臭味；在营养琼脂上培养 24h 后，形成圆形、隆起、光滑、湿润、半透明、灰白色菌落，易分散于盐水中；一些致病性菌株在绵羊血平板上呈 β 溶血；在 SS 琼脂上一般不生或生长较差，生长者呈红色。

本菌对外界环境因素的抵抗力中等，对物理和化学因素敏感。在潮湿、阴暗而温暖的外界环境中生存期超过 1 个月，污水、粪便和尘埃中可存活数周至数月。一般常用消毒药均可将其杀死，对石炭酸和甲醛高度敏感。

【流行病学】

对本病 1 周龄以内的犬和猫最易感，成年犬和猫很少发病。患病和带菌犬、猫是主要传染源，通过粪便排出大量病菌，污染外界环境、饲料、饮水和垫料、用具等，主要通过消化道传染，幼仔主要经污染的产房（室、窝）传染发病，且多呈窝发。

本病的流行没有季节性，一年四季均可发生。大肠杆菌病的发生与流行和各种应激因素有关，如阴雨潮湿、冷热不定、卫生状况差及饲养管理不良，机体抵抗力降低或周围环境突变等都是诱发本病的重要因素。

【症状】

潜伏期长短不一，一般 1～2d。新生犬、猫有的突然发病死亡，有的出现精神沉郁，吮乳停止，体温升高至 40℃以上，最明显的症状是腹泻，排绿色、黄绿色或黄白色、黏稠度不均、带腥臭味的粪便，并常混有未消化的凝乳块和气泡，肛门周围及尾部常被粪便所污染。到后期常出现脱水症状，可视黏膜发绀，全身无力，行走摇晃，皮肤缺乏弹性。有的病例在临死前发生抽搐、痉挛等神经症状，病死率比较高。

【病变】

尸体消瘦，污秽不洁。特征性的病变是胃肠道卡他性炎症和出血性肠炎变化，大肠段尤为严重，肠内容物混有血液呈血水样，肠黏膜脱落，外观似红肠，肠系膜淋巴结出血、肿胀。实质器官出现败血症变化，脾肿大、出血。肝肿胀、有出血点。

【诊断】

根据流行病学特点、临床症状和病变只能作出初步诊断，确诊必须进行实验室检查。

1. 涂片镜检 取濒死或刚死不久的病犬、猫的肠内容物、肝、脾、血液等病料涂片，革兰氏染色后镜检，可见到红色中等大小的杆菌。

2. 分离培养　取病料接种于普通琼脂或肉汤培养基，或麦康凯琼脂、伊红美蓝琼脂上，37℃培养后可见到在麦康凯琼脂上呈红色菌落；伊红美蓝琼脂上产生黑色带金属光泽的菌落。

3. 生化试验　本菌对糖类发酵能力强并产酸产气。能分解葡萄糖、乳糖、麦芽糖、甘露醇，不产生硫化氢，不分解尿素，不利用丙二酸钠，不液化明胶，吲哚和甲基红试验为阳性，V-P 试验和枸橼酸盐利用试验均为阴性。

4. 动物接种　取病料悬液或纯培养物，皮下或腹腔接种小鼠或家兔，可发病死亡后做进一步的涂片镜检和鉴定。

【防制】

预防本病发生的关键在于做好日常的卫生防疫、消毒工作，减少应激因素，提高抗病力。新生幼仔应尽早吃到初乳，最好使全部幼仔都能吃到。常发病的场区，在流行季节和产仔季节可用抗病血清做被动免疫，也可用多价灭活疫苗进行预防注射。

本病最有效的治疗方法是分离菌株做药敏试验，选择最敏感药物进行治疗。常用的治疗方法有：取抗病血清 200mL，加入新霉素和青霉素各 50 万 U、加维生素 B_{12} 2000μg，维生素 B_1 30～40mg 制成合剂，皮下注射 0.5～2mL，必要时 1 周重复数次；卡那霉素每千克体重 25mg，肌内注射，每天 2 次，连用 3～5d；阿米卡星，每千克体重 5～10mg，每天 2 次，肌内注射；磺胺二甲基嘧啶，每日每千克体重 150～300mg，分 3 次口服，连服 3～5d；氟苯尼考每千克体重 20～25mg 肌内注射，每天 2 次，连用 3～5d 等。

链球菌病

链球菌病（streptococcosis）是由致病性链球菌引起的人兽共患传染病，犬、猫等宠物主要以化脓性感染、败血症以及毒性休克综合征等为特征。世界各地都存在，在我国也屡有发生。

【病原】

链球菌（*Streptococcus*）种类很多，在自然界分布甚广，有些是非致病菌，有些构成人和动物的正常菌群，有些可致人和动物的疾病。根据兰氏分类法，目前已确定 20 个血清群，常见的为 A～G 群。其中 G 群犬链球菌是寄生于犬、猫的主要菌群之一，大部分犬、猫链球菌病是由其引起的。此外，A、B、C 群和肺炎链球菌等都可引起发病。

链球菌呈圆形或卵圆形，直径 0.6～1.0μm。革兰氏染色阳性，老龄的培养物或被吞噬细胞吞噬的细菌呈阴性。不形成芽孢，多数有荚膜，除个别 D 群菌外，均无鞭毛不运动。常排列成链状或成双，链的长短不一，短者成对，或由 4～8 个菌组成，长者数十个或上百个。链的长短与菌种和培养条件有一定的关系，在液体培养基中易形成长链。在病变组织涂片中多为短链或成对存在。多数为兼性厌氧菌，少数为厌氧菌。致病菌对培养基营养要求较高，在普通琼脂上生长不良，需添加血液、血清、葡萄糖等。一般常用鲜血琼脂培养，形成直径 0.1～1.0mm、灰白色、表面光滑、边缘整齐的小菌落，多数致病菌株具有溶血能力，可观察到溶血现象。血清肉汤中培养初呈均匀混浊，后呈颗粒状沉淀于管底，上清透明。能发酵葡萄糖、蔗糖，对其他糖的利用能力则因不同菌种而异。

本菌抵抗力不强，对热较敏感，煮沸可很快被杀死。常用浓度的各种消毒药均能将其杀死。对青霉素、红霉素、金霉素及磺胺类药物敏感。

【流行病学】

链球菌是犬和猫体表、眼、耳、口腔、上呼吸道、泌尿生殖道后段的常在菌群，大多数为条件性致病菌，伤口、手术、病毒感染及免疫抑制性疾病可以引起内源性感染。对链球菌病不同年龄、品种、性别的犬、猫都易感，但幼仔的易感性最高，发病率和死亡率高。本病的传染源是患病和带菌的动物，病菌可直接或经损伤的皮肤黏膜、呼吸道、消化道感染，仔犬经脐感染和吮乳感染的也较多见。

本病的发生和流行往往与多种诱发因素有关，如饲养管理不当、发生伤口感染、环境卫生状况差、饲养密度过大、机体抵抗力降低等都可诱发本病。

【症状】

链球菌的种类不同，引起的临床症状也有所不同。

G 群链球菌可引起新生幼仔的败血症。G 群犬链球菌可引起犬毒性休克综合征和坏死性筋膜炎。A 群链球菌感染犬、猫，往往一过性感染，不表现明显症状或扁桃体肿大。B 群链球菌引起子宫内膜炎、新生仔的菌血症、肾炎和肺炎。C 群链球菌可引起急性出血性和化脓性炎症，引起急性死亡。肺炎链球菌可引起肺炎、败血症及脑膜炎的症状。

【病变】

由于感染的链球菌的血清群和毒力不同，其病理变化也有一定差异。幼仔多为脐化脓，实质器官有脓肿灶，尤以淋巴结脓肿为常见。肝肿大、质脆，肾肿大、有出血点。严重者腹腔积液，肝有化脓性坏死灶，肾大面积出血、呈花斑状，胸腔积液、有纤维素性沉着，心内膜有出血斑点。

【诊断】

根据疾病流行情况、临床症状、病变等可作出初步诊断，确诊可进一步进行实验室检查。

1. 涂片镜检　无菌采取脓汁、乳汁、死亡犬内脏或胸腹腔积液作涂片，革兰氏染色，镜检可见革兰氏阳性，单个、成对或呈短链的球菌。

2. 分离培养　取病料接种于血液琼脂培养基上观察菌落。必要时还可进行生化试验鉴定。

3. 动物接种　取病料悬液或分离培养物，皮下或腹腔接种小鼠或家兔，3～4d 发病死亡，取病料涂片镜检和分离鉴定。

【防制】

预防本病的发生，要加强饲养管理，增强抗病能力。分娩前后注意环境及母体卫生，保持笼舍清洁、干燥、通风，定期更换褥垫，减少应激因素的诱发作用。发病后及时隔离治疗，并进行全面消毒。常发地区，可用分离菌株制成甲醛灭活疫苗，适用于免疫预防。

治疗本病时有条件最好做药敏试验，选择最敏感药物进行治疗。通常用对革兰阳性菌有效的青霉素、头孢菌素、氟苯尼考、红霉素、土霉素和磺胺类药物等治疗效果较好。如青霉素 G 肌内注射每千克体重 2 万～4 万 U，每天 4 次；头孢菌素 20～30mg，内服、肌内注射，每天 2 次；氟苯尼考 20～25mg，皮下、肌内注射，每天 2～3 次；口服磺胺类药物，每天 2 次，连服 1 周，均有良好的效果。同时做好保温护理工作，病情严重的同时配合强心、补液措施。

坏死杆菌病

坏死杆菌病（necrobacillosis）是由坏死杆菌引起的多种哺乳动物、禽类和龟蛇类的一种慢性传染病。其特征为损害部分皮肤、皮下组织和消化黏膜使其发生坏死，有的在内脏形成转移性坏死灶。本病广泛存在于世界各地，我国也普遍存在。

【病原】

坏死杆菌（*Bacillus necrophorus*）又名坏死梭杆菌（*Fusobscterium nrcrophorum*），是一种多形性杆菌，多呈短杆状、梭状或球状，在感染组织中常呈长丝状，无鞭毛，不运动，不形成芽孢和荚膜。革兰氏染色阴性，在培养基上培养24h后用石炭酸复红或碱性美蓝染色，着色不匀，宛如佛珠样。本菌为严格厌氧菌，在加有血液、血清、葡萄糖、半胱氨酸和肝块的培养基上生长良好。在血液琼脂平板上，多数呈β-溶血。在血清琼脂平板上形成圆形，边缘呈波状的小菌落。本菌能产生内毒素和杀白细胞素。内毒素可使组织发生坏死，杀白细胞素可使巨噬细胞死亡，释放分解酶，使组织溶解。

本菌对理化因素的抵抗力不强，1%甲醛溶液、1%高锰酸钾溶液、2%氢氧化钠溶液和5%来苏儿均可在15min内将其杀死，煮沸1min可将本菌杀死。但在污染的土壤中能存活10～30d，在粪便中能存活50d。

【流行病学】

本病易感动物十分广泛，犬、猫均易感。患病和带菌动物是传染源，通过分泌物、排泄物和坏死组织污染土壤、场地、饲料、垫料、圈舍和尘埃等，主要经损伤的皮肤、黏膜而侵入组织，可经血流而散播，特别是局部坏死灶中坏死杆菌随血流散布至全身其他组织或器官中，并形成新的坏死病变。低洼地、烂淤泥、死水塘和沼泽地都是本菌的长久生存地，也是本病的疫源地。

坏死杆菌病在犬、猫多发生于发情季节，争斗、相互撕咬、损伤频繁极易导致本病的发生。不良的环境因素，机体抵抗力降低等均可使宠物易感。

【症状】

因受损害的组织部位不同，临床表现也有所不同。

新生犬、猫经脐部伤口感染表现弓腰排尿，脐部肿硬，并流出恶臭的脓汁。有的由于四肢关节损伤感染而发生关节炎，出现局部肿胀，跛行，严重者出现全身症状。如局部转移至内脏器官后，则可发生败血症死亡。

成年犬、猫多表现为坏死性皮炎和坏死性肠炎。坏死性皮炎以猎犬发生多，主要是四肢损伤感染引起，病初出现瘙痒，肿胀，有热痛，继而病部变软，皮肤变薄，形成脓肿，破溃后流出脓汁，坏死区不断扩大。若治疗得当，则逐渐形成瘢痕愈合。否则，蔓延和侵害深部造成严重的危害。坏死性肠炎则由于肠黏膜损伤感染所致，出现严重的腹泻，排出带血脓样或坏死黏膜的稀便，迅速消瘦。

【病变】

剖检可见大小肠黏膜坏死与溃疡，坏死部有伪膜，膜下有溃疡，病变严重者波及肠壁全层，甚至形成穿孔。

【诊断】

根据临床症状和病变可作出初步诊断，确诊应进行实验室检查。

1. 涂片镜检　在坏死病灶的病变与健康交界采取病料制作涂片，石炭酸复红或碱性美蓝染色后，镜检可见佛珠状的菌丝或长丝状菌体。

2. 分离培养与鉴定　未被污染的肝、脾和肺等病料，可直接接种于葡萄糖血琼脂平板进行分离培养。对于从坏死部皮肤等开放性病灶采取的病料，最好先通过易感动物，再采取死亡动物的坏死组织进行分离培养。获纯培养物后，通过生化试验进一步鉴定。

3. 宠物接种　在兔耳背部做成一个人工皮囊，将病料埋入其中，接种部位产生广泛的皮下坏死、脓肿、消瘦、死亡。从死亡兔的内脏坏死病灶中极易获得纯培养物。也可将病料悬液耳静脉注射家兔或皮下接种小鼠。

【防制】

预防本病的发生，关键在避免皮肤、黏膜损伤，同时应经常保持环境、圈舍、用具的清洁和干燥，粪便、污水清除干净，定期消毒。防止互相咬斗，发现外伤及时进行处理。动物患病时消除发病诱因，及时隔离治疗。对污染场地、圈舍、用具进行彻底消毒，改善饲养管理和卫生条件。

治疗一般采用局部治疗方法，还根据病情不同，配合全身治疗。局部治疗先进行扩创清洗，然后用高锰酸钾溶液消毒，再涂擦龙胆紫、高锰酸钾、炭末混合剂或锰酸钾、磺胺粉合剂，也可在创面直接涂擦龙胆紫。全身治疗常用磺胺类药物或抗生素进行治疗，如磺胺二甲基嘧啶、四环素、氟苯尼考、阿米卡星等均有效。还应进行相应的对症治疗。

支气管败血波氏杆菌病

支气管败血波氏杆菌病（canine bronchiseptic bordetellosis）又名犬传染性气管支气管炎或幼犬窝咳，是支气管败血波氏杆菌引起的人畜共患传染病。临床上以鼻炎、气管炎-支气管肺炎类综合征为特征，病死率较高，呈世界性分布。

【病原】

支气管败血波氏杆菌（*Bordetella bronchiseptica*）是革兰阴性小杆菌，大小为（0.2～0.5）μm×（1.5～2.0）μm，多单在或成对，常呈两极着色，周身鞭毛有运动性，有些有荚膜，不产生芽孢。在普通培养基上能生长，在牛血平板35℃培养48h，菌落直径0.5～1mm，圆形、光滑、边缘整齐。麦康凯平板菌落显蓝灰色，周围有狭窄的红色环，培养基着染琥珀色。在马铃薯培养基上生长良好，并使马铃薯变棕黑色。本菌不分解糖类，甲基红、V-P和吲哚试验阴性，氧化酶、氧化氢酶、尿素酶试验阳性。

本菌抵抗力弱，常用消毒剂均对其有效。

【流行病学】

本病易感动物十分广泛，对多种动物都有易感性，人偶有感染的报道，主要是免疫抑制患者感染。犬、猫也易感染发病，幼犬、猫易感性更高，往往全窝发病。患病和带菌动物是主要传染源，通过呼吸道不定期地向外界排菌。主要通过飞沫、空气中的水汽和尘埃经呼吸道传染，哺乳母畜也可通过鼻端接触，经鼻腔传染给幼仔。

本病多发于寒冷及气候异变的春、秋季节，饲养管理和卫生防疫不佳，饲养密度大时易出现幼仔群发。往往与副流感病等混合感染。

【症状】

发病初期，打喷嚏，有痒感，搔鼻，阵发性干咳。数天后病情加重，流浆液性至脓性鼻液，间歇性剧烈干咳，体温升高，食欲不振，在轻度触诊时可引起气管诱咳，听诊时气管和肺区有粗厉的呼吸音，重度病例因致支气管肺炎而死亡。成年和老龄病例症状轻，可数周干咳，多数能自愈。

【病变】

可见鼻炎、气管炎、支气管炎的变化。肺有大小不一的化脓灶，肝也可见化脓灶。呼吸道黏膜充血、水肿。

【诊断】

根据流行病学和临床症状初步诊断，确诊应进行实验室检查。

1. 分离鉴定　采集鼻腔、气管和肺部分泌物、脓汁、血液等，接种于麦康凯或血琼脂培养基上，纯培养后进行进一步的生化试验。

2. 动物接种　将病料或培养物给小鼠、豚鼠、幼兔、幼犬等鼻内接种，可在数日内出现鼻炎、支气管肺炎症状。

3. 血清学试验　可采用凝集试验、免疫扩散试验、免疫荧光抗体技术、酶联免疫吸附试验等进行诊断。

4. PCR 检测

【防制】

预防本病应采取综合性防疫措施，加强饲养管理，做好防疫卫生工作。注意防寒保暖工作，改善通风和光照条件。发病后及时隔离治疗。巴氏杆菌、波氏杆菌二联油乳剂灭活苗的免疫效果很好。仔幼宠物药物预防（食物中加金霉素等）效果也比较好。

治疗可选用广谱抗生素，如链霉素、土霉素、庆大霉素、卡那霉素、阿莫西林、恩诺沙星等。实践证明，用黏液溶解剂和庆大霉素等喷雾治疗，效果明显。

复习思考题

1. 简述布鲁氏菌病的感染途径、临诊特征及病变，常用的特异性诊断方法和判定标准。如何防制本病？
2. 简述弯杆菌病的流行特点、主要症状。如何防制本病？
3. 简述沙门氏菌病和大肠杆菌病的流行特点、主要症状。如何进行实验室诊断？
4. 耶尔森氏菌病的发病机理是什么？如何诊断和防制耶尔森氏菌病？
5. 简述鼠疫的传播途径、临诊表现和诊断方法。重视公共卫生有哪些？
6. 土拉菌病的发病特点是什么？如何进行诊断？
7. 简述诺卡氏菌病的特征及诊断方法。
8. 如何诊断和防制犬大肠杆菌病？
9. 简述链球菌病的临诊表现及病理变化的主要特征。如何确诊本病？怎样防制？
10. 简述坏死杆菌病的病原特点、发病诱因、感染途径和防制方法。
11. 简述支气管败血波氏杆菌病流行病学、临诊症状和病理变化特征。

模块六

犬、猫真菌性疾病

知识目标

掌握犬、猫真菌性传染病的诊断与防制措施。

技能目标

掌握犬、猫常见真菌性传染病的诊断方法及防治要点。

皮肤癣菌病

皮肤癣菌病（dermatophytosis）是由皮肤癣菌感染皮肤、被毛和爪等部位后在其中寄生，引起皮肤出现界限明显的脱毛圆斑、渗出及结痂等病变的疾病。又称为癣。世界各国均有发生。

【病原】

皮肤癣菌是一群形态、生理、抗原性上关系密切的真菌，20 余种能引起人或动物的感染。引起犬、猫皮肤癣菌病的以犬小孢子菌、石膏样小孢子菌和须毛癣菌为主。犬小孢子菌又称羊毛状小孢子菌，猫的皮肤癣菌病约有 98%，犬的约 70%是该菌引起的；石膏样小孢子菌所致皮肤癣菌病在犬和猫中分别占 20%和 1%；须毛癣菌所致皮肤癣菌病在犬和猫中分别占 10%和 1%。

犬小孢子菌在镜检时，呈圆形，小孢子密集成群绕于毛干上，在皮屑中可见菌丝，纺锤形大分生孢子，孢子末端表面粗糙有刺；石膏样小孢子菌可见大量大分生孢子呈纺锤形，菌丝较少；须毛癣菌可见分隔菌丝和多量梨形或棒状的小分生孢子，偶见有结节菌丝和大分生孢子。沙氏培养基上生长快，同时产生的色素也不同。犬小孢子菌菌落初为白色棉花样至羊绒样，几周后呈淡黄色或淡黄褐色菌落。石膏样小孢子菌开始为白色菌丝，后成为黄色粉末状菌落，菌落中心有隆起，边缘不整齐，背面红棕色。须毛癣菌菌落有 2 种形态，颗粒状和绒毛状。前者表面呈奶酪色至浅黄色，背面为浅褐色至棕黄色；后者为白色，较老的菌落变为浅褐色，背面白色、黄色，甚至红棕色。

皮肤癣菌在自然界生存力相当强，耐干燥，100℃干热约 1h 致死，但对湿热抵抗力不强。对一般消毒药耐受性很强，1%醋酸需 1h，1%氢氧化钠数小时才可将其杀死。对常用抗生素和磺胺类不敏感。制霉菌素和灰黄霉素等能起到抑制作用。

【流行病学】

本病可发生于多种动物和人，在动物与动物和人与动物间均可传播。患病、带菌动物和人是主要传染源，通过脱落的皮屑、毛发、痂皮等向外界排菌，其孢子可依附在动植物上，停留在环境或生存于土壤中。犬、猫可经直接接触传播，也可接触被污染的梳子、刷子、剪刀、铺垫物等其他被污染的媒介物，还可以通过吸血昆虫等媒介而感染。

本病的发生一般无年龄和性别差异，幼年较成年易感。多为散发，一年四季均可发生。潮湿、拥挤、阴暗不洁以及缺乏阳光照射、营养不良及维生素缺乏、皮肤和被毛卫生不良、皮肤损伤等因素均有利于本病的发生。

【症状和病变】

患病犬、猫的面部、耳朵、四肢、趾、爪和躯干等部位发病，主要表现是脱毛和形成鳞屑，被感染的皮肤有界限分明的局灶性或多灶性斑块。可观察到掉毛、毛发断裂，往往因中央已生出新毛而周围的脱毛仍在向外扩展而形成年轮状的癣斑。严重时，可发生大面积脱毛，皮肤表面起鳞屑或隆起红斑及形成脓包、丘疹和皮肤渗出、结痂等，瘙痒程度不一。继发细菌感染则引起化脓，称为“脓癣”，多见于四肢和面部。

典型的病理变化为脱毛圆斑（俗称钱癣），但也有些病灶周缘不规则。病变的严重程度与多种因素有关，幼年和免疫功能低下时病变严重，而且康复时间延长。另外病原的种类及致病力对炎症反应也有一定的影响。

【诊断】

根据病史、流行病学、临床症状可做出初步诊断，确诊还必须进行特异性诊断。注意与葡萄球菌性毛囊炎、螨病、过敏性皮炎和其他病原感染引起的脱毛、丘疹、红斑等鉴别诊断。

1. 伍氏灯检查　又称滤过性紫外线检查，用伍氏灯在暗室照射病变区、脱毛或皮屑。犬小孢子菌感染可发出绿黄色荧光，石膏样小孢子菌感染很少看到荧光，须毛癣菌感染无荧光出现。应注意皮肤鳞屑、药膏、乳油及细菌性毛囊炎在紫外线的照射下可能会发出荧光，但其颜色与犬小孢子菌的荧光有所不同。伍氏灯检查只能作为筛选手段，不能确诊。

2. 直接检查毛发　刮取患部鳞屑、断毛、痂皮或选取伍氏灯下有荧光的毛发，置于载玻片上，检查真菌孢子和菌丝。

3. 分离培养　在皮肤癣菌实验培养基（DTM）或沙氏培养基上培养后观察菌落特征并鉴定。

【防制】

预防本病的发生应提高犬、猫的抵抗力和免疫功能，平时保持环境、用具、垫料的干燥，并进行有效地消毒。宠物体表要保持清洁，防止皮肤外伤。加强检疫，用伍氏灯对引进的可疑犬、猫进行照射检查，阳性者立即隔离。发现有患病的犬、猫及时隔离治疗，对污染的环境、用具等彻底消毒，防止交叉感染和本病的散播。

对轻症感染主要采取局部治疗，局部剪毛，清洗皮屑、痂皮等，再涂抗真菌药物如克霉唑软膏、酮康唑软膏、癣净、水杨酸酒精软膏等直至痊愈。对重症感染，除局部治疗外，还内服抗真菌药进行全身治疗。常用药物有灰黄霉素等，猫和犬使用灰黄霉素后，胃肠道可能出现不同程度的副反应，也可考虑使用酮康唑或伊曲康唑、氟康唑、特比萘芬等治疗。

【公共卫生】

犬、猫的皮肤癣菌病可感染人，引起头癣、足癣、手癣、体癣、指甲癣、股癣、须癣、花斑癣、癣菌疹等。在接触患病犬和猫及污染物品时，应注意个人防护，以免感染，患病后及时治疗。

念珠菌病

念珠菌病（candidiasis）又名假丝酵母菌病，是由念珠菌引起的一种人兽共患的真菌性传染病。主要特征是口腔、咽喉、消化道等局部黏膜溃疡，表面有灰白色的伪膜样物质覆盖，或扩散到全身其他脏器引起多种病变。本病广泛分布于世界各地，不同的动物感染的菌种不同，幼龄动物发病多。

【病原】

白色念珠菌（*Candida albicans*）为念珠菌属中最主要和最常见的致病菌，导致人和动物的念珠菌病。白色念珠菌是单细胞真菌，呈圆形或卵圆形，大小为2μm×4μm，革兰氏染色阳性，着色不均匀。是一种双相型真菌，但与其他双相型真菌的不同之处在于白色念珠菌在室温和普通培养基上表现为酵母菌相，而在组织内和特殊的培养基上表现为菌丝相。在病变组织、渗出物和普通培养基上均可产生孢子和假菌丝。在沙氏培养基上形成奶油色酵母样菌落；在葡萄糖蛋白胨琼脂上，出现表面乳白色（偶呈淡黄色），圆形，奶酪样隆起的菌落；在米粉琼脂或玉米粉吐温琼脂培养基上接种培养可见真菌丝、假菌丝、芽孢及很多顶端圆形的厚壁孢子，后者是鉴定白色念珠菌的主要依据。本菌能发酵葡萄糖、麦芽糖、甘露糖、果糖等，产酸产气。发酵蔗糖、半乳糖，产酸不产气，但不分解乳糖。

1%氢氧化钠、2%甲醛溶液处理1h抑制本菌，5%氯化碘液处理3h也能达到消毒目的。

【流行病学】

本菌是宠物和人的皮肤、黏膜、消化道内常在的条件致病性真菌，其感染发病主要取决于两个方面：一是内源性感染，当饲养管理不良、维生素缺乏、长期使用广谱抗生素或免疫抑制剂，导致机体抵抗力下降，可引起内源性感染。有时也发生于继发感染或混合感染。二是与患病宠物直接或间接接触感染。

【症状和病变】

宠物出现局部感染或通过血液途径扩散，引起全身性感染。

主要在口腔（特别是舌）、食道、胃肠道黏膜形成大小及数量不等的隆起软斑，表面有黄白色伪膜，严重的整个食道被灰白色伪膜所覆盖，去除伪膜可见溃疡面，表现疼痛不安，流涎。有的发展成胃肠黏膜溃疡，出现呕吐和腹泻等病状。也有的通过血液途径扩散到呼吸道、肺、肾和心脏，则出现全身性病状，转归多不良。犬扩散性念珠菌病的典型表现为发热，皮肤出现急性隆起的红斑，常因肌炎和骨髓炎而有疼痛表现。其他脏器感染时可表现出相应的症状。猫扩散性感染很少出现皮肤病变。

【诊断】

本病的确诊与鉴别均要依赖实验室检查。诊断中注意与螨病、脓性创伤性皮炎、黏膜皮肤性脓皮病、其他真菌感染、自身免疫性疾病，皮肤淋巴瘤等鉴别诊断。

1. 病原学诊断　直接镜检最有诊断意义。从病变部位检出假菌丝和成群的芽生孢子，则表示念珠菌处于致病状态。分离培养应考虑到本菌是条件致病菌，正常宠物体内也可分离到。用玉米培养基可鉴别分离的病原菌是否为致病菌株。菌种鉴别可根据沙氏培养基上的形态特点判定。

2. 动物接种　取1%培养菌悬液1mL，耳静脉注射家兔，在4～5d发病死亡，剖检可见到肾高度肿胀，肾皮质有散在的粟粒大小脓肿。由此而确定菌的致病性。

3. 血清学检查　取血清做乳胶凝集试验、琼脂扩散试验和荧光抗体试验，对全身性念珠菌感染的诊断有一定价值。

【防制】

预防本病应消除诱发本病的各种因素，加强饲养管理和卫生防疫工作，保持圈舍清洁干燥，避免长期应用抗生素和皮质激素，及时治疗诱发本病的各种疾病。患病犬、猫及时隔离治疗，对污染的环境及用品及时消毒。病死尸体不得土埋，应焚烧，以防止其在土壤中再繁殖。

根据病变的部位不同，可采取局部疗法和全身疗法。对皮肤或黏膜皮肤交界处的病变，可应用制霉菌素软膏、两性霉素B软膏或1%碘液等外用。对口腔或全身病变，应用抗真菌药伊曲康唑、克霉唑、制霉菌素、两性霉素B等效果较好。

【公共卫生】

念珠菌可引起人的鹅口疮（主要是婴儿）、阴道炎、肺念珠菌病和皮炎及胃肠炎等，接触患病宠物时应注意防护。

隐球菌病

隐球菌病（cryptococcosis）是新型隐球菌引起的感染多种动物的条件性全身性真菌病。新型隐球菌主要侵害呼吸系统、皮肤和神经系统。本病在世界范围内发生，我国也存在。

【病原】

新型隐球菌（*Cryptococcus neoformans*）又称新型隐球酵母，是酵母型菌，呈圆形或卵圆形，细胞直径为4～20μm。一般染色法不着色，难以发现，故称隐球菌。用印度墨汁或苯胺黑染色可见一层较厚的荚膜，非致病性隐球菌无荚膜。穿刺病变组织切片进行PAS-苏木精染色，菌体细胞着染，荚膜不被染色而在细胞周边呈环形空白带。黏蛋白卡红染色时酵母细胞壁和荚膜呈红色，具有诊断意义。新型隐球菌在沙氏培养基葡萄糖琼脂上生长缓慢，37℃条件（非致病菌在37℃不生长）下长出白色、光滑、湿润、透明发亮，表面有蜡样光泽，以后逐渐变为橘黄色，最后成浅棕色酵母样菌落，少数液化。在血液琼脂平板上生长较好。本菌在液体培养基中形成菌环，不形成菌膜。对40～42℃极为敏感。

【流行病学】

新型隐球菌病对马、牛、绵羊、山羊、禽、野生动物和人都能导致感染发病，最常见于猫和犬。本菌广泛存在于自然界，在土壤、污水、腐烂果菜、植物、鸽粪、牛乳中均存在，也可从正常的皮肤、黏膜、肠道中分离到，是主要的疫源。在鸽子粪便中可存活1年以上，所以鸽子是重要的自然宿主和传播媒介。本病主要通过污染的空气、饲料、饮水和用具经呼吸道、消化道和皮肤等途径感染。发病往往与机体抵抗力低下，体况不佳及各种应激因素的作用直接有关。此外，机体抵抗力突然下降，或大剂量、长时期使用抗生素和肾上腺皮质激素，或者与其他疾病混合、继发感染时还可引起内源性感染。猫的发病率比犬高，公猫的发病率更高。动物与动物间或动物与人之间，尚未见到互相直接传染的公开报道。

【症状】

新型隐球菌侵害的部位不同，表现的症状也不同。

猫的隐球菌病主要侵害呼吸道，表现为打喷嚏，从一侧或两侧鼻腔流出黏液性或脓性鼻液，严重时混有血液，鼻孔污秽，鼻塞。鼻腔内或鼻梁上可见增生性软组织团块或溃疡，偶尔可见口腔溃疡或咽喉病变。颌下淋巴结肿大变硬，但触压无痛。新型隐球菌感染的猫偶尔侵害肺，而犬却常发生侵害肺的情况，出现咳嗽、呼吸困难、有啰音、甚至出现体温升高等全身症状。

如果病菌侵害皮肤或皮下组织，在犬全身皮肤都易感染，在猫则头部皮肤多发生。表现为皮肤丘疹，结节，并可能出现溃疡或炎性渗出，局部淋巴结炎。

中枢神经系统感染的病例主要表现为精神沉郁，共济失调，抽搐，转圈，角弓反张，失明，麻痹等神经症状。

从呼吸系统经血液传播也可能引起骨髓炎导致跛行，或肾感染而引起肾衰竭，甚至全身性淋巴结炎。

【病变】

隐球菌病的受侵害部位不同而出现不同的病理变化。可以出现脑膜脑炎，视神经炎，脉络膜、视网膜炎的变化。有时有胶冻样团块或肉芽肿的变化，是有荚膜菌在组织中的聚集引起的，主要发生于肺、肾、淋巴结、脾、肝、甲状腺、肾上腺、胰腺、骨髓、胃肠道、肌肉、心肌、前列腺、心瓣膜和扁桃体等脏器。

【诊断】

根据流行病学、临床症状等可作出初步诊断，确诊则需进行实验室检查。

1. 染色镜检　取鼻液、脓汁、溃疡病灶渗出物、脊髓穿刺物、皮肤渗出液等涂片，用印度墨汁或苯胺黑染色镜检可见特征性的荚膜；穿刺样本的组织切片进行PAS-苏木精染色或黏蛋白卡红染色镜检观察病菌。

2. 分离培养　取病料接种于血液琼脂平板和沙堡葡萄糖琼脂上，观察菌落和鉴别诊断。动物试验可用培养物或病料乳剂，腹腔或静脉注射小鼠，经2～3周死亡后，再用死鼠组织制片镜检。

3. 血清学诊断　可采用乳胶凝集反应或酶联免疫吸附试验检测血清、尿液或脑脊髓液中的隐球菌荚膜抗原进行诊断。

【防制】

在预防方面重点是做好平时的饲养管理，保证犬、猫的健康和抵抗力。同时注意保持环境的卫生和空气的清新，认真做好消毒工作。病死尸体要焚烧，防止污染土壤。

目前，用氟康唑、伊曲康唑或酮康唑口服治疗隐球菌病比较普遍。5-氟胞嘧啶单用或两性霉素B合用也有很好的疗效。对于未扩散的局限性病变，可采取手术切除的同时采用抗真菌药进行全身治疗。

球孢子菌病

球孢子菌病（coccidioidomycosis）是一种粗球孢子菌引起的具有高度感染性的人和多种动物共患的深部真菌病。主要特征是肺和淋巴结等器官形成化脓性肉芽肿，呈慢性经过。本菌分布广泛，我国也存在。

【病原】

粗球孢子菌（*Coccidioides immitis*）是一种双相真菌，在37℃球囊培养基上培养或组织内为酵母相。在病变组织内形成小球体或称孢子囊，呈球形，具有双层轮廓，直径10～60μm，或达100μm以上。成熟的孢子囊内含有大量的内生孢子，成熟后，孢子囊自行破裂，孢子溢出，并在附近组织内继续发育，形成新的孢子囊。当在土壤中营腐生生活和接种沙氏琼脂培养基上室温培养时生长较快，呈霉菌相，形成丝状分隔菌丝体时已有大量关节孢子形成，传染性极大，易被人、动物吸入而致病。关节孢子被吸入后，从支气管周围组织扩散到胸膜下，发育成球囊并产生孢子囊，随之形成大量的球囊和内生孢子，引起严重的炎症反应，从而表现出呼呼吸道症状。该孢子抵抗力很强，可在土壤中长期存活。

【流行病学】

对本病易感的动物范围很广，犬比猫多见。本病主要发生于4岁以下户外活动较多的大、中型雄犬、随年龄的增加其感染率减少。猫的感染性似乎无品种、年龄和性别差异。

球孢子菌主要存在于枯枝、腐败的有机物和土壤中，主要夏季温度高、冬季温度适当的低海拔半干旱地区较多见。在该病流行地区，由于沙尘暴以及其他条件造成土壤中关节孢子进入空气形成本病暴发的条件。关节孢子随尘埃漂浮于空气中，人、兽经呼吸道或皮肤伤口引起感染。至今尚未见到本病在人与人、动物与动物、人与动物之间相互直接传染的报道，但患病动物或人的脓汁、排泄物和尸体等可污染外界环境、土壤，从而间接传播。

本病的发生流行与季节有关，干燥大风，尘土飞扬季节发生多；乡村的发病率比城市高。

【症状和病变】

潜伏期为1～3周不等。严重程度与机体抵抗力有关。

原发性病例，多发生于肺和皮肤。肺型主要因吸入带菌尘埃而感染。大部分感染犬、猫在产生有效的免疫反应之前可能有轻微的呼吸道症状或不表现任何症状，然后自然康复。也有少数宠物表现厌食，体重下降，发热，精神沉郁，咳嗽及呼吸困难，呼吸急促和肺音异常等明显的呼吸道症状。个别还出现胸膜炎。X射线检查，肺有结节性实变或暂时性空洞，胸腔淋巴结肿大。剖检可见肺和胸腔淋巴结出血、化脓、坏死及特征性肉芽肿。皮肤型，犬的皮肤病变包括结节、脓肿和感染部位的破溃排脓。在猫，表现为皮下肿块，脓肿和破溃，但不累及其下的骨骼。均有局部淋巴结肿大。

播散性病例是孢子随血液、淋巴液播散到其他器官而引起。临床症状与受侵害器官有关。内脏感染可引起黄疸，肾衰，心脏机能不全，心包积液等。中枢神经系统感染则表现为抽搐，行为异常，昏厥等。播散性病例一般预后不良，最后经常死于衰竭。剖检可见体表淋巴结和患病器官附近淋巴结肿大，脾、肾、胃肠可见到肉芽结节，切开可见脓汁或干酪样物。

【诊断】

根据临床症状和X射线检查等可作出初步诊断，确诊则需进行相应的实验室检查。诊断中注意与结核病、放线菌病、诺卡氏菌病等鉴别诊断。

1. 直接镜检　皮肤渗出液或胸腔渗出液、脓汁等含菌量相对较多，采集后直接检查或加10%氢氧化钾一滴，使之溶解、透明处理可见圆形球囊，内含许多内孢子。HE染色球囊双壁染成蓝色。PAS染色时，球囊壁为深红色或紫色，内孢子为鲜红色。

2. 分离培养 粗球孢子菌在沙氏琼脂培养基上生长较快，开始像一层潮湿的薄膜，之后在菌落边缘形成一圈菌丝，颜色由白色变为淡黄色或棕色，菌落逐渐变为粉末状。挑取菌落直接镜检可见分支、分隔菌丝、关节菌丝后大量长方形或桶状厚壁孢子，每两个关节孢子之间有1个无内容物的空间隔，用酚棉蓝染色更为清楚。另还可将分离菌接种动物，如接种小鼠腹腔，10d内可在腹膜、肝、脾、肺等器官内发现典型的球囊和内孢子。

3. 球孢子菌素皮内试验 皮内注射0.1mL球孢子菌素，48h后注射部位出现直径5mm以上的水肿和硬结，判为阳性。

此外，还可应用沉淀试验、补体结合试验和检查血清抗体滴度等作出判定。

【防制】

要加强犬、猫的饲养管理，做好卫生防疫工作。对环境和场地要经常消毒。病死尸体不能掩埋处理，必须焚烧，以防止污染土壤和环境。对患病的犬、猫及时隔离治疗。

治疗可选酮康唑，至少持续用药2个月，甚至6～12个月，直到康复。此药可能有一定的副作用，也可选用两性霉素B、伊曲康唑、氟康唑等药物，也有很好的治疗效果。

【公共卫生】

粗球孢子菌可经呼吸道和皮肤伤口感染人，临床表现与犬、猫的症状相似。在接触病死尸体，病畜排泄物和分泌物，处理皮肤引流性伤口，更换敷料时应注意个人防护，实验室工作人员在进行真菌培养时避免被感染。

孢子丝菌病

孢子丝菌病（sporotrichosis）是由申克孢子丝菌引起的一种慢性真菌病，特征是以引起皮肤、皮下组织和附近淋巴管的感染为主，也可扩散到其他脏器引起系统性感染。本病多见于欧洲、北美洲和非洲，我国多个省市都有人发病的报道。

【病原】

申克孢子丝菌（*Sporothrix schenckii*）是一种腐物寄生菌，也是双相型真菌。革兰氏阳性，长3～5μm，感染组织中为酵母相，菌体呈圆形、卵圆形或雪茄烟形细胞，芽生方式繁殖。在沙氏琼脂培养基上室温培养2～3d内即生长，呈霉菌相。长出的典型菌落初为白色平滑的酵母样，表面湿润，不久变为褐色或黑色的菌落，有皱褶或沟纹，可有灰白色短绒毛状菌丝。不典型菌落色淡呈乳白色，也有小部分褐色菌落，表面皱褶少。镜检可见分支、分隔的细小菌丝，顶端有3～5个梨形小分生孢子，成群，呈梅花状排列。

【流行病学】

申克孢子丝菌广泛存在于土壤、腐木和植物中。本病主要通过损伤的皮肤、黏膜、呼吸道和消化道感染。犬、猫一般经伤口感染具有感染性的分生孢子梗而发生皮肤组织或系统性感染。高温和湿度大的地区发病率较高，犬发病较多，猫较少，至今尚无人和动物或动物间相互传染的报道。

【症状】

孢子丝菌病临床表现主要有3种：即皮肤型、皮肤淋巴管型和扩散型。犬一般表现为皮肤型或皮肤淋巴管型，扩散型较少。猫以皮肤淋巴型常见，易发生扩散性感染。

皮肤型发生在头、颈、躯干和四肢远端等部位，可见多处皮下或真皮有丘疹、结节，而后出现糜烂或溃疡，流脓和结痂等变化。

皮肤淋巴管型发生在四肢远端较多，可见初期发病部位坚实，形成局限性皮肤和皮下组织结节性脓肿，皮肤破溃后形成溃疡。数日至数周后沿淋巴管出现许多皮下结节排成串，脓肿破溃后形成红棕色溃疡，并有淋巴结炎和淋巴管炎。

扩散型多见于猫，通常因抵抗力降低，通过淋巴管和呼吸道转移扩散形成。扩散型可侵入多种组织器官，包括淋巴结、脾、肝、肺、眼、骨骼、肌肉、中枢神经系统等均可被感染，临床上表现各异或出现与感染器官有关的特异性症状。

【诊断】

最常用的诊断方法是对病变部位进行细胞学检查。取痂皮或脓汁置于载玻片上，滴加含墨汁的10%氢氧化钠溶液直接镜检或革兰氏染色镜检，但一般直接检查的检出率不高。采用PAS或荧光抗体染色有助于检查病变组织中的菌体。可取穿刺组织或脓汁进行病原菌的分离培养，鉴定菌种即可确诊，但实验人员应注意安全防护。

【防制】

预防本病应采取综合性防疫措施，犬、猫有外伤要及时处理。治疗皮肤型或皮肤淋巴管型孢子菌病可用碘化钾或碘化钠。也可用酮康唑、伊曲康唑治疗。扩散型孢子菌病可用灰黄霉素和两性霉素B治疗，配合应用5-氟胞嘧啶有很好的疗效。对病变部位尽量避免外科切除手术，防止脓肿和溃疡沿淋巴管扩散或恶化。

【公共卫生】

孢子丝菌病也可以感染人，临床表现与受感染部位有关，多见手部、面部感染，形成溃疡和脓肿。附近淋巴管的感染，形成肉芽肿或化脓。有的病人出现肺炎症状。严重的出现高热，严重乏力，关节僵直，肌肉骨骼疼痛，黄疸，肾功能损害和全身衰竭。因此感染后要进行积极治疗。在接触患病犬、猫时注意个人的防护，有外伤及时处理。

组织胞浆菌病

组织胞浆菌病（histoplasmosis）又名达林氏病、网状内皮细胞真菌病，是由荚膜组织包浆菌引起的一种人兽共患的高度接触性慢性真菌病。其特征是病原菌侵害胃肠道、肺部或扩散到其他脏器引起全身性感染。本病在温带和亚热带地区多见。

【病原】

荚膜组织胞浆菌（*Histoplasma capsulatum*）是典型的双相真菌，在37℃培养呈酵母菌型，25℃培养形成菌丝体。本菌寄生在网状内皮细胞和巨噬细胞的细胞质内，是细小的、包有荚膜的圆球样细胞，直径1～3μm。在陈旧的病灶内，细胞质浓缩于菌体中央，与细胞壁之间出现一条空白带。在空间宽广、氧气充足的土壤中或沙氏和葡萄糖蛋白胨等培养基上22～25℃培养时呈菌丝状，其菌丝有隔膜有分支，初期呈白色，以后逐渐变成淡黄色至褐色。菌丝上长有小分生孢子呈圆形或梨形；大分生孢子呈棘状，大分生孢子为本菌的特征形态，具有诊断意义。在脑心浸液血琼脂培养基上37℃培养，形成光滑、湿润、乳酪样酵母菌落。

本菌对外界抵抗力较强，含菌脓汁在日光下可存活5d，在圈舍内可存活6个月，80℃加热，数分钟内可将其杀死。一般消毒药中3%甲醛、5%石炭酸、3%煤酚皂均能将其杀死。

【流行病学】

对本病多种家畜、野生动物，包括犬、猫、鼠类以及人类均易感。荚膜组织包浆菌是土壤腐生菌，在自然界主要存在于富含有机物质的土壤中，病人、病畜的分泌物及排泄物也含本菌。人和宠物因吸入含本菌孢子的尘埃或食入被污染的食物而感染。

【症状和病变】

临床表现因受侵害的器官、病程发展、原发性和扩散性的不同而异。

原发性病例呼吸道感染呈典型肺炎症状，表现为精神委顿，厌食，高热，体重减轻，慢性咳嗽和呼吸困难。病变主要为间质性肺炎和肺门淋巴结肿大。肺部X射线检查可见结节状阴影及空洞。消化道感染后表现为消瘦，厌食，不规则发热，低蛋白血症，贫血，呕吐，腹痛和顽固性腹泻，粪便稀薄如水样或带黏液和血液。剖检可见胃肠道黏膜的溃疡，肠系膜淋巴结肿大。

扩散性病例多见于1岁以内的犬、猫，由原发病灶经血液、淋巴液转移扩散后发生，一般预后不良。因受侵害部位不同而表现不同症状和病变。除肺部和消化道的症状和病变外，还常可见肝、脾肿大和黄疸，腹水及后肢水肿。有些病例出现舌部溃疡及黏膜下出血。偶见体表淋巴结肿大，神经症状，跛行，全眼球炎和结节性皮肤溃疡等。

【诊断】

根据流行病学和临床症状不易诊断，胸部X射线透视也难以确诊，确诊必须进行实验室检查。诊断时注意与结核病、芽生菌病、球孢子菌病、隐球菌病、诺卡氏菌病等鉴别诊断。

1. 血液学检查 将抗凝血离心后取白细胞层或骨髓、痰、脓汁等涂片，经瑞氏或姬姆萨染色，油镜下检查发现单核细胞或中性粒细胞内含有本菌，即可确诊。

2. 分离培养 对本病的确诊有重要意义，但对临床病例不太实用。可取病料接种于沙氏培养基、葡萄糖蛋白胨琼脂培养基或BHI血液琼脂培养基上，观察菌落特征，但菌体生长需要1周以上的时间。

3. 动物接种 将病料接种小鼠可引起发病死亡，在其肝、脾和淋巴结涂片可检出病菌。

4. 血清学检验 常用补体结合试验，但易与芽生菌交叉反应，还可用乳胶凝集反应、琼脂凝胶扩散和荧光抗体试验等诊断方法。

5. 采用PCR或核酸探针技术鉴定。

【防制】

预防本病应注意避免吸入带菌的尘埃和食入被污染的食物，发现患病宠物及时隔离，并加强消毒工作。

治疗中伊曲康唑、氟康唑、两性霉素B、5-氟胞嘧啶、克霉唑等药物单独或联合应用均有效。两性霉素B和利福平联合应用治疗，具有协同作用。有炎症时应配合使用抗生素治疗。

【公共卫生】

人的组织包浆菌病，多见于婴幼儿、免疫功能低下者及老年人，男性多于女性。该病主要是吸入尘埃中的孢子或食入被污染的食物而感染。临床表现也有原发性和扩散性两种类型，出现体重减轻，盗汗，咳嗽，乏力，胸痛，间有咳血，腹痛，腹泻，贫血，肝、脾、淋巴结肿大等相应的症状。因此感染后要进行及时积极的治疗。在接触患病犬、猫时注意个人的防护，加强消毒工作。

芽 生 菌 病

芽生菌病（blastomycosis）是皮炎芽生菌引起的一种慢性真菌性传染病。以皮肤和肺等器官产生肉芽肿、脓肿和溃疡为特征。本病呈世界性分布，尤以北美为多。

【病原】

皮炎芽生菌（*Blastomyces dermatidis*）为双相型真菌。在土壤或沙氏培养基中室温培养为霉菌相，可形成白色或棕色颗粒状、粉末状的菌落，有白色至黄褐色菌丝，并有圆形或椭圆形分生孢子。在感染组织内或脑心浸膏琼脂培养基上37℃培养时呈厚壁酵母相，可形成奶油色或棕色，表面有皱褶，稍隆起的菌落，有双层轮廓的芽细胞，芽颈宽达4～5μm。本菌繁殖方式为无性繁殖，即成熟的酵母细胞先长出小芽，芽细胞成熟后脱离母细胞，再出芽形成新个体，如此循环往复。

【流行病学】

多种动物易感，如犬、猫、牛、马、禽等，人也感染。皮炎芽生菌污染的土壤、空气和环境是主要的传播媒介，经直接或间接吸入孢子而感染，皮肤、黏膜损伤也可以传播。孢子在动物体内发育成为酵母样菌，从而引发疾病。但动物之间不能直接接触传染。本病幼犬发病多，公犬比母犬发病多，猫较少发生。湿度对该菌的生长和传播很重要，雨季、潮湿、多雾天对分生孢子梗的释放起关键作用。

【症状和病变】

潜伏期的长短取决于宠物的体况和抵抗力，短的数日或数月，长的数年才出现症状，多呈慢性经过。

被感染宠物往往一个或多个器官受侵害，故临床表现也有所差异。本病感染的器官组织包括肺、眼、皮肤、皮下组织、淋巴结、胃、鼻腔、睾丸和脑等，这些器官受侵害后出现相应的症状。肺型和皮肤型多见。如干咳，啰音，呼吸困难，体温升高，消瘦，听诊肺泡音减弱或消失，叩诊肺部出现浊音区，X射线检查肺叶有局限性小结节及纵隔淋巴结肿大等，严重的病例低血氧而表现发绀，预后不良。剖检可见肺结节和脓肿，硬变，肉芽肿结节中心发生坏死，但不钙化。支气管或纵隔淋巴结肿大化脓，甚至引起胸膜炎。有的皮肤发生丘疹或脓肿，经过一段时间发展成溃疡或肉芽肿。

【诊断】

根据流行病学和临床症状不易诊断，胸部X射线透视也难以确诊，确诊必须进行实验室检查。诊断时注意与结核病、肺炎、肺癌或其他真菌病等鉴别诊断。

1. 直接镜检　将病变组织或渗出物置于载玻片上，滴加10%氢氧化钠溶液待透明后直接镜检或革兰氏染色镜检，可见厚壁单芽酵母型细胞，芽颈宽，有折光性。病理组织学检查一般表现为化脓性或脓性肉芽肿性病变，而且常见宽颈酵母型细胞，细胞壁呈“双层轮廓”外观。

2. 分离培养　可取病料37℃接种于血液琼脂培养基上，或25℃接种于萨布罗氏葡萄糖琼脂培养基上观察菌落特征，但菌体生长需要1～2周的时间。

3. 血清学检验　常用补体结合试验和琼脂扩散试验、免疫荧光技术、酶联免疫吸附试验及对流免疫电泳等检查，其中琼脂扩散试验最常用。

4. X射线检查肺部的变化 肺有实变，肺间质有小结节，纵隔和支气管淋巴结肿大。

【防制】

加强饲养管理和卫生防疫工作，经常消毒，病死尸体不得深埋，应焚烧，以防止其在土壤中再繁殖。

两性霉素B、伊曲康唑、酮康唑等药物单独或联合应用对本病治疗有效。两性霉素B和利福平联合应用治疗，具有协同作用。有炎症时应配合使用抗生素治疗。皮肤结节可外科切除治疗。

【公共卫生】

人也感染芽生菌病，主要是直接或间接吸入孢子而感染，污染的土壤、空气和环境是主要的传播媒介。人的临床表现因感染器官不同也有所差异，可出现发热，消瘦，盗汗，干咳，乏力，胸痛，呼吸困难，偶尔胸膜积液等相应的症状。有的皮肤表面见丘疹或脓肿，还可形成不规则的疣状乳头，上有厚痂，去除后形成溃疡，有脓汁流出。人的芽生菌病采用大剂量的氟康唑，或用两性霉素B、伊曲康唑、酮康唑都有疗效。必要时配合抗生素治疗。

复习思考题

1. 简述宠物皮肤癣菌病的病原、传染途径和诱因。怎样防制本病？
2. 简述念珠菌病的病原特点、病犬的主要表现和实验室诊断方法。如何治疗本病？
3. 犬隐球菌病有哪些临诊表现？如何确诊？
4. 球孢子菌病、孢子丝菌病的主要症状及公共卫生意义是什么？
5. 组织胞浆菌病有哪些特征性症状和病变？
6. 犬、猫曲霉菌病在临诊表现上有哪些不同点？
7. 治疗犬、猫真菌性传染病常用的药物有哪些？

模块七

犬、猫其他传染病

知识目标

掌握犬、猫分枝杆菌、螺旋体、立克次氏体、衣原体和支原体等引起的传染性疾病的诊断与防制措施。

技能目标

掌握犬、猫此类传染病的诊断方法及防治要点。

结 核 病

结核病（tuberculosis）是由分枝杆菌引起的人、畜、禽类和野生动物共患的慢性传染病，偶尔出现急性病例。其特征是在机体多种组织器官形成肉芽肿和干酪样或钙化病灶。

本病呈世界性分布。

【病原】

分枝杆菌群包括结核分枝杆菌（*Mycobacterium tuberculosis*）、牛分枝杆菌（*M. boris*）及鸟分枝杆菌（*M. avium*）。感染犬、猫的主要是结核分枝杆菌和牛分枝杆菌。结核分枝杆菌细长略弯曲，有时有分枝或出现丝状体，大小（1～4）μm×（0.3～0.6）μm。牛分枝杆菌较结核分枝杆菌短而粗，组织内菌体较体外培养物细而长。革兰氏染色阳性，但不易染色，常用 Ziehl-Neelsen 抗酸染色，以 5%石炭酸复红加温染色后，用 3%盐酸乙醇不易脱色，再用美蓝复染，则分枝杆菌呈红色，而其他细菌和背景中的物质为蓝色。结核分枝杆菌为专性需氧菌，生长缓慢，最适生长温度为 37℃。初次分离需要营养丰富的培养基，常用 Lowenstein-Jensen 固体培养基，内含蛋黄、甘油、马铃薯、无机盐和孔雀绿等。一般 2～4 周可见菌落生长。菌落呈颗粒、结节或菜花状，乳白色或米黄色，不透明。

结核分枝杆菌对干燥和湿冷的抵抗力较强。黏附在尘埃上可保持传染性 8～10d，在干燥痰内能存活 6～8 个月。而对高温的抵抗力差，60℃ 30min 即可将其杀死。常用消毒药需经 4h 才可将其杀死。70%酒精、10%漂白粉溶液、次氯酸钠等均有可靠的消毒效果。结核分枝杆菌对紫外线敏感。

【流行病学】

结核分枝杆菌有牛型、人型和禽型 3 型。犬、猫的结核病主要是由人型和牛型结核杆菌感染所致，极少数由禽型结核杆菌所引起。人型结核分枝杆菌主要作为人的结核病病原，呈世界性分布，患病率总体呈下降趋势，但近年来该菌的耐药性明显增强，尤其在人口稠密、卫生和营养条件较差的地区。一般认为，犬和猫结核分枝杆菌感染由人传播而来。草食动物和某些野生动物是牛型结核分枝杆菌的感染来源。猫和犬可能因采食感染牛未经消毒的奶液、生肉或内脏而感染。猫还可能因捕食被感染的啮齿类动物而感染结核分枝杆菌牛变异株（*M. tuberculosis var. boris*）。当猫、犬的消化道或呼吸道有该菌定植时，可通过粪便、尿、皮肤病灶分泌物和呼吸道分泌物排出细菌成为病原散播者。

本病主要通过呼吸道和消化道感染。结核病患者（畜）可通过痰液排出大量结核杆菌，咳嗽形成的气溶胶或被这种痰液污染的尘埃就成为主要的传播媒介。据介绍，直径小于3～5μm的尘埃微粒方能通过上呼吸道而到达肺泡造成感染，体积较大的尘埃颗粒则易于沉降在地面，危害性相对较小。由于结核杆菌的侵袭力和感染性不如其他细菌性病原强烈，长期、经常性和较多量细菌感染方能引起易感动物发病。

研究证实，猫感染牛型结核分枝杆菌的概率远大于感染人型结核分枝杆菌的概率，这可能跟猫饮、食结核病牛的乳汁或肉等机会较多有关。临诊上猫、犬感染禽型结核杆菌则极少。

【症状】

犬结核病常缺乏明显的临诊表现和特征性的症状，只是逐渐消瘦，体躯衰弱，易疲劳。食欲明显降低。有时则在病原侵入部位引起原发性病灶。犬常表现为支气管肺炎，胸膜上有结节形成和肺门淋巴结炎，并引起发热、初期干咳而后转为湿咳、听诊有啰音，痰液为黏性或脓性，鼻有脓性分泌物。有的还表现呼吸困难、可视黏膜发绀和右心衰竭现象；如果病理损伤发生于口咽部，常表现为吞咽困难、干呕、流涎及扁桃体肿大等；皮肤结核可发生皮肤溃疡；骨结核可表现运动障碍，跛行，并易出现自发性骨折，有时还可看到杵状趾的现象，特别是足端的骨骼常两侧对称性增大。有的还出现咯血、血尿及黄疸等症状。

猫的原发性肠道病灶比犬多见，主要表现为消瘦、贫血、呕吐、腹泻等消化道吸收不良症状；肠系膜淋巴结常肿大，有时在腹部体表就能触摸到。某些病例腹腔渗出液增多。胸膜炎和心包炎性结核病，引起呼吸困难和肺胸粘连；骨结核病引起跛行。

禽结核分枝杆菌感染主要表现全身淋巴结肿大、食欲减退、消瘦和发热。实质性脏器形成结节或肿大。

【病变】

剖检时可见患结核病的犬及猫极度消瘦，在许多器官出现多发性的灰白色至黄色有包囊的结节性病灶。犬常可在肺及气管、淋巴结，猫则常在回、盲肠淋巴结及肠系膜淋巴结见到原发性病灶。犬的继发性病灶一般较猫常见，多分布于胸膜、心包膜、肝、心肌、肠壁和中枢神经系统。猫的继发性病灶则常见于肠系膜淋巴结、脾和皮肤。一般来说，继发性结核结节较小（1～3mm），但在许多器官也可见到较大的融合性病灶。有的结核病灶中心积有脓汁，外周由包囊围绕，包囊破溃后，脓汁排出，形成空洞。肺结核时，常以渗出性炎症为主，初期表现为小叶性支气管炎，进一步发展则可使局部干酪化，多个病灶相互融合后则出现较大范围病变，这种病变组织切面常见灰黄与灰白色交错，形成斑纹状结构。随着病程进一步发展，干酪样坏死组织还能够进一步钙化。

组织学检查可见结核病灶中央发生坏死，并被炎性浆细胞及巨噬细胞浸润。病灶周围常有组织细胞及成纤维细胞形成的包膜，有时中央部分发生钙化。在包囊组织的组织细胞及上皮样细胞内常可见到短链状或串珠状具抗酸染色性的结核杆菌。

【诊断】

结核病的临诊症状一般为非特征性，怀疑本病时可结合如下诊断方法进行确诊。

1. 血液、生化及X射线检查 患结核病的动物常伴有中等程度的白细胞增多和贫血，血清白蛋白含量偏低及球蛋白血症，但无特异性。X射线检查胸腔可见气管支气管淋巴结炎、结节形成、肺钙化灶或空洞影。腹腔触诊、放射检查或超声波检查可见脾、肝等实质性脏器肿大或有硬固性团块，肠系膜淋巴结钙化。腹腔可能有积液。

2. 皮肤试验 大多数结核病犬缺乏明显的特征性症状。而结核菌素试验对于病犬的诊断具有一定的意义。试验时，可用提纯结核菌素，于大腿内侧或肩胛上部皮内注射0.1mL，经48～72h后，结核病犬注射部位可发生明显肿胀，即为阳性反应。

据报道，对于犬，接种卡介苗试验更敏感可靠。皮内接种0.1～0.2mL卡介苗，阳性犬48～72h后出现红斑和硬结。因为被感染犬可能出现急性超敏反应，所以试验有一定的风险。

由于猫对结核菌素反应微弱，故一般此法不应用于猫。

3. 血清学检验 包括血凝（HA）及补体结合反应（CF），常作为皮肤试验的补充，尤其补体结合反应的阳性检出符合率可达50%～80%，具有较大的诊断价值。

4. 细菌分离 用于细菌分离的病料常用4%NaOH处理15min，用酸中和后再离心沉淀集菌，接种于Lowenstenin-Jensen培养基培养，需培养较长时间。根据细菌菌落生长状况及生化特性来鉴定分离物。也可将可疑病料，如淋巴结、脾和肉芽肿腹腔接种于豚鼠、兔、小鼠和仓鼠，以鉴定分枝杆菌的种别。

有时直接取病料，如痰液、尿液、乳汁、淋巴结及结核病灶制成抹片或触片，抗酸染色后镜检，可直接检查到细菌。

近年来，用荧光抗体法检验病料中的结核杆菌，也收到了满意的效果。

目前已将PCR技术用于结核分枝杆菌的DNA鉴定，每毫升只需几个细菌即可获得阳性，且1～2d得出结果。

【防制】

定期对犬、猫检疫，可疑及患病动物应尽早隔离。对开放性结核患病犬或猫，无治疗价值者应立即淘汰，尸体焚烧或深埋。结核菌素阳性犬，除少数名贵品种外，也应及时淘汰，绝不能再与健康犬混群饲养。人或牛发生结核病时，与其经常接触的犬、猫应及时检疫。平时，不用未消毒牛奶及生杂碎饲喂犬、猫。对犬舍及犬经常活动的地方要进行严格的消毒。严禁结核病人饲喂和管理犬。国外有人应用活菌疫苗预防犬结核病取得初步成效，尚未普遍推广应用。

犬结核病已有治愈的报道，但对犬、猫结核病而言，首先应考虑其对公共卫生构成的威胁。在治疗过程中，患病犬、猫（尤其开放性结核患者）可能将结核病传给人或其他动物，因此，建议施以安乐死并进行消毒处理。确有治疗价值的，可选用利福平，每千克体重10～20mg，分2～3次内服；链霉素每千克体重10mg，肌内注射，1次/8h（猫对链霉素较敏感，故不宜用）。应该提及的是，化学药物治疗结核病在于促进病灶愈合，停止向体外排菌，防止复发，而不能真正杀死体内的结核杆菌。由于抗结核药对肝、肾损害较严重，对听神经和视神经也有影响，所以应定期检查肝功和肾功能，以及眼、耳功能。

治疗过程中，应给予动物营养丰富的食物，增强机体自身的抗病能力。冬季应注意保暖。

钩端螺旋体病

钩端螺旋体病（*leptospirosis*，简称钩体病）是由一群致病性的钩端螺旋体引起的一种急性或隐性感染的犬和多种动物及人共患的传染病。主要表现为短期发热，黄疸，血红蛋白尿，母犬流产和出血性素质等。

本病在世界上大多地区均有流行，在热带、亚热带尤其是低洼湿暖地区多发。我国不少地区，尤其是南方感染率很高。

【病原】

钩端螺旋体属（*Leptospira*）包括寄生性的问号钩端螺旋体（*L. interrogans*）和腐生性的双曲钩端螺旋体（*L. biflexa*）2 个种，对人和动物致病的主要是问号钩端螺旋体。迄今，从人和动物中分离到的问号钩端螺旋体有 25 个血清群，270 多个血清型。该病菌能产生一种具有溶血活性的神经鞘磷脂酶 C 及对淋巴系统有破坏作用的内毒素。引起犬发病的钩端螺旋体主要是黄疸出血型和犬型两种，其他血清型也能感染犬。猫血清中也能检查出钩端螺旋体的多种血清型的抗体，但猫的发病率很低。我国是发现钩端螺体血清型最多的国家。

本菌菌体纤细，呈螺旋状弯曲，一端或两端弯曲呈钩状，长 6～20μm，宽 0.1～0.2μm，革兰氏染色阴性，但很难着色。Fontana 镀银染色法着色较好，菌体呈褐色或棕褐色。

钩端螺旋体运动非常活泼，在暗视野显微镜或相差显微镜下观察活菌效果最好，可见钩端螺旋体沿长轴方向旋转滚动式或屈曲式前进。当其旋转活动时，两端较柔软，而中段较僵硬，有利于区别血液或组织内假螺旋体。

钩端螺旋体严格需氧，最适生长温度为 28～30℃，但从感染组织中初次分离时，37℃效果最佳。本菌为有机化能营养型，生长需要长碳链的脂肪酸、维生素 B_1 和维生素 B_{12}，人工培养时培养基常以林格氏液、磷酸盐缓冲液为基础，加入 7%～20%的新鲜灭活的兔血清或牛血清白蛋白、油酸蛋白提取物 V 组分及吐温 80。通常多用柯索夫培养基或切尔斯基培养基培养。本菌生长缓慢，通常在接种后 2～3 周才可观察到明显的生长现象。从动物组织中分离钩端螺旋体时，可以使用加 0.2%～0.5%琼脂的半固体培养基。

本菌生化反应极不活泼，不发酵糖类，而糖类也不足以维持该菌生长。本菌的抗原结构有两类，一类为 S 抗原，位于菌体中央，菌体被破坏后即表现出其抗原性；另一类为菌体表面的 P 抗原，具有群和型的特异性。

钩端螺旋体对外界环境的抵抗力较强，在污染的河水、池水和湿土中可存活数月，在尿中存活 28～50d。但对干燥、一般消毒剂和 pH6.2～8.0 之外的酸碱度敏感，50℃ 10min，60℃ 10s可将其杀死，对多种抗生素敏感。但致病性钩端螺旋体在 pH6.8 以上湿润的体外环境中可存活数天，动物组织中的钩端螺旋体在低温条件下存活时间较长。

我国从犬分离的钩端螺旋体达 8 群之多，但主要是犬群（*L. canicola*）和黄疸出血群（*L. icterohemorrhagiae*），尤其以黄疸出血群常引发急性出血性黄疸综合征，犬群感染率较黄疸出血群高，主要表现为肾炎而无黄疸。其他的如波摩那群（*L. pomona*）和流感伤寒群（*L. grippotyphosa*）及拜仑群（*L. ballμm*）也可引起犬感染。猫钩端螺旋体病较少见。

【流行病学】

犬、猫感染后大多数为隐性感染，无任何表现，只有感染黄疸出血型和犬型等致病能力强的钩端螺旋体时才表现症状。犬的发病率较猫高。根据血清学调查，有些地区 20%～30%犬曾感染过钩端螺旋体。

由于钩端螺旋体几乎遍布世界各地，尤其气候温暖、雨量充沛的热带、亚热带地区，而且其动物宿主的范围非常广泛，而啮齿类动物特别是鼠类为本病最重要的自然宿主。几乎所有的温血动物均可感染，给该病的传播提供了条件。国外已从 170 多种动物中分离到钩端螺旋体。我国广大地区钩端螺旋体的储存宿主也十分广泛，已从 80 多种动物中分离到病原，包括哺乳类、鸟类、爬行类、两栖类及节肢动物，其中哺乳类的有啮齿目、食肉目和有袋目以及家畜等。南方稻田型钩端螺旋体病的主要传染源是鼠类和食虫类。鼠类感染后，多呈健康带菌，带菌时间可长达数年，是本病自然疫源的主体，加之感染后发病或带菌家畜，就构成了自然界牢固的疫源。猪是北方钩端螺旋体病的主要传染源，也是南方洪水型钩端螺旋体病流行的重要宿主。钩端螺旋体可以在宿主肾中长期存活，经常随尿排出污染水源。

钩端螺旋体主要通过直接接触感染动物，可穿过完整的黏膜或经皮肤伤口和消化道传播。交配、咬伤、食入污染有钩端螺旋体的肉类等均可感染本病，有时也可经胎盘垂直传播。直接方式只能引起个别发病。通过被污染的水而间接感染可导致大批发病。某些吸血昆虫和其他非脊椎动物可作为传播媒介。

患病犬可以从尿液间歇地或连续性排出钩端螺旋体，污染周围环境，如饲料、饮水、圈舍和其他用具。甚至在临诊症状消失后，体内有较高滴度抗体时，仍可通过尿液间歇性排菌达数月至数年，使犬成为危险的带菌者。

本病流行有明显的季节性，一般夏秋季节为流行高峰，特别是发情交配季节更多发，热带地区可长年发生。雄犬发病率高于雌犬，幼犬发病率高于老年犬，症状也较严重。饲养管理好坏与本病发生有密切关系，如饲养密度过大、饥饿或其他疾病使机体衰弱时，均可使原为隐性感染的动物表现出临诊症状，甚至死亡。

【症状】

本病的潜伏期为 5～15d，临诊上据其表现可分为急性出血型、黄疸型、血尿型三种。

1. 急性出血型　发病初期体温可升高到 40℃，表现为精神委顿，食欲减退或废绝，震颤和广泛性肌肉触痛，心跳加快，心律不齐，呼吸困难乃至喘息，继而出现呕血、鼻出血、便血等出血症状，精神极度委靡，体温降至正常以下，很快死亡。

2. 黄疸型　发病初期体温可升高到 41℃，持续 2～3d，食欲减退，间或发生呕吐。随后出现可视黏膜甚至皮肤黄疸，出现率在 25%以上；严重者全身呈黄色或棕黄色乃至粪便也呈棕黄色。肌肉震颤，四肢无力，有的不能站立。重病例由于肝、肾的严重机能障碍，而出现尿毒症，口腔恶臭、昏迷或出现出血性、溃疡性胃肠炎，大多以死亡告终。

3. 血尿型　有些病例主要出现肾炎症状，表现为肾、肝被入侵病原严重损伤，致使肾功能和肝功能严重障碍，从而呼出尿臭气体。口腔黏膜发生溃疡，舌坏死溃烂，四肢肌肉僵硬，难以站立，尤以两后肢为甚，站立时弓腰缩腹，左右摇摆。呕吐、黄疸、血便。后期腰部触压敏感，出现尿频，尿中含有大量蛋白和血红色素，病犬多死于极度脱水和尿毒症。

猫感染钩端螺旋体时，其体内有抗多种血清型钩端螺旋体的抗体，故临诊症状较温和，剖检仅见肾和肝的炎症。

【病变】

病犬及病死犬常见黏膜呈黄疸样变化，还可见浆膜、黏膜和某些器官表面出血。舌及颊部可见局灶性溃疡，扁桃体常肿大，呼吸道黏膜水肿，肺充血、瘀血及出血变化，胸膜常见出血斑点。腹水增多，且常混有血液。

肝肿大、色暗、质脆，胆囊充满带有血液的胆汁；肾肿大，表面有灰白色坏死灶，有时可见出血点，慢性病例可见肾萎缩及发生纤维变性；心脏呈淡红色，心肌脆弱，切面横纹消失，有时杂有灰黄色条纹；胃及肠黏膜水肿，并有出血斑点；全身淋巴结，尤其是肠系膜淋巴结肿大，呈浆液性卡他性以至增生性炎症。肺组织学变化包括微血管出血及纤维素性坏死等。

【诊断】

本病据症状、病理变化可作出初步诊断。确诊应结合下列检验进行综合诊断。

1. 直接镜检　将新鲜的血液、脊髓液、尿液（4h 内）和新鲜肝、肾组织悬液制成悬滴标本，在暗视野显微镜下观察，可见螺旋状、运动着的细菌。或取病料做姬姆萨染色或镀银染色后镜检，可见着色菌体。

2. 分离培养　取新鲜病料接种于柯托夫或切尔斯基培养基（加有 5%～20%灭能兔血清），置于 25～30℃进行培养，每隔 5～7d 用暗视野显微镜观察一次，初代培养一般时间较长，有时可达 1、2 个月。

3. 动物接种　取病料标本接种于 150～200g 的乳兔，剂量为 1～3mL/只，每天测体温、观察一次，每 2～3d 称重一次；接种后 1 周内隔日直接镜检和分离培养。通常在接种后 4～14d 出现体温升高，体重减轻，活动迟钝，黄疸，天然孔出血等。将病死兔剖检，可进行直接镜检和分离培养。

4. 血清学检查　犬、猫在感染后不久血清中即可检出特异性抗体，且水平高、持续时间长，通常用以下方法检查。

（1）玻片凝集试验。采用的是染色抗原玻片凝集法，抗原有单价和多价两种，多为 10 倍浓缩抗原。使用 10 倍浓缩玻片凝集抗原，在以 1∶10 血清稀释度进行检查时与微量凝集试验符合率为 87.7%。

（2）显微凝溶试验。当抗原与低倍稀释血清反应时，出现以溶菌为主的凝集溶菌，而随血清稀释度的增高，则逐渐发生以凝集为主的凝集溶菌，故称之为凝溶试验（也可称为显微凝集试验或微量凝集试验）。本法既可用于检疫定性，也可用于定型。抗原为每 400 倍视野含 50 条以上活菌培养物。滴度判定终点以血清最高稀释度孔出现 50%菌体凝集者为准。如果康复期血清的抗体滴度比发病初期血清的滴度高出 4 倍以上，则可进行确诊。

【防制】

预防本病主要应包括三方面内容，即消除带菌、排菌的各种动物（传染源），如通过检疫及时处理阳性及带菌动物，消灭犬舍中的啮齿动物等；其次是消毒和清理被污染的饮水、场地、用具，防止疾病传播；再就是进行预防接种，目前常用的有钩端螺旋体的多联菌苗，和用于犬的包括犬钩端螺旋体和出血性黄疸钩端螺旋体的二价菌苗，以及流感伤寒钩端螺旋体和波摩那钩端螺旋体的四价菌苗，通过间隔 2～3 周进行 3～4 次注射，一般可保护 1 年。

对犬的急性钩端螺旋体病主要应用抗生素治疗和支持疗法。首选青霉素和四环素衍生物，如青霉素每千克体重4万～8万U，每天肌内注射2次，连用2周；阿莫西林每千克体重2mg，每天口服2～3次，连用2周。由于青霉素无法消除带菌状态，因此在应用青霉素治疗时可附加多西环素和红霉素，可消除带菌状态。四环素、氨基糖苷类或氟喹诺酮类。多西环素可用于急性病例或跟踪治疗。

对于肾病者主要采用输液疗法，也有个别病例可用血液透析。部分病犬因慢性肾衰竭或弥散性血管内凝血而死亡，严重病例可施行安乐死。

本病对公共卫生安全构成一定的威胁，接触病犬的人员应采取适当的预防措施。污染的尿液具有高度的传染性，应尽量避免接触尿液，特别是黏膜、结膜和皮肤伤口不能接触尿液。

莱　姆　病

莱姆病（lyme disease）是由疏螺旋体（Burgdorferi）引起的多系统性疾病，也称为疏螺旋体病（borreliosis），是一种由蜱叮咬动物或人而传播的自然疫源性人兽共患传染病。其特征为患病动物关节肿胀、跛行、四肢运动障碍、皮肤病变和慢性神经系统综合征。

莱姆病最早于1975年发现于美国康涅狄克州莱姆（lyme town）镇。先后在美洲、欧洲、大洋洲、非洲和亚洲地区发现，并有继续蔓延扩大之势。我国于1986、1987年在黑龙江省和吉林省相继发现莱姆病，至今已证实19个省（市、自治区）的山林地区为莱姆病的自然疫源地。

【病原】

病原为伯氏螺旋体（*Borrelia burgdorferi*）属于疏螺旋体属（*Borrelia*），革兰氏染色阴性，姬姆萨染色着色良好。由表层、外膜、鞭毛、原生质柱组成。菌体形态似弯曲的螺旋，呈疏松的左螺旋状，有数个大而疏的螺旋弯曲，末端渐尖，有多根鞭毛。长度5～40μm不等，平均约30μm，直径为0.18～0.3μm，能通过多种细菌滤器。具微好氧性，营养要求苛刻，但在一种增强型培养基Barbour-Stoenner-KellyⅡ（BSK-Ⅱ）培养基生长良好，最适的培养温度为30～35℃，该菌生长缓慢，一般需培养2～4周才可观察到生长情况。从蜱中较易分离到螺旋体，而从患病动物和人中分离则较难。不同地区分离株在形态学、外膜蛋白、质粒及DNA同源性上可能有一定的差异。

根据莱姆病病原体DNA同源性及外膜蛋白OspA、OspB、PC不同表位血清学分析发现引起莱姆病的疏螺旋体至少有4个种，即伯氏疏螺旋体（Borrelia burgdorferi sensu stricto），主要分布于美国和欧洲；伽氏疏螺旋体（*Borrelia garinii*），主要分布于欧洲和日本；埃氏疏螺旋体（*Borrelia afzelii*）主要从欧洲和日本分离出；日本疏螺旋体（*B. japonica*），主要分离自日本。

本菌具有特别耐受高温和干燥的特性，但对各种理化因素抵抗力不强。对青霉素、红霉素、四环素等敏感，加入0.06～3.0μg/mL即有抑制作用；但对庆大霉素、卡那霉素和新霉素在8～16mg/mL浓度时仍能生长，故可将其加入培养基中作为分离培养的选择培养基。

【流行病学】

伯氏疏螺旋体的宿主范围很广，自然宿主包括人、牛、马、犬、猫、鹿、浣熊、狼、野兔、狐及多种小啮齿类动物。从多种节肢动物（包括鹿蝇、马蝇、蚊子、跳蚤）分离到伯氏疏螺旋体，蜱是主要的自然宿主和传播媒介，并与野生动物、鼠类、家养动物循环传染形成广泛的传染源。本病主要通过带菌蜱等吸血昆虫叮咬吸血传染，感染动物可通过排泄物向外排菌，从而形成新的传染源。美国学者认为莱姆病螺旋体从动物传播到人的主要生物媒介是蓖麻硬蜱种群，北美是鹿蜱（*lxodes dammini*）、肩突硬蜱（*I. scapularis*）和太平洋硬蜱（*I. pacificus*），在欧洲主要是蓖麻硬蜱（*I. ricinus*）。在我国莱姆病的分布范围也很广泛，东北林区、内蒙古林区和西北林区是莱姆病主要流行区。不同地区发病季节略有不同，主要是在蜱、蚊等大量滋生、活动的炎热季节，东北林区为4～8月，福建林区为5～9月。从10种媒介蜱中分离出伯氏疏螺旋体，其中金钩硬蜱（*I. persulcatus*）是我国北方莱姆病螺旋体的主要生物媒介，而在南方地区二棘血蜱（*Haemaphysalis bispinosis*）和粒形硬蜱（*I. granulatus*）可能是相当重要的生物媒介。从姬鼠到华南兔等12种小型啮齿类动物分离到伯氏疏螺旋体，其中姬鼠类可能是主要的贮存宿主。动物血清学检验结果，犬感染率为38%～60%，牛为18%～32%，羊为17%～61%，这些大动物在维持媒介的种群数量上起着重要作用。

螺旋体存在于未采食感染蜱的肠中，在采食过程中螺旋体进行细胞分裂并逐渐进入血液中，几小时后侵入蜱的唾液腺并通过唾液进入叮咬部位。菌体在蜱体内通常可发生经期传递，而经卵传递极少发生。犬和人进入有感染蜱的流行区即可能被感染。另外，伯氏疏螺旋体也可能通过黏膜、结膜及皮肤伤口感染。值得注意的是输血，注射工具在本病的传播上也起着极其重要的作用。

【症状】

人工感染犬在接种后60～90d表现临诊症状。

急性感染犬表现为发热（体温可升高达39℃），食欲不振、嗜睡、局部淋巴结肿大。四肢关节突发性僵硬、跛行，感染早期有疼痛现象，由于急性感染犬一般不出现关节肿大，所以难于确定疼痛部位，跛行常常表现为间歇性，并可从一条腿转到另一条腿。有的犬会出现眼病和神经症状，大多数自然感染犬可继发肾小球肾炎和肾小管损伤，出现圆柱尿、蛋白尿、血尿、脓尿等。

慢性感染犬初期临诊特征可见反复间歇性非化脓性关节炎，且常波及二肢以上，一般常发生在肘及腕关节处。感染犬并不出现慢性移行性红斑（Erythema chronican migrans，ECM），但仍可有皮肤红斑及出血现象。另外，慢性感染犬还可能出现心肌功能障碍。在流行区，有些犬常出现脑膜炎和脑炎症状，这与伯氏疏螺旋体的确切关系还未完全证实。

猫人工感染伯氏疏螺旋体主要表现发热、厌食、疲劳、跛行或关节异常，但尚未有自然感染的病例报道。

【病变】

尸体消瘦，被毛脱落，皮肤坏死剥落，体表淋巴结肿大、出血，心肌炎病变，如心肌变性、坏死；肾小球肾炎和间质性肾炎等病变。关节炎病变，如关节腔积液，有渗出物。有的胸腹腔有积液和纤维蛋白附着。

【诊断】

单从莱姆病感染的症状及病变很难与其他疾病区分，诊断时还应结合流行病学及实验室诊断。

本病的发病高峰与当地蜱类活动高峰季节一致，患病动物可能进入林区或被蜱叮咬过

（特别是猎犬）。体检时可能发现一个或多个关节肿大，或者外表正常，关节在触诊时有明显的疼痛表现。

免疫荧光抗体技术（IFA）和酶联免疫吸附试验（ELISA）是较为常用的诊断技术。血清效价低于 1∶128 判为阴性；1∶128～1∶256 为弱阳性；1∶512 或更高为强阳性。有临诊症状而血清学检验阴性时，应在 1 个月后再检验。血清效价高而未表现临诊症状者，说明近期接触过伯氏疏螺旋体，1 个月后再检验，如果血清效价升高说明正被感染。检验关节液中的抗体更有利于确诊。已有医用 ELISA 试剂盒。IFA 和 ELISA 检测阳性后，可采用免疫印迹技术进行跟踪检测，该方法出现假阳性的概率较低，而且可以区分自然感染和疫苗免疫抗体。

分离伯氏疏螺旋体比较困难，但已有人成功地从野生动物、实验动物及血清学阳性犬的不同组织和体液中分离到该菌。应用 BSKⅡ培养基可以使病原分离工作进一步改善。

PCR 技术是根据伯氏疏螺旋体独特的 5S-23SrRNA 基因结构设计引物检验蜱和动物样本（包括尿液），不仅能检测出伯氏疏螺旋体，而且同时可以测出感染菌株的基因种。

【防制】

国外已研制成功犬莱姆病灭活菌苗，必须在被感染性蜱叮咬之前进行免疫接种。接种疫苗之后血清学转阳可能会给血清学诊断带来一定的困难，但可采用免疫印迹技术来区分疫苗接种和自然感染引起的免疫反应。

除接种疫苗外，还必须控制犬进入自然疫源地，应用驱蜱药物减少环境中蜱的数量。定期检验动物身上是否有蜱，如有蜱，应及时清除以减少感染机会。

对有莱姆病症状或者血清学阳性犬应使用抗生素治疗 2～3 周。可选用四环素，按每千克体重 15～25mg，每 8h 给药 1 次；多西环素，按每千克体重 10mg，每 12h 给药 1 次；头孢霉素，按每千克体重 22mg，每 8h 给药 1 次。氨苄西林、羧苄西林、红霉素等对伯氏疏螺旋体也有一定的疗效。

感染动物用抗生素治疗后很快见效。如果治疗见效，应在 1～3 个月后再做 1 次血清学检验。如某种抗生素疗效不佳，应考虑选用另一种抗生素或做进一步诊断。

目前还没有证据表明伯氏疏螺旋体可以在犬、猫、家畜或者畜主之间直接传播，但犬感染伯氏疏螺旋体的概率比人高，因为犬更易与蜱接触，而且被蜱叮咬时不易驱除，使得叮咬时间延长。犬还可能是伯氏疏螺旋体的无症状携带者，成为周围人群的感染来源。家养犬、猫还可能将感染蜱带入家庭或社区。犬尿液中可以传播伯氏疏螺旋体使得其具有潜在的公共卫生学意义。

犬埃利希氏体病

犬埃利希氏体病（canine Ehrrlichriosis）是由埃利希氏体属成员引起的，以呕吐、黄疸、进行性消瘦、脾肿大、眼部流出黏性脓性分泌物、畏光和后期严重贫血等为特征的传染病。幼犬病死率较成年犬高。

本病分布世界各国。1935 年由 Donatien 等在阿尔及利亚首次发现，1945 年德国的 Moshrkovshri 又将其命名为犬埃利希氏体病。以后，非洲南部和北部、叙利亚、印度和美国均报道发生此病。我国 1999 年于军犬中发现此病并分离到病原。

【病原】

本病病原属于立克次氏体目（Rickettsiale），立克次氏体科（Rickettsiaceae），埃利希氏体属（*Ehrrlichrieae*）。根据 16SrRNA 基因序列的相似程度，本族可分为 3 个基因群：犬埃利希氏体群，包括犬埃利希氏体（*E. canis*）、查菲埃利希氏体（*E. chraffeensis*）、伊氏埃利希氏体（*E. ewingii*）、鼠埃利希氏体（*E. muris*）和反刍考德里体（*Cowdria ruminantium*）；嗜吞噬细胞埃希氏体群，包括嗜吞噬细胞埃利希氏体（*E. phragocytophrilia*）、血小板埃利希氏体（*E. platys*）、马埃利希氏体（*E. equi*）和人埃利希氏体（*HRuman ehrlichria*）；腺热埃利希氏体群，包括腺热埃利体（*E. sennetsu*）、立氏埃利希氏体（*E. risticii*）。引起犬感染的埃利希氏体的各个种及其主要特征见表 7-1。埃利希氏体为革兰氏阴性，呈球状或杆状，专性细胞内寄生，以单个或多个形式寄生于单核白细胞内和中性粒细胞的胞质内膜空泡内，在宿主细胞胞浆内以二分裂方式生长繁殖。本菌的繁殖分为原体、始体和桑葚状集落三个阶段，原体通过吞噬作用进入宿主细胞内，开始以二分裂法进行繁殖，形成始体。始体发育成熟为桑葚状集落。在每个桑葚状集落内含有数量不等的原体。每个宿主细胞可见一个以上桑葚状集落。用 Romanovsky 染色，埃利希氏体被染成蓝色或紫色，姬姆萨染色时菌体呈蓝色。犬埃利希氏体只能在组织培养的犬单核细胞及 6～7 日龄鸡胚内生长繁殖，部分埃利希氏体可以在脊椎动物细胞上培养增殖。埃利希氏体在培养细胞内一般生长缓慢，需经 1～2 周方能通过细胞涂片和染色在光镜下观察到桑葚状集落，之后迅速繁殖，数天后细胞将被严重感染。本菌对理化因素抵抗力较弱，氯霉素、金霉素和四环素等广谱抗生素能抑制其繁殖。

表 7-1 对犬具有感染性的埃利希氏体及其主要特征

种　名	自然感染宿主	感染靶细胞	主要传播媒介	地理分布
犬埃利希氏体	犬	单核细胞	血红扇头蜱	世界各地
查菲埃利希氏体	人、犬、鹿	单核细胞	美洲钝眼蜱、变异革蜱	美国、欧洲
伊氏埃利希氏体	犬	粒细胞	美洲钝眼蜱	美国
嗜吞噬细胞埃利希氏体	人、犬、食草动物	粒细胞	篦子硬蜱	欧洲
血小板埃利希氏体	犬	血小板	不明	美国、欧洲
马埃利希氏体	马、犬、人、驼、羊	粒细胞	太平洋硬蜱	美国、欧洲
人埃利希氏体	人、马、犬、啮齿类	粒细胞	肩突硬蜱	美国、欧洲
立氏埃利希氏体	马、犬	单核细胞	不明	北美、欧洲

【流行病学】

主要发生在热带和亚热带地区。除家犬外，野犬、山犬、胡狼、狐和和啮齿类动物等也可感染该病，均为本病的宿主。蜱是犬埃利希氏体群和嗜吞噬细胞埃利希氏体群成员的主要储存宿主和传播媒介。最常见的是血红扇头蜱，其幼蜱和若蜱叮咬病犬，蜱感染后至少在 155d 内能传播此病，越冬的蜱在第 2 年冬天仍可感染易感犬。在犬感染后的 2～3 周最易发生犬-蜱传递（transstadial transmission），这是本病年复一年传播的主要原因。

急性期后的病犬可携带病原 29 个月，用含有埃利希氏体的血液进行输血治疗时，可将埃利希氏体病传给易感犬，这也是一条重要的传播途径。

该病主要在夏末秋初发生，夏季有蜱生活的季节较其他季节多发，多为散发，也可呈流行性发生。

【症状】

潜伏期为1～3周。根据犬的年龄、品种、免疫状况及病原不同表现不同的症状。

急性阶段的临诊症状各种各样，主要表现为精神沉郁、发热、食欲下降、嗜睡、口鼻流出黏液脓性分泌物、呼吸困难、结膜炎、体重减轻、淋巴结肿大、四肢或阴囊水肿。1～2周后恢复。通常在感染后10～20d出现血小板和白细胞减少。有的表现感觉过敏、肌肉抽搐、共济失调和瞳孔大小不一等症状；大部分病例，急性期症状消失后而进入亚临诊阶段，病犬体重、体温恢复正常，但实验室检验仍然异常，如轻度血小板减少和高球蛋白血症。亚临诊状态可持续40～120d，然后进入慢性期；慢性期病犬又可出现急性症状，如消瘦、精神沉郁，或伴随骨髓发育受阻的严重血液损伤为特征，严重的血细胞减少可能会导致皮肤出现出血点或出血斑，有的出现自发性出血，临诊上以鼻出血为多见。疾病发展及严重程度与感染菌株，犬的品种、年龄、免疫状态以及并发感染有关。幼犬致死率一般较成年犬高。

疾病早期可见病犬单核细胞增多，嗜酸性粒细胞几乎消失。随着病程的发展，贫血症状明显。

由伊氏埃利希氏体或马埃利希氏体引起的感染，表现为单肢或多肢跛行、肌肉僵硬、呈高抬腿姿势、不愿站立、拱背、关节肿大和疼痛，体温升高。贫血，中性粒细胞、血小板减少，单核细胞、淋巴细胞以及嗜酸性粒细胞增多。

血小板埃利希氏体引起的感染，一般没有明显的临诊表现，个别病例可出现前眼色素层炎。在感染后10～14d可引起白细胞和血小板减少。血小板最低限可达2000～50 000个/μL，凝血能力降低。

【病变】

剖检可见贫血、骨髓增生，肝、脾和淋巴结肿大，肺有瘀血点。少数病例还可见肠道出血、溃疡，胸、腹腔积水和肺水肿等。

组织学观察，可见骨髓组织受损，表现为严重的泛白细胞减少，包括巨核细胞发育不良和缺失，正常窦状隙结构消失。慢性感染的，骨髓组织一般正常。伊氏埃利希氏体和马埃利希氏体感染的主要特征为嗜中性粒细胞炎症反应为主的多关节炎。

【诊断】

根据临诊症状、流行病学可做出初步诊断，确诊需结合血液学检验、生化试验、病原分离鉴定、血清学试验等。

非再生性贫血和血小板减少是本病重要的血液学变化，约1/3的患犬会表现白细胞减少症。泛白细胞减少主要发生于慢性病例中，尤其多见于德国牧羊犬。

可取离心抗凝血液白细胞层涂片，姬姆萨染色，可在细胞质内见到呈蓝紫色的病原集落。发热期进行活体检验，可在肺、肝、脾内发现犬埃利希氏体。

多数犬感染7d后其血清中可查出特异性抗体（有的犬在感染后28d才会出现血清抗体），常用间接免疫荧光技术（IFA）进行诊断，IFA滴度在1∶10以上即可以判为阳性。

目前，埃利希氏体病原学诊断最有效的方法之一是根据埃利希氏体16SrRNA基因的特异性碱基序列设计引物，扩增其特异性片段进行诊断，可以大大提高检测的敏感性。也可用犬腹腔内巨噬细胞培养技术进行犬埃利希氏体病病原分离和诊断。

【防制】

目前还缺乏有效的疫苗可供应用，消灭其传播和储存宿主——蜱是关键。病愈犬往往能抵抗犬埃利希氏体再次感染。对 IFA 阳性犬应进行治疗，直到检验为阴性才能混群饲养。每隔 6～9 个月做 1 次血清学检验，这样才能很好地控制本病。口服长效四环素，每千克体重 6.6mg，1 次/d，在蜱的生活周期内连续用药，即可预防感染。此外，治疗中作为供血用犬应是血清学反应阴性者。

对发病的犬及时隔离，及时治疗。常选用四环素类抗生素治疗，可按每千克体重 22mg，口服，3 次/d。治疗见效者，应持续 3～6 周，慢性病例要持续 8 周。此外，配合一定的支持疗法，尤其是慢性病例。

落基山斑点热

落基山斑点热（rock mountain spotted fever，RMSF）是由立克次氏体引起经蜱传播的人、犬和其他小型哺乳动物的传染性疾病。最早在美国西部落基山地区被发现，故称为落基山斑点热。本病主要分布于西半球。

【病原】

病原为立克次氏体（Rickettsii）属于立克次氏体目（Rickettsiale）、立克次氏体科（Rickettsiaceae）、立克次氏体族（Rickettsieae）、立氏立克次氏体属（*Rickettsia*）。立氏立克次氏体属有 12 个种，分为 3 个生物群，其中斑点热群（spotted fever group）有 8 个种。立克次氏体是既具有细菌又具有病毒特征的微生物。类似细菌的方面是，立克次氏体有酶系统和细胞壁，耗氧且可被抗生素控制或破坏。与病毒相似的方面是，立克次氏体只能在细胞内生存和繁殖。立克次氏体在动物体中通常生存在小血管内皮细胞内，引起血管的炎症、毛细血管阻塞或向周围组织渗血。

【流行病学】

立克次氏体分布与传播媒介蜱的分布密切相关，安氏革蜱和变异革蜱是立氏立克次氏体的传播媒介，蜱摄入立克次氏体后，5～20h 才可将立克次氏体传给宿主。中等大小的哺乳动物是立克次氏体的宿主。幼、稚蜱均可寄生于许多小型哺乳动物，稚蜱偶尔叮咬儿童，成蜱主要侵袭家畜和大型野生动物，也叮咬人。美国东部的主要传播媒介为变异革蜱，成蜱的主要宿主为犬。其他蜱，如血红扇头蜱、美洲钝眼蜱、卡宴钝眼蜱等被认为是美国其他地区及墨西哥等地的传播媒介。立克次氏体在蜱体内可发生经卵传播。立克次氏体在蜱叮咬宿主时通过唾液传染，蜱附着点可能出现坏死病变（焦痂）。已感染的蜱可将立克次氏体传播给兔子，松鼠，鹿，熊，犬和人。此病不会在人与人之间直接传播。

【症状】

潜伏期一般为 3～12d，平均 7d。RMSF 临诊表现为发热、厌食、精神沉郁、眼有黏液脓性分泌物、巩膜充血、呼吸急促、咳嗽、呕吐、腹泻、肌肉疼痛、多关节炎，以及感觉过敏、运动失调、昏迷、惊厥和休克等不同程度的神经症状。部分感染犬发生多关节炎、心肌炎或脑膜炎。有的仅表现关节异常、肌肉或神经疼痛，或者这些症状最明显。视网膜出血是该病比较一致的症状，但在疾病的早期可能不明显。某些病犬，特别是出现临诊症状而未及时诊断和治疗的病犬可出现鼻出血、黑粪症、血尿及出血点和出血斑。公犬常出现阴囊水肿和睾丸肿胀、充血、出血及附睾疼痛等症状。疾病的末期可能出现心血管系统衰竭、肾衰竭等有关的症状。

【病变】

立克次氏体在小血管和毛细血管内皮细胞内繁殖，直接损伤内皮细胞，引起血管炎症、坏死，导致血管渗透性增加，引起血管内液体和细胞外渗引发水肿、出血、低血压和休克。呼吸道和消化道黏膜常有斑状或点状出血和瘀血。肝肿大和小灶性肺炎。淋巴结呈出血性肿大。眼部病变包括结膜下出血、视网膜出血斑、视网膜局部水肿。血管周围炎性细胞浸润等不同程度的损伤。严重的血管损伤可引起阴囊、乳腺、鼻及嘴唇等坏疽。

【诊断】

根据季节、蜱叮咬史及临诊表现，可以初步怀疑为 RMSF。临诊上，犬 RMSF 与急性埃利希氏体病难于区分，需要进行实验室检验。与慢性埃利希氏体病可持续数年不同，RMSF 发病一般只持续 2 周或更短时间。此外，应注意与犬瘟热、假血友病、肺炎、急性肾衰竭、胰腺炎、结肠炎、脑膜炎、免疫介导性血小板减少症、多发关节炎以及布鲁氏菌病（雄性可出现睾丸炎或附睾炎）等疾病相区别。

确诊可采用间接免疫荧光抗体技术检测组织样本中的立克次氏体抗原、PCR 技术检测立克次氏体 DNA、血清学技术检测抗体滴度等。免疫荧光技术检测血清抗体时，检查单份血清中 IgG 滴度≤64 或 IgM≤8 不能判为阳性，应采取双份血清进行检测。如果疾病恢复期血清抗体滴度比急性期升高 4 倍以上可确诊为 RSFM，但应在疾病急性期采血，并在之后 2～3 周采集恢复血清，这样才能提高血清学诊断的准确性。如果在出现临诊症状几天后采血，其抗体滴度可能已很高，不利于结果的判定。取感染组织进行直接荧光抗体（FA）染色检查，对早期诊断有一定的意义。

【防制】

目前尚无可用于犬 RMSF 病的有效疫苗。应最大限度减少蜱的叮咬或消灭蜱是预防本病最有效的方法。感染耐过犬可能产生自然免疫力，其免疫期可达 3 年以上。因此，在本病流行地区，立克次氏体轻度感染、无症状感染、甚至非致病性斑点热立克次氏体反复感染对预防犬发生严重的 RMSF 具有一定的意义。

发病犬口服四环素，每千克体重 22mg，3 次/d，持续 2 周；或口服多西环素，每千克体重 10mg，2 次/d，持续 7～10d；氯霉素每千克体重 10mg，口服或皮下注射，3 次/d，持续 2 周，对治疗斑点热立克次氏体感染有效。对于未出现严重血管损伤或神经症状的犬，用药后应很快见效，24～72h 内退热。诊治延迟或使用一些对立克次氏体无效的抗菌药物，如青霉素、头孢菌素及氨基糖苷类可能使发病率和死亡率增加。对脱水和出血性素质需要进行支持疗法。当血管受到严重损伤时，输液应慎重，因静脉输液会增加血管的通透性，可能会加速肺和脑部水肿。

Q　热

Q 热（Q fever）是由贝纳柯克斯体（*Coxiella burnetii*，又称 Q 热柯克斯体）引起的人畜共患传染病。人在吸入含有贝纳柯克斯体的气溶胶或污染的尘埃被感染后可出现急性发热、肺炎、肝炎，甚至心内膜炎。慢性贝纳柯克斯体感染是一种新发现的人畜共患病，引起慢性类疲劳综合征（chronic fatigue-like syndrome）。

本病于 1935 年在澳大利亚首次被发现，目前广泛存在于世界各地。

【病原】

本病病原为立克次氏体目（Rickettsiale）、立克次氏体科（Rickettsiaceae）、立克次氏体族（Rickettsieae）、柯克斯体属（*Coxiella*）的贝纳柯克斯体（*C. burnetii*）。革兰氏染色阴性，呈小杆状或球杆状，专性细胞内寄生，主要生长于脊椎动物巨噬细胞的吞噬溶酶体内。可在鸡胚、多种人和动物传代细胞内繁殖。耐热、嗜酸、发育周期中能形成芽孢，对理化因素的抵抗力较强。贝纳柯克斯体存在宿主依赖的相变异现象，自患病人和动物分离的菌株为Ⅰ相，而在鸡胚或细胞培养中连续传代后则转变Ⅱ相。到目前为止，贝纳柯克斯体是立克次氏体科中唯一发现有质粒的成员。

【流行病学】

贝纳柯克斯体宿主包括哺乳动物、鸟类和蜱，病原体在蜱与野生动物间循环构成了Q热的自然疫源。许多种蜱，包括血红扇头蜱都可自然携带贝纳柯克斯体。我国曾从内蒙古、新疆、四川等地的蜱中分离到该病病原。1964年重庆郊区有个动物饲养室饲养的犬群Q热血清学阳性率高达77.8%，并由其体外寄生的铃头血蜱分离出病原体，但犬作为Q热的传染源的意义尚未完全确定。贝纳柯克斯体存在于粪、尿、奶和组织中（特别是胎盘），因此很易形成传染性气溶胶。慢性感染动物的生殖道组织中含有大量病原体，分娩过程中可形成含病原体的气溶胶。加拿大和美国均有分娩的感染猫作为传染源引起城市和家庭成员Q热暴发的病例。接触新生猫，特别是死胎是人感染Q热的很危险的因素。人的传染源主要是被感染的牛、绵羊、山羊等家畜。在动物间的传播是以蜱为传播媒介并可经卵传代。

【症状】

动物感染后多无症状，但乳汁、尿液、粪便中可长期带病原体。人可经接触和呼吸道等途径感染。贝纳柯克斯体对猫或犬的致病作用目前尚不完全清楚。皮下接种感染可引起发热、倦怠和食欲减退，而且立克次氏体血症至少可持续1个月。猫以口饲喂或者接触尿液和气溶胶感染不引起临诊症状，但有半数猫形成立克次氏体血症和抗贝纳柯克斯体抗体阳性。在Q热发病率高地区，犬血清抗贝纳柯克斯体凝集抗体阳性率也较高。

【诊断】

由于本病无明显的临诊症状，单纯靠病史和临诊资料难以诊断，确诊必须进行实验室检查。

病原检查可采取胎盘、胎儿组织或母犬阴道排泄物等进行姬姆萨和革兰氏染色，在细胞内、外发现红色小球状物，可基本证实病原体存在，再进行免疫荧光抗体（IF）技术检查。病原分离可使用豚鼠或仓鼠进行心肌和腹腔接种，一般经4～8d发热，2～3周死亡，脾肿大，再经免疫荧光抗体技术证实。此外，应用鸡胚卵黄囊接种，鸡胚在3d后死亡，取卵黄膜检查，或在鸡胚通过数代后，制成卵黄抗原，用补体结合试验（CF）进行鉴定。

血清学试验可采用毛细管凝集试验（CAT）、CF、ELISA、IF等。近年来，PCR等基因诊断技术也应用于本病的诊断。

本病属于3级危险度的传染病，容易发生实验室感染，进行实验室检查时应特别注意。

【防制】

本病是一种人兽共患传染病，控制发病动物是防制人兽发生Q热的关键。要查明疫源地，防蜱、灭鼠，控制动物感染。对动物加强兽医卫生管理。因气溶胶感染对人类健康构成威胁，Q热流行地区的兽医人员在处理动物围生期疾病时应加以注意。在动物产仔季节加强血清学检测，发现阳性动物立即隔离饲养。销毁阳性动物的胎盘、胎膜等，消毒被污染的环境。流行地区的动物和人进行疫苗预防。

发病动物早期可使用四环素、金霉素、土霉素、多西环素和氯霉素等广谱抗生素进行治疗，有一定疗效。此外，二氨嘧啶和磺胺甲基嘧啶有良好的疗效。用药应持续 3～4 周。

血巴尔通体病

血巴尔通体病（hemobartonellosis）是由血巴尔通体引起的猫和犬以免疫介导性红细胞损伤，导致动物贫血和死亡为特征的疾病。本病可经血昆虫和医源性输血等途径感染。人感染血巴尔通体常称为猫抓病（cat scrtch disease CSD）。本病存在于世界各地。

【病原】

犬和猫的血巴尔通体病的病原分别为猫血巴尔通体（Hemobartonella felis）和犬血巴尔通体（H. canis），属立克次氏体目（Rickettsiale）、无浆体科（Anaplasmataceae）、血巴尔通体属（*Haemobartonella*）成员。由于血巴尔通体在种系发生关系上与支原体目的病原相近，因此，有人认为血巴尔通体应划归入支原体。感染猫的血巴尔通体有两种形态不同的病原，分别称之为大型猫血巴尔通体（*H. felis/Largeform*）和小型猫血巴尔通体（*H. felis/Smallform*），蚤类为主要传播媒介。感染犬的血巴尔通体，有文氏巴尔通体（*B. vinsonii berkhoffii*）、汉氏巴尔通体（*B. henselae*）和克氏巴尔通体（*B. clrridegeiae*），血红扇头蜱为主要传播媒介。

血巴尔通体是附着在红细胞表面的多形性病原，革兰氏染色呈阴性，没有细胞壁。病原体呈球形、环形、棒状，附着于红细胞表面。用扫描电镜（放大 5000 倍）观察，血巴尔通体呈圆锥形或球形，有双层膜，但无细胞壁结构，直径大小为 0.2～3μm，部分呈锯齿状的包埋入红细胞表面。细胞化学检测表明，该微生物含有大量的 DNA 和 RNA。主要寄生于宿主红细胞表面。该病原具有宿主特异性。

血巴通体对营养要求苛刻，对血红蛋白具有高度的依赖性，生长缓慢，在大多数营养丰富的含血培养基上需要 5～15d，甚至 45d 才能形成可见的菌落。培养巴通体的传统方法是采用含有新鲜兔血（也可用绵羊血或马血）的半固体培养基。初次分离培养可形成白色、干燥、不粗糙型菌落，菌落常陷于培养基中。感染组织病理标本片经银染可见紧密排列成簇状的小杆状病原。

【流行病学】

感染血巴尔通体的猫和犬是本病的主要传染源。将血巴尔通体经静脉、腹腔接种和口服感染性血液均可感染本病，因此，本病主要通过血液传播，其传播方式主要是通过静脉接种病猫和犬的血液或是蚤、蜱类等昆虫进行吸血传播。此外，猫、犬咬伤也可能发生传染。另外，发病的母猫所产幼猫可被感染，因此，应考虑有发生子宫内感染的可能。

所有年龄段的猫、犬都可以感染本病，其易感性、症状表现与其年龄、健康状况、感染病原的种类有关。感染猫、犬常不表现明显的临诊症状，但伴发免疫介导性疾病或者逆转录病毒感染时会暴发本病。

【症状】

猫血巴尔通体病（又称为猫传染性贫血）主要表现慢性贫血、苍白、消瘦、厌食，偶尔发生脾肿大或黄疸，但贫血程度和发病速度有所不同。而许多被感染猫库姆斯（Coombs）试验阳性，表明感染诱导产生了抗红细胞抗体。

急性血巴尔通体病发病的猫，可出现持续发热 2～3 周，同时伴有嗜睡，对外界环境刺激无反应，四肢轻微反射消失等症状，若不进行治疗，约 1/3 因发生严重贫血而死亡，自然康复者可能复发立克次氏体血症，并在数月至数年内保持慢性感染状态。慢性感染带菌猫，外表正常，但可出现轻度再生障碍性贫血、免疫抑制，如猫白血病病毒感染、脾切除或使用皮质类固醇药物等可能加重本病的易感性和疾病的严重程度，并影响血涂片中立克次氏体的观察。

患犬多为亚临诊感染，一般不出现临诊症状。有的感染巴尔通氏体犬可出现心内膜炎，肉芽肿淋巴结炎，肉芽肿鼻炎和紫癜肝。有的大型犬感染后，在出现心内膜炎数月前，会表现间歇性跛行或无名热。有的不伴有心内膜炎的心肌炎患犬，可导致心律不齐、晕厥或突然死亡。

一般认为在血液涂片中偶见犬血巴尔通体，其致病作用不强。因此，在立克次氏体感染犬中，应注意检查其他并发的传染性和非传染性疾病。

【病变】

除出现全身贫血、脾和淋巴结肿大以外，无显著的变化。有的出现黄疸、血红蛋白尿、红细胞再生障碍等现象。

【诊断】

采外周血液用光学显微镜镜检是血巴尔通体常用的检测方法，但该方法往往只适合处于急性发病的严重菌血症时期病原的检测，其他时期通常不易检测到病原。

已建立的血清学检测方法包括补体结合试验、间接血凝试验及酶联免疫吸附试验。该病病原体在感染过程中通常会出现抗原变异等现象，并且温和感染的猫体内病原数量较少、产生的抗体的数量也较少。因此，用血清学的检测方法适合于进行流行病学调查，但不宜用于疾病的确诊。

目前的研究表明，PCR 检测方法是诊断本病的有效方法。此外，血液的组织培养也是确诊的有效手段。

【防制】

在血巴尔通体的防治方面，消灭吸血昆虫蚤和蜱类是控制本病传播的重要方法。对出现严重贫血症状者，可以用输血的方式对其进行治疗，但输血前应对供者血液作本病病原体的检测，以防止该病通过血液传播。

本病治疗的首选药物为四环素类，氯霉素、多西环素、恩诺沙星等药物也是控制本病的有效药物，疗程一般为 2～4 周。但药物并不能将病原从感染动物体内完全清除，在发病过程中可能出现免疫介导性贫血，在用抗生素治疗的同时，也可以配合使用运用糖皮质激素（如氢化可的松等药物）或其他免疫抑制性药物终止免疫介导性红细胞损伤。

【公共卫生】

猫抓病又称猫抓热，其临诊表现是多种多样的，因此常造成医生误诊。一般在被猫或犬抓咬后 3～7d，抓咬处局部皮肤出现红斑、丘疹、疱疹、脓疱、结痂，或小溃疡，形成并伴有局部淋巴管炎；继而出现淋巴结肿大，常见于颌下、颈部、腋下及腹股沟等处，直径 1～8cm，病变淋巴结呈肉芽肿样炎性改变，中心可有脓液形成，后期可见明显的网状内皮细胞增生。全身表现有低热、头痛、寒战、全身乏力、不适、咳嗽、厌食、恶心或呕吐等。猫抓病属于一种自限性疾病，多数患者无需治疗，在3周至数月内消退。根据猫抓病的主要表现，还可分为许多临诊类型：肝脾型猫抓病主要表现为脾肿大和腹痛；脑病型猫抓病主要表现为癫痫样抽搐，进行性昏迷，数日后意识迅速恢复；以眼部表现为主的猫抓病有视神经视网膜炎、结膜炎或视网膜血管炎等。目前尚未见有人与人之间传播的报道。

衣原体病

衣原体病（chamydiosis）是由鹦鹉热衣原体引起的人兽共患传染病。鹦鹉热衣原体是引起猫结膜炎的重要病原之一，偶尔可引起上呼吸道感染，与其他细菌或病毒并发感染时可引起角膜溃疡。犬的衣原体感染的病例报道较少，但也可能引起结膜炎、肺炎及脑炎综合征。

本病由Ritter于1879年在瑞士首次报道以来，已在世界各地，如美洲、欧洲、亚洲、中东和澳大利亚均有不同程度的发生和流行。

【病原】

鹦鹉热衣原体（C. psittaci）是一类严格的细胞内寄生、具的特殊的发育周期、能通过细菌滤器的原核型微生物。革兰氏染色阴性，含有DNA和RNA两类核酸，衣原体在细胞胞质内可形成包含体，易被碱性染料着染。衣原体具有特殊的发育周期，形成原体（elementary body，EB）和网状体（reticulate body，RB），也称始体（initial body），两种不同的结构形式。EB从感染破裂细胞释放后，通过内吞作用进入另一个细胞，形成膜包裹吞噬体并在其中发育形成直径0.5～1.5μm、无细胞壁和代谢活跃的RB。RB以二分裂方式繁殖，发育成多个子代原体，最后，成熟的子代原体从细胞中释放，再感染新的易感细胞，开始新的发育周期。衣原体从感染细胞开始，其发育周期为40～48h。RB是衣原体发育周期中的繁殖型，不具有感染性。含有EB和繁殖型RB的膜包裹噬体或细胞质吞噬泡称为衣原体包含体。

衣原体可在6～8日龄鸡胚卵黄囊中生长繁殖，也能在McCoy细胞、鼠L细胞、Hela细胞、Vero细胞、BHK21细胞、BGM细胞、Chang氏人肝细胞内生长繁殖，并可使小鼠感染。另外McCoy、BHK、HeLa细胞等传代细胞系适合其生长。衣原体对四环素类抗生素、红霉素、夹竹桃霉素、泰乐菌素、多西环素、氯霉素及螺旋霉素敏感，对庆大霉素、卡那霉素、新霉素、链霉素及磺胺嘧啶钠不敏感。

衣原体含有2种抗原，一种是耐热的，具有属特异性；一种是不耐热的，具有种特异性。鹦鹉热衣原体除含有外膜LPS外，还含有一层蛋白质外膜（MOMP），主要由几种多肽组成，其在抗原的分类方面及血清学诊断上非常重要，与其他哺乳动物和禽源分离株明显不同。

衣原体对季铵化合物和脂溶剂等特别敏感。对蛋白变性剂、酸和碱的敏感性较低。对甲苯基化合物和石灰有抵抗力。碘酊溶液、70%酒精、3%双氧水，几分钟内便能将其杀死，0.1%甲醛溶液，0.5%石炭酸经24h使其灭活。在干燥情况下，在外界至多存活5周，室温和日光下至多6d。60℃ 10min失去感染性。20%的组织匀浆悬液中的衣原体56℃ 5min，37℃ 48h，22℃ 12d，4℃ 50d后被灭活。在50%甘油中于低温下可生活10～20d。－20℃以下可长期保存，－70℃下可保存数年，液氮中可保存10年以上，冻干保存30年以上。

【流行病学】

鹦鹉热衣原体可感染禽类引起禽衣原体病，又名鹦鹉热或鸟疫；也感染其他脊椎动物如猫、牛、猪、山羊、绵羊、犬等。因为正常猫也可分离到鹦鹉热衣原体，所以该病原体有可能作为结膜和呼吸道上皮的栖生菌群。易感猫主要通过接触具有感染性的眼分泌物或污物而发生水平传播，也可能发生由鼻腔分泌物引发的气溶胶传播，但较少见。因为鹦鹉热衣原体很少引起上呼吸道症状，而且根据猫的生理结构特点不容易形成含有衣原体的感染性气溶胶，而打喷嚏时形成的含有感染性衣原体的大水滴传播距离往往有超过 1.2m。妊娠母猫泌尿生殖道感染时可将病原垂直传给小猫。

并发感染猫免疫缺陷病毒（FIV）可促进和加重临诊症状及病原体的排放。感染 FIV 的猫人工接种鹦鹉热衣原体后，病原排放可持续 270d，而 FIV 阴性猫则为 7d。

【症状】

易感猫感染鹦鹉热衣原体后，经过 3～14d 的潜伏期后可表现明显的临诊症状，最常表现为结膜炎。而人工感染发病较快，潜伏期仅为 3～5d。新生猫可能发生新生儿眼炎，引起闭合的眼睑突出及脓性坏死性结膜炎。可能是被感染母猫分娩时经产道将病原传染给仔猫，病原经鼻泪管上行至新生猫眼睑间隙附近的结膜基底层所致。5 周龄以内幼猫的感染率通常比 5 周龄以上的猫低。

急性感染初期，出现急性球结膜水肿、睑结膜充血和痉挛，眼部有大量浆液性分泌物。结膜起初暗粉色，表面闪光。单眼或双眼同时感染，如果先发生单眼感染，一般在 5～21d 后另一只眼也会感染。并发其他条件性病原菌感染时，随着多形核炎性细胞进入被感染组织，浆液性分泌物可转变为黏液脓性或脓性分泌物。急性感染猫可能表现轻度发热，但在自然感染病例中并不常见。

患鹦鹉热衣原体结膜炎的猫很少表现上呼吸道症状，即使发生，也是多发生于 5 周龄～9 月龄猫。患有结膜炎并打喷嚏者往往以疱疹病毒 1 型（FHV－1）阳性猫居多。对于猫来说，如果没有结膜炎症状，一般不考虑鹦鹉热衣原体感染。

【病变】

自然感染的大多数为自限性发展。轻度感染的幼猫一般在 2～6 周内恢复，而年龄较大的猫 2 周内即可自行恢复。严重感染或持续性感染病例在结膜穹隆和瞬膜后侧形成结膜淋巴滤泡。结膜感染持续发展，巨噬细胞和淋巴细胞增多，球结膜水肿和睑痉挛减缓。慢性感染的猫结膜炎和结膜水肿主要限于睑结膜处。眼分泌物减少，在急性期消退之后，眼有间歇性黏液性分泌物，并持续数月。成年猫感染后可成为无症状病原携带者，或者在某些因素作用下，如应激或感染 FIV 后间歇性发生结膜炎，这种症状的病原携带者可持续数月至数年，在分娩等生理应激因素作用下即向外界排出病原。

【诊断】

虽然在急性感染阶段可出现球结膜水肿，慢性感染可形成淋巴滤泡等，但仅根据临诊症状不能对本病进行确诊。多种方法可用于鹦鹉热衣原体的诊断。

1. 光学显微镜检查 快速诊断是通过细胞学方法检查急性感染猫结膜上皮细胞胞质内的衣原体包含体。一般在出现临诊症状 2～9d 采集结膜刮片最有可能观察到包含体。疾病的早期以多形核细胞为主，在眼结膜上皮细胞内发现嗜碱性核内包含体可诊断为鹦鹉热衣原体感染，鹦鹉热衣原体多位于核附近。急性感染猫的衣原体包含体检出率往往低于 50%，慢性感染病例更低。

2. 细胞分离法　用无衣原体抗体的胎牛血清和对衣原体无抑制作用的抗生素，如万古霉素、硫酸卡那霉素、链霉素、杆菌肽、庆大霉素和新霉素等，制成标准组织培养液，培养出盖玻片单层细胞，然后将病料悬液 0.5～1.0mL 接种于细胞，2～7d 后取出感染细胞盖玻片，姬姆萨染色后镜检。

3. 鸡胚分离法　将样品悬液 0.2～0.5mL 接种于 6～7 日龄鸡胚卵黄囊内，在 39℃孵育。接种后 3～10d 内死亡的鸡胚卵黄囊血管充血。无菌取鸡胚卵黄囊膜涂片，若镜检发现有大量衣原体原生小体则可确定。

4. 小鼠接种　将病料经腹腔（较常用）、脑内或鼻内接种 3～4 日龄小鼠。腹腔接种小鼠，腹腔中常积有多量纤维蛋白渗出物，脾肿大。镜检时可取腹腔渗出物和脾。脑内和鼻内接种小鼠可制成脑膜、肺印片。

5. PCR 技术　运用 PCR 技术检测衣原体是一种比较敏感的方法，可用刮取或无菌棉拭子采集的样本进行 PCR 扩增，检测其特异性的 DNA 片段。

6. 血清学诊断方法

（1）补体结合试验（CFT）。CFT 是一种特异性强的经典血清学方法，被广泛地应用于衣原体定性诊断及抗原研究上。此法要求抗原及血清必须是特异性的，补体血清必须来源于无衣原体感染动物。但血清与相应抗原结合后不能与补体结合，就会出现假阳性结果。

（2）间接血凝试验（IHA）。IHA 是用纯的衣原体致敏绵羊红细胞后，用于动物血清中衣原体抗体检测，此法简单快捷，敏感性较高。

（3）免疫荧光试验（IFT）。若标记抗体的质量很高，可大大提高检测衣原体抗原或抗体的灵敏度和特异性，能用于临诊定性诊断。微量免疫荧光法（MIF）是一种比较常用的回顾性诊断方法。

【防制】

幼猫可以从感染过本病的母猫初乳中获得抗鹦鹉热衣原体的母源抗体，母源抗体对幼猫的保护作用可持续 9～12 周龄。对无特定病原体的猫在人工感染鹦鹉热衣原体前 4 周接种疫苗，可以明显降低结膜炎的严重程度，但不能防止和减少结膜病原的排出量。免疫接种不能阻止人工感染衣原体在黏膜表面定植和排菌。由于本病主要是易感猫与感染猫直接接触传染，因此，预防本病的重要措施是将感染猫隔离，并进行合理的治疗。

对发病猫可使用四环素类和一些新的大环内酯类敏感抗生素。多西环素，每千克体重 5mg，口服，每日 2 次，连用 4 周可迅速改善临诊症状，用 6d 可消除排菌现象。妊娠母猫和幼猫应避免使用四环素，以防牙釉质变黄。对有结膜炎的猫，可用四环素眼药膏点眼，每天 4 次，用药 7～10d，但猫外用含四环素的眼药膏制剂常发生过敏性反应，主要表现结膜充血和睑痉挛加重，有些发展为睑缘炎。一旦出现过敏反应，应立即停止使用该药。

支 原 体 病

犬、猫支原体病（mycolasmosis）是由支原体引起的，以犬表现为肺炎、猫表现为结膜炎为特征的传染病。

病原为支原体（Mycoplasmal），属于支原体科（Mycoplasmataceae）支原体属（*Myco-*

plasma）中的犬支原体（*Mycoplasma cynos*）和犬尿道支原体（*M. canis*），猫支原体病的病原为猫支原体（*M. felis*，*M. gateae*）。支原体的大小为0.2～0.3μm，可通过滤菌器。无细胞壁，不能维持固定的形态而呈现多形性。革兰氏染色阴性。细胞膜中胆固醇含量较多，约占36%，对保持细胞膜的完整性具有一定作用。凡能作用于胆固醇的物质（如两性霉素B、皂素等）均可引起支原体膜的破坏而使支原体死亡。支原体对热的抵抗力与细菌相似。对环境渗透压敏感，渗透压的突变可致细胞破裂。对重金属盐、石炭酸、来苏儿和一些表面活性剂较细菌敏感，但对醋酸铊、结晶紫和亚锑酸盐的抵抗力比细菌强。对影响细胞壁合成的抗生素如青霉素等不敏感。

本菌为犬、猫上呼吸道和外生殖器的正常菌，偶尔引起感染发病。潜伏期较长，可达2～3周。

犬支原体主要引起犬肺炎，剖检可见病犬呈典型的间质性支气管肺炎变化。犬尿道支原体主要引起犬生殖器官疾病，主要表现为子宫内膜炎、阴道前庭炎、精子异常等。猫支原体主要引起猫结膜充血，发生结膜炎。

猫关节炎，关节液潴留，纤维素析出，并发腱鞘炎。

初期，发生单侧结膜炎，7～14d后，对侧眼发病。发病早期眼的分泌物为浆液性，并伴有球结膜水肿，前房积血，眼睑痉挛等症状。随病程发展分泌物增多，变为黏液脓性，结膜水肿更加严重。黏稠的分泌物会粘到结膜上，形成伪膜。瞬膜充血、肿胀且突出，结膜可发生乳头状增生。

诊断本病可进行支原体分离培养，同时注意混合感染。

本病没有特殊的预防方法，发病动物可使用敏感抗生素，如林可霉素、多西环素、红霉素、两性霉素、支原净、替米考星药物等进行治疗。

复习思考题

1. 简述结核病的病原特性、主要菌型及其致病性。
2. 简述结核病的传播途径，犬、猫结核病的主要症状和病理变化。结核病常用的诊断方法有哪些？
3. 简述钩端螺旋体病的流行特点、传播途径和病的一般特征。如何诊断和防制本病？
4. 简述莱姆病的传播途径、主要症状及防制措施。
5. 简述犬埃利希氏体病的流行特点、传播途径、主要症状和诊断依据。如何防制本病？
6. 常见的宠物立克次氏体病有哪些？如何进行鉴别诊断？公共卫生意义是什么？
7. 衣原体的一般生物学特性有哪些？猫感染本病的主要症状和病理变化有哪些？怎样确诊和防制本病？
8. 犬、猫支原体病有哪些特征？

模块八

观赏鸟传染病

知识目标

掌握观赏鸟常见传染性疾病的诊断与防制措施。

技能目标

掌握观赏鸟常见传染病的诊断方法及防治要点。

鹦鹉疱疹病毒感染

鹦鹉疱疹病毒感染（parrot herpesviridae infections）是由鹦鹉疱疹病毒引起的一种病毒性传染病，临床上以急性鼻炎、结膜炎为特征。

Smadel 于 1945 年首次报道本病，此后，许多国家从鹦鹉、鸽子等鸟类分离到此病毒。在欧洲大多数国家，50%以上的鹦鹉、鸽子有鹦鹉疱疹病毒特异性抗体。

【病原】

鹦鹉疱疹病毒（Parrot herpes virus，PHV）属于疱疹病毒科（*Herpesviridae*）。该病毒具有疱疹病毒典型的形态学和理化特性。至今所有使用的禽细胞培养物对该病毒都易感，但细胞病变并不完全一致。在鸡胚成纤维细胞培养物上，最一致的病变是细胞体积增大，形成包含 2～4 个细胞核的合胞体。感染病毒 10h 后，首先出现染色质边移，出现 Cowdry A 型核内包含体。病毒抗原首先在核内出现，然后扩散到整个胞质，12h 后能够查到病毒，36h 后病毒的滴度达到最大。另外，磷酸甲酸三钠和鸟嘌呤可抑制病毒在培养细胞内的复制。冻存前加入 5%的二甲基亚砜能够保护细胞外的 PHV。

【流行病学】

鹦鹉和鸽子是最重要的自然宿主，鸡、鸭、金丝雀和地鼠对 PHV 感染有抵抗力。患病动物和带毒动物是本病的主要传染源，可通过口、鼻分泌物和粪便排出病毒。在流行间歇期的带毒鹦鹉、鸽子等鸟类，也是本病的传染源。

易感的鹦鹉与感染的鸟类直接接触后，能够感染本病毒。经咽部接种鹦鹉，主要引起鹦鹉局部的病变；通过腹腔接种，可造成全身性感染；给长尾小鹦鹉鼻内接种 PHV，能够引起全身性感染。

PHV 似乎不可能通过卵传播。感染群内的成熟鹦鹉是无症状的带毒者，某些带毒者可能不定期排毒，大多数隐性感染的成年鹦鹉在繁殖季节和育雏期间可经喉排毒，因此，它们能够在孵化后不久把病毒直接地传给雏鹦鹉，而雏鹦鹉由于有母源抗体的保护作用，大多数感染后并不发病，而成为病原携带者。鹦鹉感染 PHV 24h 后开始排出病毒，高水平排毒可持续 7～10d。感染后 1～3d 病毒的排出达到高峰，出现典型的病变。

【症状】

急性型主要发生于母源抗体低下的雏鹦鹉，临诊可见患病鹦鹉打喷嚏，流泪、结膜发炎，鼻腔内充满黏液，肉髯由白色变成灰黄色。

慢性型与继发感染有关，如果继发感染了鸟毛滴虫或其他病原微生物（如鹦鹉支原体、多杀性巴氏杆菌、溶血性巴氏杆菌、大肠杆菌、溶血葡萄球菌、溶血链球菌等），就可能引起鼻窦炎和严重的呼吸困难。

【病变】

口腔、咽部和喉部的黏膜充血，严重病例还可见黏膜表面有坏死灶和小溃疡灶，咽部黏膜可能覆盖白喉性薄膜。当病毒感染呈全身性（毒血症）时，肝可能出现坏死性病灶。若并发细菌感染，气管内可有干酪样物质，有些病鹦鹉出现气囊炎和心包炎（鹦鹉慢性呼吸道性疾病）。

病理组织学变化可见咽部复层扁平上皮和唾液腺有局灶性坏死，病灶内有不同程度变性和坏死细胞，相邻上皮细胞内有核内包含体；病灶可能延伸形成溃疡；喉和气管上皮也具有相似的病变。

全身性感染的鹦鹉发生肝炎，许多肝细胞有核内包含体。

【诊断】

根据鹦鹉疱疹病毒感染的流行特点、临诊症状、病理变化等可以做出初步诊断。要注意急性 PHV 感染可能与新城疫病毒感染相混淆；继发细菌感染的慢性 PHV 感染须与痘病毒感染相区别。

确诊本病，应进行病毒的分离与鉴定。从感染鹦鹉咽部获得的拭子经鸡胚成纤维细胞培养易分离到 PHV，再用血清学方法（如免疫荧光技术）鉴定分离到的病毒。也可选用中和试验、间接免疫荧光技术或反向免疫电泳技术检测特异性抗体。

【防制】

加强进口鸟的检疫，防止病原体传入，对预防本病具有重要意义。

油佐剂灭活苗及弱毒疫苗能够降低感染鹦鹉的早期排毒和减缓临诊症状，抗病毒药磷酸甲酸三钠和鸟嘌呤也有一定的防治作用，出现继发感染时，可选用抗菌药。

鸟类多瘤病毒感染

鸟多瘤病毒感染（avian polyomavirus infections）是对鹦鹉危害很大的传染病。目前很多鸟类饲养者并没有对此病毒感染给予足够的重视，2～5 周龄的小鹦鹉在感染这种病毒后会死亡。而大鹦鹉感染后很少有表现症状的，多作为病毒携带者，成为重要的传染源。

【病原】

鸟多瘤病毒（Avian polyoma virus，APV），属乳多空病毒科（*Papovaviridae*）多瘤病毒属（*Polyomavirus*）成员，为无囊膜的环状双股 DNA 病毒，直径 40～55 nm。APV 能在高温的情况下存活，在环境中有较强的抵抗力，能长时间污染环境。APV 对脂溶剂有抵抗力，对卤素类消毒剂敏感。

【流行病学】

鹦鹉是鸟类多瘤病毒的自然宿主，金刚鹦鹉、锥尾鹦哥、南美小鹦鹉、多情鹦鹉、长尾小鹦鹉、美冠鹦鹉、澳洲鹦鹉、相思鹦鹉及雀类等都有不同程度的易感性。

APV 可以通过含有感染鸟羽毛的空气传播，也可通过感染鸟粪尿污染的饲料和饮水传播，还可以经卵发生垂直传播。养鸟人的脏衣服以及鞋底的尘土也可作为传播的媒介。

【症状】

本病的死亡率和感染年龄相关，未成年的小鹦哥可能在尚未出现临诊症状前就猝死，未发生猝死的会出现明显的临诊症状，包括对称性掉羽、腹部膨大、皮下出血，有时还会出现头颈震颤、共济失调等神经症状，慢性感染会出现体重下降、间歇性厌食、多尿、羽毛发育不全等症状。非鹦哥类的鹦鹉感染 APV 时，隐性感染比例大，羽毛病变不如鹦哥严重。

【病变】

尸体剖检时会出现腹水、肝肿大并有黄色病灶、皮下组织有少量出血、嗉囊积食、肾肿大、心肌苍白且有出血点等病变。

【诊断】

根据鸟多瘤病毒病的流行特点和临诊症状，在排除其他可能原因包括营养不良、细菌感染、霉菌感染等病因时，可做出初步诊断。

要确诊本病，需要进行病毒的分离鉴定。APV 能在血液和粪便中检测到，可以采取血液和泄殖腔液来检测 APV，根据 PCR 产物序列分析的结果可以确认 APV 感染。此外，还可以观察心肌及羽囊中典型的 APV 空泡样核内包含体。

【防制】

1. 加强饲养管理，做好检疫和消毒工作　新引进的鸟类须经过检疫，一般检疫的时间为 30～90d。不同的鸟群分开饲养，不同的鸟类要用单独的器具，避免外宾来访，鸟笼、器具、饲养场环境和饲养人员要定期消毒。

2. 预防接种　目前国外已有 APV 灭活疫苗，小鸟在 5 周龄时免疫接种，2～3 周后再次免疫接种。发生过多瘤病毒病的鸟类饲养场，所有的鸟每年都要进行一次预防接种。

3. 扑灭措施　鸟群暴发多瘤病毒病时，立即停止一切繁殖行为，饲养场全面消毒。淘汰所有幸存的幼鸟，成鸟休息六个月以上。

禽　流　感

禽流感（avian influenza，AI）是由禽流感病毒（Avian influenza Virus，AIV）引起的一种从无症状的隐性感染，接近死亡率 100%，禽流感可分为高致病性禽流感和低致病性禽流感两种。世界动物卫生组织（OIE）将高致病性禽流感列为 A 类传染病，在我国为一类动物疫病。

1878 年，意大利首次报道鸡群暴发了一种严重的疾病，当时称为鸡瘟。1955 年，证实这种鸡瘟病毒是禽流感病毒，在 1981 年第一次国际禽流感会议上正式命名为禽流感，现已证实禽流感病毒广泛分布于世界范围内的许多家禽和鸟类。

在禽（鸟）类病史上，禽流感是一种毁灭性的疾病，每一次暴发都给养禽业造成巨大的损失，在美洲、欧洲、亚洲、非洲、大洋洲的许多国家和地区都曾发生过本病。1997年和2001年香港暴发的禽流感，香港特区政府先后耗资1.8亿港元，两次共扑杀了270万只禽（鸟）类。2004～2005年在亚洲多国发生的禽流感，导致近2亿的禽（鸟）类被扑杀，给这些国家造成了巨大的经济损失。

【病原】

禽流感病毒属正黏病毒科（*Orthomyxoviridae*）、A型流感病毒属（*Influenza virus A*）成员。该病毒的核酸型为单股RNA，病毒粒子一般为球形，直径为80～120nm。病毒粒子表面有长10～12nm的两种纤突覆盖，病毒囊膜内有螺旋形核衣壳。两种不同形状的纤突是血凝素（HA）和神经氨酸酶（NA）。HA和NA是病毒表面的主要糖蛋白，具有种（亚型）的特异性和多变性，在病毒感染过程中起着重要作用。HA是决定病毒致病性的主要抗原成分，能诱发感染宿主产生具有保护作用的中和抗体，而NA诱发的对应抗体无病毒中和作用，但可减少病毒增殖和改变病程。流感病毒的基因组极易发生变异，其中以编码HA的基因的突变率最高，其次为NA基因。迄今已知有16种HA和10种NA，不同的HA和NA之间可能发生不同形式的随机组合，从而构成许许多多不同亚型。据报道现已发现的流感病毒亚型至少有80多种，据其致病性的差异，可分为高致病性毒株、低致病性毒株和不致病性毒株。目前发现的高致病性禽流感病毒仅是H5和H7亚型中的少数毒株，其中某些毒株可感染人、甚至致人死亡；低致病性禽流感主要流行毒株为H9亚型。

禽流感病毒具有血凝性，能凝集鸡、鸭、鹅、马属动物及羊的红细胞。病毒可在鸡胚中繁殖，并引起鸡胚死亡，高致病力的毒株在接种后20h左右即可致死鸡胚。死胚尿囊液中含有病毒，而特异性抗体可抑制AIV对红细胞的凝集作用，故根据鸡胚尿囊液的血凝试验（HA）和血凝抑制试验（HI）可鉴定病毒。

禽流感病毒对热较敏感，通常在56℃经30min灭活；对低温抵抗力较强，粪便中病毒的传染性在4℃可保持30～35d之久，20℃可存活7d，冻干后在－70℃可存活两年；对脂溶剂敏感，肥皂、去污剂也能破坏其活性；一般消毒药能很快将其杀死。

【流行病学】

禽流感病毒能自然感染多种禽（鸟）类，以鸡和火鸡的易感性最高，珍珠鸡、野鸡、孔雀、鸭、鹅、鸽、鹧鸪、雉、燕鸥、天鹅、鹭、海鸠和海鹦也能感染。

感染禽（鸟）经呼吸道和粪便排出病毒，主要通过易感鸟与感染鸟的直接接触传播，或通过病毒污染物（如被污染的饮水、飞沫、饲料、设备、物资、笼具、衣物和运输车辆等）的间接接触传播。在自然传播过程中经呼吸道、消化道、眼结膜及损伤皮肤等途径感染。

本病一年四季都可发生，但以冬季和早春季节发生较多。气候突变、骤冷骤热、饲料中营养物质缺乏等均能促进该病的发生。

【症状】

潜伏期从几小时到几天不等，临诊症状从无症状的隐性感染到接近100%的死亡率，差别较大，这主要与病毒的致病性和感染强度、传播途径、感染禽（鸟）的种类、日龄等有关。

1. 高致病性禽流感　发病率和死亡率可高达90%以上。病鸟体温升高，精神沉郁，采食量明显下降，甚至食欲废绝；头部及下颌部肿胀，皮肤及脚鳞片呈紫红色或紫黑色，粪便黄绿色并带多量的黏液；呼吸困难，张口呼吸；产蛋鸟产蛋下降或几乎停止。也有的出现抽搐，头颈后扭，运动失调，瘫痪等神经症状。

2. 低致病性禽流感　呼吸道症状表现明显，流泪，排黄绿色稀便。产蛋鸟产蛋下降明显，甚至绝产，一般下降幅度为20%～50%。发病率高，死亡率较低。

【病变】

由于病毒的致病力、病程的长短和鸟种类的不同，所产生的病理变化也存在差异。

1. 高致病性禽流感　主要是全身多个组织器官的广泛性出血与坏死。心外膜或冠状脂肪有出血点，心肌纤维坏死呈红白相间；胰腺有出血点或黄白色坏死点；腺胃乳头、腺胃与肌胃交界处及肌胃角质层下出血；输卵管中部可见乳白色分泌物或凝块；卵泡充血、出血、破裂，有的可见"卵黄性腹膜炎"；喉头、气管出血；头颈部皮下胶冻样浸润。

2. 低致病性禽流感　主要是喉气管充血、出血，有浆液性或干酪性渗出物，气管分叉处有黄色干酪样物阻塞；肠黏膜充血或出血；产蛋鸟常见卵泡出血、畸形、萎缩和破裂；输卵管黏膜充血水肿，内有白色黏稠渗出物。

【诊断】

根据禽流感的流行特点、临诊症状、病理变化等（如急性发病死亡、脚鳞出血、头部水肿、肌肉和其他组织器官广泛出血、心肌和胰坏死等）可以做出初步诊断。但禽流感的症状、剖检变化与很多疾病有相似之处。因此，确诊必须进行实验室诊断。

通常可取病死鸟的肝、脾、脑或气管，接种鸡胚分离病毒，取18h后死亡的鸡胚收取尿囊液或绒毛尿囊膜，并对病毒进行鉴定。可先用琼脂扩散试验确定该病毒是否为禽流感病毒，再用HA和HI试验鉴定其亚型，也可用分子生物学方法如反转录—聚合酶链反应（RT-PCR）、荧光定量RT-PCR检测法和依赖核酸序列的扩增技术（NASBA）等。

近年来，临床上常用禽流感病毒抗原胶体金快速诊断试纸条进行禽流感病毒的快速检测及禽流感的快速诊断。

【防制】

1. 高致病性禽流感处置措施　立即向有关部门报告疫情，迅速划定疫区（由疫点边缘向外延伸3km的区域）、封锁疫区，扑杀疫区内所有禽类，所有死亡禽（鸟）尸及产品作无害化处理，对疫区内可能受到污染的物品及场所进行彻底的消毒，受威胁区（疫区边缘向外延伸5km的区域）内禽只按规定强制免疫，建立免疫隔离带，关闭疫区和威胁区内所有禽（鸟）类及其产品交易市场。经过21d以上、疫区内未发现新的病例，经有关部门验收合格由政府发布解除封锁令。

2. 低致病性禽流感防制措施

（1）加强生物安全措施。搞好卫生消毒工作，严格执行生物安全措施，加强鸟场的防疫管理，饲养场门口要设消毒池，严禁外人进入鸟舍，工作人员出入要更换消毒过的胶靴、工作服，用具、器材、车辆要定时消毒。粪便、垫料及各种污物要集中作无害化处理。建立严格的检疫制度，严禁从疫区或可疑地区引进鸟类或鸟用品，种蛋、种鸟等的调入要经过严格检疫。在疫病流行期，不外出遛鸟。

（2）免疫预防。禽流感病毒的血清型多且易发生变异，给疫苗的研制带来很大困难。目前预防禽流感的疫苗有弱毒疫苗、灭活油乳剂疫苗和病毒载体疫苗，常用疫苗是灭活油乳剂苗（H5N1、H5N2和H9），可在2周龄首免，4～5周龄时加强免疫，以后间隔4个月免疫一次。

(3) 药物治疗。在严密隔离的条件下，进行必要的药物治疗及控制细菌继发感染，可明显地减少死亡。如盐酸金刚烷胺，病毒唑等混饲或混饮，可使鸟死亡率降低。也可应用清热解毒的中药如板蓝根、大青叶和连翘等。本病常继发大肠杆菌和支原体感染，将氟本尼考、多西环素、泰妙菌素和阿米卡星等抗菌药物与抗病毒药物联合使用，效果更好。

新 城 疫

新城疫（newcastle disease，ND）又称亚洲鸡瘟，是由新城疫病毒（Newcastle disease Virus，NDV）引起的一种侵害禽（鸟）类的高度接触性、致死性传染病。主要特征是呼吸困难、下痢、神经机能紊乱、成鸟生产性能严重下降，黏膜和浆膜出血。

本病1926年首次发生于印尼，同年发现于英国新城，故命名为新城疫。世界各地都有发生，发病率和死亡率很高，给养禽（鸟）业造成较大的经济损失，是危害养鸟业的重要传染病之一。被世界动物卫生组织（OIE）列为A类传染病。

【病原】

新城疫病毒（Newcastle disease virus，NDV）属副黏病毒科（*Paramyxoviridae*）、副黏病毒属（*Paramyxovirus*）中的禽副黏病毒-1型（PMV-1），核酸为单链RNA。成熟的病毒粒子呈球形，直径为120～300nm。由螺旋形对称盘绕的核衣壳和囊膜组成。囊膜表面有放射状排列的纤突，纤突中含有血凝素和神经氨酸酶。血凝素可与鸡、鸭、鹅等禽类以及人、豚鼠、小鼠等哺乳类动物的红细胞表面受体结合，引起红细胞凝集（HA）。这种血凝特性能被抗血清中的特异性抗体所抑制（HI），因此，实践中可用HA试验来测定疫苗或分离物中病毒的含量，用HI试验来鉴定病毒、诊断疾病和免疫监测。

NDV只有一个血清型，但不同毒株的毒力差异很大，根据对鸟的致病性，可将病毒株分为三型：速发型（强毒力型）、中发型（中等毒力型）和缓发型（低毒力型）。病毒存在于病鸟的所有器官和组织，其中以脑、脾、肺含毒量最高，而骨髓带毒时间最长。NDV能在鸡胚中生长繁殖，将其接种于9～11日龄鸡胚，强毒株在30～60h导致鸡胚死亡，胚体全身出血，以头和肢端最为明显。

NDV对自然界理化因素的抵抗力相当强，在室温条件下可存活一周左右，在56℃存活30～90min，－20℃可存活10年以上。对消毒药较敏感，常用的消毒药如2%氢氧化钠、5%漂白粉、75%酒精20min即可将NDV杀死。

【流行病学】

NDV可感染50个鸟目中27个目240种以上的鸟类，主要是发生在鸡和火鸡。鸽、斑鸠、乌鸦、麻雀、八哥、老鹰、燕子以及其他自由飞翔的或笼养的鸟类，大部分能自然感染本病并伴有临诊症状或呈隐性经过。不同年龄的鸟类易感性存在差异，幼鸟和中鸟易感性最高，两年以上的成鸟易感性较低。历史上有好几个国家因进口观赏鸟类而招致了本病的流行。

本病的主要传染源是病禽（鸟）和带毒禽（鸟），通过粪便及口鼻分泌物排毒，污染空气、尘土、饲料和饮水，主要经呼吸道、消化道和眼结膜传播。人、器械、车辆、饲料、垫料、种蛋、昆虫、鼠类及非易感的鸟也对本病起到机械性传播作用。

本病一年四季均可发生，以冬春寒冷季节较易流行。不同年龄、品种和性别的鸟均能感染，但幼鸟的发病率和死亡率明显高于大龄鸟。纯种鸟较易感，死亡率也高，某些观赏鸟（如虎皮鹦鹉）对本病有相当抵抗力，常呈隐性或慢性感染，成为重要的病毒携带者。

【症状】

本病的潜伏期为2～15d，平均5～6d。发病的早晚及症状表现因病毒的毒力、宿主年龄、免疫状态、感染途径及剂量、并发感染、环境及应激情况而有所不同。

1. 最急性型　多见于流行初期和幼鸟。突然发病，无特征症状而突然死亡。

2. 急性型　病初体温升高，精神萎靡，食欲减退或废绝。随着病程的发展，出现咳嗽，呼吸困难，张口伸颈呼吸，并发出“咯咯”的喘鸣声；排黄绿色或黄白色稀粪；产蛋鸟产蛋下降甚至停止，病死率高。

3. 亚急性或慢性型　多发生于流行后期的成年鸟，病死率低。初期症状与急性相似，不久后逐渐减轻，同时出现神经症状，表现翅腿麻痹、头颈扭曲，康复后遗留有神经症状。

【病变】

主要病变是全身黏膜和浆膜出血，气管出血，心冠脂肪有针尖大的出血点，腺胃黏膜水肿、乳头有出血点，肌胃角质层下有出血点，小肠、盲肠和直肠黏膜有出血，肠壁淋巴组织枣核状肿胀、出血、坏死，有的形成伪膜；盲肠扁桃体常见肿大、出血和坏死；产蛋鸟的卵泡和输卵管充血，卵泡破裂发生卵黄性腹膜炎。

免疫鸟群发生新城疫时，其病变不典型，仅见黏膜卡他性炎症、喉头和气管黏膜充血，有多量黏液；腺胃乳头出血少见，直肠黏膜和盲肠扁桃体出血相对明显。

【诊断】

当鸟采食量突然下降，出现呼吸道症状和拉绿色稀粪，结合以消化道黏膜出血、坏死和溃疡为特征的病理变化，可初步诊断为新城疫。

确诊要进行病毒分离和鉴定，常用的方法是鸡胚接种、HA和HI试验、中和试验（SN）、酶联免疫吸附试验（ELISA）、免疫荧光抗体技术等。

近年来，临床上常用新城疫病毒抗原胶体金快速诊断试纸条进行新城疫病毒的快速检测及新城疫的快速诊断。

【防制】

新城疫是危害严重的禽（鸟）病，在《国际动物卫生法典》中被列入A类疾病。必须严格按国家有关法令和规定，认真执行预防传染病的总体卫生防疫措施，以便减少暴发的可能性，尤其是在每年的冬季，养鸟场应采取严格的防制措施。一旦发生疫情，更应严格处理。

1. 采取严格的生物安全措施，防止NDV强毒进入鸟群　主要包括加强日常的隔离、卫生、消毒制度；防止一切带毒动物（特别是鼠类和昆虫）和污染物进入鸟群；进出的人员和车辆及用具消毒处理；饲料和饮水来源安全；不从疫区引进种蛋和种鸟，新购进的鸟须隔离观察两周以上方可合群等。

2. 预防接种　是防制ND的重要措施之一，可有效提高禽群的特异性免疫力，减少NDV强毒的传播。可在抗体监测的基础上，采用弱毒苗滴鼻点眼与油乳剂灭活苗肌内注射相结合的方法。

3. 发病后的控制措施　怀疑暴发典型新城疫时，应及时报告当地兽医部门，确诊后立即由当地政府部门划定疫区，扑杀所有病鸟，采取封锁、隔离和消毒等防疫措施。

免疫鸟群发生非典型新城疫时，可及时应用ND疫苗进行紧急接种，以减少损失。可选用Ⅳ系苗，按常规剂量2～4倍滴鼻、点眼，同时注射油乳剂苗1羽份。对于早期病鸟和可疑病鸟，注射ND高免血清或卵黄抗体也能控制本病发展，待病情稳定后再接种疫苗。

鸟　痘

鸟痘（avian pox）是由鸟痘病毒引起的家禽和鸟类的一种高度接触性传染病。该病传播较慢，以在体表无毛部位出现散在的、结节状的痘疹，或表现为呼吸道、口腔和食管部黏膜的纤维素性坏死性增生病灶为特征。

【病原】

鸟痘病毒属痘病毒科（*Poxviridae*）鸟痘病毒属（*Avipoxvirus*）。目前认为引起鸟痘的病毒最少有五种，包括鸡痘病毒、火鸡痘病毒、鸽痘病毒、金丝雀痘病毒、燕八哥痘病毒等，各种鸟痘病毒彼此之间在抗原性上有一定的差别，对同种宿主有强致病性，对异种宿主致病力弱。

鸟痘病毒是一种比较大的DNA病毒，呈砖形或长方形，大小平均为258nm×354nm。能在患部皮肤或黏膜上皮细胞的细胞质内形成包含体。

鸟痘病毒可在鸡胚的绒毛尿囊膜上增殖，并在鸡胚的绒毛尿囊膜上产生致密的增生性痘斑，呈局灶性或弥漫性分布。鸡痘病毒在接种后3～5d病毒感染效价达最高峰，第6天绒毛尿囊膜上产生灰白色致密而坚实的、约5mm厚的病灶，并有一个中央坏死区。鸽痘病毒的毒力较鸡痘病毒弱，病变的形成不如鸡痘病毒明显和普遍。接种后第8天病变厚5～6mm，但无坏死。金丝雀痘病毒的病变第8天时与鸽痘病毒相似，但病变的形成较小。

痘病毒对外界的抵抗力很强，上皮细胞屑和痘结节中的病毒可抗干燥数年之久，阳光照射数周仍可保持活力。对热的抵抗力差，将裸露的病毒悬浮在生理盐水中，加热到60℃，经8min可被灭活，但在痂皮内的病毒经90min的处理仍有活力。一般消毒药，在常用浓度下，均能迅速灭活病毒。

【流行病学】

本病主要发生于鸡和火鸡，金丝雀、麻雀、鸽、鹌鹑、野鸡、鹦鹉、孔雀和八哥等鸟类都有易感性。本病属世界性分布，约232种鸟有发病的报道。

各种龄期、性别的鸟都能感染，但以幼鸟和中鸟最常发病，且病情严重，死亡率高。成鸟较少患病。

鸟痘的传染常通过病鸟与健康鸟的直接接触而发生，脱落和碎散的痘痂是鸟痘病毒散播的主要原因之一。鸟痘的传播一般通过损伤的皮肤和黏膜而感染，常见于头部、冠和肉垂外伤或经过拔毛后从毛囊侵入。库蚊、疟蚊和按蚊等吸血昆虫在传播本病中起着重要的作用，蚊虫吸吮过病灶部的血液之后即带毒，带毒时间可长达10～30d，其间易感染的鸟被带毒的蚊虫刺吮后而传染。

本病一年四季都可发生，夏秋季多发生皮肤型鸟痘，冬季则以白喉型鸟痘多见。南方地区春末夏初由于气候潮湿，蚊虫多，更易发生，病情也更为严重。

某些不良环境因素，如拥挤、通风不良、阴暗、潮湿、体外寄生虫、啄癖或外伤、维生素缺乏等，可使鸟痘加速发生或病情加重。

【症状】

本病的潜伏期多为4～10d，有时可长达2周。根据症状及病变部位的不同，分为皮肤型、黏膜型和混合型，偶有败血型的发生。

1. 皮肤型 常出现在身体的无羽毛部位，如冠、肉垂、口角、眼睑和耳球。起初为细薄的灰色麸皮状覆盖物，迅速长出结节，初呈灰色或略带红色、后呈黄灰色，逐渐增大如豌豆，表面凹凸不平，有时相互融合形成大块的厚痂。如果痘痂发生在眼部，可使眼缝完全闭合；若发生在口角，则影响采食。从痘痂的形成至脱落需3～4周，一般无明显的全身症状。

2. 黏膜型 病初呈鼻炎症状，病鸟委顿厌食，流鼻液，有时出现眼睑肿胀，结膜充满脓性或纤维蛋白渗出物，甚至引起角膜炎而失明。鼻炎症状出现2～3d后，口腔、鼻、咽、喉等处黏膜发生痘疹，初呈圆形黄色斑点，逐渐扩散成为大片的沉着物（伪膜），随之变厚而成为棕色痂块，表面凹凸不平且有裂缝，痂块不易剥落，若强行撕裂，则留下易出血的表面，伪膜伸入喉部可引起窒息死亡。

3. 混合型 有些病鸟皮肤、口腔和咽喉黏膜同时发生痘斑。

4. 败血型 病鸟腹泻、逐渐消瘦，衰竭死亡，身上无明显痘疹。多发生于流行后期，或大群正在流行个别鸟出现此型。

【诊断】

根据典型的症状（在皮肤、黏膜上形成典型的痘疹和痂皮）及流行特点（蚊虫发生的夏季、初秋以皮肤型多见，而冬季以黏膜型多发）可做出较准确的初步诊断。

黏膜型鸟痘开始时较难诊断，可将病料进行常规处理后，接种于10～11日龄鸡胚绒毛尿囊膜上，5～7d后绒毛尿囊膜上可见有致密的增生性痘斑，即可确诊。此外，也可采用琼脂扩散试验、中和试验（SN）、酶联免疫吸附试验（ELISA）、免疫荧光技术等方法进行诊断。

在鉴别诊断上，本病应与白念珠菌病、生物素和泛酸缺乏症等相区别。

【防制】

1. 做好平时的卫生防疫工作 在蚊子等吸血昆虫活动期的夏秋季应加强鸟舍内的驱杀昆虫工作，避免各种原因引起啄癖或机械性外伤，养鸟场定期消毒。

2. 预防接种 在常发生本病的地区，对易感鸟接种鸟痘疫苗。目前国内的鸟痘弱毒疫苗有鸡胚化弱毒疫苗、鹌鹑化弱毒疫苗和组织培养弱毒疫苗。

疫苗的接种方法可采用翼膜刺种法，用接种针蘸取经1∶100稀释的疫苗，刺种在翅膀内侧翼膜无血管处。在接种后3～5d即可发痘疹，7d后达高峰，以后逐渐形成痂皮，3周内完全恢复。一般接种后7～10d检查发痘情况，发痘好，说明免疫有效；若发痘差，则应重新接种。在一般情况下，疫苗接种后2～3周产生免疫力，免疫期可持续4～5个月。

3. 发病后的控制措施 一旦发生本病，应严格隔离病鸟，进行治疗。病鸟舍、运动场和用具要进行严格的消毒。由于残存于鸟体内的鸟痘病毒对外界环境因素的抵抗力很强，不易杀灭，所以鸟群发病时，经隔离的病鸟应在完全康复2个月后才能合群。

目前尚未有治疗鸟痘的特效药物，可采用对症疗法，以减轻病鸟的症状和防止继发细菌感染。

皮肤上的痘痂可用消毒剂如0.1%高锰酸钾溶液冲洗后，用镊子小心剥离，然后在伤口处涂上碘伏、龙胆紫、石炭酸、凡士林。口腔、咽喉黏膜上的病灶，可用镊子将伪膜轻轻剥离，用高锰酸钾溶液冲洗，再用碘甘油涂擦口腔。病鸟眼部发生肿胀时，可将眼内的干酪样物挤出，然后用2%硼酸溶液冲洗，再滴入5%的蛋白银溶液。

同时，改善鸟只的饲养管理，在饲料中增加维生素A或含胡萝卜素丰富的饲料，若用鱼肝油或其他维生素制剂补充时，其剂量应是正常量的3倍，这将有利于促进组织和黏膜的新生，提高机体的抗病力。

鹦鹉喙羽病

鹦鹉喙羽病（psittacine Beak and Feather Disease，PBFD），是由鹦鹉喙羽病病毒引起的一种以羽毛脱落或喙变形为特征的病毒性传染病。

1981年Perry首先命名此病为鹦鹉喙羽病，1989年由Richie等首先分离到病毒。现在，本病分布于世界多国，给观赏鸟贸易造成了巨大损失。

【病原】

鹦鹉喙羽病病毒（Beak and feather disease virus，BFDV）属于圆环病毒科（*Circoviridae*）中的圆环病毒属（*Circovirus*）。BFDV颗粒无囊膜，呈球形或20面体对称，直径14～17nm，是已知最小的动物病毒。BFDV颗粒常可见于感染细胞，以珍珠串样排列。基因组为单分子单股双向环状DNA，末端共价结合，大小为1.7～2.3kb，全序列的核苷酸为1993个，具有3个阅读框架。BFDV可在感染细胞的细胞质或细胞核内形成包含体。

BFDV在环境中极其稳定，能在70℃环境中存活60min，对酸性环境（pH3）也有很强的抵抗力。病毒对5%酚溶液、紫外线、次氯酸盐等敏感。

【流行病学】

本病的宿主鸟种分布较广，有35个种属的鹦鹉发现此病，如白色或粉红色的巴丹、珍达锥尾、绿翅金刚、派翁尼斯及亚马逊等鹦鹉等，非洲产的灰色鹦鹉、牡丹鹦鹉类及南美产的帽鹦类易感。幼龄的鹦鹉易感，5岁以内的鹦鹉均有易感性。

带毒鸟是主要传染源，患鸟脱落的羽屑、粪便、嗉囊分泌物中都可发现该病毒。主要通过呼吸道和消化道传播，也可以垂直传播。

【症状】

感染此病的鸟，有些完全没有症状或者只出现轻微的羽生异常现象，在数年之后或免疫力下降时才发病死亡。原本白色的羽毛可能变成黑色，而灰鹦的灰色羽毛可能变为红色。

14～16周龄的幼鸟多为急性经过，病鸟昏睡，食欲不振，下痢，羽毛易折断、脱落、弯曲变形，喙变形。出现症状的患鸟，可能在当天或数周内死亡，死亡率较高。灰鹦、巴丹及爱情鸟较易出现此病症。

亚急性型的病例出现食欲不振、下痢、体重减轻及突然死亡等症状。羽毛上的病变较少出现。较常见于灰鹦及巴丹的幼鸟。

慢性型多见于3岁以内的鸟，患鸟可能因二次感染而死亡。重新长出的羽毛保留羽鞘、羽毛根部出血、羽毛变形等。绒羽通常先掉落，接着冠羽、飞羽、尾羽等体羽也开始掉落，有些患鸟全身秃毛。还会出现口腔溃疡，鸟喙过长或断裂，喙尖端坏死。桃色巴丹、摩鹿加巴丹以及葵花巴丹多发生此症。

【病变】

胸腺及法氏囊淋巴组织萎缩和死亡，感染细胞形成细胞质内或核内包含体。

慢性病例体羽、主翼羽及前翼羽营养不良，羽毛脱落，羽根受损。喙伸长变形，口腔黏膜可见坏死和溃疡。

【诊断】

根据羽毛脱落、变色及喙畸形等临诊症状和组织学检查（羽根、喙及法氏囊的坏死细胞检出细胞质中或核内包含体）可做出初步诊断。确诊需要进行病毒的分离与鉴定。

鹦鹉喙羽病与由细菌、真菌及多瘤病毒等感染引起的毛囊炎临诊表现相似，注意鉴别诊断。

【防制】

目前没有疫苗预防，主要采取严格的防控措施。种群应严格检疫，在引进新鸟之前，最好先做全血筛检，对羽毛正常，但 DNA 检测呈阳性反应的鸟，应隔离 90 日后再做检验。对病鸟应隔离和防止继发感染，进行对症治疗。

鸟沙门氏菌病

鸟沙门氏菌病（salmonellosis avium）是指由沙门氏菌属中的一种或多种细菌所引起鸟类的一类急性或慢性疾病。沙门氏菌属包括了 2400 多个血清型，由鸡白痢沙门氏菌所引起的称为鸡白痢，由鸡伤寒沙门氏菌引起的称为禽伤寒，由其他有鞭毛能运动的沙门氏菌所引起的禽（鸟）类疾病则统称为禽副伤寒。

（一）鸡白痢（pullorosis）

鸡白痢是由鸡白痢沙门氏菌引起的传染病。本病特征为幼鸟感染后常呈急性败血症，发病率和死亡率都高；成年鸟感染后，多呈慢性或隐性带菌，产蛋率和孵化率降低。

【病原】

鸡白痢沙门氏菌为两端稍圆的细长杆菌（0.3～0.5）μm×（1.0～2.5）μm，不产生芽孢，也无荚膜，没有鞭毛，革兰氏阴性。

该属细菌是兼性厌氧菌，对营养要求不高，在普通琼脂、SS 琼脂、麦康凯琼脂培养基上生长良好，形成圆形，光滑，无色呈半透明、露珠样的小菌落。

鸡白痢沙门氏菌不分解乳糖、蔗糖，不能利用枸橼酸盐，吲哚试验呈阴性，MR 试验呈阳性，V-P 试验呈阴性。

鸡白痢沙门氏菌只有 O 抗原（O1、O9、O12）而无 H 抗原，抗原成分是 01、9、12，其中抗原 12 又分 121、122、123。抗原型变异涉及 122 和 123。标准菌株含有多量的 123 和少量的 122，而变异株这两种抗原的含量正好相反。

鸡白痢沙门氏菌对不良环境抵抗力较强，在尸体内可存活 3 个月以上，在干燥的粪便和分泌物中可存活 4 年。对消毒药敏感，常用消毒药可将其杀死。

【流行病学】

鸡最易感，火鸡、珍珠鸡、雉鸡、鹌鹑、麻雀、鹦鹉、金丝雀、红腹灰雀也感染发病。以 2～3 周龄以内幼鸟的发病率与病死率为最高，随着日龄的增加，鸟的抵抗力也增强，成年鸟感染常呈慢性或隐性经过。

病鸟、带菌鸟是主要的传染源。本病有多种传播途径，最常见的是通过带菌卵而传播。有的带菌卵是带菌母鸟所产，有的带菌卵是健康卵壳污染有病菌。带菌卵孵化时，有的形成死胚，有的孵出病幼鸟。病幼鸟的粪便和飞绒中含有大量病菌，污染饲料、饮水、孵化器、育雏器等。因此与病幼鸟共同饲养的健康幼鸟又可通过消化道、呼吸道或眼结膜感染。被感染的幼鸟若不加以治疗，则大部分死亡，耐过的长期带菌，成年后又产带菌卵，若以此作为种蛋时，则可周而复始地代代相传。

【症状】

本病在幼鸟和成年鸟中所表现的症状和病程有显著的差异。

1. 幼鸟 潜伏期4～5d，出壳后感染的幼鸟，多在孵出后几天才出现明显的症状。7～10d后病鸟逐渐增多，在14～21d达高峰。表现精神委顿，绒毛松乱，两翼下垂，缩颈闭眼昏睡，不愿走动，拥挤在一起。病初食欲减退，而后停食，多数出现软嗉症状。同时腹泻，排稀薄如糨糊状粪便，肛门周围绒毛被粪便污染，有的因粪便干结封住肛门周围，影响排粪，常发生尖锐的叫声。脐孔愈合不良，脐孔周围的皮肤溃疡，最后因呼吸困难及心力衰竭而死。有的病鸟出现眼盲，或肢关节肿胀，呈跛行症状。病程一般为4～7d，20d以上的鸟病程较长，且极少死亡。耐过鸟生长发育不良，成为慢性患者或带菌者。

2. 成年鸟 多呈慢性经过或隐性感染。病鸟有时下痢、生产能力下降。极少数病鸟表现精神委顿，头翅下垂，腹泻，排白色稀粪，产卵停止。有的病鸟因卵黄囊炎引起腹膜炎而呈“垂腹”现象。

【病变】

1. 幼鸟 出壳后5日内死亡者一般无明显变化，仅表现肝脾略大，卵黄不退缩。病程长者，在心肌、肺、肝、盲肠、大肠及肌胃中有坏死灶或结节；盲肠中有干酪样物堵塞肠腔；肺有灰黄色结节和灰色肝变，有时见出血性肺炎；肝、脾肿大，呈紫红色，表面可见散在或弥漫性的小红点或黄白色的粟粒大小的坏死灶。

2. 成年鸟 慢性带菌的雌鸟，最常见的病变为卵子变形、变色、变性或附在卵巢上，常有长短粗细不一的卵蒂（柄状物）与卵巢相连，脱落的卵子深藏在腹腔的脂肪性组织内。有些卵子则自输卵管逆行而坠入腹腔，有些则被阻塞在输卵管内，引起广泛的腹膜炎及腹腔脏器粘连。

成年雄鸟的病变，常局限于睾丸及输精管。睾丸极度萎缩，同时出现小脓肿。输精管管腔增大，充满稠密的均质渗出物。

【诊断】

根据流行病学、临诊症状和病理变化，只能对本病做出初步诊断。确诊需从病鸟的血液、肝、脾分离到沙门氏菌并鉴定。近年来，单克隆抗体技术和酶联免疫吸附试验已用来进行本病的快速诊断。

鸟感染沙门氏菌后的隐性带菌较为多见，检出这部分隐性感染鸟，是防制本病的重要一环。目前实践中常用平板凝集试验进行血清学诊断。鸡白痢沙门氏菌和鸡伤寒沙门氏菌具有相同的O抗原，因此鸡白痢标准抗原也可用来对禽伤寒进行凝集试验。

【防制】

1. 预防

（1）加强饲养管理，消除发病诱因。加强育雏管理，育雏室保持清洁干燥，温度要维持恒定，垫草勤晒勤换，幼鸟不能过分拥挤，饲料要配合适当，防止幼鸟发生啄癖，饲槽和饮水器防止被鸟粪污染。

（2）加强消毒。重视常规消毒，孵化室、孵化器、鸟舍及一切用具要经常清洗消毒，搞好鸟舍的环境卫生。

（3）检疫净化。定期对种鸟检疫是消灭带菌者、净化鸡白痢的最有效措施。

（4）种蛋消毒。及时收集种蛋并消毒。

（5）药物预防。出壳后开食幼鸟，按饲料比例加入0.02%的复方敌菌净，连用3d。对新购进的鸟，也应选用合适的药物进行预防。

2. 治疗

（1）使用抗生素类药物。可选用磺胺甲基嘧啶、磺胺二甲基嘧啶、土霉素、四环素、氟苯尼考、庆大霉素、安普霉素、阿米卡星、诺氟沙星、恩诺沙星等药物。

（2）使用微生物制剂。近年来微生物制剂在防治下痢方面有较好效果，常用的有促菌生、调痢生、乳酸菌等，在用这些微生物制剂前后4～5d禁用抗菌药物。

（3）使用中草药方剂。白头翁、白术、茯苓各等份共研细末，每只幼鸟每日0.1～0.3g，中鸟每日0.3～0.5g，连喂10d，治疗幼鸟白痢，疗效很好，病鸟在3～5d内病情得到控制而痊愈。

（二）鸟伤寒（typhus avium）

鸟伤寒是由鸡伤寒沙门氏菌引起青年鸟、成年鸟的一种急性或慢性传染病，以下痢，肝肿大、呈青铜色为特征。

【病原】

鸡伤寒沙门氏菌与鸡白痢沙门氏菌在形态与染色、生长需要、菌落形态、对理化因素的抵抗力等方面基本一致，区别主要在生化特性和抗原结构。在生化特性方面的重要区别是鸡伤寒沙门氏菌发酵卫矛醇和利用枸橼酸盐而鸡白痢沙门氏菌不能，在抗原结构方面的重要区别是鸡白痢沙门氏菌有抗原O12而变异的鸡伤寒沙门氏菌没有。

【流行病学】

鸡最易感，火鸡、珍珠鸡、雉鸡、鹌鹑、麻雀、鹦鹉、斑尾斑鸠、孔雀、鸵鸟也感染发病。本病主要发生于成年鸟和3周龄以上的青年鸟，3周龄以下的鸟偶尔可发病。

病鸟和带菌鸟的粪便内含有大量病菌，污染土壤、饲料、饮水等，经呼吸道、消化道和眼结膜而传播，也可经蛋垂直传播给下一代。

【症状】

1. 幼鸟　鸟伤寒在幼鸟中见到的症状与鸡白痢相似。

2. 青年鸟与成年鸟　最初表现为采食量下降、精神萎靡、羽毛松乱、头部苍白、产卵下降。感染后的2～3d内，体温上升1～3℃，并一直持续到死前的数小时。感染后4d内出现死亡，多数经5～10d死亡。

【病理变化】

最急性病例眼观病变轻微或不明显。病程稍长的常见肝肿大、呈青铜色，心肌、肺、肝有灰白色粟粒状坏死灶，腺胃黏膜易脱落，肌胃内角质膜易撕下，十二指肠溃疡严重，卵子及腹腔病变与鸡白痢相同。雄鸟睾丸萎缩，有坏死灶。

【诊断】

根据下痢，肝肿大、呈青铜色等特征性症状和病变，可做出初步的诊断。要做出鸟伤寒的确切诊断，必须分离和鉴定鸡伤寒沙门氏菌。

【防制】

基本同鸡白痢。

（三）鸟副伤寒（Paratyphus avium）

鸟副伤寒是由有鞭毛能运动的沙门氏菌所引起的传染病，引起鸟副伤寒的沙门氏菌能广泛地感染各种动物和人类，因此在公共卫生上有重要意义。

【病原】

禽副伤寒沙门氏菌是平直的杆菌，大小一般为（0.7～1.5）μm×（2.0～5.0）μm，不产生芽孢，亦无荚膜，有鞭毛，革兰氏阴性。

禽副伤寒沙门氏菌为兼性厌氧菌，生长需要简单，能在多种培养基中生长，在牛肉汁和牛肉浸液琼脂以及肉汤培养基中容易首次分离培养成功（除粪便外的其他样本）。

本菌对热及多种消毒剂敏感，在自然条件下容易生存和繁殖，在垫料、饲料中副伤寒沙门氏菌可生存数月、数年。

【流行病学】

各种禽（鸟）类均易感。常在孵化后两周之内感染发病，6～10d达最高峰。呈地方流行性，病死率从很低到10%～20%不等，严重者高达80%以上。成年鸟往往不表现临诊症状。

病鸟和带菌鸟的粪便内含有大量病菌，通过污染土壤、饲料、饮水经消化道、呼吸道和眼结膜而传播。副伤寒沙门氏菌可偶尔经卵巢直接传递，但卵感染率低，而产蛋过程中蛋壳被粪便污染或产出后被污染，对本病的传播具有更重要的意义。

【症状】

1. 幼鸟 经带菌卵感染或出壳幼鸟在孵化器感染病菌，常呈败血症经过，往往不表现任何症状迅速死亡。日龄稍大的幼鸟则常取亚急性经过，主要表现水样下痢。病程1～4d。1月龄以上幼鸟一般很少死亡。幼龄水鸟感染本病常见颤抖、喘息及眼睑浮肿等症状，常突然倒地而死。

2. 成年鸟 成年鸟一般为慢性带菌者，常不出现症状。有时可出现水泄样下痢、精神沉郁、倦怠、两翅下垂、羽毛松乱等症状。

【病理变化】

最急性病例通常不见明显病理变化。病程稍长的病例，可见肝、脾显著肿大，呈淡绿棕色或古铜色；肝和心肌常可见散在的灰白色小坏死点；脾和肾显著充血、肿大；卵泡充血、出血、变形、变色，因破裂引起腹膜炎；肠道卡他性炎症，常见干酪样盲肠栓子，个别有出血性肠炎。

【诊断】

根据流行特点、症状和病理变化，可以做出初步诊断。确诊需要进行病原的分离和鉴定。急性病例，可从肝、脾、心血、卵巢、睾丸和卵黄囊等病料中分离副伤寒沙门氏菌并鉴定。

【防制】

基本同鸡白痢。

鸟大肠杆菌病

鸟大肠杆菌病（avian colibacilosis）是由某些致病性大肠杆菌引起的鸟类不同类型疾病的总称。它包括大肠杆菌性败血症、肉芽肿、气囊炎、输卵管炎、滑膜炎、脐炎、脑炎、输卵管炎等。

【病原】

大肠杆菌是革兰氏染色阴性中等大小的杆菌，大小为（1.0～3.0）μm×（0.5～0.7）μm，有鞭毛，不形成芽孢，有的菌株可形成荚膜。

本菌需氧或兼性厌氧，对营养要求不严格，易于在普通营养琼脂培养基上生长。在血液琼脂平板上，某些致病性菌株形成β溶血。在麦康凯培养基和远藤氏琼脂培养基上形成红色菌落。

大肠杆菌的抗原构造复杂，由菌体抗原（O）、鞭毛抗原（H）、和表面抗原（K）三部分组成。目前发现本菌有154个O抗原、89个K抗原和49个H抗原血清型，对鸟类有致病性的血清型常见的有O1、O2、O35和O78。

大肠杆菌能分解葡萄糖、麦芽糖、甘露醇、木糖、甘油、鼠李糖、山梨醇和阿拉伯糖，产酸和产气。多数菌株能发酵乳糖，有部分菌株发酵蔗糖，产生靛基质，不分解糊精、淀粉、肌醇和尿素，不产生硫化氢，不液化明胶，VP试验阴性，MR试验阳性。

本菌在鸟类粪便及被其污染的土壤、饮水、饲料和空气中广泛存在，禽舍的灰尘中大肠杆菌含量为10^5～10^6个/g，鸟肠道后段内容物大肠杆菌含量约为10^6个/g甚至更高。对不良环境抵抗力较强，对一般化学消毒药品敏感。

【流行病学】

多数鸟类对大肠杆菌病易感，鸡、火鸡和鸭最易感，鹌鹑、野鸡、鸽、珠鸡、鸵鸟、鸸鹋、鹦鹉、百灵、燕八哥和多种水鸟也能自然感染发病。幼鸟最为易感且发病严重。

病鸟和带菌者是本病的主要传染源，通过粪便排出病菌，散布于外界，污染水源、饲料，消化道和呼吸道为常见的传染门户。随粪便排出的大肠杆菌污染蛋壳，使鸟胚在孵育过程中死亡或出壳发病和带菌，也是该病传播的重要途径。

本病的发生与多种因素有关，潮湿、通风不良的环境，温差很大的气候，有毒有害气体（氨气或硫化氢等）长期存在，营养不良以及其他病原微生物感染等均可促进本病的发生。

【症状和病变】

1. 鸟胚和幼鸟早期死亡　该病型主要通过垂直传播，鸟胚卵黄囊感染。鸟胚死亡多发生在孵化后期。发病幼鸟突然死亡或表现柔弱、发抖、昏睡、腹胀、畏寒、聚集、白色或黄绿色下痢等。受感染的卵黄囊内容物，从黄绿色黏稠物质变为干酪样物或黄棕色水样物。病雏除卵黄囊病变外，多数发生脐炎、心包炎及肠炎。不死的感染鸟常表现卵黄吸收不良及生长发育受阻。

2. 大肠杆菌性败血症　本病常引起幼鸟或成鸟急性死亡。特征性病变是肌肉瘀血，呈紫红色；肝肿大，呈紫红色，表面散布白色的小坏死灶；肠黏膜弥漫性充血、出血，整个肠管呈紫色；心脏体积大，心肌变薄，心包腔充满大量淡黄色液体；肾肿大，呈紫红色。

3. 气囊炎 主要发生于 2～12 周龄幼鸟，经常伴有心包炎、肝周炎，偶尔可见败血症、眼球炎和滑膜炎等。病鸟表现精神沉郁，打喷嚏，呼吸困难等症状。剖检可见气囊壁增厚，表面有黄白色纤维素渗出物被覆；由此继发心包炎和肝周炎，心包膜和肝被膜上附有纤维素性伪膜；心包膜增厚，心包液增量、混浊；肝肿大，被膜增厚，被膜下散在大小不等的出血点和坏死灶。

4. 大肠杆菌性肉芽肿 病鸟消瘦贫血，减食，腹泻。在肝、肠（十二指肠及盲肠）、肠系膜或心肌上有针头至核桃大小不等、白色或黄白色的结节，心脏常因肉芽结节而变形。

5. 输卵管炎 常通过交配或人工授精时感染，多呈慢性经过，并伴发卵巢感染。雌鸟呈企鹅姿势，腹下垂、恋巢、消瘦死亡。其病变主要是输卵管扩张，内有干酪样团块。

6. 关节炎及滑膜炎 表现关节肿大，关节腔内有混浊的关节液。

7. 眼球炎 多为一侧性，少数为双侧性。病初羞明流泪、随后眼睑肿胀，前房有黏液性脓性或干酪样分泌物。最后角膜穿孔，失明。病鸟减食或废食，经 7～10d 衰竭死亡。

8. 脑炎 表现昏睡、斜颈、歪头转圈、共济失调、生长受阻等症状。主要病变是脑膜充血、出血、脑脊髓液增加。

9. 肿头综合征 表现眼周围、头部、颌下水肿，剖检可见头部、眼部、下颌皮下有黄色胶冻样渗出。

【诊断】

根据大肠杆菌病的流行病学、临床症状和病理变化等一般可做出初步诊断，该病常与巴氏杆菌病、沙门氏菌病、支原体病等混合感染，使临床表现复杂化。因此，在诊断时，要考虑混合感染疾病的鉴别诊断。

确诊需进行细菌学检查，排除其他病原感染，经鉴定为致病性血清型大肠杆菌，方可认为是原发性大肠杆菌病。

1. 病原分离 初始分离可同时使用普通营养琼脂培养基和麦康凯培养基。在普通琼脂培养基上长出中等大小、半透明、露珠样菌落，在麦康凯培养基上的菌落呈红色。

2. 染色镜检 将分离到的菌进行革兰氏染色、镜检，可见革兰氏阴性的短小杆菌。

3. 生化试验 本菌分解乳糖和葡萄糖，产酸产气，不分解蔗糖，不产生硫化氢，V-P 试验阴性，利用枸橼酸盐阴性，不液化明胶，靛基质及 M. R 反应为阴性，动力试验不定。但生化试验不能鉴别分离到的菌株有无致病力。

4. 致病性试验 经上述步骤鉴定的大肠杆菌，用其 24h 的肉汤培养物注射于小鼠，即可测知其致病力。

【防制】

1. 预防

（1）加强饲养管理，避免应激因素。养鸟场应建在地势高燥、水源充足、水质良好、排水方便、远离居民区、特别是远离家禽屠宰加工厂的地方。鸟舍温度、湿度、密度、光照和管理均应按规定要求执行，加强消毒工作，防止水源和饲料污染。

（2）防止垂直传播。加强种蛋的收集、存放和孵化的卫生消毒工作。

（3）预防性投药。3～5 日龄及 2～3 周龄时分别给予对大肠杆菌敏感的药物。

（4）免疫接种。可采用自家（或优势菌株）灭活苗。

2. 治疗　由于大肠杆菌耐药现象比较严重，最好将分离的大肠杆菌进行药敏试验，筛选敏感药物进行治疗。常用的药物有氟苯尼考、阿米卡星、土霉素、磺胺甲基嘧啶、恩诺沙星、氧氟沙星、庆大霉素、头孢噻呋等，同时辅以对症治疗。

鸟巴氏杆菌病

鸟巴氏杆菌病（bird pasteurella disease）是由多杀性巴氏杆菌引起的鸟类的一种接触性传染病。急性型以败血症和剧烈下痢为主要特征；慢性型以肉垂水肿和关节炎为特征。本病是危害鸟类的重要传染病之一。

【病原】

多杀性巴氏杆菌为两端钝圆，中央微凸的短杆菌，大小为（0.2～0.4）μm×（0.6～2.5）μm，革兰氏染色阴性，不形成芽孢，无鞭毛，有荚膜。本菌为兼性厌氧菌，能在普通培养基上生长，加少量血清则生长良好，菌落为灰白色，半透明。病料涂片用瑞氏或美蓝染色、镜检，可见菌体多呈卵圆形，两端着色深，中央部分着色较浅。

本菌对外界的抵抗力较弱，一般的消毒药均能将其杀死，对多种抗菌药物敏感。

【流行病学】

在禽（鸟）类中，鸭、鸡、鹅和火鸡易感，野禽、黑天鹅、鸽、鹦鹉和各种鸟类均可感染发病。幼鸟对本病有抵抗力，16 周龄以前很少发病，发病的高峰期多在性成熟后。

病鸟和带菌鸟为本病的主要传染来源，排泄物和分泌物中的多杀性巴氏杆菌污染饲料、饮水、用具和外界环境，经消化道而传染给健康鸟，或通过飞沫经呼吸道而传染，也可经吸血昆虫和皮肤、黏膜的伤口传播。

本病四季均可发生，但秋季多发。寒冷、闷热、气候剧变、潮湿、拥挤、通风不良、营养缺乏、突然换料、过度疲劳、长途运输等不良因素，均能诱发本病。

【症状】

本病潜伏期 2～9d。由于鸟的抵抗力和病菌致病力强弱不同，临诊表现可分为最急性型、急性型和慢性型 3 种病型。

1. 最急性型　常见于流行初期，无前驱症状而死亡，有时见病鸟神情沉郁，倒地挣扎，拍翅抽搐，迅速死亡。病程为几分钟到几小时。

2. 急性型　最为常见，病鸟体温升高到 43～44℃，精神沉郁，食欲下降至不食，羽毛松乱，头缩在翅膀下，呼吸困难，口鼻分泌物增加。剧烈腹泻，开始为白色水样粪便、稍后为绿色带黏液的粪便。有冠及肉髯的鸟，冠及肉髯变为青紫色。病程为 0.5～3d。

3. 慢性型　由急性转变而来，多见于流行后期。以慢性肺炎、慢性呼吸道炎和慢性胃肠炎较多见。有些病鸟肉髯显著肿大，内有脓性干酪样物质，或干结、坏死、脱落；有的病鸟关节肿大，脚趾麻痹，跛行；有的呼吸困难，食欲不振，长期腹泄。病程长达一个月以上，生长发育受阻，和产蛋量下降。

【病变】

1. 最急性型　无特殊病变，偶尔在心外膜有少许出血点。

2. 急性型　病鸟的腹膜、皮下组织及腹部脂肪常见小点出血。心包变厚，心包内积有多量不透明淡黄色液体，有的含纤维素性絮状液体，心外膜、心冠脂肪出血尤为明显。肺有充血和出血点。肝的病变具有特征性，稍肿，质脆，呈棕色或黄棕色，肝表面散布有许多灰白色、针头大的坏死点。脾一般不见明显变化，或稍微肿大，质地较柔软。肠道尤其是十二指肠呈卡他性和出血性肠炎，有的肠内容物含有血液。雌鸟成熟的卵泡变得松弛，未成熟的卵泡和卵巢的间质常充血，有时在腹腔中发现破裂的卵黄物质。

3. 慢性型 因侵害的器官不同而有差异。表现呼吸道症状的病鸟，鼻腔和鼻窦内有多量黏性分泌物，某些病例见肺硬变。局限于关节炎和腱鞘炎的病鸟，主要见关节肿大变形，有炎性渗出物和干酪样坏死。雌鸟的卵巢明显出血，有时在卵巢周围有一种坚实、黄色的干酪样物质。

【诊断】

根据流行病学、临诊症状、剖检特征，可以对本病初步诊断，确诊需进行细菌学检查。

1. 直接镜检 取病鸟的肝、脾触片，经美蓝或瑞氏染色，置于油镜下观察，可见到两极染色的卵圆形杆菌。

2. 分离培养 将病料接种于鲜血琼脂培养基，置37℃温箱中培养24h，可长出灰白色、露珠样小菌落。必要时可进行生化鉴定和小鼠接种实验。

【防制】

1. 预防

（1）加强饲养管理，避免应激因素。平时应注意饲养管理，密度要适中，温度要适宜，消除可能降低机体抗病力的因素。鸟舍、用具等要定期消毒，可用5%漂白粉或3%来苏儿等。

（2）免疫接种。临床上应用最多的是蜂胶灭活疫苗，90日龄左右免疫，免疫保护时间为6个月。

2. 治疗

（1）紧急预防接种。发生本病时，应将病鸟隔离，严密消毒。同群的假定健康鸟，可用疫苗进行紧急预防接种，免疫2周后，一般不再出现新的病例，对污染的鸟舍和用具用5%漂白粉消毒。

（2）药物治疗。通过药敏试验筛选有效药物。土霉素、磺胺类药物、氟苯尼考、红霉素、庆大霉素、恩诺沙星等均有较好的疗效。在治疗过程中，剂量要足，疗程合理，当鸟死亡明显减少后，再继续投药2～3d以巩固疗效，防止复发。

鸟结核病

鸟结核病（avian tuberculosis）是由禽分枝杆菌引起的一种慢性传染病。特征是在多种组织器官形成结核性肉芽肿，继而结节中心干酪样坏死或钙化。

【病原】

禽分枝杆菌属于分枝杆菌属，普遍呈杆状，两端钝圆，也可见到棍棒样、弯曲和钩形的菌体，长1～3μm，不形成芽孢和荚膜，无运动力。为革兰氏染色阳性菌，用一般染色法较难着色，常用的方法为Ziehl-Neelsen氏抗酸染色法，本菌染成红色，其余染成蓝色。

禽分枝杆菌为专性需氧菌，对营养要求严格。最适生长温度为39～45℃，在培养基上生长缓慢，初次分离培养时更是如此，需用牛血清或鸡蛋培养基，在固体培养基上接种，10～20d后出现粟粒大圆形菌落。

本菌对干燥和湿冷的抵抗力很强。在干痰中能存活10个月，在病变组织和尘埃中能生存2～7个月或更久，在水中可存活5个月，在粪便、土壤中可存活6～7个月。但对热的抵抗力差，60℃经30min即可杀死，在直射阳光下经数小时死亡。对季铵盐类消毒药物抵抗力较强，对75%酒精、漂白粉、碘制剂、来苏儿、氯制剂、福尔马林等敏感性高。

【流行病学】

所有的禽（鸟）类都可被禽分枝杆菌感染，家禽中以鸡最敏感，火鸡、鸭、鹅和鸽也可患结核病，其他鸟类如麻雀、乌鸦、天鹅、鹦鹉、白鹦、燕雀、燕八哥、牛鸟、黑鸟、美洲鹤、孔雀和猫头鹰等也曾有结核病的报道。各品种的不同年龄的鸟类都可以感染，因为结核病的病程发展缓慢，早期无明显的临诊症状，故老龄鸟中发现多。

结核病的主要传染源是病鸟和带菌鸟，尤其是开放性患者，其痰液、粪尿和生殖道分泌物中都可带菌。其传播途径主要是经呼吸道和消化道传染，前者是病菌随病鸟咳嗽、打喷嚏排出体外，飘浮在空气飞沫中，健康鸟吸入后即可感染；后者则是病鸟的分泌物、粪便污染饲料、饮水，被健康鸟食入而引起传染。病鸟与其他哺乳动物一起饲养，也可传给其他哺乳动物，如牛、猪、羊等。人也可把分枝杆菌带给健康的鸟只。

【症状】

人工感染鸟出现临诊症状要在2～3周以后，自然感染的鸟，因开始感染的时间不好确定，故潜伏期不能确定，但多数人认为在两个月以上。

结核病的病情发展很慢，早期感染看不到明显的症状。待病情进一步发展，可见到病鸟不活泼，易疲劳，精神沉郁；虽然食欲正常，但出现明显的渐进性消瘦；全身肌肉萎缩，胸肌最明显，胸骨突出，脂肪消失；严重贫血。若有肠结核或有肠道溃疡病变，可见下痢，时好时坏，最后衰竭而死。

患有关节或骨髓结核的病鸟，可见有跛行，一侧翅膀下垂；肝受到侵害时，可见有黄疸；脑膜结核可见有呕吐、兴奋、抑制等神经症状；肺结核病时病鸟咳嗽、呼吸道啰音、呼吸次数增加。

【病变】

病变的主要特征是在内脏器官，如肝、脾、肺、肠上出现不规则的、灰黄色或灰白色的、从针尖大到数厘米大小的结核结节，将结核结节切开，可见结节外面包裹一层纤维组织性的包膜，内有黄白色干酪样坏死，通常不发生钙化。有的可见胫骨骨髓结核结节。

可取中心坏死与边缘组织交界处的材料，制成涂片，发现抗酸性染色的细菌，或经病原微生物分离和鉴定，即可确诊本病。

【诊断】

在病鸟有进行性消瘦、咳嗽、顽固性下痢等症状，剖检有典型的结核结节时，可做出初步诊断。确诊须结合结核菌素试验，以及细菌学试验和血清学试验等综合诊断。

1. 病原学诊断　采取病鸟的器官病灶、痰、粪尿等，作抹片检查（直接涂片镜检或集菌处理后涂片镜检，可用抗酸性染色法），分离培养和动物接种试验。采用免疫荧光抗体技术检查病料，具有快速、准确，检出率高等优点，对开放性结核病的诊断具有实际意义。

2. 结核菌素试验　可用提纯结核菌素作变态反应诊断。

【防制】

1. 预防

(1) 加强消毒。严格执行卫生防疫制度，定期消毒。常用消毒药为5%来苏儿，10%漂白粉，3%福尔马林或3%苛性钠溶液。

(2) 建立无结核病鸟群。定期进行结核检疫（可用结核菌素试验），淘汰感染鸟，净化鸟群。

2. 治疗 本病一旦发生，通常无治疗价值。但对价值高的鸟类，可在严格隔离状态下进行药物治疗。可选择利福平（15～20mg/kg）、乙二胺二丁醇（30mg/ kg）等进行联合治疗，可使病鸟临诊症状减轻。

溃疡性肠炎

溃疡性肠炎（ulcerative enteritis）是由肠道梭菌引起的鸟类的急性高度致死性的传染病。由于该病最先发生于鹌鹑，故又称鹌鹑病。该病的特征为突然发病和迅速大量死亡，肝表面有坏死灶和肠黏膜溃疡。

【病原】

肠道梭菌呈杆状，菌体长，平直或稍弯，两端钝圆，大小为1.0μm×（3.0～4.0）μm，革兰氏染色阳性；芽孢小于菌体，位于菌体近端，人工培养时，仅少数菌体可形成芽孢。

本菌严格厌氧，对营养要求较高，首选含0.2%葡萄糖、8%无菌马血浆和0.5%酵母抽提物的色氨酸磷酸琼脂或胰蛋白胨磷酸盐琼脂培养基，最适生长温度为35～42℃。经24～48h培养，形成直径1～2mm的菌落，呈白色、圆形、隆起、半透明。

本菌能形成芽孢，因此对外界环境有很强的抵抗力，70℃能存活3h，而在100℃时还能存活3min，在土壤中可长期存活。

【流行病学】

大部分鸟类可感染本病，鹌鹑最敏感，鸡、鸽子、火鸡、雉鸡、斑鸠、鹧鸪、鸵鸟等都可自然感染。该病常侵害幼龄鸟类，成年鹌鹑也可感染发病。本病常与组织滴虫、球虫病、沙门氏菌病等并发或继发。

本病的传染源是病鸟和带菌鸟，主要通过粪便排菌，经消化道感染。

【症状】

潜伏期短，一般1～3d。急性死亡的鸟不表现明显的症状，体格健壮、肌肉丰满的多发生急性死亡。稍慢性的表现精神差、羽毛松乱、弓背、缩颈、垂翼，排白色水样稀粪，如果病程达1周或更长者，病鸟胸肌萎缩、异常消瘦。

【病变】

急性病例的病变特征是十二指肠出血性炎症，肠道浆膜面可见到小出血点，溃疡可以侵蚀肠壁引起肠穿孔。

病程稍长的病例，坏死和溃疡可以发生于整个小肠和盲肠。早期病变特征是在肠浆膜和黏膜表面均能看到小出血灶，随着溃疡病灶扩大，可呈枣核状或大致呈圆形。溃疡能深入黏膜，有突起的边缘，形成弹坑样溃疡。盲肠溃疡灶的中心凹陷，附着一层黑色伪膜。溃疡常穿孔，导致腹膜炎和肠管粘连。

肝的病变表现不一，从轻度淡黄色斑点状坏死到肝边缘较大的不规则坏死区，还可见到黄白色坏死灶，病灶周围有一圈淡黄色的反应带，脾充血、肿大和出血。

【诊断】

根据典型的肠道溃疡以及肝坏死，可做出初步诊断。确诊须实验室检查。

1. 直接镜检　无菌取病鸟肝涂片，染色后镜检，可见革兰氏阳性大杆菌。

2. 分离培养　取病料接种8%马血浆液体培养基上，12～16h后产气（气泡顺管冒），此时培养基混浊，6～8h后，产气停止，菌沉于管底，培养基较清亮。

【防制】

1. 预防　作好日常的卫生工作，场舍、用具要定期消毒。粪便、垫草要勤清理，并进行生物热消毒，以减少病原扩散造成的危害。避免拥挤、过热、过食等不良因素刺激。

2. 治疗　链霉素、杆菌肽、金霉素、头孢类药物对本病有一定的预防和治疗作用。首选药物为链霉素，其混饲浓度为0.006%，连用3d。

鸟葡萄球菌病

鸟葡萄球菌病（staphylococcosis in Fowl）是由金黄色葡萄球菌引起的一种急性或慢性细菌性传染病。其临诊表现为急性败血症状、关节炎、幼鸟脐炎、皮肤（包括翼尖）坏死和骨膜炎等。

【病原】

金黄色葡萄球菌为革兰氏阳性球菌，无鞭毛，无荚膜，不产生芽孢，常呈葡萄串状排列。衰老、死亡或被中性粒细胞吞噬的菌体为革兰氏阴性。

金黄色葡萄球菌对营养要求不高，普通培养基上生长良好，培养基中含有血液、血清或葡萄糖时生长更好。置于37℃温箱中，经18～24h培养，在普通琼脂上形成湿润、表面光滑、隆起的圆形菌落，直径1～2mm。菌落初呈灰白色，继而为金黄色。在室温（20℃）中产生色素最好。血液琼脂平板上生长的菌落较大，有些菌株菌落周围还有明显的溶血环（β溶血），产生溶血的菌株多为病原菌。

葡萄球菌的毒力强弱、致病力的大小常与细菌产生的毒素和酶有密切关系，产生的主要毒素和酶有溶血毒素、杀白细胞素、肠毒素、凝固酶、DNA酶和透明质酸酶等。

葡萄球菌对外界不良环境抵抗力较强，在干燥的脓汁或血液中可存活数月，加热80℃30min才能杀死，煮沸可迅速死亡。一般消毒药中，3%～5%石炭酸、75%乙醇、1%～3%龙胆紫、0.04%洗必泰、0.1%新洁尔灭、0.3%过氧乙酸等都有较好的消毒效果。

【流行病学】

大部分禽（鸟）类可感染本病，鸡、火鸡、鸭、鹅最易感，鸽、孔雀、雉鸡、斑鸠、鹧鸪、鸵鸟、天鹅、鹤和鹭鸶等都可自然感染。鸟类对葡萄球菌的易感性，与表皮或黏膜创伤的有无、机体抵抗力的强弱、葡萄球菌污染的程度，以及所处的环境有密切关系。

金黄色葡萄球菌在自然界分布很广，在土壤、空气、尘埃、水、饲料、地面、粪便、污水及物体表面均有本菌存在。鸟类的皮肤、羽毛、眼睑、黏膜、肠道亦分布有金黄色葡萄球菌，发病鸟舍的地面、笼架、空气、墙壁、水槽等处有多量菌存在。皮肤或黏膜表面的破损，常是葡萄球菌侵入的门户。对于鸟来说，皮肤创伤是主要的传染途径，也可以通过直接接触和空气传播，幼鸟脐带感染也是常见的途径。

【症状】

1. 急性败血型 病鸟精神沉郁，不爱活动，两翅下垂，缩颈，眼半闭呈嗜睡状，羽毛蓬松零乱、无光泽，食欲减退或废绝。特征症状是头颈、翅膀背侧及腹面、翅尖、腹胸部、大腿内侧皮下浮肿，潴留数量不等的血样渗出液体，外观呈紫色或紫褐色，有波动感，局部羽毛脱落，或用手一摸即可脱掉。有部分病鸟在体表出现大小不等的出血、炎性坏死，局部干燥结痂，黑紫色。多发生于中鸟，病鸟 2～5d 死亡，快者 1～2d 即死亡。

2. 关节炎型 常见趾、跖关节肿大，呈紫红或紫黑色。有的破溃，结成污黑色痂；有的出现趾瘤，脚底肿大；有的趾尖发生坏死，干脱。发生关节炎的病鸟表现跛行，不喜站立和走动，多伏卧，一般仍有食欲。

3. 脐炎型 幼鸟脐孔发炎肿大，呈黄红或紫黑色，腹部膨大，多在出壳后 2～5d 死亡。

4. 眼型 眼睑肿胀，结膜红肿，有脓性分泌物。时间较久者，眼球下陷，最后失明。

【病变】

1. 急性败血型 胸腹部脱毛，皮下充血出血，积有大量胶冻样茶绿色或黄红色水肿液，胸肌和腿肌有弥散性出血斑或出血条纹。肝肿大，有白色化脓坏死点。脾亦见肿大，紫红色，病程稍长者也有白色坏死点。

2. 关节炎型 关节囊内有浆液性、脓性或干酪样物，关节面因周围结缔组织增生而畸形。

3. 脐炎型 脐部肿大，有暗红色或黄红色液体，时间稍久则为脓样干涸坏死物。卵黄吸收不良，呈黄红或黑灰色，液体状或内混絮状物。

【诊断】

根据本病的流行病学特点（有外伤），各型临诊症状及病理变化（皮下浮肿、关节炎、脐炎），可以做出初步诊断。确诊本病需要进行细菌学检查。

1. 直接镜检 采取病料涂片、染色、镜检，可见到多量的葡萄球菌。

2. 分离培养与鉴定 将病料接种到普通琼脂培养基、5%绵羊血液琼脂平板和高盐甘露醇琼脂上进行分离培养，将分离得到的葡萄球菌通过凝固酶试验、生化反应等鉴定毒力强弱及致病性。

3. 动物试验 家兔皮下注射 24h 培养物 1mL，可引起局部皮肤溃疡、坏死；静脉接种 0.1～0.5mL，可于 24～48h 死亡。剖检时可见浆膜出血，肾、心及其他脏器有大小不同的脓肿。

【防制】

1. 预防 葡萄球菌病是一种环境性疾病，为预防本病的发生，主要是做好经常性的预防工作。

（1）防止发生外伤。饲养过程中，尽量避免和消除使鸟发生外伤的诸多因素，如笼架结构要规范化，装备要配套、整齐，自己编造的笼网要细致，防止铁丝等尖锐物品引起皮肤损伤的发生，从而堵截葡萄球菌的侵入门户。

（2）做好皮肤外伤的消毒处理。在带翅号（或脚号）、剪趾及免疫刺种时，要做好消毒工作。发现外伤要及时消毒处理。

（3）搞好鸟舍卫生及消毒工作。做好鸟舍、用具、环境的清洁卫生及消毒工作，这对减少环境中的含菌量、降低感染机会、防止本病的发生，有十分重要的意义。

（4）做好孵化过程的消毒卫生工作。要注意种卵、孵化器及孵化全过程的清洁卫生及消毒工作，防止工作人员污染葡萄球菌，引起幼鸟感染发病。

2. 治疗　金黄色葡萄球菌对青霉素、金霉素、红霉素、新霉素、氟苯尼考、卡那霉素和庆大霉素等药物敏感。近年来，由于广泛使用甚至滥用抗生素，耐药菌株不断增多，因此，在临诊用药前最好通过药敏试验，选用最敏感药物。

鸟念珠菌病

鸟念珠菌病（avian moniliasis）是由白色念珠菌引起的，侵害鸟类消化道的真菌性传染病，俗称鹅口疮。其特征是在上消化道黏膜形成白色伪膜或溃疡。

【病原】

白色念珠菌是半知菌纲念珠菌属的一种类酵母状的真菌，菌体小呈椭圆形，能够产生孢子及假菌丝。革兰氏染色阳性，但着色不甚均匀。在沙氏培养基上，37℃培养1～2d，形成白色奶油状突起，呈半球形的菌落，略带酿酒味。

白色念珠菌在自然界广泛存在，可在健康鸟的口腔、上呼吸道和肠道等处寄居。病鸟的粪便中含有多量病菌，各地从不同鸟类分离的菌株其生化特性有较大差别。该菌对外界环境及消毒药有很强的抵抗力。

【流行病学】

鸡、鸽、鹅、火鸡、雉、鹌鹑、松鸡、鹦鹉和孔雀等均发现过本病。本病以幼鸟多发，成鸟亦有发生。病鸟和带菌鸟是主要传染来源，病菌通过分泌物、排泄物污染饲料、饮水，经消化道感染。某些幼鸟还可通过带菌鸟的“鸟乳”而传染。

鸟念珠菌病的发生与鸟舍环境卫生状况差，长期应用广谱抗生素、机体免疫力下降、饲料单纯和营养不足有关。

【症状】

病鸟羽毛松乱，生长发育不良，采食量下降，嗉囊膨大，触摸柔软松弛。口中流黄色黏液、有臭味，严重的嘴角无法闭合，逐渐消瘦。有时病鸟下痢，粪便呈灰白色。一般1周左右死亡。

【病变】

口腔、咽和食道黏膜表面有黄白色的纤维素渗出，开始为乳白色或黄色圆形斑点，后来融合成伪膜，用力撕脱后可见出血的溃疡面；嗉囊黏膜表面有粗糙、白色豆粒大的结节和溃疡，表面覆盖一层纤维素性伪膜。

【诊断】

根据典型的临诊症状和病理变化（上消化道黏膜形成白色伪膜或溃疡）可以做出初步诊断。确切诊断须做抹片检查，或进行真菌的分离培养和鉴定。

1. 直接镜检　取嗉囊、咽喉等病变部位渗出的纤维蛋白置于载玻片上，加一滴10%KOH溶液，用针划破病料，盖上盖玻片，镜检可发现假菌丝和菌体。

2. 分离培养　取病变刮取物接种于沙氏琼脂培养基上，37℃恒温培养24h，长出圆形、光滑、隆起的乳白色菌落、略带酒糟气味。镜检可清晰见到大量厚膜性孢子和假菌丝。

【防制】

1. 预防 平时加强清洁卫生及消毒工作，注意保持适当饲养密度，要求鸟舍通风良好。

2. 治疗 发现病鸟，及时隔离、消毒，饲养人员注意防护。

（1）大群治疗。在饲料中添加制霉菌素 50～100mg/kg，连用 1～3 周。投服制霉菌素时，适量补给复合维生素 B，对大群防治有一定效果。

（2）个别治疗。将病鸟口腔伪膜剥除，涂碘甘油。嗉囊中注入 2%的硼酸水 5～15mL，用 2～3 次。

鸟曲霉菌病

鸟曲霉菌病（avian aspergillosis）是由曲霉菌引起的多种鸟类感染的呼吸道疾病。本病的特征是肺及气囊发生炎症和小结节。

【病原】

主要病原体为半知菌纲曲霉菌属中的烟曲霉，次为黄曲霉，此外，黑曲霉、土曲霉等也有不同程度的致病性。曲霉菌的形态特征是分生孢子呈串珠状，在孢子柄膨大形成顶囊，囊上小梗呈放射状排列。

本菌为需氧菌，在室温和 37～45℃均能生长，对营养要求不高。烟曲霉在沙氏培养基上初为白色菌落，呈绒毛状或皱褶样，24～30h 以后，开始形成孢子，变成绿色、深绿色、黑色。黄曲霉在马铃薯培养基上生长快、菌落大，直径 6～7cm，初为灰白色扁平状，后出现放射状皱纹，菌落颜色转为黄色至暗绿色。

霉菌在常温下能存活很长时间，在温暖、潮湿的适宜条件下 24～30h 即产生孢子。孢子对外界环境因素的抵抗力很强，在干热 120℃ 1h、煮沸 5min 才能被杀死。对一般消毒药物也有较强的抵抗力，2.5%福尔马林、3%烧碱需经 1～3h 才能将其灭活。

【流行病学】

曲霉菌对鸡、鸭、鹅、火鸡、鹌鹑、鸽、红腹灰雀、天鹅、坚鸟、斑背潜鸭、鸨等多种鸟类有易感性，以幼鸟易感性最高，特别是 20 日龄以内的幼鸟可呈急性暴发和群发，而成年鸟常散发。

鸟类常因接触发霉饲料和垫料经呼吸道或消化道而感染。阴暗潮湿的鸟舍及不洁的用具、梅雨季节等均能使本病的发生增加。

【症状】

急性者可见病鸟精神差，采食少，对外界反应淡漠，排绿色稀粪；头颈直伸，张口呼吸，用力喘，没有明显的“咯咯”声。个别的出现麻痹、惊厥、头向后弯等神经症状，最后昏睡死亡。

病菌侵害眼时，结膜充血、肿胀、有黄色干酪样分泌物，严重者失明。

【病变】

病理变化为局限性或全身性，取决于侵入途径和侵入部位。

一般以侵害肺部为主，典型病例均可在肺部发现粟粒大至黄豆大的黄白色或灰白色结节，结节的硬度似橡皮样或软骨样，切面可见有层次结构，中心为干酪样坏死组织，内含大量菌丝体，外层为类似肉芽组织的炎性反应层，并含有巨细胞。

除肺外，气管和气囊也能见到结节，并可能有肉眼可见的菌丝体，呈绒球状。严重的病例霉菌结节扩散到肝、心、肾、脾等器官。

【诊断】

根据流行病学、特征症状和病变（呼吸困难、肺和气囊的结节），可做出初步诊断。确诊则需进行微生物学检查。

取病理组织（结节中心的菌丝体最好）少许，置于载玻片上，加生理盐水1滴，用针拉碎病料，加盖玻片后镜检，可见菌丝体和孢子。也可接种于马铃薯培养基或其他真菌培养基，生长后进行检查鉴定。

【防制】

1. 预防　不使用发霉的饲料和垫料是预防本病的关键措施。育雏室保持清洁、干燥，防止霉菌生长；合理通风换气，减少育雏室空气中的霉菌孢子；保持室内环境及用具的干燥、清洁，饲槽和饮水器具经常清洗；控制孵化室的卫生，防止幼鸟的霉菌感染；育雏室清扫干净，用甲醛液熏蒸消毒和0.3%过氧乙酸消毒后，再饲养幼鸟。

2. 治疗　用制霉菌素、克霉唑防治本病有一定效果，每天2次，连用2d，混合在饲料内喂给。此外，饮水中添加硫酸铜（1∶2000稀释），连喂3～5d，也有一定效果。

鹦　鹉　热

鹦鹉热（psittacosis），又名鸟疫，是由鹦鹉热衣原体引起的鸟类的一种接触性传染病。以高热、嗜睡、腹泻和呼吸道症状为特征。

【病原】

衣原体是一类具有滤过性、严格细胞内寄生，并有独特发育周期，以二等分裂繁殖和形成包含体的革兰氏阴性原核细胞型微生物。衣原体是一类介于立克次氏体与病毒之间的微生物。

衣原体在宿主细胞内生长繁殖时，有独特的发育周期，不同发育阶段的衣原体在形态、大小和染色特性上均有差异。在形态上可分为个体形态和集团形态两类。个体形态又有大、小两种。一种是小而致密的，称为原体，另一类是大而疏松的，称作网状体。

包含体是衣原体在细胞内繁殖过程中所形成的集团形态。它内含无数子代原体和正在分裂增殖的网状体。鹦鹉热衣原体在细胞内可出现多个包含体，成熟的包含体经姬姆萨染色呈深紫色。

鹦鹉热衣原体对理化因素的抵抗力不强，对热较敏感，经56℃ 5min或37℃ 48h均失去活力，一般消毒剂，如75%酒精、3%～5%碘酊溶液，3%过氧化氢可在几分钟内破坏其活性。

【流行病学】

多种鸟类可感染本病，鹦鹉、鸽、鸭、火鸡等可呈显性感染，海鸥、相思鸟、鹭、黑鸟、鹩哥、麻雀、鸡、鹅、野鸡等多呈隐性感染。一般来说，幼龄鸟比成年易感，易出现临诊症状，死亡率也高。

患鸟可通过血液、鼻腔分泌物、粪尿大量排出病原体，污染水源和饲料等，健康鸟可经消化道、呼吸道、眼结膜、伤口等途径感染衣原体，其中吸入有感染性的尘埃是衣原体感染的主要途径。吸血昆虫（如蝇、蜱、虱等）可促进衣原体在动物之间的迅速传播。

【症状】

患病鹦鹉精神委顿，不食，眼和鼻有黏性脓性分泌物，腹泻，后期脱水、消瘦。幼龄鹦鹉常常死亡，成年者则症状轻微，康复后长期带菌。

病鸽精神沉郁，厌食，腹泻，结膜炎，眼睑肿胀，鼻炎，呼吸困难，发出“咯咯”声。雏鸽大多死亡，成鸽多数可康复成为带菌者。

【病变】

患病鹦鹉剖检时可发现气囊增厚，结膜炎，鼻炎，浆液性或浆液纤维素性心包炎，肝脾肿大，肝周炎，有时肝脾上可见灰黄色坏死灶。病鸽肝、脾肿大，变软、变暗，气囊增厚，胸腹腔浆膜面、心外膜和肠系膜上有纤维蛋白渗出物。如发生肠炎，可见泄殖腔内容物内含有较多尿酸盐。

【诊断】

根据流行病学、临诊症状和剖检病变仅能怀疑本病，确诊需进行实验室诊断。主要方法有：临床样品染色后直接观察病原体，从临床样品中分离出病原体并鉴定，检测样品中特定衣原体抗原或基因，血清学试验检测抗体。

【防制】

1. 预防 为有效防制衣原体病，应采取综合措施，特别是杜绝引入传染源，控制感染动物，阻断传播途径。

（1）防止引入新传染源。加强鸟类的检疫，保持鸟舍的卫生，发现病鸟要及时隔离和治疗。

（2）搞好卫生消毒。带菌鸟类排出的粪便中含有大量衣原体，故鸟舍要勤于清扫、消毒，清扫时要注意个人防护。

2. 治疗 鹦鹉热衣原体对青霉素、红霉素和四环素类抗生素敏感，其中以四环素类的治疗效果最佳。大群治疗时，在饲料中添加四环素0.4g/kg，充分混合，连续饲喂1～3周，效果较好。

复习思考题

1. 简述鹦鹉疱疹病毒感染的传播途径及主要表现。如何控制病毒扩散？
2. 简述鸟多瘤病毒感染的诊断要点及防制措施。
3. 禽流感的临床和流行病学特点是什么？在发生禽流感时应如何处置？
4. 新城疫特征性症状、病变有哪些？临床上如何与禽流感相区别？
5. 怎样鉴别黏膜型鸟痘和其他呼吸道疾病？
6. 简述鹦鹉喙羽病的诊断要点。怎样防制本病？
7. 简述鸟沙门氏菌病的诊断要点及公共卫生意义。
8. 鸟大肠杆菌病主要表现形式有哪些？如何防制本病？
9. 鸟巴氏杆菌病的诊断和防制要点是什么？
10. 鸟结核病的临诊表现有哪些？如何进行防制？
11. 简述鸟溃疡性肠炎的流行病学特点和防制措施。

12. 鸟葡萄球菌病的临诊症状是什么？如何进行治疗？
13. 简述鸟念珠菌病的临诊症状和病理变化特点。
14. 简述鸟曲霉菌病的防制要点。
15. 鹦鹉热的主要症状和病变有哪些？如何进行诊断与防制？

模块九

水生观赏宠物传染病

知识目标

掌握观赏鱼常见传染性疾病的诊断与防制措施。

技能目标

掌握观赏鱼常见传染病的诊断方法及防治要点。

观赏鱼痘疮病

痘疮病（fish pox）是观赏鱼类的一种慢性皮肤病，病原体为疱疹病毒。患病观赏鱼体表有乳白色、奶油色、桃红色、褐色，甚至黑色的增生物。该病发生在秋末至春初低温季节，如病情不严重，当水温升高时可自愈；但当严重感染时，则能影响生长，使患病观赏鱼降低或丧失商品价值，甚至引起死亡。此病早在1563年就有记载，流行于欧洲，现在朝鲜、日本、中国都有病例报道。我国湖北、江苏、云南、四川、河北、东北和上海市等地曾经发现此病。

【病原】

痘疮病毒（Herpesvirus cyprinid）。病毒颗粒近球形，20面体，在FNM细胞内的病毒大小为（190±27）nm，核心（113±9）nm，为有囊膜的DNA病毒。对乙醚、pH和热不稳定，复制时被碘苷抑制（替代脱氧尿嘧啶核）；不产生合胞体，被感染细胞显示染色质边缘化，核内形成包含体，病灶空泡化，核固缩。

【流行病学】

本病影响观赏鱼的生长，降低观赏鱼的商品价值，疾病严重时甚至完全丧失商品价值，一般不引起患病观赏鱼急性大批死亡。流行于秋末至春初的低温季节及密养的观赏鱼池、网箱，当水温升高到15℃以上时，患病轻的观赏鱼会逐渐自愈。近年来，高密度养殖技术的推广，该病变得日益常见及严重，有的地区甚至100%感染发病，死亡率可达30%以上，幸存的观赏鱼也因丑陋而丧失商品价值，造成较大的经济损失。

【症状和病变】

发病初期，锦鲤体表或尾鳍上出现乳白色小斑点，覆盖一层很薄的白色黏液，以后逐渐扩大至全身。病灶部位的皮肤表面增厚形成大块石蜡状的增生物。增生物表面原为光滑，后变得粗糙，玻璃样或蜡样，有时不透明，呈乳白色、奶油色，以至褐色。此为上皮细胞和结缔组织增生形成的乳头状小突起，分层混乱，长到一定大小和厚度会自行脱落。在腐败的水质中，脱落部位又可重新长出新的“增生物”。患鱼食欲减退，游动迟缓，逐渐消瘦，沉在水底而死亡。

【诊断】

(1) 根据症状及流行情况进行初步诊断。

(2) 取病灶处组织做切片，苏木精-伊红染色，可见上皮组织增生，核内形成包含体，可作出进一步诊断。

(3) 将病灶组织进行超薄切片，用透射电镜观察，见到大量病毒颗粒，可做出诊断。

(4) 进行病毒分离培养鉴定。

【预防】

(1) 经常换水，随时抽出底部脱落物，改良水质。

(2) 加强秋季培育，提供营养全面而平衡的饲料，增强锦鲤的体质和抗病能力。

(3) 用呋喃西林 1～2mg/kg 全池泼洒。

【治疗】

发现患病，应及早治疗，采取外泼与内服相结合的方法。如水质恶劣，应先大量换水，或泼洒水质、底质改良剂后，再全池泼洒水产保护神，每立方米水体泼洒 0.2mL，1 个疗程外泼消毒药 2～4 次，每次间隔 1～2d（根据病情轻重决定泼药的次数及每次间隔的时间）；红霉素按 0.4～1.0mg/L 的浓度全池遍洒，对缓解和治疗有一定的效果；用左旋氯霉素，每尾病鱼肌内注射 25mg，3～7d 可见疗效。

观赏鱼呼肠孤病毒病

呼肠孤病毒病又称出血病（hemorrhage disease）是在观赏鱼种饲养阶段危害最严重的一种观赏鱼类病毒病之一。

【病原】

呼肠孤病毒。病毒为 20 面体和 5∶3∶2 对称的球形颗粒，直径为 60～80nm，具双层衣壳；对氯仿、乙醚等脂溶剂不敏感，无囊膜；病毒基因组由 11 条双股核糖核酸组成。病毒耐酸（pH3），耐碱（pH10），耐热（56℃）。能在观赏鱼肾细胞株（CIK）、观赏鱼吻端细胞株（ZC-790D）中增殖，引起细胞病变。病毒复制部位在细胞质，能形成晶格状排列，最适复制温度为 25～30℃，其生长温度范围是 20～35℃。当饲养水质恶化，水中溶氧量降低，总氮和有机物耗氧量增高时，使锦鲤抵抗力下降，病毒乘虚而入，导致锦鲤发病。

【流行病学】

呼肠孤病毒病是观赏鱼种培育阶段的一种流行广泛、流行季节长、发病率高、死亡率高、危害性大的病毒性鱼病。水温在 20～33℃时易发生流行，最适流行水温为 27～30℃；但当水质恶化，水中溶氧低，透明度低，水中总氮、有机氮、亚硝酸态氮和有机物耗氧量高，水温变化大，观赏鱼抵抗力低下，病毒的数量多及毒力强时，则在水温 12℃及 34.5℃时也有发病。该病可通过被污染的水、食物等进行水平传播，也可通过卵垂直传播。主要危害当年鱼，最小的全长仅 2.9cm 的锦鲤就开始发病。出血病是急性型鱼病，可引起锦鲤大量死亡。

【症状和病变】

主要症状是病鱼各器官组织有不同程度的充血、出血，小的观赏鱼种在阳光或灯光透视下，可以看见皮下肌肉充血、出血。病鱼离群独游水面，游动缓慢，对外界刺激反应迟钝，不吃食；鱼的体色发黑，尤以头部为甚；病鱼的口腔、上下颌、头顶部、眼眶周围、鳃盖、鳍和鳍基部充血，有时眼球突出；剥去皮肤，可以看见肌肉呈点状或块状充血、出血，严重时全身肌肉呈鲜红色；病鱼严重贫血，血红蛋白含量及红细胞数只有健康鱼的1/2，甚至1/4，这时病观赏鱼的鳃常呈现“花鳃”或“白鳃”，肝、肾等内脏的颜色也变淡；肠壁充血、出血，但肠壁的弹性仍较好，肠内没有食物；肠系膜、周围脂肪组织充血；脾肿大，暗红无光泽；鳔、胆囊、肝、肾上也有出血点或出血斑；个别病例，整个鳔及胆囊呈紫红色。病轻时充血、出血的范围较小，充血、出血的程度较轻；有些病鱼以肠出血为主，有些以肌肉出血为主，有些以体表出血为主，当然也有全身各器官、组织都充血、出血。

【诊断】

1. 根据症状及流行情况进行初步诊断　在根据症状及流行情况进行初步诊断时，必须注意以下区别：以肠出血为主的观赏鱼出血病和细菌性肠炎病的区别，活检时，前者的肠壁弹性较好，肠腔内黏液较少；病情严重时，肠腔内有大量红细胞及成片脱落的上皮细胞。而后者的肠壁弹性较差，肠腔内黏液较多；病情严重时，肠腔内有大量黏液和坏死脱落的上皮细胞，红细胞较少。

2. 根据病理变化进一步诊断　患出血病的观赏鱼，小血管壁广泛受损，形成微血栓，同时引起脏器组织梗死样病变；在肝细胞等的胞质内可以看到嗜酸性包含体；超薄切片用透射电镜观察，在胞质内可以看到球形病毒颗粒；血液中红细胞数、血红蛋白量及白细胞数均非常显著地低于健康观赏鱼；白细胞，淋巴细胞百分率十分显著地低于健康鱼，单核细胞百分率则非常显著地高于健康鱼；血清谷丙转氨酶、异柠檬酸脱氢酶、乳酸脱氢酶活性增高；血清乳酸脱氢酶在近阴极处出现第六条区带；血浆总蛋白、血清白蛋白、尿素氮、胆固醇均降低等。

3. 免疫血清学及分子生物学诊断　最后确诊需进行免疫血清学及分子生物学诊断，常用的免疫血清学及分子生物学诊断方法有：

（1）葡萄球菌A蛋白协同凝集试验。该方法快速、特异、设备简单，适合基层单位检验。

（2）酶联免疫吸附试验（ELISA法）。该方法灵敏、准确、特异，可用于早期诊断。中国科学院武汉病毒研究所已制成试剂盒，可供早期诊断用。

（3）斑点酶联免疫吸附试验。该方法操作简便，不需要特殊的酶标仪；灵敏度高，比葡萄球菌A蛋白协同凝集试验的灵敏度高10倍，比常规酶联免疫吸附试验高20倍。在观赏鱼已带毒，但尚未显症时即可检出。可用于早期诊断、检疫和病毒疫苗质量检定，是适合基层单位的快速、准确和易行的检测方法。

【预防】

（1）消毒，每立方米水体中加下列任一种药物进行消毒：300g生石灰、20g漂白粉（含有效氯30%）、10g漂粉精（含有效氯60%）、10g二氯异氰尿酸钠、10g三氯异氰尿酸。

（2）实行检疫制度，严禁携带病毒的观赏鱼卵输入及运出。观赏鱼卵在每立方米水体中加500mL碘伏1%水溶液药浴10～20min。如水的pH高，则需加600～1000mL。

（3）观赏鱼种每立方米水体中加5mL水产保护神药浴10～20min。

（4）加强饲养管理，进行生态防病。如投放光合细菌、EM菌等有益菌，定期加注清水，遍洒生石灰及水质、底质改良剂，高温季节加满池水，开动增氧机等，以保持水质优良、稳定；投喂营养全面、含免疫增强剂的优质饲料。

（5）培育抗出血病观赏鱼种，其子代可获得免疫力。

（6）人工免疫预防。将组织浆灭活疫苗或细胞培养灭活疫苗，采用浸浴、口服及注射等方法免疫观赏鱼。细胞培养灭活疫苗不仅比组织灭活疫苗有较高的保护率，且效价稳定，只是前者必须由工厂生产，或具有一定条件的实验室才能制备，后者则在一般实验室即可制备。

（7）药物预防。据报道，在观赏鱼出血病流行季节，每月外用消毒药1～2次，每立方米水体中放5g有效碘；内服药饲1～2个疗程，每千克饲料中加200g大黄、黄芩、黄柏、板蓝根（单用或合用均可），再加170g食盐。

【治疗】

1. 外用药

（1）每立方米水体泼2%二氧化氯1mL（先用柠檬酸盐活化）。

（2）每立方米水体泼10%伏碘液0.2～0.5mL。

2. 内服药

（1）每千克饲料中加鱼复药2号0.5g，拌匀后制成水中稳定性好的颗粒药饲，连喂7～10d。

（2）每千克饲料中加200g大黄、黄芩、黄柏、板蓝根（单用或合用均可），再加170g食盐，拌匀后制成水中稳定性好的颗粒药饲，连喂7～10d。

观赏鱼弹状病毒病

观赏鱼弹状病毒（Fish rhabdovirus）是一类引起观赏鱼及其他水生动物致死性和流行性病害的重要病毒病原。

【病原】

弹状病毒形态似棒状或子弹状，病毒粒的大小为（130～380）nm×70nm，内含连续线型单链RNA，外层具脂蛋白包膜，膜上有糖蛋白突起。

【流行病学】

2月龄以上的各龄锦鲤都可能受害，而亲鱼一般受害较轻。流行水温为15～22℃，当水温低于13℃时，病毒的活力降低。潜伏期的长短随水温高低而不同，19～22℃时为1个月；水温较低时，则需1个半月，甚至2～3个月。死亡率很高，有时可达100%。这种病的传播途径主要是水平传播，带病毒的鱼有可能成为传染源，而不是通过卵子和精子进行垂直传播。

【症状和病变】

病鱼体色发黑、消瘦、贫血、反应迟钝、失去平衡，头朝下滚动，腹部膨大。鳔的组织病理变化最为明显，可分为急性型和慢性型。高水温时（20℃左右）鳔发生急性病理变化，产生严重炎症，鳔壁组织崩解，并发腹膜炎，以后病变波及肾和其他内脏，最后导致病鱼死亡。死亡率可高达100%。慢性型一年四季都可发生，病鱼大多数属于这一类型，有时可自愈，但是如果患病后即迎来严冬，病鱼就往往可能在越冬时死亡，或在越冬后进入高温时，发展为急性型而死亡。

【诊断】

(1) 病鱼体色发黑、消瘦、贫血、反应迟钝、失去平衡，头朝下滚动，腹部膨大。

(2) 高水温时鳔产生严重炎症，鳔壁组织崩解，并发腹膜炎。

【预防】

宜采用综合预防措施，对购进的锦鲤苗种进行严格检疫，防止将带病鱼引入饲养水环境。

【治疗】

(1) 按每千克鱼腹腔注射 40mg 氯霉素，或用同样剂量拌饲投喂，连喂 3 次有一定疗效。

(2) 用亚甲基蓝拌饲投喂，用量为 1 龄鱼每尾每天 20～30mg，2 龄鱼每尾每天 35～40mg，连喂 10d，间隔 5～8d 后再喂药饲 10d，共喂 3～4 次。亲鱼为每千克饲料拌入亚甲基蓝 3g，连喂 3d，休药 2d 后再喂 3d，共喂 3 次。

(3) 注射组织疫苗和细胞培养灭活疫苗能有效地预防该病的发生。

观赏鱼传染性胰腺坏死病

传染性胰腺坏死（infectious pancreatic necrosis，IPN）主要是鲑科鱼类鱼苗、鱼种的一种病毒性传染病，其病原为传染性胰腺坏死病毒（Infectious pancreatic necrosis virus，IPNV），死亡率高，给鲑科鱼类特别是大西洋鲑（Salmon salar）、虹鳟（Oncorhynchus mykiss）的养殖业造成了严重的经济损失。IPN 最早发生在加拿大、美国，后来在丹麦、法国、希腊、英国、德国、挪威、意大利、南斯拉夫、瑞典、日本等国发生流行，于 20 世纪 80 年代又传入朝鲜、中国台湾及东北、山西、山东、甘肃等地。是鱼类口岸检疫的第一类检疫对象。

【病原】

传染性胰腺坏死病病毒（IPNV），为双 RNA 病毒属（Birnavirus）。病毒颗粒呈正 20 面体，无囊膜，有 92 个壳粒，直径 50～75nm，衣壳内包有 1 或 2 个片段组成的双股 RNA 基因；是已知鱼类病毒中最小的 RNA 病毒。在氯化铯中，病毒的浮力密度为 1.33g/mL，沉降系数为 435S，病毒颗粒的全部衣壳蛋白重量为 50.2×10^6u；RNA 为 4.8×10^6u，占病毒颗粒重量的 8.7%；RNA 在硫酸铯中的浮力密度为 1.60～1.615g/mL，在蔗糖梯度溶液中沉降系数为 14S。病毒的结构蛋白按大小可分为三个等级，最大一个多肽重105 000u，占整个分子质量 4%，它是联结 RNA 的多聚酶；中等大小多肽重54 000u，占总重 62%，为主要的壳粒蛋白，抗体由它刺激产生；两个内部的小蛋白分别重31 000u，占总重 28%和 29 000u，占总重 6%。IPNV 现已知有 VR299、Sp、Ab、He 株等，这些株在血清学、敏感性及病原性上都有些不同，据江育林等（1989）报道，我国山西省分离到的 IPNV 在血清学交叉中和反应中与抗 IPNV-Sp 株的抗血清有强烈的交叉反应，显示为 IPNV-Sp 株。童裳亮等（1990）报道山东省的为 IPNV-VR299 株。病毒易在 RTG-2、PG、RI、CHSE-214、AS、BP-2、EPC 等鱼细胞株上增殖，出现 CPE；而接种到 CAR、CLC 及 CO 等鱼细胞株上无 CPE 出现，病毒滴度也低。生长温度为 4～27.5℃；如在培养时温度慢慢地升高，病毒能在30℃生长；最适生长温度为15～20℃。病毒在细胞质内合成和成熟，并形成包含体。病毒生长在RTG-2细胞株上，24℃时5h内产生新病毒，而15℃时产生新病毒须8h，但此温度产生病毒量更多。病毒引起RTG-2细胞病变，26℃时在感染9h后出现，20℃在感染18h后出现，4℃需几天后才出现，20℃时2～3d就可看到空斑，核固缩，细胞变长，相互分离，并脱离瓶壁；但对病毒抵抗力强的细胞，核虽已固缩，仍贴在瓶壁上，因此空斑大多呈网状，特别是空斑的边缘，健全和变性的细胞相互混杂。Ab株不能在FHM细胞株上生长。

【流行病学】

传染性胰腺坏死病病毒可经过卵而进行垂直传播，也可随病鱼的粪、尿、性腺分泌物而排入水中，进行水平传播。经鳃及口而感染。此外，软体动物、甲壳动物和鱼类寄生虫也可能是其传播者，水和空气都可能是传播的媒介。

此病主要危害14～70日龄的鱼苗、鱼种，在水温10～12℃时死亡率可高达80%～100%，鱼越小死亡率越高。病程有急性型和慢性型之分，急性型可在几天内全部死光，慢性型则每天死少量，持续死亡时间很长。1龄鱼虽也有患病的，但病情较轻，一般全长超过15cm的鱼发病可能性很小，多数呈隐性感染。

此病最重要的传染源是带有病毒的成鱼，病后残存的鱼可数年以至终身成为带毒者，从肾、脾、肝、性腺、粪便中均可检出IPNV，其中以肾的检出率为最高。另外从圆口类到硬骨鱼类20个科的鱼体上也发现有IPNV，且多数肉眼观察鱼呈正常状态；在软体动物、甲壳动物和鱼类寄生吸虫的后囊蚴上也分离到IPNV；人工将IPNV强制投喂鸡、猫头鹰、海鸥及鼬后，在它们的粪便中均检出具有感染力的IPNV，这些暗示它们也可能是IPN的传播者。IPNV在河水、井水中，4℃能保持10d，15℃保持5d稳定；在4～10℃的海水中，经4～10星期感染力几乎无损失，5～6个月后丧失99%；在室内干燥状态5星期后还保留少量感染力，所以水和空气都可能是传播的媒介。IPNV可经卵垂直传播，也可随病鱼的粪、尿、性腺分泌物而排入水中水平传播。经鳃和口感染。潜伏期长短与鱼种大小、水温高低等有关，鱼越大，潜伏期越长；在病毒生长适温范围内，温度越高，潜伏期越短，如在水温12～14℃时，鱼苗至小鱼种感染后5～8d发病，同时开始死亡，稍大些的鱼种10～12d才开始死亡。

【症状和病变】

传染性胰腺坏死病是一种病毒性疾病，危害热带鱼及其他鱼类，造成患病鱼类大批死亡。病后残存的鱼可数年以至终生成为带病毒者。该病是我国鱼类口岸检疫的第一类检疫对象。病鱼游动失调，常作垂直回转游动，不久便沉入水底，稍歇片刻后又重复以上游动，直至死亡，一般从开始回转游动至死亡仅1～2h。在流水池中失去游动能力的病鱼汇集在排水口的拦网上。病鱼体色发黑、眼球突出、腹部膨大，腹部及鳍基部充血，鳃呈淡红色，肛门处常拖有1条线状黏液便。剖开鱼腹有时可见有腹水，幽门垂出血，肝、脾、肾、心脏异常苍白；消化道内通常没有食物，而有乳白色或淡黄色黏液，这些黏液通常在5%～10%的福尔马林中不凝固，具有诊断价值。该病主要危害6月龄以内的小鱼，一般健康鱼感染后6～10日出现症状，潜伏期的长短与鱼大小、水温高低等有关，鱼越大，潜伏期越长；温度越高，潜伏期越短。对于热带鱼，发病后死亡率有时可达90%以上，鱼越小死亡率越高。

【诊断】

（1）根据症状及流行情况进行初步诊断。首先观察发病的鱼是否属于对传染性胰腺坏死病易感的种类，然后结合病鱼游动行为及特有的内、外部症状作出初步判断。病鱼的内脏器官通常苍白，尤其是肠道中没有食物，而有许多在5%～10%福尔马林中不凝固的黏液样物质，这些可增加此病诊断的正确性；同时还必须调查鱼卵、鱼种的来源，水源状况和发病史。

（2）病理学检查可发现胰腺坏死，但如果病鱼出现和IHN、VHS样的肾、肝、肠组织病变，则给诊断造成困难，不过IPN不发生像IHN那样的消化道颗粒细胞坏死现象。

（3）用RTG-2细胞株分离病毒，观察CPE，可作出进一步诊断。但当发生混合感染，如IPN和VHS混合感染时，则接种在RTG-2细胞株上，24h后CPE与IPN的相似，48h后则与VHSV的相似，这时就必须进行对乙醚、甘油、pH的敏感性试验，IPNV在RTG-2细胞株上，pH7.2～7.6都显示明显CPE，对乙醚不敏感，对甘油稳定；而VHSV在RTG-2细胞株上，pH7.2不显示CPE或不明显，pH7.6时显示明显CPE，对乙醚敏感，在50%甘油中失去感染性。

（4）免疫学诊断。

①中和试验。由于IPNV的血清型很多，作为诊断有必要使用多价抗血清，美国东部鱼病研究所现已制成多价抗IPNV血清（7株）。

②补体结合法。采用已知病毒可溶性抗原以测定病鱼血清中有无相应抗体，其特异性较中和试验低，但由于IgM出现早，消失快，可用于早期诊断。

③直接荧光抗体法。能迅速正确地检出在组织及培养细胞内的病毒。用RTG-2细胞，20℃培养3～4h就可检出，且血清型不同株不会引起交叉反应。

④酶联免疫吸附试验（ELISA）。在发病季节，可在24h内确诊流行病是否由IPNV引起，鱼卵可在48h左右确定是否被IPNV污染；对外观无疲状的成鱼可在24h左右检测血中是否有抗IPNV的抗体。该方法具有速度快、灵敏度高；特异性强、操作方便等优点。中国科学院水生生物研究所已制备成试剂盒。

【预防】

（1）加强综合预防措施，严格执行检疫制度，不将带有IPNV的鱼卵、鱼苗、鱼种及亲鱼输出或运入。

（2）发现疫情要进行彻底消毒，病鱼必须销毁，用浓度为200×10^{-6}的有效氯消毒鱼池；工具用2%福尔马林或氢氧化钠水溶液（pH12.2）浸泡消毒10min。

（3）建立基地，培育无IPNV的鱼种，严禁混养未经检疫的其他种类的鱼。

（4）发眼卵用伏碘（Betadine，PVP-I，商品名为10%复方皮维碘溶液）水溶液消毒，浓度为50×10^{-6}的有效碘水溶液，药浴15min；如水的pH高，须用（60～100）$\times10^{-6}$浓度。经该方法处理后的鱼卵孵出的鱼苗，有时仍发生IPN，可能IPNV还在卵内或药液难以到达的卵表面的某些部位。

（5）一般水温10℃以下可减少IPN发生和降低死亡率，因此可将病鱼放在低水温的环境中饲养，以控制疾病的发展，或在发病季节将易感幼鱼放在低水温中饲养，待发病期过后再迁回，但这种方法较难推广。

【治疗】

（1）疾病早期用PVP-I拌饲投喂，每千克鱼每天用有效碘1.64～1.91g，连喂15d，死亡率可降低。

（2）大黄等中草药拌饲投喂，有防治作用。

（3）2500 尾 0.4g 仔鱼投喂 6mg 植物血球凝集素（PHA），分两次喂，间隔 15d，据报道对预防 IPN 有一定效果。

龟颈溃疡病

龟类的颈溃疡病（neck ulcer of tortoise）是人工养殖乌龟的常见病、多发病之一，多因外伤后感染病毒和水霉菌等而引发。

【病原】

目前认为是由病毒和水霉菌引起的，但未能确定是由那种病毒所致。

【流行病学】

该病发病率和死亡率高，整个养殖期间均会出现，5～8 月为流行季节。

【症状和病变】

病龟脖颈部位肿大（但一般不充血，与红脖子病不同），甚至溃烂，并伴有丝囊霉菌寄生，而其他部位却无霉菌。病龟颈部伸缩困难，头部不能缩入甲壳内。

病龟食欲不振，行动呆滞迟缓，直至不能活动，重病者数天即死亡。尤其是雌龟易患此病，因在交配时雄龟往往都咬住雌龟脖颈部位，当雌龟先后与数只雄龟交配后脖颈部一般都伤痕累累，此后若遇水质不良，或感染病毒、水霉菌或无色杆菌等，易患此病。

【诊断】

病龟脖颈部位肿大，甚至溃烂，并伴有丝囊霉菌寄生，其他部位却无霉菌；头部不能缩入甲壳内；食欲不振，行动呆滞迟缓。

【预防】

（1）发病季节每隔 10～15d 用 0.4mg/L 的强氯精泼洒 1 次。

（2）发现病龟即时隔离，用 5mg/L 的漂白粉浸泡养殖容器 24h。

（3）保持水质良好。每年春、夏或深秋亲龟交配结束后应及时用药物消毒灭菌，可每立方米水体用高锰酸钾 5g 或漂白粉 1g，兑水全池泼洒，效果较好。

（4）加强营养管理。亲龟繁殖期每天投喂猪、牛、羊等动物肝，增强龟的体质及抗病力。

【治疗】

（1）先用 5%的食盐水清洗病龟的患处，然后用土霉素或金霉素软膏涂抹。

（2）腹腔注射丙种球蛋白或胎盘球蛋白，每千克体重注射 2mg（将其混在 5mL50%的葡萄糖液中）。

（3）病龟用 200mg/L 高浓度高锰酸钾药液浸浴 15～20min。

（4）每千克体重用卡那霉素 10 万～12 万 U 肌内注射，连续 2～3 次即愈。

（5）可用双氧水涂擦龟体病灶部位。

鳖红脖子病

鳖红脖子病（red neck disease of soft-shelled turtle）是目前鳖发病较为严重的疾病之

一，该病潜伏期长、病程短、来势凶猛，给养殖户造成了惨重的经济损失。

【病原】

红脖子病的病原体是嗜水气单胞菌，镜检为革兰氏阴性短杆菌。水质不良、放养密度过大、操作管理不当是其致病的主要条件。

【流行病学】

此病对成鳖、亲鳖都有危害。主要发生于每年的 7～9 月高温季节，也是鳖快速生长阶段。

【症状和病变】

主要症状为脖子粗大、红肿、腹甲有红斑、皮下充血、周身水肿、腐皮等。病鳖往往漂浮于水面作缓游运动，或钻入沙中不动。病情严重的一般都脖颈平垂，在晒背台上呆滞不动，不久死亡。病情严重的鳖眼睛混浊失明。口鼻出血，肝、脾肿大，肝为土黄色，有出血点，腹腔充满积液，膀胱积水，多数胃肠有出血现象。

【诊断】

（1）观察病鳖会发现脖颈充血红肿，伸缩困难，腹甲出现红斑，并逐渐溃烂，眼睛白浊，严重时失明，舌尖、口鼻出血。

（2）解剖发现病鳖口腔、食管、胃、肠的黏膜呈明显的点状、斑块状、弥漫性出血，肝肿大，有的表皮呈土黄色或灰黄色，有针尖大小的坏死灶，胆囊内充满胆汁，脾肿大。其中口腔黏膜弥散性出血占 80%，胃肠黏膜出血占 60%。

（3）患有该病的鳖食欲减退，行动迟缓，停在岸边，呈昏迷状态。

【预防】

（1）放养前做好水体消毒工作，尤其是对曾有发病史的鳖池要排干池水进行消毒，铲除底泥。必须铺沙的亲鳖池，一定要对底泥暴晒 10d 以上。

（2）定期消毒池水、食台，特别在 7～9 月份高温季节每隔 10～15d 用二溴海因、溴氯海因、强氯精或碘制剂等化水全池泼洒一次，进行池水消毒，以上几种药物交替使用，以免产生抗药性。

（3）保持水质清新。定期加注新水，一般每 3～5d 一次，每次 5～10cm；维持 pH 在 7～8.5，溶解氧大于 4mg/L，透明度 25～35cm。

（4）掌握适当的密度，以不超过 6 只/m^2 为宜。饲养期间每 2 个月分塘一次，保持规格的一致性。

（5）每只注射 20 万 U 阿米卡星，同时隔 10～15d 投喂药饵一次，添加药物主要有：病毒灵每日每千克体重 3～6mg，肝泰乐每千克饲料 4～5g，艾米可每千克饲料 8～10g，维生素 C 每千克饲料 0.4mg，维生素 E 每千克饲料 0.3mg，6d 为一疗程，投喂药料前一天停食一顿。

【治疗】

采用体外消毒和内服相结合的方法治疗。

1. 体外消毒

（1）用 0.3mg/L 的二溴海因化水全池泼洒，一天一次，连续 2d。活力碘 200～250mL/667m^2，2d 一次，连续 2～3 次。

（2）用 0.15mg/L 的二氧化氯全池泼洒，3d 一次，连续 2～3 次。

2. 内服 病毒灵、肝泰乐、艾米可、维生素 C、维生素 E 的复配药饵（同上），用量是预防量的 1.5 倍，连续投喂 5～7d。甘草 20%、板蓝根 20%、黄芩 15%、仙鹤草 15%、七叶一枝花 15%、肿节风 15%，以干重 2%煎汁加入饵料中连喂 3～5d。

鳖鳃腺炎病

鳖鳃腺炎病（parotitis of soft-shelled turtle）始于台湾鳖，现在已殃及中华鳖，暴发的频率越来越高，范围越来越广，发病急、死亡快，一旦发病，可能全军覆灭，易感群体也从原来的稚幼鳖为主，发展到现在的整个生长期各龄鳖。有些地区该病发病率达 50%以上，死亡率超过 30%，损失很大，严重阻碍了养鳖业的健康发展。

【病原】

鳖鳃腺炎在国内外研究较多，病原现在还不十分明确，在国内不同地点不同季节对患病鳖的病源分离结果，病原种类已不下 20 种，但多数学者认为感染病毒为原发性，后又感染细菌为继发性。细菌以嗜水气单胞菌为主要病源，病毒以鳖类呼肠孤病毒和腺病毒为主要病源。水质不良、甚至发臭、不按时消毒，体质弱，尤其越冬后易受各种应激因素影响而发病。总之，在不良条件下（如出温室及秋季池水温差较大，换水操作不小心等）使该病发病率提高，传播加快。

【流行病学】

大多在 5～6 月流行，5 月中下旬为发生高峰期，在每次寒潮过后，即雨后初晴，水温由低向高过渡时即为发病死亡高峰期。此外，9 月份也有少数发生。此病不论对幼鳖、成鳖都危害严重，尤以温室越冬后转入室外大池的幼鳖、成鳖最为严重，其死亡率可高达 90%。

【症状和病变】

鳖的鳃腺炎的前期症状是由于鳃状组织发炎、呼吸困难，导致行为上有焦躁不安，经常到水面上来呼吸，停留时间较长，且不易下潜。此时池水混浊，摄食量迅速下降，经过 4～9d 后开始少量死亡，再经过一段时间，病鳖浮于水面，夜间停留于食台、休息台上，伸长脖子、反应迟钝，极易捕捉。当雨后转晴，气温、水温升高时，死鳖量明显增加。

病鳖从鳃部开始，整个颈部肿大，但不发红，多数出现全身浮肿，后肢窝隆起，眼睛白浊，甚至失明。

鳃腺炎的表现型可分为三种，有出血型、失血型、混合型，其表现特征为：

1. 出血型 腹甲、四肢及尾部的腹面有血斑、严重时有口鼻出血的症状，解剖可看到咽喉的鳃状组织充血糜烂，有分泌物（黏液）。口、舌、食道发炎充血，肝充血肿大呈“花肝”样，肠道内有团状血块，腹腔大量积液。

2. 失血型 腹甲、四肢及尾部腹面无出血斑，腹甲苍白，解剖发现体内无血，肌肉苍白，鳃状组织白色糜烂，覆盖着黏液。肝为土黄色，质脆易碎，肠道中空白色，有黑色瘀血，同样也有腹水。

3. 混合型 表现为上两种类型的症状交叉出现。鳃状组织发红，食道和肠管内有黑色瘀血块，腹腔充满血水，肌肉和底板为白色。

从上述症状，归纳出共同特征为颈部异常肿大、鳃腺糜烂，肝严重病变，“花肝”呈土黄色，质地易碎，甚至出现逐步坏死。由于生产机能的受损失调，还会出现相应的症状，严重时，肌肉松弛、行动缓慢、反应迟钝和生殖器外露等。

随病程的轻重程度，病鳖肝组织的病理变化有所不同，即肝内小血管扩张，肝血窦和小血管内瘀血，呈红色的深染状态。发病初期，肝细胞肿胀，胞质内出现多量细小的淡红色颗粒，呈颗粒样变性；有些病鳖的肝细胞胞质清亮呈空泡样，或者胞质疏松呈网状，显示水样变性。病情严重时，肝细胞的细胞核体积小，染色加深，甚至核碎裂或溶解，呈坏死样。鳖脾是由白髓和红髓相间排列组成，白髓染成深蓝色，可见中央动脉穿行其中，红髓由脾索和脾窦组成，HE 染色后呈红色；在病鳖的肾组织切片中肾小球萎缩、解体，肾小囊腔扩大，肾小囊腔内有时可见（淡红色浆液性渗出物）；肾小管壁细胞呈滴状或玻璃样变，界限不清，部分破裂、崩解、脱落，在管内呈稀疏纤维状，鳖肺组织中可见囊状肺泡，肺泡壁细胞呈立方状或多角状，在肺泡纵隔中有丰富的毛细血管分布，在肺泡开口处壁上，平滑肌往往增厚呈圆形。

【诊断】

（1）该病发病时体表无症状，但食欲下降或不吃食，严重时身体浮肿，背腹间结合部松弛，运动迟钝，常浮出水面、静卧食台或晒背台上不动，背部肋骨明显，有“露骨”现象，口鼻出血。

（2）解剖可见腹腔积水，胃肠部有紫红色凝血块或呈纯白色的贫血状，鳃腺糜烂。该病最显著特征为颈部肿大，但外表不发红；肠胃有凝血或毫无血色。

【预防】

（1）进水尽可能彻底消毒，可用 60mg/L 生石灰或 0.3mg/L 三氯异氰尿酸全池泼洒，以切断病源的各种传播途径。

（2）使用微生态制剂改善水质环境，提高自身免疫能力。如生物活菌水质改良剂、EM 原露、光合细菌、生物活性添加剂等。

（3）引进种苗时，要严格进行检疫和消毒。

（4）在温度突变季节或温室出池时，应进行一次外用内服相结合的防治处理，即先用“种苗净”浸泡后再放养，同时口服“鳃腺康”等中西药合剂一个疗程，并用 0.3mg/L 三氯异氰尿酸全池泼洒。

（5）饲料投喂在“四定”（定质、定量、定时、定位）基础上，尽可能避免“病从口入”和饲料浪费败坏水质。

【治疗】

（1）用“水毒净”0.3mg/L 全池泼洒，结合口服“鳃腺康”等中西药合剂一个疗程。

（2）用 15%络合碘制剂 0.3mg/L 全池泼洒，结合口服庆大霉素每天每千克体重50mg～80mg、病毒灵 10mg～20mg，连用 3d。

（3）用 15%络合碘制剂 0.3mg/L 全池泼洒，结合口服每天每千克体重板蓝根 15g，连用 10d。

观赏鱼腐皮病

腐皮病（ulcerate disease of soft-shelled turtle）又称打印病。是一种流行范围广，流行季节长，对观赏鱼危害较为严重的疾病之一。

【病原】

点状气单胞菌点状亚种。点状气单胞菌点状亚种（A. Punctatasubsp. punctata），主要特性如下：革兰氏染色阴性短杆菌，大小为（0.6～0.7）μm×（0.7～1.7）μm、中轴直形，两侧弧形，两端圆形，多数两个相连，少数单个，有运动力。极端单鞭毛，无芽孢。琼脂平板上菌落圆形，直径1.5mm左右，48h增至3～4mm，微凸，表面光滑、湿润，边缘整齐，半透明、灰白色。适宜温度28℃左右，65℃半小时致死，pH3～11中均能生长。

【流行病学】

腐皮病病程较长，一般不引起病鱼急性大批死亡，但影响鱼体生长并降低其观赏价值。本病流行于全国各地。主要危害大金鱼，因操作不慎导致鱼体受伤后而引起发病。发病后影响金鱼的观赏价值，并能导致死亡。本病终年可见，但以夏秋季较易发病，28～32℃为其流行高峰期。一般认为此病的发生与受伤有关，特别是家鱼人工繁殖操作有很大影响，池水污浊亦影响发病率。

【症状和病变】

此菌属于条件性致病菌，当鱼体体表受伤后，通过接触而感染发病。病灶主要发生在背鳍和腹鳍以后的躯干部分，其次是腹部两侧，少数发生于鱼体前部。患病部位最初皮肤发炎出现红斑，随着病情发展，鳞片脱落，肌肉腐烂，病灶呈圆形或椭圆形，周围充血发红，严重病灶部位形成溃疡，甚至露出骨骼。病鱼身体瘦弱，食欲减退，游动缓慢，终因衰竭而死。

【诊断】

根据病鱼特定部位出现的特殊病灶诊断，注意与疖疮病区别。鱼种及成鱼患打印病时通常仅一个病灶，外表其他部位未见异常，鳞片不脱落。

【预防】

（1）饲养中谨慎操作，勿使鱼体受伤，可有效预防此病。

（2）用1%浓度的呋喃西林或利凡诺涂抹病灶，再用20mg/L的呋喃西林或20mg/L呋喃唑酮浸洗鱼体。当水温20℃以下时，浸洗20～30 min；21～32℃时，10～15min。

【治疗】

（1）治疗可用0.1～0.2mg/L的呋喃唑酮泼洒，病情严重时可将药物浓度增加到0.5～1.0mg/L。

（2）用2～2.5mg/L浓度的红霉素浸洗鱼体30～40min，每天1次，连续3～5d。

（3）采用青霉素或链霉素注射，每尾金鱼腹腔注射5万～10万U。

细菌性烂鳃病

细菌性烂鳃病（Bacterial gill-rot disease）是由柱状屈挠杆菌、柱状嗜纤维菌等细菌感染引起的鱼病。危害多种海水和淡水观赏鱼。症状为病鱼鳃上黏液增多，鳃丝肿胀，严重时鳃丝末端溃烂缺损。本病在全国各养鱼地区均有流行，疾病严重时可引起病鱼大批死亡，是危害严重的鱼病之一。

【病原】

柱状屈挠杆菌（flexibacter columnaris）属于噬纤维菌科的屈挠杆菌属，具有类胡萝卜素，不分解琼脂、纤维素和几丁质，细胞无鞘而又寄生于鱼类等特点。菌体细长、柔韧可屈挠，大小为0.5μm×（4～48）μm，一般在病灶及固体培养基上的菌体较短，在液体中培养的菌体较长；没有鞭毛，但在湿润固体上可做滑行；或一端固着，另一端缓慢摇动；有团聚的特性。革兰氏阴性。菌落黄色，大小不一，扩散型，中央较厚，显色较深，向四周扩散成颜色较浅的假根状，生长最适温度为28℃，37℃时仍可生长，5℃以下不生长，培养基中含氯化钠超过0.6%不生长，pH范围6.5～8，好气。吲哚试验阴性，分解酪素、明胶，过氧化氢酶阳性，不分解七叶灵，不分解酪氨酸淀粉，不利用枸橼酸盐。

柱状嗜纤维菌（CytopHage columnaris），氧化酶阳性，细胞色素氧化酶阳性，过氧化氢酶阳性，产生硫化氢，吲哚试验阳性，分解明胶，不分解纤维素，不利用枸橼酸盐，不分解淀粉、七叶苷、酪氨酸，还原茶红；在固体培养基上菌落呈黄色扁平状，边缘呈扩散型的树根状，菌落表面可见疣状突起；菌体细长，具有团聚的特性，革兰氏染色阴性。

【流行病学】

在春季该病流行季节以前，带菌鱼是最主要的传染源，其次是被菌污染的水；菌在水及塘泥中存活的时间与水温、水质等有关，但至今尚未完全查明。在该病流行季节，病鱼在水中不断散布病原菌，传染源就更多了。

感染是鱼体与病原菌直接接触引起的，鳃受损（如被寄生虫寄生、机械损伤或有害物伤害等）时特别容易感染。从鱼种至成鱼均受害。该病一般在水温15℃以上时开始发生；在水温15～30℃范围内，水温越高越易暴发流行，致死时间也越短，致死时间的对数与水温呈直线关系。水中病原菌的数量越多、鱼的密度越大、鱼的抵抗力越小、水质越差，则越易导致细菌性烂鳃病的流行。

【症状和病变】

病鱼体色发黑，尤以头部为甚；游动缓慢，对外界刺激的反应迟钝，呼吸困难，食欲减退；病情严重时，离群独游水面，不吃食，对外界刺激失去反应。发病缓慢、病程长者，鱼体消瘦。将病鱼捕起来，可以看见鳃盖内表面的皮肤往往充血发炎，中间部分常腐烂成一个圆形或不规则形的透明小窗，俗称“开天窗”。鳃上的黏液增多，鳃丝肿胀，鳃的某些部位因局部缺血而呈淡红色或灰白色；有的部位则因局部瘀血而呈紫红色，甚至有小出血点；严重时，鳃小片坏死脱落，鳃丝末端缺损，鳃丝软骨外露；在病变鳃丝的周围常黏附着坏死脱落的细胞、黏液、病原菌和水中各种杂物，当这些附着物主要是黏液和病原菌时，则呈淡黄色，鳍的边缘色泽常较淡，呈“镶边状”。

【诊断】

（1）用肉眼观察，鱼体发黑，鳃丝肿胀，黏液增多，鳃丝末端腐烂缺损，软骨外露；用显微镜检查，鳃上又无大量寄生虫或真菌寄生，即可初步诊断为细菌性烂鳃病。

（2）取鳃上淡黄色黏液，或剪取少量病灶处鳃丝，放在载玻片上，加上2～3滴无菌水，盖上盖玻片，放置20～30min，在高倍显微镜下检查，如看见有大量细长、行的杆菌，有些菌体聚集成柱状，即可进一步诊断为细菌性烂鳃病。

（3）酶标免疫测定法。用该方法检测柱状屈挠杆菌不同菌株及患细菌性烂鳃病鱼鳃上的淡黄色黏液，原来纤细难辨的柱状屈挠杆菌均显棕色，在光学显微镜下清晰易见，而各对照组则都呈阴性结果，该方法有较高的特异性。而且涂好的片子经自然干燥或微热烘干后，用丙酮固定，放入干燥器内置冰箱中保存，保存时间达5个月，其抗原性仍不受影响。

【预防】

（1）彻底清池。

（2）选择优质健壮鱼种。鱼种下塘前每立方米水体加10g漂白粉，或5g漂粉精，或5g二氯异氰尿酸钠，或15～20g高锰酸钾，药浴15～30min；或用2%～4%食盐水溶液药浴5～20min。

（3）合理放养密度及搭配比例，加强饲养管理，保持优良水质，投喂优质饲料，增强鱼体抵抗力。

（4）在发病季节，每月全池遍洒消毒剂1～2次，使池水的pH保持在8左右。

（5）发病季节，定期将大叶桉、凤尾草、艾、樟树叶等扎成数小捆，放在池中沤水，隔天翻1次。

（6）免疫预防，用柱状嗜纤维菌的酚灭活菌苗，在胸鳍基部注射翘嘴鳜，每尾0.3～0.4mL，3周后，受免鱼体血清中凝集效价可上升至1∶（256～2048）；血液中白细胞的吞噬活性显著地高于对照组（$P<0.05$）；毒力攻击结果表明，免疫保护率达100%。但在生产上应用较困难。

（7）鳃上如有寄生虫寄生，应及时杀灭鳃上的寄生虫。鳃上寄生虫尽管不是很多，寄生虫并不直接引起鱼死亡，但寄生虫寄生后，损伤鱼的鳃组织，这为柱状嗜纤维菌的侵入打开了方便之门。

【治疗】

疾病早期，仅外泼消毒药即可治愈；疾病严重时，则需外泼消毒药与内服药饲相结合，才能取得良好的治疗效果。

1. 外用药　选择下列外用药中的一种，外泼1～3次。

（1）漂白粉（含有效氯30%）。每立方米水体放1～1.2g。先将漂白粉溶于水，滤去残渣后再全池均匀遍洒。

（2）漂粉精（含有效氯60%）。每立方米水体放0.5～0.6g。

（3）二氯异氰尿酸钠（含有效氯60%）。每立方米水体放0.5～0.6g。

（4）三氯异氰尿酸（含有效氯85%）。每立方米水体放0.4～0.5g。

（5）五倍子。每立方米水体放2～4g。先将五倍子磨碎后用开水浸泡。

（6）乌桕叶。每立方米水体放3.7g干的乌桕叶（新鲜乌桕叶4kg折合1kg干乌桕叶）。先将乌桕叶用20倍重量的2%石灰水浸泡过夜，再煮沸10min，进行提效，然后连水带渣全池遍洒。

（7）大黄。每立方米水体放2.5～3.7g。先将大黄用20倍重量的0.3%氨水浸泡提效后，再连水带渣进行全池均匀遍洒。

2. 内服药

（1）每千克饲料中加复方新诺明2～3g，搅拌均匀后，制成水中稳定性好的颗粒药饲投喂，连喂3～5d，每天上、下午各投喂1次。

（2）每千克饲料中加磺胺-6-甲氧嘧啶2～3g，拌匀后制成水中稳定性好的颗粒药饲投喂，连喂4～6d，第一天用药量加倍。每天投喂1次。

白头白嘴病

白头白嘴病（white head-mouth disease）是由细菌感染而引起的鱼苗的吻端至眼球处的皮肤发白的一种暴发性鱼病。

【病原】

尚未完全查明，是一种与细菌性烂鳃病的病原菌——柱状屈挠杆菌很相似的细菌。

【流行病学】

通过接触而感染。一般鱼苗饲养 20d 左右，如不及时分塘就易暴发此病，这与水质不良，病原菌大量滋生，及鱼体长大后密度过大，缺乏足够的适口饲料，鱼体抵抗力降低等有关；同时，在鱼苗分塘后，因操作不慎，碰伤鱼体，或体表有大量车轮虫等原生动物寄生，鱼体受伤，病原菌乘虚而入，也易暴发流行。该病是一种暴发性鱼病，发病快、来势猛、死亡率高，一日之间能引起成千上万尾鱼死亡。流行于 5～7 月，一般从 5 月下旬开始，6 月为发病高峰，7 月下旬以后就较少见。我国长江和西江流域各养鱼地区都有此病发生，尤以华中、华南地区最为严重。

【症状】

病鱼自吻端至眼球一段的皮肤，色素消褪成乳白色。唇似肿胀，张闭失灵，因而造成呼吸困难。口圈周围的皮肤腐烂，微有絮状物黏附其上，故在池边观察下边水面游动的病鱼，可见白头白嘴的症状。将病鱼拿出水面观察，往往不明显，个别病鱼的颅顶和眼瞳孔周围有充血现象，呈现红头白嘴现象。还有个别病鱼的体表有灰白色毛茸物，尾鳍的边缘有白色镶边，或尾尖蛀蚀。病鱼体黑发瘦，反应迟钝，有气无力地游动在下风近岸水边，不久就出现大量死亡。

【诊断】

目前只有根据流行情况及症状进行诊断。在诊断时必须注意与大量车轮虫寄生引起鱼苗的白头白嘴症状相区别。区别的方法是在载玻片上加 1 滴清水，然后刮取病灶处的黏液，盖上盖玻片，用显微镜检查，如看到有大量细长的细菌，则可诊断为白头白嘴病；如有大量车轮虫等原生动物寄生，则为患车轮虫等原生动物病。

【预防】

（1）彻底清池。

（2）鱼苗放养的密度要合理。加强饲养管理，保证鱼苗有充足的适口饲料和生活在良好的水环境中。同时要及时进行分塘。

（3）捕捞、搬运时要细心操作，尽量不伤及鱼体。如万一鱼体受伤，应及时用白粉全池遍洒，使池水呈 1mg/L 浓度，每天 1 次，连撒 2d。

（4）鱼在下塘前，每立方米水体中加 1～2mL 水产保护神中药浴 20～30min。

（5）发现鱼体表有寄生虫寄生，应及时杀灭。

【治疗】

疾病早期，仅外泼消毒药即可治愈；疾病严重时，则需外泼消毒药与内服药饵相结合，才能取得良好的治疗效果。

1. 外用药 选择消毒药物外泼 1～3 次。

（1）漂白粉（含有效氯30%）。每立方米水体放1～1.2g。先将漂白粉溶于水，滤去残渣后再全池均匀遍洒。

（2）漂粉精（含有效氯60%）。每立方米水体放0.5～0.6g。

（3）二氯异氰尿酸钠（含有效氯60%）。每立方米水体放0.5～0.6g。

（4）三氯异氰尿酸（含有效氯85%）。每立方米水体放0.4～0.5g。

（5）五倍子。每立方米水体放2～4g。先将五倍子磨碎后用开水浸泡。

（6）乌桕叶。每立方米水体放3.7g干的乌桕叶（新鲜乌桕叶4kg折合1kg干乌桕叶）。先将乌桕叶用20倍重量的2%石灰水浸泡过夜，煮沸10min提效后，再连水带渣全池遍洒。

（7）大黄。每立方米水体放2.5～3.7g。先将大黄用20倍重量的0.3%氨水浸泡提效后，再连水带渣进行全池均匀遍洒。

2. 内服药

（1）每千克饲料中加复方新诺明2～3g，搅拌均匀后，制成水中稳定性好的颗粒药饲投喂，连喂3～5d，每天上、下午各投喂1次。

（2）每千克饲料中加磺胺-6-甲氧嘧啶2～3g，拌匀后制成水中稳定性好的颗粒药饲投喂，连喂4～6d，第一天用药量加倍。每天投喂1次。

赤　皮　病

赤皮病（red-skin disease）是由荧光假单胞菌感染，引起鱼体两侧皮肤充血发炎、鳞片脱落的疾病。

【病原】

荧光假单胞菌（Pseudomonas fluorescens），属假单胞菌科。菌体短杆状，两端圆形，大小为（0.7～0.75）μm×（0.4～0.45）μm，单个或2个相连。有动力，极端1～3根鞭毛；无芽孢，菌体染色均匀，革兰氏阴性，琼脂培养基上菌落呈圆形，灰白色，半透明，20小时左右开始产生绿色或黄绿色的色素，弥漫培养基。肉汤培养生长旺盛，均匀混浊，微有絮状沉淀，表面有光滑柔软的层状菌膜，一摇即散，24h后，培养基表层产生色素；明胶穿刺24h后形成杯状液化，72h后层面形液化，液化部分出现色素。

【流行病学】

赤皮病又称出血性腐败症。观赏鱼及多种淡水鱼类均可患此病，该病在我国各地区，一年四季都有流行，尤其在捕捞、运输后及北方在越冬后，最易暴发流行。但是以水温25～30℃时为流行盛期。传染源是被荧光假单胞菌污染的水体、工具或带菌鱼。当鱼体表完整无损时病原菌无法侵入，一旦鱼体因机械损伤、冻伤，或体表被寄生虫寄生而受损时，被病原菌感染而引起发病。

【症状和病变】

病鱼行动缓慢、反应迟钝、衰弱、离群独游于水面。体表局部或大面积出血发炎，鳞片脱落，特别是鱼体两侧和腹部最为明显。背鳍、尾鳍等鳍基部充血，鳍条末端腐烂，形成“蛀鳍”。鱼的上下腭及鳃盖部分充血，呈块状红斑。有时鳃盖部分腐烂脱落，呈小圆窗状，出现“开天窗”。在鳞片脱离和鳍条腐烂处往往出现水霉寄生，加重病势。发病数日后即可死亡。

【诊断】

根据症状及流行情况进行初步诊断。本病病原菌不能侵入健康鱼的皮肤，因此病鱼有受伤史，这点对诊断有重要意义。确诊需分离、鉴定病原菌。

【预防】

(1) 彻底清池。

(2) 选择优质健壮鱼种，鱼种下塘前每立方米水体放15～20g高锰酸钾水溶液药浴15～30min。

(3) 加强饲养管理，保持优良水质，严防鱼体受伤；在北方越冬池应加深水深，以防鱼体冻伤；投喂优质颗粒饲料，增强鱼体抵抗力。

(4) 发现鱼体表有寄生虫寄生，要及时将寄生虫杀灭。

(5) 发现鱼体受伤后，应立即全池遍洒1～2次消毒药。室外大池可用漂白粉遍洒，使水中药物浓度达到1mg/L。

(6) 预防性给药，可用20mg/L的呋喃西林或呋喃唑酮浸洗鱼体。当水温20℃以下时，浸洗20～30min；21～32℃时，10～15min。

【治疗】

(1) 治疗可用呋喃唑酮泼洒，使池水中的药物浓度达到0.1～0.2mg/L，病情严重者浓度可增加到0.5～1mg/L。

(2) 用浓度为2mg/L的红霉素浸洗鱼体30～40min，每天1次，连续3～5d。

(3) 采用青霉素或链霉素注射，每尾金鱼腹腔注射5万～10万U。

竖 鳞 病

竖鳞病（lepidorthosis）又称鳞立病、松球病、松鳞病，是鱼体受伤后感染细菌，引起鳞囊内积聚液体、鳞片竖立的一种鱼病。

【病原】

初步认为是水型点状假单胞菌（P. punctata f. ascitae），短杆状、近圆形、单个排列、有动力、无芽孢和革兰氏阴性。另外，有人认为此病是由气单胞菌，或类似这一类的细菌感染引起；也另有人认为是一种循环系统的疾病，由于淋巴回流障碍引起。

【流行病学】

本病主要发生于静水鱼池，危害金鱼及其他鲤科鱼类。发病后能导致鱼大批死亡。每年秋末及春季水温较低时是该病的流行季节。水温17～22℃是流行盛期，有时在越冬后期也有发生。主要危害个体较大的金鱼，尤其是越冬后的金鱼，由于抵抗力减弱，最容易患此病。当水质污浊，鱼体受伤时经皮肤感染。死亡率一般在5%以上，发病严重的鱼池甚至100%死亡，鲤鱼亲鱼的死亡率也可高达85%。我国东北、华北、华中、华东和华南地区常出现此病，但以东北和华北地区更为流行。

【症状和病变】

病鱼离群独游，游动缓慢，严重时呼吸困难，对外界失去反应，浮于水面。疾病早期，鱼体发黑，体表粗糙，鱼体前部鳞片竖立，鳞囊内积有半透明液体。严重时全身鳞片竖起，鳞囊内积有渗出液，用手指轻压鳞片，渗出液就从鳞片下喷射出来，鳞片也随之脱落；有时伴有鳍基部充血，鳍膜间有半透明液体，顺着与鳍条平行的方向稍用力压，液体即喷射出来。眼球突出，腹部膨大，病鱼贫血，鳃、肝、脾、肾的颜色均变淡，鳃盖内表面充血。皮肤、鳃、肝、脾、肾、肠组织均发生不同程度的病变。

【诊断】

根据其症状如鳞片竖起，眼球突出，腹部膨大，腹水，鳞囊内有液体，轻压鳞片可喷射出渗出液，可作出初步判断。镜检鳞囊内的渗出液，见有大量革兰氏阴性短杆菌即可做诊断。

【预防】

（1）鱼体表受伤，是引起本病的可能原因之一，因此在扦捕、运输、放养时，应注意保护。

（2）在未发病时应注新水，使池塘水成微流状，可使因病原感染鱼体症状消失，并扼制病原的存在。

（3）加强金鱼越冬前的肥育工作，尽量缩短停食期，早春水温回升后，投喂水蚤、水蚯蚓等活饵，增强鱼体抵抗力，能有效预防此病的发生。

（4）用浓度为2%的食盐水溶液浸洗鱼体5～15min，每天1次，连续浸洗3～5次。

【治疗】

1. 外用药　用消毒药隔天泼1次，共泼1～3次。

（1）全池遍洒三氯异氰尿酸（含有效氯85%），每立方米水体放药0.3～0.5g。

（2）全池遍洒二氧化氯，每立方米水体放药1mL（要先用柠檬酸或醋酸活化后再泼）。

（3）全池遍洒二氯异氰尿酸钠（含有效氯60%），每立方米水体放0.5～0.6g。

（4）全池遍洒漂粉精（含有效氯60%），每立方米水体放药0.5～0.6g。

（5）全池遍洒五倍子（磨碎后，用开水浸泡），每立方米水体放药2～4g。

2. 内服药　在外泼消毒药的同时，必须投喂水中稳定性好的颗粒药饲。可以任选下列1种：

（1）每千克饲料中加入2～4g磺胺-6-甲氧嘧啶拌饲投喂，连喂4～6d。其中第1天用药量加倍。

（2）每千克饲料中加2～3g复方新诺明拌饲投喂，连喂4～6d，其中第1天用药量加倍，每天喂2次。

（3）亲鱼患病严重时，可以腹腔注射或肌内注射硫酸链霉素，每千克鱼注射20mg。

细菌性败血病

目前，细菌性败血病（bacterial septicemia）的名称较多，主要有鱼类暴发性流行病、溶血性腹水病、腹水病、出血性腹水病和出血病等。该病是由嗜水气单胞菌、温和气单胞菌、鲁氏耶尔森菌、豚鼠气单胞菌、河弧菌生物变种Ⅲ和产碱假单胞菌等多种革兰氏阴性杆菌感染引起。

【病原】

该病病原起初报道种类较多，有嗜水气单胞菌（Aeronzonas hydrophila）、温和气单胞菌（A. sedria）、斑点气单胞菌（A. punctata）、豚鼠气单胞菌（A. caviae）、鲁克氏耶尔森氏菌（yersinia）、河弧菌（Vibrio fluvialis）等。目前认为该病病原为嗜水气单胞菌。该菌生物学特点为菌体钝圆、短杆状、革兰氏阴性、单个或两两排列、有动力、极端单鞭毛、无芽孢、无荚膜。琼脂平板上经28℃、培养24h，菌落为圆形，直径约1.3mm，淡黄褐色，无水溶性色素，表面湿润光滑，扁平微凸，边缘整齐，半透明，兼性厌氧，最适生长温度28℃，在4～10℃下微弱生长，42℃不生长，pH5.5～10生长，在无氯化钠的陈水中生长良好，对0/129弧菌抑制剂不敏感，对链霉素、四环素、江霉素等18种抗生素敏感，产生过氧化氢酶、精氨酸双水解酶，VP反应为阳性，赖氨酸脱羧酶阳性，鸟氨酸脱羧酶阴性，37℃营养肉汤中生长。乙酰甲基甲醇试验阳性，甲基红试验阴性。发酵葡萄糖、甘露糖、蔗糖、半乳糖，产酸产气，发酵甘油、水杨酸、阿拉伯糖、七叶苷，不发酵肌醇、L-丙氨酸、L-甘氨酸等。

【流行病学】

该病于20世纪70年代末、80年代初曾在个别养鱼场发生，但未引起人们足够的重视；于1987年在上海郊县、江苏、浙江等省市流行，至1991年已在上海、江苏、浙江、安徽、广东、广西、福建、湖南、湖北、河南、河北、北京、天津、四川、陕西、山西、云南、内蒙古、山东、辽宁、吉林等20多个省、市、自治区广泛流行。对神仙鱼、金鱼等观赏鱼也造成危害。上海及苏南地区从2月底到11月，即水温9～36℃均有流行，其中尤以水温持续在28℃以上及高温季节后水温仍保持在25℃以上时最为严重（在肉汤培养基中，病原菌在32℃比在26℃增殖快1倍左右）。发病严重的养鱼场发病率高达100%，重病鱼池死亡率高达95%以上。因此，该病是我国流行地区最广、流行季节最长，危害养鱼水域类别最多、危害淡水鱼的种类最多、危害鱼的年龄范围最大、造成的损失最大的一种急性传染病。嗜水气单胞菌在水中能存活60d左右，主要导致胃肠炎及败血症。

造成该病如此大规模流行的原因主要有以下几方面：

（1）放养密度大幅度提高，但鱼病的预防工作非但未能同步加强，相反，有的地方还有所削弱。如鱼池不进行及时清整和消毒。

（2）饲养管理不细，鱼池水质老化、恶化，池水中分子氨含量高；水中病原菌含量显著增大。

（3）长期以来，养殖鱼类进行近亲繁殖，鱼的体质下降。

（4）现在基本上投喂商品饲料，或只投喂商品饲料，天然饲料不投喂，使用颗粒饲料，多数营养也不全面，鱼体内脂肪积累过多，肝受到损伤，鱼的抗病力下降。

（5）国内鱼类运输没有实行检疫制度，因此，病原体广为传播。

（6）该病的流行季节长、流行地区广，与主要病原菌在水温4～40℃及pH5.5～10范围内均可生长有关；且在这个范围内，病原菌的繁殖速度与水温成非常显著的正相关。

【症状和病变】

疾病早期及急性感染时，病鱼的上下颌、口腔、鳃盖、眼睛、鳍基及鱼体两侧轻度充血，此时肠内尚有少量食物。严重时，体表严重充血以至出血，眼眶周围充血，眼球突出，肛门红肿，腹部膨大，腹腔内积有淡黄色透明腹水，或红色混浊腹水（即血性腹水）；鳃、肝、肾的颜色均较淡，呈花斑状，病鱼严重贫血；肝、脾、肾肿大，脾呈紫黑色；胆囊大，肠系膜、腹膜及肠壁充血，肠内无食物而有多量黏液，有的肠腔内积水或有气体，肠管胀得很粗；有的病鱼鳞片竖起，肌肉充血，鳔壁充血，鳃丝末端腐烂。因病程的长短、疾病的发展阶段、病鱼的种类及年龄不同，病原菌的数量及毒力差异，病鱼的症状表现多样化。有时少数鱼甚至肉眼看不出明显症状就死亡，就是由于这些鱼的体质弱，病原菌侵入的数量多、毒力强所引起的最急性感染病例，这种情况在人工感染及自然发病中均有发现。病情严重的病鱼，厌食或不吃食，静止不动或发生阵发性乱游、乱窜，有的在池边摩擦，最后衰竭而死。

【诊断】

1. 根据症状及流行情况进行初步诊断 在诊断时应注意与由病毒感染引起的出血病区别。

2. 根据病理变化可做出进一步诊断 如病鱼除全身广泛性充血、出血和贫血外，还发生溶血，各组织器官都发生病变，尤以实质性脏器为严重，常坏死解体成淡红色一片（苏木精-伊红染色片），呈败血症状；腹水是由炎症引起的渗出液，发生凝固，李凡他氏蛋白定性试验阳性；病鱼血清中的钠、氯、葡萄糖、总蛋白、白蛋白均比健康鱼低，差异非常显著；病鱼血清中的肌酐、谷丙转氨酶、谷草转氨酶、乳酸脱氢酶及淀粉酶均非常显著地高于健康鱼。

3. 病原菌分离菌株鉴定 具体方法为用血平板、麦康凯平板或 TSA 培养基直接分离培养。分离菌应为革兰氏阴性，氧化酶阳性。此外，关键的生化指标为：葡萄糖产气，发酵甘露醇、蔗糖，利用阿拉伯糖，水解七叶苷/水杨苷，鸟氨酸脱羧酶阴性。如上述 6 项指标符合，可判定为嗜水气单胞菌。或用相应抗体建立的酶联免疫吸附分析技术试剂盒进行诊断。

4. 斑点酶联免疫技术（Dot-ELISA 法） 检测嗜水气单胞菌 HEC 毒素。该方法操作简便、敏感性高（可检出的 HEC 毒素最低水平为 95ng/mL，比溶血试验的敏感性高 40 倍）、重复性好，具有较强的特异性，可同时检测大量样本，在 3～4h 内即可得出结论，不需要特殊仪器设备。

5. 单抗乳胶凝集试验 用嗜水气单胞菌单克隆抗体，建立乳胶凝集试验检测嗜水气单胞菌 HEC 毒素，方法简便，结果可靠，检出率与 Dot-ELISA 相当，乳胶凝集试验反应只需 10min，抑制试验仅需 20min，更适合于基层应用。

【预防】

（1）彻底清池。

（2）选用健壮亲鱼进行繁殖，并严禁近亲繁殖，提倡培育健壮鱼种。

（3）活鱼搬运应进行检疫，操作要细心，尽量不损伤鱼体。

（4）鱼种下池前每立方米水体放 15～20g 高锰酸钾水溶液药浴 10～20min。

（5）加强饲养管理，保持优良水质及底质。

（6）投喂优质饲料，提高鱼体抗病力。

（7）周围定期泼洒消毒药进行消毒。

（8）加强巡察工作，对鱼进行抽样检查，发现病情时应及时进行防治。

（9）在该病流行季节前，用显微镜检查 1 次鱼体，杀灭鱼体外寄生虫。

（10）发病鱼池用过的工具要进行消毒，病死鱼要及时捞出深埋。

（11）人工免疫预防，灭活全菌苗浸浴免疫。将含菌的灭活全菌苗，按 1∶10 稀释浸浴 1min，或按 1∶500 稀释浸浴 40min，免疫保护率可达 66％以上。如在灭活全菌苗中加莨菪碱，使其浓度为 5mg/L，免疫保护率比不加莨菪碱的高 25％；如再加 2％盐，免疫保护率比不加盐的提高 10％。如首次免疫后，间隔 1～6 个月再加强免疫一次，可提高免疫保护率及延长免疫有效期。浸浴免疫的鱼种，放在池塘里饲养，成活率提高 15％；放在湖泊中饲养，可减少死亡率 55.8％。

【治疗】

1. 外用药　生石灰每立方米水体 25～30g；漂白粉（有效氯 30%～32%）每立方米水体 1g；漂白粉精（有效氯 60%～65%）每立方米水体 0.2g；强氯精（有效氯 85%）每立方米水体 0.3g。

2. 内服药　诺氟沙星（每千克体重 20～50mg）、喹乙醇（每千克体重 20～30mg），每天 1 次，3d 为一个疗程。

细菌性肠炎病

细菌性肠炎病（bacterial enteritis）是由运动性气单胞菌感染引起鱼的肠壁充血发炎的疾病。

【病原】

运动性气单胞单菌又称为嗜温气单胞菌，原称肠型点状气单胞菌。因仅根据表型鉴定的结果往往有差错，加上过去所用名称的改变，造成了气单胞菌命名的紊乱。故将气单胞菌分为运动性及非运动性两大类。革兰氏阴性短杆菌，极端单鞭毛，无芽孢，含有内毒素；菌落呈圆形，直径 0.5～15μm，微凸，表面光滑、湿润，边缘整齐，半透明，培养 1～2d 后产生褐色色素；细胞色素氧化酶阳性，发酵葡萄糖，产酸、产气或不产气，对弧菌抑制剂不敏感，在 R-S 选择和鉴别培养基上菌落呈黄色；在 pH6～12 中均能生长，生长适温为 25℃，60℃0.5h 死亡。

【流行病学】

从鱼种至成鱼都可受害，死亡率在 50%左右，严重时可达 90%以上。水温在 20℃以上发生流行，流行高峰时水温 25～30℃。全国各养鱼地区均有发生，为我国饲养鱼类中危害严重的疾病之一。细菌性肠炎病常和细菌性烂鳃病、赤皮病并发。

病菌可随病鱼及带菌鱼的粪便排到水中，污染饲料，经口感染。

【症状和病变】

病鱼离群独游，游动缓慢，鱼体发黑，食欲减退，以至完全不吃食。剖开肠管，可见肠壁局部充血、发炎，肠腔内没有食物，或只在肠的后段有少量粪便，肠内黏液较多，严重时全肠呈红色，肠壁弹性较差，肠内有大量淡黄色黏液，肛门红肿。当疾病严重时，腹部膨大，腹腔内积有淡黄色腹水，腹壁上有瘀斑，整个肠壁因瘀血而呈紫红色，将病鱼的头部拎起，即有淡黄色黏液从肛门淌出。

【诊断】

（1）剖开鱼腹和肠管，肉眼可见肠壁充血、发炎，肠壁弹性较差，肠腔内没有食物，或仅在肠的后段有少量粪便，肠腔内有大量淡黄色黏液；用显微镜检查肠内黏液，可以看到变性、坏死脱落的肠上皮细胞和少量红细胞，有大量细菌，即可初步诊断为患细菌性肠炎病。

（2）取病鱼的肝、脾、肾、心血液接种在 R-S 选择和鉴别培养基上，如长出黄色菌落，则可进一步诊断为患细菌性肠炎病。

（3）直接荧光抗体法，用直接荧光抗体法可直接利用病鱼的器官涂片进行病原菌的检测，细菌呈黄绿色、短杆状，无非特异性及自发荧光，与 12 株鱼类其他病原菌及水中常在菌等对照菌无交叉染色反应。与其他血清学方法比较，具有特异性好、快速、结果直观等优点，荧光抗体可较长时间保存，适合基层单位使用。

【防制】

1. 预防

（1）彻底清池。

（2）选择优良健壮鱼种，鱼种下池前每立方米水体加 15～20g 高锰酸钾药浴 15～30min。

（3）合理的放养密度及搭配比例，加强饲养管理，保持优良水质，使水温变化较小，水温不宜过高。

（4）掌握好投饲的质和量，严禁投喂腐烂变质饲料。

（5）发病季节适当控制投饲量，每月投喂下列任何一种药饲 1～2 个疗程。

①每千克饲料每天加大蒜头 170g（必须在投喂前才将大蒜头捣碎，否则严重影响效果）或大蒜素微囊 1.5g 拌饲，制成水中稳定性好的颗粒药饲投喂，连喂 3d 为 1 个疗程。

②每千克饲料中加干的地锦草、马齿苋、铁苋菜、辣蓼、火炭母、马鞭草、凤尾草等 170g（合用或单用都可以），打成粉后，加 60g 食盐，拌饲，制成水中稳定性好的颗粒药饲投喂，连喂 3d 为 1 个疗程。

③每千克饲料中加入干的穿心莲 700g，或新鲜的穿心莲 1000g 打成浆，再加食盐 60g，拌饲，制成水中稳定性好的颗粒药饲投喂，连喂 3d 为 1 个疗程。

④也可以用下述治疗用的内服药，药量减半，连喂 3d 为 1 个疗程。

2. 治疗　治疗须外用、内服结合，外用药与上述各病大体相同；内服药可选择诺氟沙星、磺胺胍（每千克体重 50～100mg）、磺胺嘧啶（每千克体重 80～200mg）、大蒜（每千克体重 10～30g），均为每天 1 次，4～6d 为一个疗程。

龟打印病

打印病主要是因为饲养密度较大，龟互相撕咬，病菌侵入后，引起受伤部位皮肤组织坏死。水质污染也易引起龟患病，如不及时治疗到后期会导致死亡。

【病原】

为斑点气单胞菌点状亚种。菌体短杆状，多数两个相连，少数单个；极端单鞭毛；无芽孢，革兰氏阴性；R-S 培养基培养 18～24h，菌落黄色。生长适温为 28℃，65℃时 9.5h 死亡，pH3 以下或 pH11 以上均不能生长。

【流行病学】

该病菌为条件致病菌，只有龟体受伤后才能感染发病，夏、秋两季最甚。

【症状和病变】

病灶常在龟的臀鳍或肛门上方，极少数在身体前部。最初皮肤发炎，出现红斑，随着病情的发展，皮肤脱落，肌肉腐烂，病灶出血，呈圆形或椭圆形，好像打上一个红色印章。严重时病灶部位的肌肉溃烂，可见骨伤和内脏。病龟身体消瘦，游动无力，最终衰竭而死。

【诊断】

如发现龟皮肤脱落，肌肉腐烂，病灶出血，呈圆形或椭圆形，好像打上一个红色印章，基本可以断定是打印病。

【预防】

（1）用20mg/kg的呋喃西林或呋喃唑酮浸洗。

（2）水温20℃以下时浸洗20～30min，21～32℃时，浸洗10～15min。

【治疗】

（1）用呋喃西林或呋喃唑酮（0.2～0.3mg/kg）全池泼洒，病情严重时可增至0.5～1.2mg/kg。

（2）用2.2～2.5mg/kg浓度的红霉素浸洗；水温34℃以下时，浸洗30～50min，每天浸洗1次，连续3～5d，直到病情好转。

龟烂板壳病

龟烂板壳病（turtle lousy plate and shell disease）是甲壳受磨损后，细菌侵入而导致甲壳溃烂。

【病原】

一般认为是嗜水气单胞菌、普通变形菌、气单胞菌和产碱菌。

【流行病学】

该病主要危害幼龟，常发生于春秋二季，温室养殖整个过程中均可发病。

【症状和病变】

患病初期，病龟背壳或底板出现白色斑点，之后白斑处逐渐溃烂，变成红色块状，用力压会有血水流出，如用镊子将溃疡弄破，可见一个孔洞。病龟活动力减弱，摄食减少，不久便死亡。

【诊断】

如发现龟背壳或底板出现白色斑点，严重时溃烂，变成红色块状，用力压会有血水流出，如用镊子将疖疮揭去，可见一个孔洞，可基本确定为烂板壳病。

【预防】

在发病季节用1mg/L的强氯精全池泼洒，每隔15d泼洒1次。

【治疗】

（1）将病龟患处表皮挑破，挤出血水，用10%的盐水反复擦涂，然后立即冲洗，每天1次，连续7d。或将病龟患处洗净后，用呋喃唑酮干粉擦患处。

（2）注射卡那霉素，用量为每千克体重20万U或10万～12万U。

（3）将病龟单独饲养，每隔3～4d用2～4mg/L的强氯精泼洒1次，连续3～4次。

水霉病

水霉病（bermatomycosis）是由水霉菌感染鱼体伤口而引起的一种鱼类传染病。鱼类从卵直到成鱼都受危害，能引起大批死亡，尤其是对卵及幼体。水霉菌也常寄生到末受精鱼卵上，由于菌丝不断蔓延和扩张，也会侵入到正在发育的正常鱼卵上，并造成大批鱼卵死亡，危害性极大。水霉病是一种继发性鱼病，世界各国都有发生。

【病原】

寄生在我国观赏鱼的体表及鱼卵上的水霉，已发现的有10多种，其中最常见的是属于水霉属和绵霉属的一些种类。菌丝为管状无横膈的多核体，一端似根系样地附着在鱼体表的损伤处，分枝多而纤细，可深入到损伤或坏死的皮肤及肌肉中，称为内菌丝，具有吸取营养的作用；长在鱼体外的称为外菌丝，其菌丝较粗壮，分枝较少，菌丝可长达3cm，形成肉眼可见的灰白色棉絮状物。当环境条件不良时，外菌丝的尖端膨大成棍棒状，同时其内积聚稠密的原生质，并生出横壁与其余部分隔开，形成抵抗恶劣环境的厚垣孢子，有时在一根菌丝上反复进行数次分隔，形成一串念珠状的厚垣孢子。在环境适宜时，厚垣孢子就萌发成菌丝或形成动孢子囊。无性生殖为产生动孢子，一般在外菌丝的梢端膨大成棍棒状，同时内部原生质由下部往这里密集，达到一定程度时，生出横壁与下部菌丝隔开，自成一节，即动孢子囊。囊中稠密的原生质不久分裂成很多的单核孢子原细胞，并很快发育成动孢子。动孢子的行为在不同属中不完全相同。水霉属的动孢子呈梨形，具2条等长的前鞭毛；动孢子从动孢子囊中游出后，在水中自由游动几十秒至几分钟，即停止游动，分泌出一层细胞壁而静止休息，称为孢孢子；孢孢子静休1h左右，原生质从细胞壁内钻出，又成为动孢子，称为第二动孢子；第二动孢子呈“肾形”，在侧面凹陷处长出2条鞭毛，游动时间较第一次长，最后它们又静止下来，分泌一层细胞壁成第二孢孢子，经一段时期的休眠，即萌发成菌丝体。在水分和营养不足的情况下，第二孢孢子不萌发为菌丝，而改变为第三动孢子、甚至第四动孢子；另外，如动孢子囊的出口受阻塞，动孢子无法逸出时，它们也能在囊中直接萌发。绵霉第一动孢子被抑制，从动孢子囊产生没有鞭毛的动孢子原体，成群地聚集在动孢子囊口而不游动，经过一段时期静休后，它们逸出细胞壁而在水中自由游动，空的细胞壁蜂窝状地遗留在动孢子囊口附近。在这一阶段的动孢子都为肾形，两条鞭毛从侧面凹处生出。在有性生殖时期分别产生藏卵器和雄器。藏卵器的发生，一般由母菌丝分出短侧枝，其中的核及细胞质逐渐积聚，然后生成横壁与母菌丝隔开。接着，积聚的核及细胞质在中心部分退化，余下的核移向藏卵器的周缘，形成分布稀疏的一层，然后核同时分裂，其中半数分散消失，最后细胞质按核数而割裂成几个单核部分，每一部分变圆而成卵球（也有的属只形成一个卵球）。在藏卵器发生的同时，雄器也由同枝或异枝的菌丝短侧枝上长出，逐渐卷曲缠绕于藏卵器上，最后也生出隔壁与母体隔开。雄器中核的分裂与藏卵器中核的分裂大约在同时发生。受精作用是由雄器的芽管穿通藏卵器壁来完成的，雄核经过芽管移到卵球核处，与卵核结合形成卵孢子，并分泌双层卵壁包围，经3～4个月的休眠期后，萌发成具有短柄的动孢子囊或菌丝。

水霉科各属多数具有藏卵器和雄器，由于它们的形状、大小、同枝、异枝等特点，在每一个独立种内都较稳定，因此藏卵器与雄器都已作为种的重要分类特征。

【流行病学】

水霉在淡水水域中广泛存在，对温度的适应范围极广，5～30℃均可生长繁殖，只是不同种类略有不同而已，如水霉、绵霉的繁殖适温为13～18℃。在全国各养鱼地区都有流行，对鱼的种类没有选择性，凡是受伤的鱼均可感染，而未受伤的鱼则一律不感染；在鱼的尸体上，水霉繁殖得特别快，所以水霉是腐生性的，对鱼是继发性感染。这可能是由于活细胞分泌一种抗霉物质的缘故。在活的鱼卵上，有时虽可看到孢孢子的萌发和穿入卵壳，并悬浮在卵间质或卵间隙中生长和分出侧枝的情况，但是如果胚胎发育正常，则悬浮在间质中的内菌丝，一般就停止发育，也不长出外菌丝；而当胚胎死亡，则内菌丝迅速伸入死胚而繁殖，同时外菌丝亦随之长出。大量外菌丝覆盖周围发育正常的卵，引起这些卵窒息死亡，从而疾病愈演愈烈，形成恶性循环，严重时甚至使孵化工作以失败告终。

【症状和病变】

发病初期，用肉眼见不到任何症状，当用肉眼能见到灰白色的菌丝时，菌丝已向内深入肌肉，向外已长出菌丝。随着病情不断发展，菌丝不断延长，病灶面积扩大，形成旧棉絮状的菌丝，使伤口组织坏死，病鱼急躁不安、常在其他物体上摩擦身体，随着菌丝不断延长伸展，鱼游动迟缓，食欲减退，肌肉腐烂甚至露出骨骼，最后瘦弱而死。这种病鱼即使治好也失去了观赏价值。正在孵化中的鱼卵，由于好卵与未受精卵、死卵互相黏附在一起，当死卵受到水霉菌的感染时，菌丝不断拓展，菌丝会穿破卵膜，并在卵膜外丛生大量菌丝，外表像一个个棉花状的小绒球，严重时造成大批鱼卵死亡。

【诊断】

（1）根据症状，用肉眼观察即可做出初步诊断。必需时可用显微镜进行检查，以防和大量固着类纤毛虫等寄生虫的鱼体混淆。

（2）如要鉴定水霉的种类，则必须进行培养，观察其有性生殖情况。

【预防】

（1）操作时动作要轻，防止鱼体受伤。

（2）受伤后选取如下任何一种方法加以预防：①5%碘酊擦洗伤口；②5%～10%孔雀石绿溶液擦洗伤口；③1%孔雀石绿软膏涂抹伤口；④1%高锰酸钾溶液擦洗伤口；⑤受精卵连同卵床一起放在7mg/L生孔雀石绿溶液中浸泡10～15min。

【治疗】

（1）在鱼缸中加入食盐和小苏打，用量为每10kg水加入食盐4g，小苏打4g。

（2）3%～5%食盐水浸洗3～4min。

（3）1/1.5万浓度孔雀石绿水溶液浸洗2～10min；或1/10万浓度浸洗20～30min（鱼卵）。

（4）测量鱼缸水体，每立方米水中加入孔雀石绿0.1g，隔2d再施用1次。

（5）测量鱼缸水体，每立方米水中加入亚甲蓝2～3g。

鳃 霉 病

鳃霉病（branchiomycosis of brocarded carp ）是鳃霉寄生在鳃上的一种危害严重的鱼病。鳃霉菌的菌丝体可以产生大量孢子，孢子落入水中或水底，一旦与鱼体接触，便附在鳃上发育成菌丝。

【病原】

病原为牙枝霉目牙枝霉科（*blastocladiaceae*）鳃霉属（*branchiomycessp*）成员。草鱼寄生的鳃霉菌，其菌丝体比较粗直而少弯曲，通常是单极延长生长，分枝很少，不进入血管和软骨，仅在鳃小片的组织生长。菌丝体直径为20～25μm，孢子的直径为8nm。另一种寄生于青鱼、鳙鱼、鲮鱼鳃里，它的菌丝常弯曲成网状，较细而壁厚，分枝特别多，沿着鳃丝血管或传入软骨生长，纵横交错，充满鳃丝和鳃小片，菌丝的直径为6.6～15.6μm，孢子直径平均为6.6μm。

【流行病学】

主要危害鱼苗及当年鱼。由于鱼缸容积较小，大鱼也可感染此病。除金鱼、锦鲤外，一些热带鱼和淡水食用鱼也流行此病。发病季节为 5～10 月份，尤其 5～7 月为甚，其间多为急性型，随着水温降低则转为亚急性型和慢性型。发病的直接原因是水质恶化，并可随鱼虫及新购入的病鱼将病原体带入鱼缸。

【症状和病变】

发病初期体表和内脏无明显症状，由于鳃霉不断地分枝和扩展，穿过鳃组织和软骨、破坏组织，堵塞微血管，病鱼鳃上出现血斑、贫血斑和瘀血斑，鳃丝颜色灰白，呼吸困难，游动迟缓，并停止摄食。根据病情的发展，鳃霉病可分为急性型、亚急性型和慢性型三种。

1. 急性型　鳃丝苍白、鳃瓣有充血和瘀血现象，显微镜下观察有棉毛状菌丝，发病后 3～5d 就大量死亡。鱼池中死亡率可达 60%。鱼缸中由于水体狭小，死亡率常达 100%。

2. 亚急性型　鳃瓣细胞由外缘向鳃弧方向蔓延坏死，坏死的组织脱落后产生缺陷，坏死的部分生有水霉菌、病程较长，有的可延续一年。坏死的鳃瓣还可以再生。

3. 慢性型　症状并不十分明显，鳃瓣有小部分坏死，局部呈苍白色，鳃瓣末端偶有浮肿。

【诊断】

根据症状及流行情况进行初步诊断，再用显微镜检查患处，如发现有大量真菌寄生，即可作出诊断。如要鉴定真菌的种类，则要进行分离培养。

【预防】

（1）经常保持良好的水质，定期对鱼缸、工具进行消毒。

（2）鱼虫于投喂前用高浓度的高锰酸钾消毒，用清水漂净后再行投喂。

（3）对新购入的鱼要先隔离观察，确认无病后再并缸饲养。

【治疗】

（1）测量鱼缸水体，每立方米水中均匀地溶入漂白粉（含有效氯 30%）1g。

（2）测量鱼缸水体，每立方米水中均匀地溶入漂粉精（含有效氯 60%）0.5g。

复习思考题

1. 简述观赏鱼出血热的流行特点、主要症状和病变。如何防治本病？
2. 简述观赏鱼常见的病毒性疾病的病原、症状、流行特点和防治方法。
3. 简述观赏鱼细菌性疾病的主要症状及防治方法。
4. 如何诊断和防治观赏鱼的细菌性肠炎？
5. 简述观赏鱼细菌性败血症主要病症特征表现。
6. 简述观赏鱼细菌性烂鳃病的症状、流行情况及预防措施。
7. 鳃霉寄生在什么部位？病鱼有何症状？什么水质条件下易发此病？怎样防制本病？
8. 水霉病易在什么条件下发生？有何寄生特点？如何防制本病？
9. 观赏鱼真菌性疾病与细菌性疾病相比有何特点？
10. 阐述淡水鱼病毒性出血症与细菌性败血症的区别。
11. 简述卵甲藻病的主要症状及防治方法。

模块十 观赏兔传染病

知识目标

掌握观赏兔常见传染性疾病的诊断与防制措施。

技能目标

掌握观赏兔常见传染病的诊断方法及防治要点。

兔巴氏杆菌病

兔巴氏杆菌病（rabbit pasteurella disease）又称兔出血性败血症，是由多杀性巴氏杆菌引起的一种急性、热性、败血性传染病。临床主要表现出鼻炎、地方流行性肺炎、全身性败血症、中耳炎、结膜炎、子宫积脓和睾丸炎等特征。

本病分布比较广泛，几乎遍及世界各国。

【病原】

多杀性巴氏杆菌，为两端钝圆，中央微突的革兰氏阴性短杆菌，大小为（0.2～2）μm×（0.22～0.4）μm。无芽孢，不运动，新分离的强毒菌株具有荚膜。病料涂片用瑞氏、姬姆萨或美蓝染色呈明显的两极浓染，但其培养物的两极着色不明显。

多杀性巴氏杆菌为需氧及兼性厌氧菌，能在普通营养琼脂培养基上生长，在添加血清或血液的培养基上生长良好，在麦康凯和含有胆盐的培养基中不生长。在血琼脂上生成灰白色、湿润而黏稠的菌落，不溶血；在普通琼脂上形成细小透明的露珠状菌落；在普通肉汤中，初期均匀混浊，24h以后形成白色絮状沉淀，轻摇时呈絮状上升，表面形成附壁菌环。

根据其荚膜抗原（K抗原）可将多杀性巴氏杆菌分为A、B、D、E、F五个型；根据菌体抗原（O抗原）可将将本菌分为1～16型。若将K、O两种抗原组合在一起，可形成更多的血清型。不同的血清型，其致病性、宿主特异性等有一定的差异。

本菌的抵抗力不强，在直射阳光和干燥的情况下迅速死亡，在干燥空气中2～3d死亡，60℃ 10min可将其杀死；一般消毒药在几分钟或十几分钟内可将其杀死。在血液、排泄物及分泌物中于阴暗处可存活6～10d，在尸体内可存活1～3个月。

【流行病学】

各个品种、不同年龄的家兔对巴氏杆菌病均有易感性，其中以2～6月龄的兔最易感。患病动物和带菌动物为主要传染源，主要经消化道和呼吸道传播，也可通过吸血昆虫的叮咬、皮肤和黏膜的损伤发生感染。饲养管理不善、营养缺乏、饲料突变、过度疲劳、长途运输、寄生虫感染以及寒冷、闷热、潮湿、拥挤、圈舍通风不良、阴雨绵绵等，使兔子抵抗力降低，而存在于兔鼻、咽喉黏膜等处的多杀性巴氏杆菌可乘机侵入体内，发生内源性感染。此病是引起9周龄～6月龄兔死亡的一种最主要的传染病。

【症状】

潜伏期一般数小时至5d或更长，临诊上可表现以下几种类型。

1. 败血症型　病兔表现精神萎靡不振，食欲减退，体温40℃以上，鼻腔流出浆液性、黏液性或脓性鼻液，有时腹泻。临死前体温下降，四肢抽搐，常在1～3d内死亡。最急性的常无明显症状而突然死亡。病程稍长者表现呼吸困难、急促，鼻腔流出黏性或脓性鼻液，常打喷嚏，体温稍高，食欲减退，偶有腹泻，关节肿胀，结膜发炎，最终衰竭死亡，病程1～3d。

2. 鼻炎型　病程一般数日至数月不等，病死率低。患兔鼻腔流出浆液性、黏液性或脓性分泌物，呼吸困难，打喷嚏、咳嗽，鼻液在鼻孔处结痂，堵塞鼻孔，使呼吸更加困难，并出现呼噜声。患兔经常用爪挠抓鼻部，使鼻孔周围的被毛潮湿、黏结甚至脱落，如病菌侵入眼内、皮下等，可诱发其他病症。

3. 肺炎型　常呈急性经过，患兔很快死亡，表现食欲不振、体温升高、精神沉郁，有时会出现腹泻或关节肿胀症状。

4. 中耳炎型　又称斜颈病（歪头症），是病菌扩散到内耳和脑部的结果。严重的患兔，向头倾斜的一方翻滚，一直到被物体阻挡为止。由于两眼不能正视，患兔饮食极度困难，因而逐渐消瘦。如脑膜和脑实质受害，则可出现运动失调和其他神经症状。

5. 结膜炎型　多为双侧性，临诊表现为流泪，结膜充血、红肿，眼内有浆液性、黏液性或脓性分泌物，常将眼睑粘住。转为慢性时，红肿消退，但流泪经久不止。

6. 脓肿　脓肿可以发生在身体各处。体表脓肿易于查出，内脏器官发生脓肿时往往不表现症状。

【病变】

1. 败血症型　病程短者，无明显症状，病程稍长的病兔全身性出血、充血或坏死。鼻腔黏膜充血，鼻腔内有许多黏性、脓性分泌物，喉头、气管黏膜充血、出血、水肿。肺严重充血、出血、高度水肿；心内、外膜有出血斑点，肝变性、肿大、瘀血、并有许多坏死小点，肠黏膜充血、出血，脾和淋巴结肿大、出血。胸、腹腔积液，有较多淡黄色液体。

2. 鼻炎型　鼻黏膜潮红、肿胀或增厚，有时发生糜烂，鼻窦和副鼻窦黏膜也充血、红肿，鼻腔和副鼻窦内有多量分泌物。

3. 肺炎型　病变多发生于肺的尖叶、心叶、膈叶前下部，表现为肺充血、出血、实变、膨胀不全、脓肿和出现灰白色小结节病灶。肺胸膜、心包膜覆盖有纤维素。鼻腔和气管黏膜充血、出血，有黏稠的分泌物。淋巴结充血肿大。

4. 中耳炎型　剖检可见初期鼓膜和鼓室内膜成红色，病程稍长者，一侧或两侧鼓室腔内充满白色、奶油状渗出物。若炎症向脑部蔓延，这时可造成化脓性脑膜炎。

5. 脓肿　剖检可见全身各部皮下、内脏器官有脓肿形成。

【诊断】

鼻炎型和中耳炎型症状明显，可做出诊断。其他各型症状不明显，常同时或相继发生，临床诊断较困难，确诊需要通过实验室诊断。

1. 涂片镜检 取新鲜血液、肝、脾渗出液或脓汁涂片经瑞氏或姬姆萨染色镜检，可见两极染色的卵圆形杆菌。

2. 细菌培养 将病料接种于鲜血琼脂或血清琼脂培养基，置37℃培养24h，观察培养结果。

3. 动物试验 取病料研磨，用生理盐水做成1∶10悬液，取上清液或用24h肉汤纯培养物0.2mL接种于小鼠，接种动物在1～2d后发病，呈败血症死亡，再取其病料涂片镜检和培养，即可确诊。

【防制】

平时加强饲养管理，改善环境卫生，注意保暖防寒，防治寄生虫病等以提高其抗病力。定期进行检疫。兔舍、用具要严格消毒。定期对兔群采用兔巴氏杆菌灭活苗免疫接种，可用兔巴氏杆菌氢氧化铝菌苗或禽巴氏杆菌菌苗免疫注射，或用兔瘟、兔巴氏杆菌二联苗免疫注射，每年两次，对预防本病有一定效果。

病兔可用链霉素、诺氟沙星、增效磺胺及头孢菌素等治疗。

兔大肠杆菌病

兔大肠杆菌病（rabbit colibllosis）是由致病性大肠埃希氏菌及其毒素引起的兔的一种暴发性、死亡率很高的肠道传染病。临床主要表现为患兔腹泻或便秘，粪便中常有胶冻样黏液，稍带腥臭味，还可引起败血症及胸膜肺炎等。

【病原】

大肠埃希氏菌（E. coli）通常称为大肠杆菌，中等大小杆菌，其大小为(0.4～0.7) μm×(2～3) μm，革兰氏染色阴性，需氧或兼性厌氧，周身鞭毛，能运动，无芽孢，有的菌株可形成荚膜；麦康凯琼脂培养菌落呈红色，伊红美蓝琼脂培养菌落呈深黑色，并有金属光泽；可发酵葡萄糖、麦芽糖、甘露醇、木糖、鼠李糖、山梨醇和阿拉伯糖，产酸产气，多数发酵乳糖，少数不发酵；几乎均不产生硫化氢，不分解尿素，不液化明胶；多数不分解蔗糖；吲哚试验、MR试验阳性，VP试验阴性。

本菌对外界环境具有中等程度的抵抗力，在潮湿阴暗而温暖的环境中可存活一个月，在寒冷而干燥的环境中生存时间较长。对一般消毒剂敏感，对抗生素及磺胺类药等极易产生耐药性。

【流行病学】

一年四季均可发生，各年龄兔都易感，阴雨潮湿和秋末春初等气候多变季节多发，多侵害断奶前后幼兔，发病率和病死率很高，成年兔偶尔可能发生。外源性感染的传染源主要是病兔，通过粪便排出病原菌污染母兔乳头、场地、用具、饲料、饮水等，经消化道传播；此外，环境卫生条件差、寒冷、高温、饲料突然转变等应激因素，可以引起家兔肠道正常菌群紊乱而诱发本病。

【发病机理】

正常情况下，大肠杆菌在人和动物体内是不致病的，在各种应激因素的影响下，机体抵抗力下降，导致体内大肠杆菌迅速增殖，引起发病。

另外大肠杆菌感染机体后，首先通过菌毛黏附在肠黏膜或呼吸道黏膜上皮细胞上，而后大量繁殖并释放各种毒素（毒力因子），最终造成实质器官的各种炎症，严重时各种毒素被吸收后造成全身性病症。

【症状】

1. 腹泻型　以两月龄以下幼兔尤其是断奶前后兔容易发病，成年兔也偶可发生，病初表现被毛无光，精神沉郁、呆立一隅，食欲减退甚至废绝；腹部臌胀，排出稀软无形粪便，部分病兔粪便干燥呈球状，粪便表面常带有少量的肠黏膜。随着病程发展，病兔表现水样腹泻，肛门周围、后肢、下腹等处被毛沾有多量的水样便，腥臭。病兔恶寒怕冷，眼球下陷，迅速消瘦，多在典型症状出现后 1～2d 死亡，病程 7～10d。个别病例不见症状突然死亡。

2. 败血型　不同日龄兔均可发生。该型病兔无明显症状，有时可见饮食减少或废绝，呼吸促迫。

3. 混合型　一般由腹泻型转化而来。病兔腹泻的过程中，当机体抵抗力减弱时，大肠杆菌很容易侵入实质脏器造成全身性感染。

【病变】

腹泻型剖检可见胃臌胀，充满多量液体和气体，胃黏膜上有针尖大的出血点；胃黏膜脱落，胃壁有大小不一的黑褐色溃疡斑；十二指肠充满气体并被胆汁黄染；结肠、盲肠的浆膜和黏膜充血或出血，肠内充满气体和胶冻样物。肝肿大质脆；肺炎性水肿，有出血点；肾肿大，呈暗褐色或土黄色，有的病例肝和心脏有局灶性坏死病灶。败血型因发病急剧，剖检缺乏特征性病变，一般表现肺气肿。

【诊断】

一般根据流行病学、临床诊断和剖检病变可做出初步诊断，确诊需进行实验室诊断。

1. 涂片镜检　无菌取病死兔的结肠、盲肠及蚓突内容物等，涂片经革兰氏染色后镜检，镜下可见大量革兰氏阴性短杆菌。

2. 分离培养　取上述病料接种于麦康凯和伊红美蓝琼脂平板培养基上，37℃培养 24h，在麦康凯琼脂平板培养基上生长为红色菌落；在伊红美蓝琼脂平板上生长为黑色的带有金属光泽的菌落。

3. 生化反应　大肠杆菌能发酵葡萄糖、麦芽糖、甘露醇、木糖、阿拉伯糖等，均产酸产气。

【防制】

做好饲养管理及卫生工作，应合理搭配饲料，保证一定的粗纤维，控制能量和蛋白水平不可太高；饲料不可突然改变，应有一个适应期；加强饮食卫生和环境卫生，消除蚊子、苍蝇和老鼠对饲料和饮水的污染；对于经常发生该病的兔场，可用本场分离出的大肠杆菌制成氢氧化铝灭活苗进行预防，20～30 日龄的小兔每只注射 1ml。及时隔离病兔，对圈舍、器具进行彻底消毒。

治疗可选用庆大霉素，每千克体重 1～1.5mg，肌内注射，每天 3 次；螺旋霉素，每天每千克体重 20mg，肌内注射；多黏菌素 E，每天每千克体重 0.5～1mg，肌内注射；硫酸卡那霉素，每千克体重 5mg，肌内注射，每天 3 次。为了提高治疗效果，应与补液同时进行。

兔支气管败血波氏杆菌病

兔支气管败血波氏杆菌病（bordetella bronchiseptica of rabbit）是由支气管波氏杆菌引起的一种家兔常见的传染病。常以慢性鼻炎和支气管肺炎的形式在兔场中广泛传播，成年兔发病较少，幼兔发病率及死亡率较高。

【病原】

支气管败血波氏杆菌，为卵圆形至杆状的多形态小杆菌，革兰氏染色阴性，周鞭毛，能运动，不形成芽孢，常呈两极着染。严格需氧菌，在普通琼脂培养基上生长，形成光滑、湿润、隆起、闪光的小菌落。麦康凯培养基上生长良好，菌落大而圆整、突起、光滑、不透明，呈乳白色。不发酵糖类，不形成吲哚，不产生硫化氢和靛基质，能利用柠檬酸盐，V-P试验阳性。本菌抵抗力不强，常用药物均能将其杀死。

【流行病学】

豚鼠、兔、犬、猫、马等多种动物都可感染本病，人也可感染。病菌常寄生在家兔的呼吸道中，天气骤变、感冒、寄生虫、刺激性气体或灰尘刺激上呼吸道等降低了兔的机体抵抗力，都易引起发病。本病分为鼻炎型和支气管肺炎型，鼻炎型常呈地方型流行，而支气管肺炎型多呈散发性。成年兔常为慢性，仔兔与青年兔多为急性。健康兔主要通过呼吸道而感染，带菌兔和病兔的鼻腔分泌物中大量带菌，常可污染饲料、饮水、笼舍和空气或随着咳嗽、喷嚏飞沫传播给健康兔。

【症状】

1. 鼻炎型 在家兔中常发，多数病例鼻腔流出多量浆液性或黏液性分泌物，一般不为脓性。发病诱因消除后，症状可很快消失，病程一般较短，多能康复，但常出现鼻中隔萎缩。

2. 肺炎型 较少见，多见于成年兔，其特征是病兔鼻炎长期不愈，鼻腔流出黏液或脓性分泌物，呼吸加快，食欲不振，逐渐消瘦，一般在几天至数月内死亡。

【病变】

1. 鼻炎型 可见鼻腔黏膜、支气管黏膜充血，并附有浆液性或黏液性分泌物质。

2. 肺炎型 主要病变在肺部，有时气管出血，有的病例肺部有大如鸽蛋、小如芝麻的脓疱，脓疱数量不等，多者可占体积的90%以上，脓疱内积满黏稠、乳白色的脓)。有的病例在肝或肾表面有黄豆至蚕豆大的脓疱。

【诊断】

根据流行特点、临床症状、病理变化可做出初步诊断，确诊需进行实验室诊断，应注意将本病与葡萄球菌病、巴氏杆菌病相区别。

1. 涂片镜检 取鼻咽部黏液、分泌物及病变器官脓疱的脓液涂片，自然干燥后火焰固定，革兰氏染色。波氏杆菌为革兰氏阴性、多形态小杆菌，而葡萄球菌为革兰氏阳性的球菌。美蓝染色，波氏杆菌为多形态两极着染的小杆菌，与巴氏杆菌极为相似，难以区分。

2. 分离培养 病料接种于绵羊鲜血琼脂平板和改良麦康凯平板上，如在两种培养基上都能生长，且不发酵葡萄糖，即为波氏杆菌。如仅在鲜血琼脂平板上生长，不能在改良麦康凯平板上生长，则为巴氏杆菌。

3. 动物试验　取病料接种豚鼠和小鼠，如其在48h内死亡，剖检呈现腹膜炎病变，并能分离出支气管败血波氏杆菌，则可诊断为本病。

【防制】

应加强饲养管理，改善饲养环境，做好防疫工作。经常检疫，扑杀或淘汰阳性兔，建立无支气管败血波氏杆菌的兔群。本病常与巴氏杆菌混合感染。兔群一旦发病，必须查明原因，消除外界刺激因素，隔离感染兔，以控制病原传播。用分离到的支气管败血波氏杆菌，制成蜂胶或氢氧化铝灭活菌苗，进行预防注射，每只兔皮下注射1mL，每年2次。治疗可选用诺氟沙星、恩诺沙星、卡那霉素或庆大霉素等，肌内注射，一日两次，连续3～5d。肺脓肿病例一般疗效不良，故应及时淘汰。

兔沙门氏菌病

兔沙门氏菌病（rabbit salmonellosis）又称兔副伤寒，是由鼠伤寒沙门氏杆菌或肠炎沙门氏杆菌引起的一种传染病，主要侵害怀孕母兔，以发生败血症、急性死亡、腹泻和流产为特征。

【病原】

病原为鼠伤寒沙门氏杆菌和肠炎沙门氏菌，卵圆形小杆菌，长1～3μm，宽0.6μm，革兰氏阴性，有鞭毛，不形成芽孢，好氧兼厌氧。能分解葡萄糖、麦芽糖、甘露醇和山梨醇，并产酸产气，不分解乳糖、蔗糖，也不产生靛基质，可产生硫化氢，MR试验阳性，VP试验阴性，不分解尿素。

本菌对外界环境抵抗力较强，在干燥环境中能存活1个月以上，在垫草上可活8～20周，在腌肉中须经75d后才能死亡。在干粪中可以存活2年7个月，在干土中则为6个月，在湿土中12个月，在冻土中可以过冬，在水中3周。在酸性介质中迅速死亡。对消毒药的抵抗力不强，3%来苏儿、5%石灰乳及福尔马林等可在几分钟内将其杀死。

【流行病学】

不同年龄、性别和品种均可发病，怀孕母兔多发。主要经过消化道感染，健康兔通过被污染的饲料、饮水而感染发病。饲养管理不良、气候突变、卫生条件不好或患有其他疾病等，使机体抵抗力降低，兔肠道内寄生的沙门氏菌可趁机繁殖，毒力增强而发病。幼兔也有在子宫内被感染的，还可能经脐带感染。

【发病机理】

据近年来的研究，沙门氏菌对人和动物的致病力，与一些毒力因子有关，已知的有毒力质粒、内毒素以及肠毒素等。

毒力质粒可增强细菌对寄主肠黏膜上皮细胞的黏附与侵袭作用，提高细菌在网状内皮系统中存活和增殖的能力，并且与细菌的毒力呈正相关。内毒素可引发沙门氏菌性败血症，发热，黏膜出血，白细胞减少继以增多，血小板减少，肝糖原消耗，低血糖症，最后因休克而死亡；肠毒素是使动物发生沙门氏菌性肠炎的一种毒力因子，还可能有助于增强细菌的侵袭力。

【症状】

潜伏期1～3d，急性病例不显任何症状而突然死亡，多数病兔腹泻并排出有泡沫的黏液性粪便，体温升高，有的达 41℃，废食，渴欲增加，消瘦。母兔从阴道排出黏液或脓性分泌物，阴道潮红、水肿，流产胎儿皮下水肿，很快死亡。孕兔常于流产后死亡，康复兔不能再怀孕产仔。

【病变】

剖检可见病兔胸、腹腔脏器有瘀血点，腔中有多量浆液或纤维素性渗出物。肝出现弥漫性或散在性黄色针尖大小的坏死灶，胆囊胀大，充满胆汁，脾肿大 1～3 倍，大肠内充满黏性粪便，肠壁变薄。流产母兔子宫肿大，浆膜和黏膜充血，并有化脓性子宫炎，局部黏膜覆盖一层淡黄色纤维素性污秽物。

【诊断】

根据临床症状和病理特征可作出初步诊断确诊需进行实验室诊断。

1. 染色镜检　采取血液、肝、脾及流产胎儿内脏器官作为被检材料，将病料涂片或触片，革兰氏染色，镜检可见到革兰氏阴性、散在的卵圆形细小杆菌；拉埃氏染色，镜检可见到卵圆形紫蓝色小杆菌。

2. 分离培养　将病料接种于 S. S 琼脂平板培养基或麦康盖琼脂平板培养基或 HE 琼脂平板培养基，在 S. S 琼脂平皿上呈无色透明或半透明的菌落，菌落呈中等大小，边缘整齐、光滑，稍凸起；在麦康盖琼脂平板培养基上呈无色透明或半透明，边缘整齐，光滑，稍凸起的中等大小的菌落；在 HE 琼脂平板培养基上呈蓝绿色中等大的菌落，多数形成带黑色的菌落。

3. 生化试验　将被检的菌株作以下一般生化反应：如葡萄糖、甘露醇、麦芽糖、乳糖、蔗糖等发酵试验，靛基质试验、甲基红试验、VP 试验和枸橼酸盐、硫化氢、运动力、尿素试验等。

【防制】

加强饲养管理，增强母兔抵抗力，消除引发该病的应激因素。本病的传播与野鼠和蝇有很大的关系，因此要大力消灭老鼠和苍蝇。兔群发病要迅速确诊，及时淘汰重病兔，对病情较轻的病例，可用抗生素或抗菌药物进行治疗，兔舍、兔笼和用具等进行彻底消毒。治疗常用氯霉素，每千克体重 60～100mg，每天 3 次肌内注射，连用 3～5d。内服磺胺嘧啶每千克体重 0.2～0.5g，每日 2 次，连用 3～5d。

兔产气荚膜梭菌性肠炎

兔产气荚膜梭菌性肠炎（clostriclial enteritis of rabbit）是由 A 型产气荚膜梭菌及其毒素引起的兔的一种以消化道症状为主的全身性疾病。临床上以急性腹泻、排黑色水样或胶冻样粪便、盲肠浆膜出血斑和胃黏膜出血、溃疡为主要特征。发病率与死亡率较高。

【病原】

产气荚膜杆菌为厌氧性粗大杆菌，通常单个独立，革兰氏阳性，无鞭毛，不能运动，在动物体内能形成荚膜，很少形成芽孢。厌氧培养在鲜血琼脂或葡萄糖鲜血琼脂平皿上，形成圆形、半透明、表面光滑、边缘整齐、凸起的单个菌落，大小为 2～4mm；有些菌株，菌落中心凹陷，表面呈放射性条纹状，边缘呈锯齿状，菌落周围出现双溶血圈。在乳糖-牛奶-卵黄琼脂平皿上，菌落周围和下面出现乳浊带，由于发酵乳糖，菌落周围呈红色晕环，但表面不形成虹彩层。产气荚膜梭菌能发酵葡萄糖、乳糖、麦芽糖、蔗糖等，靛基质阴性，硫化氢阳性。

一般产气荚膜梭菌可分为A、B、C、D、E、F等6型，引起家兔产气荚膜梭菌病的多为A型，普遍存在于土壤、粪便、污水、饲料及劣质鱼粉中。一般消毒剂均易杀死本菌的繁殖体。芽孢抵抗力极强，在外界环境中可长期存活，一般消毒药不易杀灭，升汞、福尔马林杀灭效果较好。

【流行病学】

除哺乳仔兔外，不同年龄、品种、性别的家兔对本病均有易感性，但多发生于断奶仔兔、青年兔和成年兔，1～3月龄毛兔及獭兔发病率最高。本病主要通过消化道或伤口感染，病兔排出的粪便中大量带菌，极易污染食具、饲料、饮水、笼具、兔舍和场地等，经消化道感染健康兔，病菌在肠道中产生大量外毒素，引起发病和死亡。本病一年四季均可发生，尤以冬、春季发病率较高。在饲养管理不当、突然更换饲料、气候骤变、长途运输等应激因素影响下极易导致本病的发生。

【症状】

最急性病例常突然发病，几乎看不到明显症状即突然死亡。多数病例呈急性经过，以下痢为特征，病兔精神沉郁，食欲废绝，排黑色水样粪便，有特殊腥臭味，并污染臀部及后腿，此时病兔体温一般偏低，在水泻的当天或第二天即死亡。少数病例病程稍长可拖延1周，极个别的可拖延1个月，最终死亡。

【病变】

尸体外观无明显消瘦，但眼球下陷，表现出脱水症状，肛门附近及下端被毛染有黑褐色或绿色稀粪。剖开腹腔即可闻到特殊的腥臭味。胃底黏膜脱落，有大小不一的溃疡。肠黏膜弥漫性出血，小肠内充满气体，肠壁薄而透明。盲肠和结肠内充满气体和黑绿色稀薄内容物，有腐败臭味。肝质脆，膀胱多充满深茶色尿液，心脏表面血管怒张，呈树枝状充血。

【诊断】

根据本病多发于1～3月龄幼兔，急剧腹泻和脱水死亡，胃黏膜出血、溃疡和盲肠浆膜出血等可作出初步诊断。确诊需进行微生物学或血清学检查。

1. 涂片镜检　采取病兔或死兔的空肠、回肠、盲肠内容物、肠黏膜或粪便等直接涂片，革兰氏染色镜检，可见有革兰氏阳性大杆菌，一般很少见到芽孢。

2. 分离培养　取空肠或回肠内容物加热至80℃ 10min，2000r/min离心5min，上清液接种于厌氧肉肝汤培养5～6h，可见培养液混浊并产生大量气体。接种血平板，厌氧培养24h可见菌落呈正圆形，边缘整齐，表面光滑隆起，菌落周围出现双重溶血环。

3. 毒素检验　取大肠内容物作1∶3稀释（如肠道内容物很稀可不必稀释），3000r/min离心10min，上清液过滤除菌接种体重18～22g小鼠，每只腹腔注射0.1～0.5mL，24h内死亡即可证明有毒素存在。

【防制】

本病的预防工作很重要，应加强饲养管理，消除应激因素，少喂含有高蛋白质的饲料和过多的谷物类饲料。严禁引进病兔，坚持各项兽医卫生制度。发生疫情时应立即隔离或淘汰病兔，兔舍、兔笼及用具严格消毒，病死兔及其分泌物和排泄物一律深埋或烧毁。并注意灭鼠灭蝇。病初可用特异性高免血清进行治疗，每千克体重2～3mL皮下或肌内注射，每日2次，连用3d，疗效较显著。同时配合药物治疗，可选用喹乙醇，每千克体重5mg口服，每日 2 次，连用 4d；卡那霉素，每千克体重 20mg 肌内注射，每日 2 次，连用 3d。金霉素，每千克体重 20～40mg 肌内注射，每日 2 次，连用 3d；对症治疗，静脉或腹腔注射 5%葡萄糖生理盐水并加入维生素 B_1 和维生素 C 补充体液，内服干酵母（每兔 5～8g）和胃蛋白酶（每兔 1～2g）等。

李氏杆菌病

李氏杆菌病（listeriosis）是由李氏杆菌引起的家畜、家禽、啮齿类动物和人的一种散发性传染病。家畜和人主要表现为脑膜脑炎、败血症和流产，在兔则以突然死亡或流产（或二者都有）为特征的败血症。

【病原】

李氏杆菌为两端钝圆、平直或弯曲的小杆菌，长 1～3μm，宽 0.2～0.4μm，在多数情况下呈粗大棒状单独存在，或呈 V 形，或形成短链，染色呈革兰氏阳性，不形成荚膜和芽孢，有鞭毛，能运动。在普通培养基上能生长，在肝汤和肝汤琼脂上生长良好，呈圆形、光滑平坦、黏稠透明的菌落。

李氏杆菌具有较强的抵抗力，在青贮饲料、干草、干燥土壤和粪便中能长期存活。对温度和一般消毒药抵抗力不强，85℃经 40s、55℃经 30min 可以致死；3%石炭酸溶液、70%酒精溶液、5%～10%漂白粉溶液及其他常用消毒药的一般浓度均可将其杀死。

【流行病学】

除兔对李氏杆菌易感外，猪、羊、马、犬、猫、禽、野生动物及啮齿类动物都易感。患病动物和带菌动物是本病的传染源。本病主要是经啮齿动物进行传播，饲料和饮水是主要的传染媒介，家兔可因接触污染的饲料、饮水而发生感染，也可经交配感染。本病呈散发性，有时呈地方流行性，发病率低，但死亡率高。一年四季都可发生，以冬春季节多见，夏秋季节只有个别病例。

【症状】

潜伏期 2～8d，临床可分成以下几种类型。

1. 急性（败血）型 最常见于幼兔，呈急性死亡，病兔一般表现为精神萎靡，不愿走动，食欲废绝，体温在 40℃以上，经几小时或 2～3d 死亡。

2. 亚急性型 精神委顿，不吃食，呼吸加快，出现中枢神经机能障碍，如嚼肌痉挛，全身震颤，眼球凸出，无目的地前冲或转圈，头部偏向一侧，扭曲，抽搐，如侵害子宫，则可发生流产或胎儿干化。一般经 4～7d 死亡。

3. 慢性型 患兔主要表现为子宫炎，分娩前 2～3d 或稍长发生，精神委顿，停食，很快消瘦，流产并从阴道内流出红色或棕褐色分泌物。有些病例还出现头颈歪斜和运动失调等神经症状。病兔流产后很快康复，但长期不孕，且可从子宫内分离出李氏杆菌。

【病变】

病死兔的肝、心肌、脾和肾有坏死灶，脑膜充血或水肿，血液和组织中的单核细胞增多，患子宫炎母兔表现为子宫壁增厚，有坏死灶，子宫蓄脓、流产母兔子宫内有木乃伊胎。

【诊断】

单纯根据症状和病变很难做出诊断，如病畜出现特殊神经症状、孕畜流产、血液中单核细胞增多时，可作为诊断参考，确诊需进行微生物学检查。

1. 涂片镜检　无菌取病死兔肝、脾、心血及脑组织、胸腔积液涂片，革兰氏染色镜检，可见到多数散在、成对构成V形、Y形或几个菌体成堆的两端钝圆的革兰氏阳性稍弯曲的小球杆菌，无芽孢，无荚膜。

2. 分离培养　无菌采取肝、脾、心血、脑组织及胸腔积液分别接种于血液琼脂培养基上，37℃培养24h后，菌落周围有狭窄溶血环。再将菌落接种于普通肉汤培养基内，37℃培养24h后，肉汤呈均匀混浊，有颗粒状沉淀，摇振试管时呈发辫状浮起，不形成菌环和菌膜。

3. 动物试验　将分离的肉汤培养物对豚鼠或家兔作滴眼感染试验，1d后发生结膜炎，不久发生败血死亡；对妊娠2周的动物滴眼后，常引起流产。剖检后肝、脾、脑组织等器官均有坏死病变，从病灶中可分离出李氏杆菌。

【防制】

必须做好日常的卫生防疫工作，加强饲养管理，搞好环境卫生，消灭鼠类和其他啮齿类动物。当发现疾病时，应对全群进行检疫，对发病兔采取紧急隔离并进行药物治疗。对兔笼、用具及场地进行彻底消毒，死亡兔要深埋或烧毁。治疗可选用：金霉素，每千克体重40mg，肌内注射，每日2次，连用3～5d；土霉素，每千克体重40mg，肌内注射，每日2次，连用3～5d；青链霉素，每千克体重各1万U，混合肌内注射，每日2次；磺胺类药物如磺胺嘧啶、磺胺二甲基嘧啶也有较好疗效。

葡萄球菌病

兔葡萄球菌病（rabbit Staphylococcus disease）是由金黄色葡萄球菌引起的兔的一种常见传染病，以致死性败血症或各组织器官的化脓性炎症为特征。本病分布广泛，世界各地都有发生。

【病原】

金黄色葡萄球菌为革兰氏阳性球菌，直径0.5～1.5μm，呈单个或不规则的葡萄串珠排列，无鞭毛，不产生芽孢，大多数无荚膜。需氧或兼性厌氧，最适生长温度37℃，最适生长pH7.4，在普通培养基上生长良好，菌落厚而有光泽，呈圆形凸起，直径1～2mm。血平板菌落周围可形成透明的溶血环。可分解葡萄糖、麦芽糖、乳糖、蔗糖，产酸不产气。甲基红反应阳性，VP反应弱阳性。

金黄色葡萄球菌具有较强的抵抗力，在干燥环境下可存活数周，一般消毒药需0.5h方可将其杀灭。对碱性染料敏感，十万分之一的龙胆紫液即可抑制其生长。对70%的乙醇溶液、5%石炭酸溶液敏感，可在几分钟内将其杀灭。耐盐性强，在培养基中加入10%～15%的NaCl时仍能生长。对磺胺类药物敏感性低，但对青霉素、红霉素等高度敏感。

【流行病学】

各种动物对本病都有易感性，但家兔最敏感。不同性别、不同年龄的家兔均可感染，在机体抵抗力下降时更容易发病。可通过不同途径感染，皮肤伤口感染是最常见的感染途径，新生仔兔的脐带是病菌侵入机体的重要门户。哺乳仔兔也可经患病母兔的含菌乳汁而感染。另外还可经直接接触或空气传播。幼龄兔和发生应激反应的兔以败血症最多见。

【症状】

潜伏期2～5d，由于兔的年龄、抵抗力、病原侵入部位和在体内继续扩散形式的不同，常表现出不同病型。

1. 仔兔脓毒败血症 仔兔出生后2～3d，在多处皮肤（尤其是腹、胸、颈、颌下、腿内侧皮肤）出现粟粒大的脓肿，多数病例在2～5d内呈现败血症死亡。较大日龄的（10～21日龄）乳兔的皮肤出现黄豆至蚕豆大的脓肿，多消瘦而死；不死者脓肿逐渐变干、消散而痊愈。

2. 仔兔急性肠炎 俗称仔兔黄尿症，仔兔因吮吸了患乳房炎母兔的乳汁而发生急性肠炎，往往全窝发生，病兔肛门周围被毛潮湿、腥臭，精神萎靡、昏睡。病后2～3d死亡，死亡率很高。

3. 脚皮炎 常见于后脚掌下皮肤，前掌较少见。病初表现为充血、轻微肿胀和脱毛，继而化脓、破溃，形成经久不愈、时常出血的溃疡。病兔不愿走动，换脚休息，食欲下降、消瘦，有时发生全身感染，导致败血症而死亡。

4. 脓肿 脓肿可发生于任何组织和器官。如果内脏器官患有脓肿，这些器官的功能就会受到影响。如果脓肿发生于皮下，则全身症状不明显。皮下脓肿经1～2个月自行破溃，流出白色浓稠的脓汁，经久不愈。流出的脓汁沾到别处皮肤可引起病兔用爪搔抓，病菌从抓伤处侵入后又形成了新的脓肿。脓汁中的病菌也可随血流到达别处形成新的脓肿。

5. 转移性脓毒血症 脓疱溃破后，脓汁通过血液循环，细菌在血液中大量繁殖产生毒素，即形成脓毒败血症，病兔迅速死亡。

6. 乳房炎 常见于母兔分娩后的头几天，往往因乳头和乳房皮肤损伤而感染。急性乳房炎时病兔体温升高，精神沉郁，食欲不振，乳房肿胀呈紫红色或蓝紫色；乳汁中有脓液、凝乳块或血液，患兔拒绝哺乳。慢性乳房炎时乳头或乳房皮下或实质形成大小不一、界限明显的硬块，以后转化为脓肿。

7. 外生殖器炎 发生于各种年龄的家兔，尤其是以母兔感染率为高，妊娠母兔感染后，可引起流产。母兔的阴户周围和阴道溃烂，形成一片溃疡面。或阴户周围和阴道发生大小不一的脓肿，从阴道内可挤出黄白色黏稠的脓液。公兔主要是发生在包皮上的小脓肿、溃烂或结棕色痂皮。

【病变】

常可见皮下、肌肉、乳房、关节、心包、胸腔、腹腔、睾丸、附睾及内脏等各处有化脓病灶，大多数化脓灶均有结缔组织包裹，脓汁黏稠、乳白色呈膏状。

【诊断】

根据病兔不同组织和器官有数量不等、大小不一的脓肿，脓肿内有浓稠、乳白色的脓汁等可作出初步诊断，确诊需做进一步的实验室检查。

1. 涂片镜检 无菌采取脓肿中的脓汁或急性败血症的心血做涂片，染色镜检可见革兰氏阳性、大小一致的球菌。

2. 分离培养 病料接种于鲜血琼脂平板，菌落呈金黄色，有溶血环。

3. 动物试验 取病料培养物给健康兔皮下注射1mL能引起局部皮肤溃疡和坏死灶。

【防制】

保持兔笼和运动场的清洁卫生，定期消毒。清除所有的锋利物品，避免造成家兔外伤。

加强饲养管理，提高抵抗力。一旦发病应采取积极治疗措施，全身性治疗可选用抗生素和磺胺类药物，如金霉素、红霉素、卡那霉素、氯霉素、磺胺二甲氧嘧啶、磺胺嘧啶等肌内注射，有条件时用分离菌株做药敏试验以确定最敏感的药物。对于局部脓肿、脚皮炎和外生殖器炎等，可使用5%的龙胆紫酒精溶液、碘酊或其他外用药及时处理。

伪结核病

兔伪结核病（Rabbit pseudotuberculosis）是由伪结核耶新氏杆菌所引起的兔的一种慢性消耗性疾病，以肠道、内脏器官和淋巴结出现干酪样坏死结节为特征。许多哺乳动物、禽类和人，尤其是啮齿动物都能感染发病。

【病原】

伪结核耶新氏杆菌是革兰氏阴性、常呈球状的短杆菌，或呈多形态性，无荚膜，不产生芽孢，有鞭毛，在内脏涂片中多呈两极染色。80℃10min、5%石炭酸溶液5～10min、0.1%升汞溶液在15～30min能杀死该菌。

【流行病学】

本病原菌在自然界中广泛存在，啮齿动物是其贮存场所，除兔外许多动物，包括哺乳动物，禽类、灵长类、啮齿类以及人类都可因感染而发病。本病的主要感染途径是消化道，病原菌可随病兔的粪便排出，家兔因吃进污染的饲料和饮水而感染。皮肤伤口，呼吸道和生殖器官接触也是病原菌侵入和感染的原因。营养不良、寄生虫病以及其他的应激因素都可促使本病的发生。本病多呈散发性，也有引起地方性流行的。

【症状】

家兔患病后表现为渐进性消瘦，患兔初期食欲不振，精神委顿，被毛粗乱，后期停食，直至衰竭死亡。个别病兔有下痢、体温升高以及呼吸困难等症状，呈败血症死亡。

【病变】

尸体消瘦，圆小囊肿大，角感较硬，浆膜下有大量针帽大黄白色结节，浆膜增厚；蚓突肿大似小香肠，其浆膜下有无数灰白色乳脂样大的小结节；脾肿大，较正常肿大5倍左右，有多量黄白色针帽至粟粒大结节；肝肿大、质脆，有部分突出于肝表面的大小不等、黄白色的病灶；胆囊胀大，充盈胆汁；肠系膜淋巴结肿大并含有大面积干酪样坏死。

【诊断】

因本病呈慢性经过，病初症状不明显。随着病情的发展，病兔出现食欲下降、逐渐消瘦、行动迟钝、极度衰弱。病死兔剖检可见蚓突、肠系膜淋巴结节、圆小囊肿大，有黄白色、大小不等的结节，据此可作出初步诊断，确诊需进行实验室检查。

1. 细菌学检查　取肠系膜淋巴结、蚓突或圆小囊病料，用亚碲酸钾或麦康凯培养基分离培养。病变组织触片经美蓝染色，镜检可见两极着染的短棒状或多形态性的细菌，菌体比巴氏杆菌大。

2. 血清学诊断　可用凝集试验和间接血凝试验进行血清学辅助诊断，但要考虑本病原菌与沙门氏杆菌、布鲁氏菌和鼠疫杆菌有交叉反应，必要时可用生化反应进行鉴定。

3. 鉴别诊断　本病应与结核病和球虫病相区别。

【防制】

本病在生前不易确诊，故对病兔难以治疗，主要是加强预防，做好消毒卫生工作。平时应搞好兔舍消毒卫生与饲养管理工作，加强灭鼠措施。发现可疑病兔应及时隔离或予以淘汰。引入新兔时，应隔离饲养，用间接血凝试验进行检疫，淘汰阳性兔。对本病常发饲养场，可制备自家菌苗进行预防接种。据报道用链霉素与四环素有一定的疗效，还可选用卡那霉素。

病毒性出血症

兔病毒性出血症（rabbit viral hemorrhagic disease）俗称“兔瘟”，是兔的出血症病毒引起的家兔的一种急性、高度接触性传染病，以呼吸系统出血、肝坏死、实质脏器水肿、瘀血、出血和高死亡率为特征。

【病原】

兔出血症病毒属杯状病毒科，兔病毒属。病毒颗粒无囊膜，直径25～40nm，表面有短的纤突。本病毒仅能凝集人的红细胞，而不能凝集马、牛、羊、犬、猪、鸡 、鸭、兔、大鼠、豚鼠、棕鼠和仓鼠的红细胞，这种凝集特性比较稳定，在一定范围内不受温度、pH、有机溶剂及某些无机离子的影响，但可以被RHDV抗血清特异性抑制。病毒在病兔所有的组织器官、体液、分泌物和排泄物中存在，以肝、脾、肾、肺及血液中含量最高，主要通过粪、尿排毒，并在恢复后的3～4周仍然向外界排毒。

本病毒在感染家兔血液中4℃9个月，或感染脏器组织中20℃3个月仍保持活性，肝含毒病料在－8～－20℃ 560d和室温内污染环境下经135d仍然具有致病性，能耐pH3.0和50℃ 40min处理，对紫外线及干燥等不良环境抵抗力较强。对乙醚、氯仿等有机溶剂抵抗力强。1%氢氧化钠溶液4h、1%～2%的甲醛溶液或1%的漂白粉悬液3h才被灭活，常用0.5%次氯酸钠溶液消毒。

【流行病学】

本病一年四季均可发生，以春、秋、冬季发病较多，炎热夏季也有发病。本病主要危害青年兔和成年兔，40日龄以下幼兔和部分老龄兔不易感，哺乳仔兔不发病。病兔和带毒兔为本病的传染源，病兔、带毒兔通过排泄物、分泌物、死兔的内脏器官、血液、兔毛等污染饮水、饲料、用具、笼具、空气，引起易感兔发病。本病的主要传播途径是消化道，皮下、肌肉、静脉注射、滴鼻和口服等途径人工接种均易感染成功。本病是家兔的一种烈性传染病，主要危害青、壮年兔，死亡率高。乳兔不易感，但近期流行特点有幼龄化的倾向。

【症状】

该病的潜伏期在30～48h，依病状可分为最急性型、急性型、亚急性型和慢性型。

1. 最急性型 健康兔感染病毒后10～20h即突然死亡，不表现任何病状，只是在笼内乱跳几下，即刻倒地死亡。死后勾头弓背或角弓反张，少数兔鼻孔流出红色泡沫样液体，肛门松弛，肛周有少量淡黄色黏液附着。此型常发生在新疫区。

2. 急性型 病程一般12～48h，体温升高至41℃，精神沉郁，不愿动，食欲减退、喜饮水、呼吸迫促。临死前突然兴奋，在笼内狂奔，然后四肢伏地，后肢支起，全身颤抖倒向一侧，四肢乱划或惨叫几声而死。少数死兔鼻孔流出少量泡沫状血液。此类多发生在流行中期。

3. 慢性型　一般发生在流行后期，多发生 2 月龄以内的幼兔，兔体严重消瘦，被毛无光泽，病程 2～3d 或更长，然后死亡。

【病变】

本病最多见的剖检变化是全身实质器官瘀血、水肿和出血。气管软骨环瘀血，气管内有泡沫状血液；胸腺水肿，并有针帽至粟粒大小出血点；肺有出血、瘀血、水肿、大小不等的出血点；肝肿大、间质变宽、质地变脆、色泽变淡；胆囊充满稀薄胆汁；脾肿大、瘀血呈黑紫色；部分肾瘀血、出血；十二指肠、空肠出血，肠腔内有黏液；怀孕兔子宫充血、瘀血和出血；多数雄性睾丸瘀血。

【诊断】

根据流行病学特点，2 月龄以上家兔发病快、死亡率高并出现典型症状，结合剖检的典型病理变化可作出初步诊断。确诊需进行实验室检查。

1. 病毒检查　取肝等病料处理提纯病毒，复染后电镜检查病毒形态结构。

2. 血凝和血凝抑制试验　RHDV 病毒可凝集人的 O 型红细胞，取病死兔的肝或脾研磨，加生理盐水制成 1∶5 或 1∶10 的悬液进行血凝试验，可检出病死兔体内的病毒，然后通过特异性的血清进行血凝抑制试验确证。

3. 酶联免疫试验　双抗体夹心 ELISA 可用于本病的诊断。

4. 反转录聚合酶链反应　根据病毒特异性核酸序列设计的 RT-PCR 技术可检出病料组织中的病毒核酸。

【防制】

以预防为主，严禁从疫区购入种兔，定期对兔舍、兔笼及食具等进行消毒。为防止本病的扩散，死兔应深埋或烧毁，带毒的病兔应绝对隔离，排泄物及一切饲养用具均需彻底消毒。接种疫苗可有效地防止本病的发生，繁殖母兔使用双倍量疫苗注射。其他成年兔使用单苗或多联苗免疫注射，一年两次。紧急预防应使用 3～4 倍剂量单苗进行注射，或用抗兔瘟高免血清每兔皮下注射 4～6mL，7～10d 后再注射疫苗。

黏液瘤病

兔黏液瘤病（rabbit myxomatosis）是黏液瘤病毒引起的兔的一种高度接触高度致死性传染病，以全身皮肤，特别是颜面部和天然孔周围皮肤发生黏液瘤样肿胀为特征。该病有极高的致死率，常给养兔业造成毁灭性的损失。

【病原】

黏液瘤病毒属痘病毒科，兔痘病毒属。病毒颗粒呈卵圆形或砖形，大小为 280nm×250nm×110nm。本病毒能在 10～12 日龄鸡胚绒毛尿囊膜上生长并呈现上皮增生的痘样病变，鸡胚的头部和颈部也可能发生水肿。不同毒株在鸡胚中形成的痘斑大小各异，南美毒株产生的痘斑大，加州毒株产生的痘斑小，纤维瘤病毒不产生或产生的痘斑很小。

本病毒对干燥具有较强的抵抗力，在干燥的黏液瘤结节中可存活 2 周，在潮湿环境中 8～10℃可存活 3 个月以上，26～30℃时能存活 1～2 周。在室温下 50%甘油盐水中可存活 4 个月。对热敏感，55℃ 10min、60℃数分钟内被灭活。对高锰酸钾、升汞和石炭酸有较强的抵抗力，0.5%～2%的甲醛溶液需要 1h 才能灭活该病毒。

【流行病学】

该病只侵害兔，其他动物和人缺乏易感性。病兔和带毒兔是传染源，病毒存在于病兔全身体液和脏器中，尤以眼垢和病变部皮肤渗出液中含量最高。主要通过节肢动物叮咬传播，能够传播该病的常见节肢动物包括按蚊、伊蚊、库蚊、刺蝇和兔蚤等，易感兔也可通过直接接触病兔或被病兔污染的饲料、饮水和器具等方式感染和发病，另外，兔体外寄生虫也可传播本病。多发生于夏秋昆虫滋生繁衍季节。

【发病机理】

带毒昆虫叮咬或人工接种易感兔后，病毒在皮肤细胞内增殖，出现胶冻样肿胀和原发性肿瘤结节；病毒继续增殖后进入淋巴和血流，传染到内脏组织器官进一步增殖，并再次引起病毒血症，使病毒传到全身各处；在黏膜细胞内增殖，使眼睛和鼻腔发炎，分泌物中含有病毒；眼睑和结膜增厚、水肿，使眼睛不能闭合，头部肿胀呈现典型的"狮子头"；睾丸上皮细胞增生，睾丸肿胀十分明显。弱毒株引起慢性感染时，肿瘤结节小，但睾丸间质组织和睾丸精小管生精上皮变性，导致血清睾丸酮水平下降，黄体激素水平上升，而造成不育。

【症状】

潜伏期一般为3～7d，最长可达14d。以全身黏液性水肿和皮下胶冻样肿瘤为特征。通过吸血昆虫叮咬感染时，初期局部皮肤形成原发性病灶，经过5～6d可在全身各处皮肤出现次发性肿瘤样结节，病兔眼睑肿胀、流泪，有黏性或脓性眼垢，严重的上下眼睑互相粘连，眼睑肿胀可蔓延整个头部和耳朵皮下组织，使头部皮肤皱褶呈狮子头外观；口、鼻和眼流出黏脓性分泌物；上下唇、耳根、肛门及外生殖器显著充血和水肿，开始时可能硬而突起，最后破溃流出淡黄色的浆液。病程1～2周，死前可能出现神经症状，病死率几乎达100%。

【病变】

死后剖检可见皮肤上的特征性肿瘤结节和皮下胶冻样浸润，额面部和全身天然孔皮下充血、水肿及脓性结膜炎和鼻漏。淋巴结肿大、出血，肺肿大、充血，胃肠浆膜下、胸腺、心内外膜可能有出血点。

【诊断】

根据全身黏液性水肿和皮下胶冻样肿瘤等可做出初步诊断，确诊需进一步做实验室诊断。

1. 病原学诊断 可取病料悬液经超声波裂解后制备抗原，然后与阳性血清进行琼脂扩散试验进行诊断；也可将病料悬液接种于兔肾原代细胞和传代细胞系，24～48h观察细胞病变，通过免疫荧光试验证实。

2. 病理组织学诊断 取病变组织进行切片后经显微镜观察可见黏液瘤细胞及病变部皮肤上皮细胞内的胞质包含体。

3. 血清学试验 常用的方法有补体结合试验、中和试验、酶联免疫吸附试验以及间接免疫荧光试验等。通常在感染后8～13d产生抗体，20～60d时抗体滴度最高，然后逐渐下降，6～8个月后消失。

【防制】

应加强国境检疫，严防从该病流行的国家或地区引进兔及其产品，必须引进时应进行严格检疫，禁止将血清学阳性或感染发病兔引入国内。进口兔毛皮等产品要进行严格的熏蒸消毒以杀灭兔皮中污染的黏液瘤病毒。发生本病时，扑杀病兔和同群兔，并进行无害化处理，彻底消毒被污染的环境、用具。

该病尚无有效的治疗方法。疫区主要通过疫苗接种进行该病的预防，常用的疫苗有异源性的纤维瘤病毒疫苗和同源性的黏液瘤病毒疫苗两种，二者免疫预防效果均较好。

兔 痘

兔痘（rabbit pox）是一种由痘病毒引起的兔的一种高度接触性致死性传染病，其特征是皮肤痘疹和鼻眼内流出多量分泌物。

【病原】

兔痘病毒为痘病毒科，正痘病毒属。兔痘病毒大多没有凝集红细胞的作用。兔痘病毒易在鸡胚绒毛尿囊膜上生长，产生痘斑经常呈现出血性，但也常见大小不一的白色混浊痘斑。其在鸡胚中生长的温度上界为41℃。也曾分离到不产生痘斑的变异株，这种变异株常能凝集鸡的红细胞。显微镜检查痘斑切片，可在感染细胞胞质内发现弥漫型包含体。兔痘病毒可在多种组织培养细胞内生长，包括兔肾细胞、牛胚肾细胞、鼠肾细胞、仓鼠肾细胞以及HeLa细胞等，产生嗜酸性胞质内包含体，并引起胞核变化。

该病毒耐干燥和低温，但不耐湿热，对紫外线和碱敏感，常用消毒药可将其杀死。

【流行病学】

本病只有家兔能自然感染发病，各年龄家兔均易感，但幼兔和妊娠母兔致死率较高。病兔为主要传染源，其鼻腔分泌物中含有大量病毒，污染环境，通过呼吸道、消化道、皮肤创伤和交配而感染。本病发生较少，一旦发病，传播极为迅速，常呈地方性流行或散发，幼兔死亡率可达70%，成年兔为30%～40%。

【发病机理】

痘病毒对皮肤和黏膜上皮细胞具有特殊的亲和力，通过各种途径侵入机体后，可通过血液到达皮肤和黏膜，并在上皮细胞内繁殖，从而引起一系列的炎症过程和特异性的病理过程，形成丘疹、水疱、脓疱和结痂等特征性痘斑。

【症状】

本病在新疫区潜伏期3～5d，老疫区1～2周。可分为痘疱型和非痘疱型两类。

1. 痘疱型 病初发热至41℃，食欲下降，精神沉郁，流鼻液，呼吸困难。全身淋巴结尤其是腹股沟淋巴结，腘淋巴结肿大坚硬。一般发病第5天皮肤出现红斑，发展为丘疹，丘疹中央凹陷坏死呈脐状，最后干燥结痂，病灶多见于耳、口、腹背和阴囊处。结膜发炎，流泪或化脓；公母兔生殖器均可出现水肿，发生尿潴留，孕兔可流产。一般在感染后5～10d死亡。

2. 非痘疱型 病兔不出现皮肤损害，仅表现不食、发热和不安，有时出现眼结膜炎和下痢等症状，一般于感染后1周死亡。

【病变】

最显著的变化是皮肤损害，皮肤、口腔、呼吸道及肝、脾、肺等出现丘疹或结节；淋巴结、肾上腺、唾液腺、睾丸、卵巢和子宫均出现灰白色坏死结节；皮下水肿，口和其他天然孔的水肿最为多见。

【诊断】

根据症状和病理变化，可做出初步诊断，确诊需进行实验室诊断，可用荧光抗体检查组织切片或压片，或用琼脂扩散试验和补体结合试验，亦可取病料接种鸡胚绒毛尿囊膜或通过来自兔、鼠和其他动物的细胞培养来对病毒进行分离鉴定，以确诊。

【防制】

本病的预防应加强兽医卫生制度，避免传入传染源，严格消毒，隔离检疫等措施。受疫情威胁时，可用牛痘苗预防注射。治疗时，采取对症疗法，应用抗生素或磺胺类药物控制并发症。

传染性水疱性口炎

传染性水疱性口炎（rabbit contagious vesicular stomatitis）又称兔流涎病，是由兔传染性水疱性口炎病毒引起的以口腔黏膜发生水疱性炎症并大量流涎为特征的一种急性传染病。

【病原】

兔传染性水疱性口炎病毒，属于弹性病毒科水疱病毒属。外观呈子弹状，长150～180nm，宽50～70nm，病毒粒子表面具有囊膜，囊膜上有均匀密布的纤突。病毒分为两个血清型，二者之间不能交互免疫。病毒能在很多的细胞中生长，如鸡的成纤维细胞，牛、猪、恒河猴、豚鼠及其他动物的原代肾细胞，并形成病变。在7～13日龄的鸡胚绒毛尿囊膜和尿囊内生长，并在绒毛尿囊膜上形成痘斑样病变。

该病毒在37℃下存活不到4d，在58℃下30min即可灭活。在直射阳光和紫外线下可迅速灭活。在4～6℃的土壤中能长期存活。20%氢氧化钠溶液、1%甲醛溶液在数分钟内可杀死病毒。在50%甘油磷酸盐缓冲液中能长期（3～4个月）保存病毒。

【流行病学】

本病只感染兔，其他动物均不感染。主要侵害1～3月龄的幼兔，最常见于断奶后1～2周龄的仔兔。病兔是主要的传染源，病毒存在于病兔的口腔黏膜及唾液中，主要通过消化道传播，也可通过损伤的皮肤和黏膜传染，双翅目昆虫为传播媒介。本病春秋两季多发，饲养管理不当、饲喂霉变和有刺的饲料、口腔损伤等均可诱发本病。

【症状】

本病潜伏期5～7d，病初口腔黏膜潮红、充血，随后在唇、舌、硬腭及口腔黏膜等处出现大小不等的水疱，水疱内充满含纤维素的清澈液体，破溃后形成烂斑和溃疡，同时大量流涎并伴有恶臭味。随着流涎，使下颌、肉髯、颈、胸部和前爪沾湿，绒毛变湿，粘连成片。局部的皮肤，由于经常浸湿和刺激，常发生炎症和脱毛。外生殖器也可见溃疡性损害。由于口腔损害，患兔食欲减退或废绝，精神不振，发热，腹泻，渐进性消瘦，终因衰竭而死亡。病程5～10d，死亡率常达50%以上。

【病变】

口腔黏膜、舌、唇出现水疱、糜烂和溃疡；咽喉部聚集多量泡沫状液体；唾液腺肿大呈红色；胃肠黏膜常出现卡他性炎症；病尸十分消瘦。

【诊断】

根据临床症状和病理变化可做出初步诊断。确诊需进行病毒分离鉴定或做血清学中和试验，保护试验。

【防制】

注意饲养管理，特别要注意加强春秋两季的卫生防疫措施。防止引进病兔。检查饲草质量，以免过于粗糙的饲草、芒刺、尖锐物等损伤口腔黏膜。发现病兔首先要进行隔离，并对兔舍、用具和污染物进行消毒。对病兔可用2%硼酸液或明矾水冲洗，然后涂碘甘油或青黛散。同时投服磺胺类药物，还可配合中药金银花或野菊花煎剂，拌料饲喂。同时注意喂给优质易消化饲料。严重脱水可腹腔补液。预防可用磺胺二甲基嘧啶。

复习思考题

1. 简述兔巴氏杆菌病常见类型、主要特征。如何诊断和防治本病？
2. 兔大肠杆菌病的主要表现和病变特点有哪些？
3. 简述兔支气管败血波氏杆菌病的流行特点、主要表现、病变特征及防治措施。
4. 兔沙门氏菌病与兔大肠杆菌病有哪些不同点？
5. 兔产气荚膜梭菌性肠炎的临床特征是什么？如何确诊和防制本病？
6. 简述兔李氏杆菌病的传播途径、典型症状。如何防制本病？
7. 兔葡萄球菌病临床常见有几种病型？如何确诊和防制本病？
8. 简述兔伪结核病的流行特点。如何防制本病？
9. 兔病毒性出血热与类症疾病鉴别及鉴别诊断要点有哪些？如何防制本病？
10. 简述兔黏液瘤病的流行特点和主要症状。诊断方法有哪些？
11. 如何诊断和防制兔传染性水疱性口炎？

第二部分

实 验 指 导

技能一 基本技术

实训一 消 毒

【实训目标】

掌握宠物圈舍、笼具、用具、地面和粪便的消毒方法；学会常用消毒液的配制及消毒效果检查的方法。

【主要仪器设备与场地】

1. 设备材料

（1）器材。喷雾消毒器、天平或台秤、盆、桶、缸、清扫及洗刷用具、高筒胶鞋、工作服、橡胶手套等。

（2）药品。新鲜生石灰、粗制氢氧化钠、漂白粉、来苏儿、高锰酸钾、福尔马林等。

2. 场地 传染病实验室、宠物饲养场等。

【实训内容与步骤】

1. 常用消毒器材的使用

（1）喷雾器。有两种，即手动喷雾器和机动喷雾器。手动喷雾器分为背携式（压力式）和手压式（单管式）两种，常用于小面积的消毒。喷雾前要对其各部分进行仔细检查，尤其注意喷头部分有无堵塞现象。消毒液必须先在桶内充分溶解，经过滤过后装入喷雾器。消毒结束后立即将剩余的药液倒出，并用清水洗净。喷雾器的打气筒及零件应注意维修。

（2）火焰喷灯。是用液化气或煤油做燃料的一种工业用喷灯。喷出的火焰具有很高的温度，消毒效果较好。用于消毒各种病原体污染的金属制品，但应注意不要喷烧太久，以免将被消毒物品烧坏，消毒时应有一定的次序以免发生遗漏。

2. 常用消毒剂配制方法

（1）消毒剂浓度表示法。有百分比浓度、物质的量浓度等，消毒工作中常用百分比浓度，即每百克或每百毫升药液中含某种药品的质量或体积。

（2）消毒液稀释计算方法。

浓溶液体积＝（稀溶液浓度/浓溶液浓度）×稀溶液体积

例：若配制0.2%过氧乙酸溶液5000mL，需用20%过氧乙酸原液多少毫升？

20%过氧乙酸＝（0.2/20）×5000mL＝50mL

稀溶液体积＝（浓溶液浓度/稀溶液浓度）×浓溶液体积

例：现有20%过氧乙酸原液50mL，欲配制成品0.2%过氧乙酸溶液多少毫升？

0.2%过氧乙酸溶液量＝（20/0.2）×50mL＝5000mL

稀释倍数＝（原药浓度/使用浓度）－1（稀释100倍以上时不必减1）

例：用20％的漂白粉澄清液，配制5％澄清液时，需加水几倍？

需加水的倍数＝（20/5）－1＝3倍

增加药液计算公式

需加浓溶液体积＝（稀溶液浓度×稀溶液体积）/（浓溶液浓度－使用浓度）

例：有剩余0.2％过氧乙酸2500mL，欲增加药液浓度至0.5％，需加28％过氧乙酸多少毫升？

需加28％过氧乙酸＝（0.2×2500mL）/（28－0.5）＝18.2mL

3. 圈舍、用具和地面土壤的消毒

（1）圈舍、用具消毒。第一步先对圈舍地面、用具等进行彻底清理。清理前用清水或消毒液喷洒，以免灰尘及病原体飞扬，随后扫除粪便等污物。水泥地面的圈舍再用清水冲洗。第二步用化学消毒剂进行消毒。消毒液用量一般按500～1000mL/m^{2}计算。消毒时先由远离门处开始，对天棚、墙壁、用具和地面按顺序均匀喷洒，然后到门口，最后打开门窗通风，用清水洗刷用具等将消毒药味除去。

化学药物熏蒸消毒，常用福尔马林，用量按照圈舍空间计算，福尔马林25mL/m^3、水12.5mL/m^3，两者混合后再放高锰酸钾（或生石灰）25g/m^3。消毒前将宠物移出圈舍，舍内的管理用具、物品等适当摆开，门窗密闭，室温不得低于正常室温（15～18℃）。药物反应可在陶瓷容器中进行，用木棒搅拌，经几秒钟即可产生甲醛蒸气。经12～24h将门窗打开通风，气味消失后，才能将宠物迁入。若急需使用圈舍，可用氨气中和，按氯化氨5g/m^3、生石灰2g/m^3，加入75℃水7.5mL/m^3，混合于桶内放入圈舍。也可用氨水代替，按25％氨水12.5mL/m^3，中和20～30min，打开门窗通风20～30min，宠物即可迁入圈舍。

（2）地面土壤消毒。患病宠物停留过的圈舍、运动场等，先除去表土，清除粪便和垃圾。小面积的地面土壤，可用消毒液喷洒。大面积的土壤可翻地，在翻地的同时撒上干漂白粉，一般性传染病的用量为0.5kg/m^2，炭疽等芽孢杆菌性传染病的用量为5kg/m^2，漂白粉与土混合后加水湿润压平。

4. 粪便的消毒

（1）焚烧法。在地上挖一壕沟，宽75～100cm，深75cm，长依粪便多少而定，在距离壕底40～50cm处加一层铁梁（以不使粪便漏下为宜），铁梁下面放置木材，铁梁上面放置欲消毒的粪便，如粪便太湿，可混合一些干草，以便烧毁。

（2）化学药品消毒法。用含2％～5％有效氯的漂白粉溶液，或20％石灰乳，与粪便混合消毒。

（3）掩埋法。将污染的粪便与漂白粉或生石灰混合后，深埋于地下2m左右。

（4）生物热消毒法。有发酵池法和堆粪法。

①发酵池法。在距水源、居民点及养殖场一定距离处（200～250m）挖池，大小视粪便多少而定，池底池壁可用砖、水泥砌，使之不透水。如土质好，不砌也可。用时池底先垫一层土，每天清除的粪便倒入池内，直到快满时，在粪便表面铺一层干草或杂草，上面盖一层泥土封好。经1～3个月发酵后作肥料用。也可利用沼气发酵池进行消毒。

②堆粪法。在距场舍100～200m以外的地方选一堆粪场。在地面挖一浅沟，深约20cm，宽1.5～2m，长度随粪便多少而定。先将非粪便或蒿草等堆至25cm，再堆欲消毒的

粪便，高达 1～1.5m 后，在粪堆的外面铺一层 10cm 厚的非污染性粪便或谷草，最外层抹上 10cm 厚的泥土。堆放 3 周到 3 个月，即可作肥料用。

5. 污水的处理　污水的处理有沉淀法、过滤法、化学药品消毒法。常用的消毒方法是漂白粉消毒，用量是每立方米水用漂白粉（含 25%活性氯）6g（清水）或 8～10g（混浊的水）。

6. 消毒效果的检查

（1）房舍机械清除效果检查。以地板、墙壁及房舍内设备的清洁度，管理用具的消毒确实程度及所采取的消毒粪便的方法来评定。

（2）消毒剂选择正确性的检查。了解工作记录表、消毒剂的种类、浓度、温度及每平方米所用的量。检查浓度时可从剩余消毒液取样品进行化学检查（如测定甲醛、活性氯的含量等）。

检查含氯制剂的消毒效果时用碘淀粉法。取玻璃瓶两个，第一瓶盛 3%碘化钾和 2%淀粉糊混合液（加等量的 6%碘化钾和 4%淀粉即成 3%碘化钾和 2%淀粉糊混合液，最好用可溶性淀粉配制）；第二瓶装 3%次亚硫酸盐。以上两瓶应贴有标签，存放暗处。

检查方法：将棉花拭子置于第一瓶溶液中浸湿后，接触消毒过的表面，则见被检查对象表面和棉花上都呈现一种特殊的蓝棕色。着色强度取决于游离氯含量及消毒对象表面的性质。表面出现的颜色用另一浸湿了第二瓶溶液的棉花拭子擦拭，则颜色立即消失。此法可在消毒后 48h 内进行。

（3）消毒对象的细菌学检查。从消毒过的地板、墙壁、墙角及用具上取样品，在上述地方划 10cm×10cm 大小正方形数块，都用灭菌湿润棉花拭子擦拭 1～2min，随后将其置入中和剂（30mL）中并蘸上中和剂，然后挤压，反复几次后，再放入中和剂中 5～10min，用镊子将棉签拧干，然后移入装有 30mL 灭菌水的罐内。

当以漂白粉作为消毒剂时，用 30mL 次亚硫酸盐中和；碱性消毒剂用醋酸中和；福尔马林用氢氧化钠中和；对于克辽林、来苏儿、硫酸石炭酸合剂及其他消毒剂，没有适当的中和剂时，可应用灭菌水。

样品送到实验室后，要在当天仔细拧干棉签，同时搅拌液体。用灭菌吸管吸取 0.3mL 接种到远藤氏琼脂培养基上，用灭菌“刮”将其涂布于琼脂表面，然后仍用此“刮”涂布第二个琼脂平板，接种后的培养基 37℃培养，24h 后取出检查初步结果，48h 后取出检查最后结果。如发现肠道菌的可疑菌落，再进行常规鉴定。如无肠道杆菌存在，证明消毒效果良好。

（4）粪便生物热消毒效果检查。常用以下两种方法。

①测温法。用装在金属套管内的最高化学温度表测定粪便的温度，由温度高低评价消毒效果。

②细菌学检查法。测定微生物数量及大肠杆菌价。方法是取被检样品称重后，与沙混合置于研钵内研碎，然后加入100mL 灭菌水并一起移入含有玻璃珠的烧瓶内，振荡 10min 后用纱布过滤，将滤液分别接种到普通琼脂平板和远藤氏琼脂平板上，37℃培养 24h，于普通琼脂平板上计数细菌总数，于远藤氏脂平板上测定大肠杆菌价。样品应当在粪便发热时采取。

【考核标准】

能熟练掌握消毒液的配制及消毒效果检查的方法，并能对圈舍、用具、地面及粪便进行消毒者考核成绩为优秀，能口述上述过程，操作时未出现明显错误者考核成绩为合格，不能完成上述操作或操作时出现明显错误者考核成绩不合格。

【注意事项】

进行消毒时注意个人防护，如配制消毒药时要防止生石灰飞入眼中；漂白粉消毒时防止引起结膜炎和呼吸道炎；防止工作人员感染，注意防止病原微生物散播；宠物食具及饮水器应选用气味小的消毒药。

表实-1　常用化学消毒剂

消毒剂名称	使用浓度	使用对象	注意事项
苛性钠（火碱）	1%～3%热溶液	圈舍、车船、用具等	对病毒性传染病消毒效果很好。但对皮肤有腐蚀作用，笼舍消毒数小时后，用清水冲洗净才能放入宠物
生石灰	10%～20%乳剂	圈舍、车船、用具等	必须新鲜配制。如用1%～2%碱水和5%～10%石灰乳混合液消毒效果更好
草木灰	10%～20%热溶液	圈舍、车船、用具等	用10kg水和2kg草木灰煮沸2h，过滤后备用，用时再加2～4倍热水稀释
漂白粉	0.5%～20%一般常用2%～5%	饮水、污水、鸟舍、用具、车船、土壤和排泄物	含氯量应在25%以上，新鲜配制，用其澄清液，对金属用具和衣物有腐蚀作用。圈舍消毒后应彻底通风以防中毒
来苏儿（石炭酸）	2%～5%	器械、用具和洗手等	用于含大量蛋白质的分泌物或排泄物消毒时，效果不好
克辽林	5%～10%	禽舍、土壤和用具等	即来苏儿粗制品，用于含大量蛋白质的分泌物或排泄物消毒时，效果不好
福尔马林（甲醛溶液）	5%～10%	孵化器、蛋壳、蛋盘等	空气消毒时可用福尔马林熏蒸法，每立方米空间用福尔马林20mL，加20g高锰酸钾和10mL水在瓷器内，室内密闭消毒至少半小时后彻底通风
新洁尔灭	0.1%	蛋壳消毒，洗手	市售5%新洁尔灭20mL，加25%亚硝酸钠20mL，清水加至1000mL即成。使用时不能接触肥皂或洗衣粉
过氧乙酸	0.2%～0.5%	禽舍、除金属制品外，可用于各种对象	对各种病原微生物杀灭效果都很好，价格低廉，无公害，鸟舍消毒时可喷雾，用具可浸泡

实训二　宠物传染病的免疫接种

【实训目标】

掌握免疫接种的方法与步骤；熟悉动物生物制剂的保存、运送和用前检查方法。

【主要仪器设备与场地】

1. 设备材料

（1）器材。金属注射器（5mL、10mL、20mL等规格）、玻璃注射器（1mL、2mL、5mL等规格）、金属皮内注射器、针头（兽用12～14号、人用6～9号、螺口皮内19～25号）、煮沸消毒锅、镊子、毛剪、体温计、脸盆、毛巾、纱布、脱脂棉、搪瓷盘、出诊箱。工作服、登记卡片、宠物保定用具。

（2）药品。5%碘酒、70%酒精、来苏儿或新洁尔灭等消毒剂、疫苗、免疫血清等。

2. 场地 传染病实验室、宠物饲养场等。

【实训内容与步骤】

免疫接种是预防和控制传染病的一项极为重要的措施。免疫接种就是用人工的方法，把有效疫苗或菌苗引入动物体内，从而激发机体产生特异性抵抗力，使易感动物转化为非易感动物，以免传染病的发生和流行。免疫接种的目的就是提高动物对传染病的抵抗力，保证动物健康。

（一）免疫程序的制订

免疫程序就是预防计划，它包括预防疾病的种类、疫苗的选择、免疫次数、免疫时间、免疫方法、联合用苗等内容。没有任何一个免疫程序能适用所有地区或不同类型的养殖场。因此，每一个养殖场都应按照本场（或本地）的实际情况制订适合本场特点的免疫程序。只有这样才能有效地预防传染病的发生。

免疫程序的制订，至少考虑以下 8 个方面的因素：①当地疾病的流行情况及严重程度；②母源抗体的水平；③上一次免疫接种引起的残余抗体水平；④机体的免疫应答能力；⑤疫苗的种类；⑥免疫接种方法；⑦各种疫苗接种的配合；⑧对动物全身健康及生产能力的影响。这 8 个因素是互相联系，互相制约的，必须统筹考虑。一般来说，免疫程序的制订首先要考虑当地疾病的流行情况及严重程度。据此才能决定需要接种什么种类的疫苗，达到什么样的免疫水平。首次免疫接种时间的确定，除了考虑疾病的流行情况外，主要取决于母源抗体的水平。如母源抗体滴度低的要早接种；母源抗体滴度高的推迟接种效果更好。

（二）预防接种前的准备

（1）根据动物疫病免疫接种计划，统计接种对象及数目，确定接种日期（应在疫病流行季节前进行接种），准备足够的生物制剂、器材和药品，编订登记表册或卡片，安排及组织接种和保定动物的人员，按免疫程序有计划地进行免疫接种。

（2）免疫接种前，对饲养人员进行一般的免疫接种知识教育，包括免疫接种的重要性和基本原理，接种后饲养管理及观察等。

（3）免疫接种前，必须对所使用的生物制剂进行仔细检查，如有不符合要求者，一律不能使用。

（4）为保证免疫接种的安全和效果，接种前应对预定接种的动物进行了解及临诊观察，必要时进行体温检查。凡体质过于瘦弱的、妊娠后期、未断奶的动物、体温升高者或疑似患病动物均不应接种疫苗。另外，经过长途运输或改换饲养环境或方法的动物也不应接种疫苗。对这类未接种的动物以后应及时补种。

（三）免疫接种的方法

根据不同生物制剂的使用要求采用相应的接种方法。

1. 皮下注射法 选择部位应为皮肤松弛，皮下结缔组织丰富的部位。犬常在颈、背部皮下，鸟类在胸部或大腿内侧。根据药液黏稠度及宠物大小，选用注射针头。

2. 肌内接种法　选择部位应在肌肉丰富，神经血管分布较少的部位。动物一般采用臀部或颈部肌内注射，鸟类在胸部肌肉，犬有时可在背部肌肉。一般采用 14～20 号针头。

3. 经口免疫法　将可供口服的疫苗混于水中或食物中，动物通过饮水或采食而获得免疫，称为经口免疫。经口免疫时，应按动物头数和每头动物平均饮水量或采食量，准确计算需用的疫苗剂量。免疫前应停饮或停喂数小时，以保证动物都能饮用一定量的水或吃入一定量的食物；稀释疫苗的水应纯净，不能含有消毒药（如自来水中有漂白粉等）；混合疫苗的用水和食物的温度，以不超过室温为宜；已经混合好的饮水和食物，进入动物体内的时间越短效果越好。

4. 滴鼻（眼）免疫法　用细滴管吸取疫苗滴一滴于鼻孔（眼）内。

（四）免疫接种用生物制剂的保存、运送和用前检查

1. 生物制品的保存　各种生物制品应保存在低温、阴暗及干燥的场所。灭活菌（疫）苗、类毒素、免疫血清等应保存在 2～15℃，防止冻结；弱毒疫苗或冻干活菌苗应放在 0℃以下冻结保存。在不同温度条件下保存，不得超过所规定的期限，超过有效期的制剂不能使用。

2. 生物制品的运送　要求包装完整，防止碰坏瓶子和散播活的弱毒病原微生物。运送途中应避免高温和日光直射，并尽快送到保存地点或预防接种场所。弱毒苗应在低温条件下运送，大量运送应用冷藏车，少量运送可装在装有冰块的广口瓶内，以免降低或丧失疫苗性能。

3. 生物制品的用前检查　各种生物制品用前均需仔细检查，有下列情况之一者不得使用：

（1）没有瓶签或瓶签模糊不清，没有经过合格检查者。

（2）过期失效者。

（3）生物制品的质量与说明书不符者，如色泽、沉淀、制品内异物、发霉和有臭味者。

（4）瓶盖不紧或玻璃有裂者。

（5）没有按规定方法保存者，如加氢氧化铝的疫苗经过冻结后，其免疫效果降低。

（五）免疫接种前后的护理和观察

1. 接种前的健康检查　在对动物进行免疫接种时，必须注意动物的营养和健康状况，进行一般性检查，包括体温检查。根据检查结果将动物分成数组。在自动免疫接种时可按下列各组处理。完全健康的动物可进行自动免疫接种；衰弱、妊娠后期的动物不能进行自动免疫接种，而应注射免疫血清；疑似动物和发热动物应注射治疗量的免疫血清。上述分组的规定，可根据传染病的特性和接种方法而变动。

2. 接种后的观察和护理　动物自动免疫接种后，可发生暂时性的抵抗力降低现象，故应有较好的护理和管理条件，同时必须特别注意必要的休息和营养补充。有时动物在免疫接种后发生反应，故应仔细观察，期限一般为 7～10d。如有反应，可根据情况给以适当的治疗。

3. 免疫接种的注意事项

（1）工作人员需穿着工作服及胶鞋，必要时戴口罩。工作前后均应洗手消毒，工作中不

应吸烟和吃食物。

（2）接种时应严格执行消毒及无菌操作。注射器、针头、镊子应高压或煮沸消毒。注射器最好采用一次性注射器或及时调换针头。在针头不足时可每吸液一次调换一个针头，但每注射一头后，应用酒精棉球将针头拭净消毒后再用。注射部位皮肤用5%碘酊消毒，皮内注射及皮肤刺种用75%酒精消毒，被毛较长的剪毛后再消毒。

（3）吸取疫苗时，先除去封口上的火漆或石蜡，用酒精棉球消毒瓶口。瓶上固定一个消毒的针头专供吸取药液，吸液后不拔出，用消毒棉包好，以便再次吸取。给动物注射用过的针头不能吸液，以免污染疫苗。

（4）疫苗使用前，必须充分振荡，使其均匀混合后才能应用。免疫血清则不应振荡，沉淀不应吸取，并随吸随注射。须经稀释后才能使用的疫苗，应按说明书的要求进行稀释。已经打开瓶盖或稀释过的疫苗，必须当天用完，未用完的处理后弃去。

（5）针筒排气溢出的药液，应吸积于酒精棉球上，并将其收集于专用瓶内。用过的酒精棉球、碘酒棉球和吸入注射器内未用完的药液都放入专用瓶内，集中烧毁。

【考核标准】

能正确熟练地进行免疫接种前的准备、疫苗用前检查，动物接种者为优秀，能基本完成上述操作，未出现明显错误者考核成绩为合格，不能完成上述操作或存在明显错误者考核成绩为不合格。

【注意事项】

本实习进行前，必须作好实习准备和安排，事先预习。实习过程要注意安全。

实训三　宠物病料的采集包装与送检

【实训目标】

结合病例诊断工作，学会被检宠物病料的采取、保存、包装和记录的方法。

【主要仪器设备与场地】

1. 设备材料

（1）器材。煮沸消毒器、外科刀、外科剪、镊子、试管、平皿、广口瓶。包装容器、注射器、采血针头、脱脂棉、载玻片、酒精灯、火柴等。

（2）药品。保存液、来苏儿等。

（3）新鲜动物尸体。

2. 场地　传染病实验室、宠物医院。

【实训内容与步骤】

（一）病料的采取

1. 剖检前检查　发现犬急性死亡且天然孔出血时，先用显微镜检查其末梢血液抹片中是否有炭疽杆菌存在。如疑为炭疽，则不可随意剖检，只有在确定不是炭疽时方可进行剖检。

2. 取材时间　内脏病料的采取，必须死亡后立即进行，夏天不宜迟于6～8h，冬天不迟于24h，否则时间过长，有肠内细菌侵入，易使尸体腐败，影响病原微生物的检出。取得病料后，应立即送检。如不能立刻进行检验，应迅速存放于冰箱中。若需要采血清测抗体，最好采发病初期和恢复期两个时期的血清。

3. 器械的消毒　刀、剪、镊子、注射器、针头等煮沸消毒 30min。器皿（玻璃制品、陶制品、珐琅制品等）可高压灭菌或干烤灭菌。软木塞、橡皮塞置于 0.5%石炭酸水溶液中煮沸 10min。采取一种病料，使用一套器械和容器，不可混用。

4. 病料的采取　应根据不同的传染病，采取该病常侵害的脏器或内容物。如败血性传染病可采取心、肝、脾、肺、肾、淋巴结、胃、肠等；肠毒血症采取小肠及其内容物；有神经症状的传染病采取脑、脊髓等。如无法估计是哪种传染病，可进行全面采取。检查血清抗体时，采取血液，凝固后析出血清，将血清装入灭菌小瓶送检。为了避免杂菌污染，病变检查应待病料采取完毕后再进行。各种组织及液体的病料采取方法如下：

（1）脓汁。用灭菌的注射器或吸管抽取或吸出脓肿深部的脓汁，置于灭菌试管中。若为开口的化脓灶或鼻腔时，则用无菌棉签浸蘸后，放在灭菌的试管中。

（2）淋巴结及内脏。将淋巴结、肺、肝、脾及肾等有病变的部位各采取 1～2cm^3 的小方块，分别置于灭菌的试管或平皿中。若为供病理组织切片的材料，应将典型病变部分及相连的健康组织一并切取，组织块的大小每边约 2cm 左右，同时要避免金属器械，尤其是当病料供色素检查时更应注意。

（3）血液。

①血清。以无菌操作吸取血液 10mL，置于灭菌试管中，待血液凝固（经 1～2h）析出血清后，吸出血清置于另一灭菌试管中，如供血清学反应时，可每毫升中加入 5%的石炭酸水溶液 1～2 滴。

②全血。采取 10mL 全血，立即注入盛有 5%枸橼酸钠 1mL 的灭菌试管中，搓转混合片刻后即可。

③心血。心血通常在右心房处采取，先用烧红的铁片或刀片烙烫心肌表面，然后用灭菌的尖刃外科刀自烙烫处刺一小孔，再用灭菌吸管或注射器吸出血液，盛于灭菌试管中。

（4）乳汁。乳房先用消毒药水洗净（取乳者的手也应先消毒），并把乳房附近的毛用消毒液刷湿，最初所挤的乳汁弃去，然后再采集 5mL 乳汁于灭菌试管中。若仅供显微镜直接染色检查，则可于其中加入 0.5%的福尔马林溶液。

（5）胆汁。先用烧红的刀片或铁片烙烫胆囊表面，再用灭菌的吸管或注射器刺入胆囊内吸取胆汁，盛于灭菌的试管中。

（6）肠。用烧红的刀片或铁片将欲采取的肠表面烙烫后穿一小孔，持灭菌棉签插入肠内，以便采取肠管黏膜或其内容物；亦可用线扎紧一段肠管（约 6cm）两端，然后将两端切断，置于灭菌的器皿内。

（7）皮肤。取大小约 10cm×10cm 的皮肤一块，保存于 30%甘油缓冲溶液、10%饱和盐水溶液或 10%福尔马林溶液中。

（8）胎儿。将流产后的整个胎儿，用塑料薄膜、油布或数层不透水的油纸包紧，装入木箱内，立即送往实验室。

（9）小动物。将整个尸体包入不透水塑料薄膜、油纸或油布中，装入木箱内，送往实验室。

（10）骨。需要完整的骨头标本时，应将附着的肌肉和韧带等全部除去，表面撒上食盐，然后包于浸过5%石炭酸水或0.1%升汞溶液的纱布或麻布中，装于木箱内送往实验室。

(11) 脑、脊髓。如采取脑、脊髓作病毒检查，可将脑、脊髓浸入50%甘油盐水液中或将整个头部割下，包入浸过0.1%升汞液的纱布或油布中，装入木箱或铁桶中送检。

(12) 尿。用导尿管无菌采取尿液10～20mL，立即送检。

(13) 粪便。以清洁玻璃棒蘸新鲜粪便少许，置小瓶内，或用棉拭子自直肠内取少许。

(14) 供显微镜检查用的脓汁、血液及黏液。可用载玻片制成抹片，组织块可制成触片，然后在两块玻片之间靠近两端边沿处各垫一根火柴棍或牙签，以免抹片或触片上的病料互相接触。如玻片有多张，可按上法依次垫火柴棍或牙签重叠起来，最上面的一张的玻片上的涂、抹面应朝下，最后用细线包扎，玻片上应注明编码，并另附说明。

(二) 病料的保存

病料采取后，如不能立即检验，或需送往有关单位检验，应当加入适当的保存剂，使病料尽量保持新鲜状态。

1. 细菌检验材料的保存 将采取的脏器组织块，保存于饱和的氯化钠溶液或30%甘油缓冲盐水溶液中，容器加塞封固。如系液体，可装在封闭的毛细玻管或试管运送。

(1) 饱和氯化钠溶液的配制法。蒸馏水100mL，氯化钠38～39g，充分搅拌溶解后，用数层纱布过滤，高压灭菌后备用。

(2) 30%甘油缓冲溶液的配制法。中性甘油30mL，氯化钠0.5g，碱性磷酸钠1.0g，加蒸馏水至100mL，混合后高压灭菌备用。

2. 病毒检验材料的保存 将采取的脏器组织块，保存于50%甘油缓冲盐水溶液或鸡蛋生理盐水中，容器加塞封固。

(1) 50%甘油缓冲盐水溶液的配制法。氯化钠2.5g，酸性磷酸钠0.46g，碱性磷酸钠10.74g，溶于100mL中性蒸馏水中，加纯中性甘油150mL，中性蒸馏水50mL，混合分装后，高压灭菌备用。

(2) 鸡蛋生理盐水的配制法。先将新鲜的鸡蛋表面用碘酒消毒，然后打开将内容物倾入灭菌容器内，按全蛋9份加入灭菌生理盐水1份，摇匀后用灭菌的纱布过滤，再加热至56～58℃持续30min，第二天及第三天按上法再加热一次，即可应用。

3. 病料组织学检验材料的保存 将采取的脏器组织块放入10%福尔马林溶液或95%酒精中固定；固定液的用量应为送检病料的10倍以上。如用10%福尔马林溶液固定，应在24h后换新鲜溶液一次。严寒季节为防病料冻结，可将上述固定好的组织块取出，保存于甘油和10%福尔马林等量混合液中。

(三) 病料的包装和运送

病料送往检验室时，在病料容器一一标号，详加记录，附病料送检单，该单要复写三份，一份留为存根，两份寄往检验室，待检查完毕，退回一份。

(1) 液体病料。最好收集在灭菌的细玻璃管中，管口用火焰封闭，注意勿使管内病料受热。将封闭的玻璃管用废纸或棉花包装，装入较大的试管中，再装在木盒中运送。用棉签蘸取的鼻液及脓汁等物，可置于灭菌的试管中，剪取多余的签柄，严密加封，用蜡密封管口，再装入木盒内寄送。

（2）盛装组织或脏器的玻璃容器，包装时力求细致而结实，最好用双重容器。将盛材料的器皿和塞用蜡封口后，置于内容器中，内容器中衬垫缓冲物（如棉花、碎纸等）。当气候温暖时，须加冰块，没有冰块时加冷水和等量的硫酸铵搅拌，使之迅速溶解，可使水温降至零下。再将内容器置于外容器中，外容器内应置于废纸、木屑、石灰粉等，再将外容器密封好。内外容器中所加缓冲物的量，以盛病料的容器万一破碎时能完全吸收其液体为度。外容器上需注明上下方向，写明“病理材料”、“小心玻璃”标记。也可用广口保暖瓶盛装病料寄送。

（3）当怀疑为危险传染病（炭疽、禽流感）的病料时，应将盛病料的器皿于金属匣内，将匣焊封加印后装入木匣寄送。

病料装入容器内至送到检验部门的时间越快越好。途中避免接触高热及日光，避免振动、冲撞，以免腐败或病原菌死亡。远途可航空托运，电告检验单位即时提取。血清学和病理组织学检验材料，可妥善包装后邮寄。

【考核标准】

能正确熟练地进行病料的采取、包装及送检方法者考核成绩为优秀，能较正确进行病料的采取、包装及送检方法，操作过程未出现明显错误者考核成绩为合格，不能完成上述操作或操作中出现明显错误者考核成绩为不合格。

【注意事项】

（1）采取微生物检验材料时，要严格按照无菌操作手续进行，并严防散布病原。

（2）要有秩序地进行工作，注意消毒，严防本身感染及造成他人感染。

（3）正确地保存和包装病料，正确填写送检单。

（4）通过对流行病学、临诊病状、剖检材料的综合分析，慎重提出送检目的。

实训四　细菌分离培养、移植及培养性状观察

【实训目标】

掌握划线分离培养的基本要领和方法；了解厌氧菌培养的原理及其方法；熟悉细菌的分离培养技术。

【主要仪器设备与场地】

1. 设备材料　普通琼脂平板、斜面、麦康凯平板、肉汤、肝块肉汤、半固体培养基接种环、酒精灯、记号笔、培养箱等。

2. 场地　传染病实验室。

【实训内容与步骤】

1. 需氧菌的分离培养方法

（1）分离培养。其目的是将被检查的材料作适当的稀释，以便能得到单个菌落。有利于菌落性状的观察和对可疑菌作出初步鉴定。

其操作方法如下：

①右手持接种棒，使用前须酒精灯火焰灭菌，灭菌时先将接种环直立火焰中待烧红后，再横向持棒烧金属柄部分，通过火焰 3～4 次。

②用接种环无菌取样、斜面培养物、液体材料或肉汤培养物一接种环。

③接种培养平板时以左手掌托平皿，拇指、食指及中指将平皿盖揭开成 30°左右的角度

(角度越小越好，以免空气中的细菌进入平皿中将培养基污染)。

④将所取材料涂布于平板培养基边缘，然后将多余的细菌在火焰上烧灼，待接种环冷却后再与所涂细菌轻轻接触开始划线，其方法如图实-1所示。

⑤划线时应防止划破培养基，以45°为宜，在划线时不要重叠，以免形成菌苔。

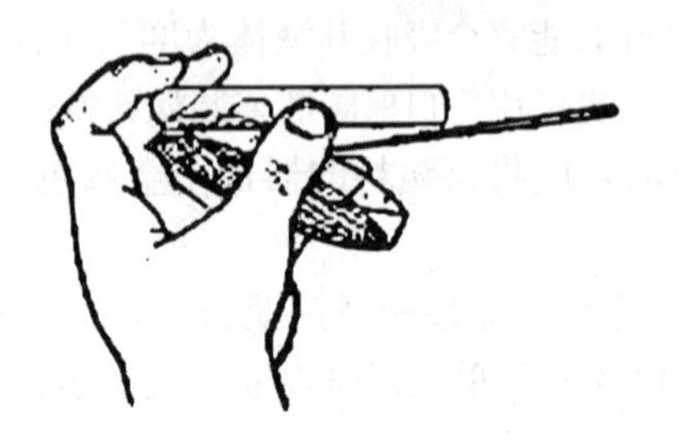
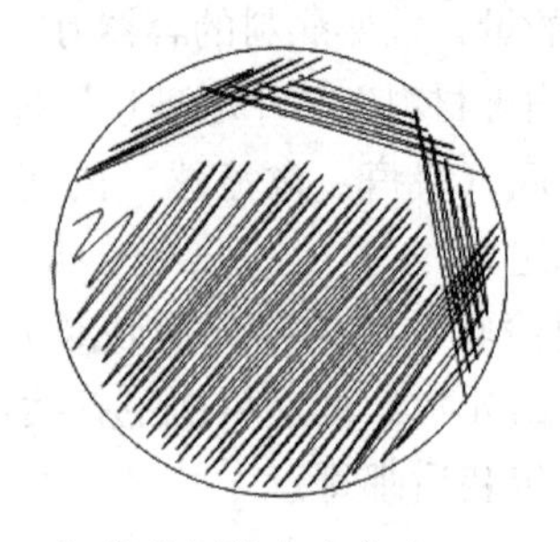
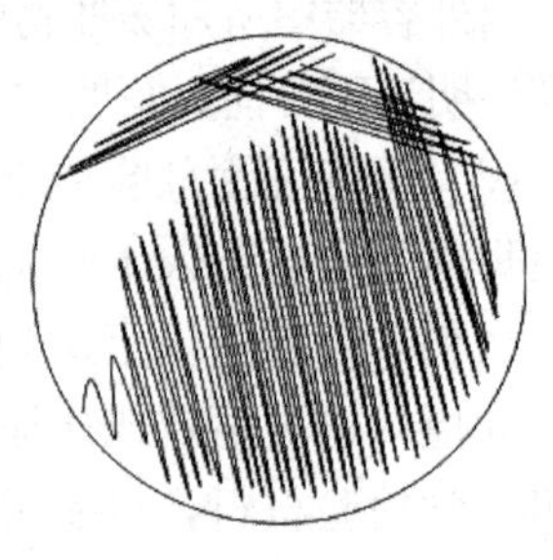

图实-1 细菌的划线分离方法

(2) 纯培养菌的获得与移植法。将划线后37℃培养24h的平板从培养箱取出，挑取单个菌落，经染色镜检，证明不含杂菌，此时用接种环挑取单个菌落，移植于斜面中培养，所得到的培养物，即为纯培养物，再作其他各项系列化试验和致病性试验等。具体操作方法如下：

①两试管斜面移植时，左手斜持菌种管和被接种琼脂斜面管，使管口互相并齐，管底部放在拇指和食指之间，松动两管棉塞，以便接种时容易拔出。右手持接种棒，在火焰上灭菌后，用右手小指和无名指并齐同时拔出两管棉塞，将管口进行火焰灭菌，使其靠近火焰，将接种环伸入菌种管内，先在无菌生长的琼脂上接触使冷却，再挑取少许细菌后拉出接种环立即伸入另一管斜面培养基上，勿碰及斜面和管壁，直达斜面底部，从斜面底部开始划线，向上至斜面顶端为止，管口通过火焰灭菌，将棉塞塞好（图实-2)。接种完毕，接种环通过火焰灭菌后放下接种棒，最后在斜面管壁上注明菌名、日期，置37℃温箱中培养。

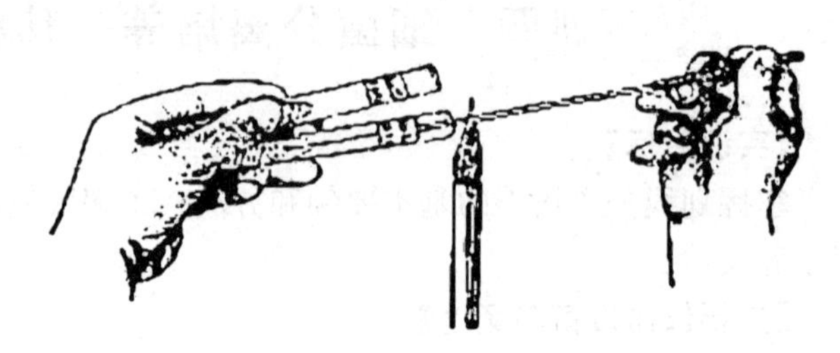

图实-2 细菌斜面移植

②从平板培养基上选取可疑菌落移植到琼脂斜面上作纯培养时，则用右手执接种棒，将接种环火焰灭菌。左手打开平皿盖，挑取可疑菌落，然后左手盖上平皿盖后立即取斜面管，按上述方法进行接种培养。

(3) 肉汤增菌培养。为了提高由病料中分离培养细菌的机会，在用平板培养基做分离培养的同时，多用普通肉汤做增菌培养，病料中即使细菌很少，这样做也多能检查出。另外用肉汤培养细菌，以观察其在液体培养基上的生长表现，也是鉴别细菌的依据之一。其操作方法与斜面纯培养相同。

(4) 穿刺接种。半固体培养基用穿刺法接种，方法基本上与纯培养接种相同，不同的是用接种针挑取菌落，垂直刺入培养基内。要从培养基表面的中部一直刺入管底然后按原方向垂直退出，若进行H_2S产生试验时，将接种针沿管壁穿刺向下即使产生少量H_2S，从培养基中也易识别。

2. 厌氧菌的分离培养方法

（1）焦性没食子酸法。利用焦性没食子酸在碱性溶液内能大量吸氧的原理进行厌氧培养。每 $100cm^3$ 空间用焦性没食子酸 1g，10%氢氧化钠或氢氧化钾溶液 10mL。其具体方法主要有以下几种：

①单个平皿法。按常规在血琼脂平板上划线接种。将固体石蜡置于一容器中加热融化。取方形玻板一块，中央置纱布或重叠滤纸一小块，上面放焦性没食子酸 0.5g，加 10%氢氧化钠溶液 0.5mL 后迅速将平皿底倒置于其上，周围立即用融化石蜡封闭。置 37℃温箱培养 2～3d，取出观察。

②试管培养法。取约 $100cm^3$ 容积的大试管一支，在管底放焦性没食子酸 10g 及玻璃珠数个。将已接种的培养管放入大试管中，加入 20%氢氧化钠溶液 1mL，立即将管口用橡皮塞塞紧，必要时周围封以石蜡，37℃培养 2～3d 观察。

③干燥器（玻罐）法。计算好容器的体积，根据其体积称取焦性没食子酸（置于平皿内）和配制氢氧化钠溶液。将氢氧化钠溶液倒入干燥器底部，把盛有焦性没食子酸的平皿轻轻漂浮于液面上。放好隔板，将接种好的平板或试管置于隔板上，把干燥器盖盖上密封（可预先在罐口抹一薄层凡士林）。轻轻摇动干燥器，使焦性没食子酸和氢氧化钠溶液混合，置 37℃温箱培养 2～3d，取出观察。

（2）肝块（庖肉）肉汤。肝块（或肉渣）内含有谷胱甘肽，可发生氧化还原反应，降低环境中的氧化势能；同时还含有不饱和脂肪酸，能吸收环境中的氧，又因液面上加有液状石蜡隔绝外界空气从而造成一个适合于一般厌氧菌生长的局部环境。试验前先将培养基煮沸 10min，迅速放冷水中冷却，以排除其中空气，接种时将试管倾斜，使液面露出间隙即可取样接种，完毕将试管直立置温箱中培养，移植时可用 1mL 吸管取 0.5mL 培养物至另一管，或用接种环取多量培养物于另一管。

（3）共栖培养法。将厌氧菌与需氧菌共同培养在一个平板内，利用需氧菌生长将氧气消耗后，厌氧菌才能生长。其方法是将培养平板的一半接种吸收氧气能力强的需氧菌（如枯草芽孢杆菌），另一半接种厌氧菌，接种好后将平板倒扣在一块玻璃板上，并用石蜡密封，置 37℃温箱中培养 2～3d 后，即可观察到需氧菌和厌氧菌生长。

（4）高层琼脂法（摇振培养法）。加热融化试管高层琼脂，冷至 45℃左右接种厌氧菌，轻轻摇振混匀后立刻置冷水中使其直立凝固。置温箱中培养，厌氧菌在近管底处生长。

3. 细菌在培养基上的生长特性观察

（1）固体培养基上的生长特性。细菌在固体培养基上生长繁殖，可形成菌落。观察菌落时，主要看以下内容：

①大小。不同细菌其菌落大小变化很大。常用其直径来表示，单位是 mm 或 μm。小菌落如针尖大小，必要时需用放大镜或低倍镜观察，大菌落直径可达 5～6mm，甚至更大。

②形状。主要有圆形、露滴状、乳头状或油煎蛋状、云雾状、放射状或蛛网状、同心圆状、扣状、扁平和针尖状等。

③边缘特征。有整齐、波浪状、锯齿状、卷发状等。

④表面性状。有光滑、粗糙、皱褶、颗粒状、同心圆状、放射状等，如图实-3 所示。

⑤湿润度。有干燥和湿润两种。

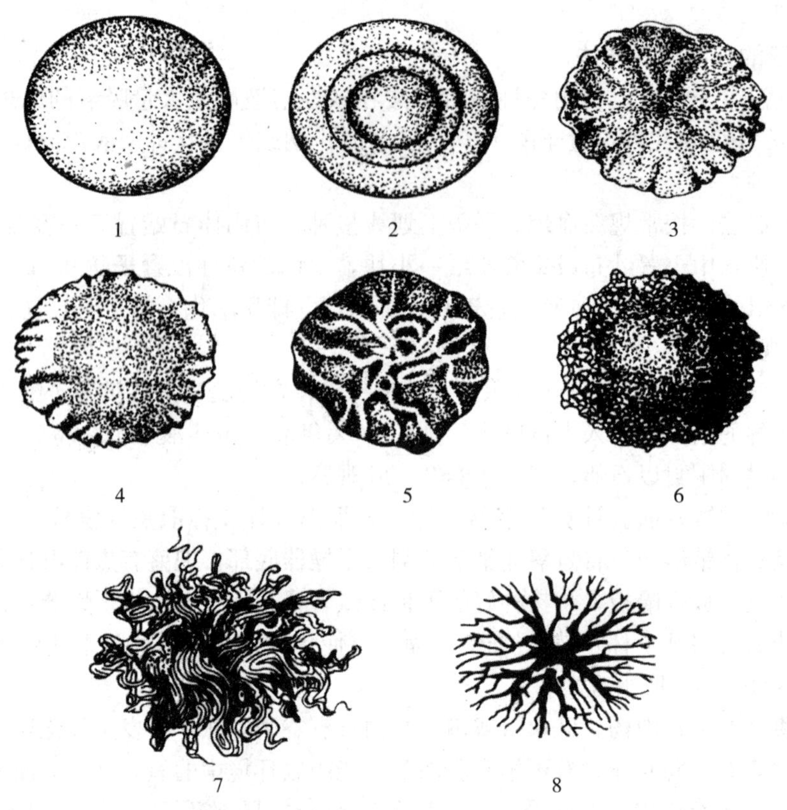

图实-3　菌落的形状、边缘和表面构造

1. 圆形，边缘整齐，表面光滑　2. 圆形，边缘整齐，表面有同心圆
3. 圆形，叶状边缘，表面有放射状皱褶　4. 圆形，锯齿状边缘，表面不光滑
5. 不规则形，波浪状边缘，表面有不规则皱纹　6. 圆形，边缘残缺不全，表面呈颗粒状
7. 毛状　8. 根状

⑥隆起度。有隆起、轻度隆起、中央隆起、云雾状等。

⑦色泽及透明度。色泽有白、乳白、黄、橙、红及无色等；透明度有透明、半透明、不透明等。

⑧质地。有坚硬、柔软和黏稠等。

⑨溶血性。分为α溶血、β溶血及γ溶血（即不出现溶血环）三种；而按溶血环直径的大小又可分为强溶血性和弱溶血性两类。

（2）液体培养基上的生长特性。

①混浊度。有强度混浊、轻微混浊、透明三种情况。

②底层情况。包括有沉淀和无沉淀两种，有沉淀又可分为颗粒状和絮状两种。

③表面性状。分为形成菌膜、菌环和无变化三种情况。

④产生气体和气味。很多细菌在生长繁殖的过程中能分解一些有机物产生气体，可通过观察是否产生气泡或收集产生的气体来判断；另一些细菌在发酵有机物时能产生特殊气味，如鱼腥味、醇香味等。

⑤色泽。细菌在生长繁殖的过程中能使培养基变色，如绿色、红色、黑色等。

（3）半固体培养基上的生长特性。有运动性的细菌会沿穿刺线向周围扩散生长，形成倒松树状（炭疽杆菌）、试管刷状（猪丹毒杆菌）；无运动性的细菌则只沿穿刺线呈线状生长。

【考核标准】

1. 优秀　能正确进行细菌的各种分离培养方法，操作熟练，错误较小，培养物能见细菌菌落。

2. 合格　在老师的提示下能进行细菌的各种分离培养方法，操作不熟练，错误不少。

3. 不合格　各种操作很不熟练或操作过程错误较多。

【注意事项】

（1）细菌的分离培养必须严格无菌操作。

（2）灭菌接种环或接种针在挑取菌落之前应先在培养基上无菌落处冷却，否则会将所挑的菌落烫死而使培养失败。

（3）划线接种时应先将接种环的环部稍稍弯曲，以便于划线时环与琼脂面平行，这样不易划破琼脂；同时划线时应用力适度，太重易划破琼脂，太轻又可能长不出菌落；分区划线接种时，每区开始的第一条线应通过上一区的划线。

（4）不同细菌需要的培养时间相差很大，应根据不同的菌种培养观察需足够的时间。

实训五　病原菌药敏试验

【实训目标】

掌握常用抗菌药物的药敏试验，为合理用药打下良好基础。

【主要仪器设备与场地】

1. 设备材料　营养琼脂平板、鲜血琼脂平板、肉汤培养基，青霉素、链霉素、磺胺嘧啶及黄连素、庆大霉素、磺胺嘧啶等药物的干燥滤纸片，葡萄球菌、大肠杆菌等菌种，酒精灯、试管、微量注射器、微量吸管、恒温培养箱等。

2. 场地　传染病实验室。

【实训内容与步骤】

抗菌药物（中草药、抗生素、磺胺类等）是宠物医师临床常用的药物，但是各种病原体对抗菌药物的敏感性各不相同，同时，由于抗菌药物的广泛应用，以及广谱抗生素的不断增加，它们虽然对病原体有一定的作用，但在使用不当时常导致抗药性的形成，甚至干扰机体内的正常微生物群的作用，反而对机体带来不良影响。因此，测定病原菌对抗菌药物的敏感性，正确使用抗菌药物，对于临床治疗工作具有重要的意义。药敏试验有以下几种方法。

（一）纸片法

纸片法操作简单，应用也最普遍。

1. 抗生素纸片的制备　将质量较好的滤纸用打孔机打成直径 6mm 的圆片，每 100 片放入一小瓶中，160℃干热灭菌 1～2h，或用高压灭菌（121℃30min）后在 60℃条件下烘干。

（1）抗菌药物的浓度（用蒸馏水或生理盐水稀释）。

青霉素　　　　200U/mL

其他抗生素　　1000μg/mL

磺胺类药物　　10μg/mL

中草药制剂　　　1g/mL

（2）用无菌操作法将欲测的抗菌药物溶液 1mL，加入 100 片纸片中，置冰箱内浸泡 1～2h，如立即试验可不烘干，若保存备用可用下法烘干（干燥的抗生素纸片可保存六个月）。

①培养皿烘干法。将浸有抗菌药液的纸片摊平在培养皿中，于 37℃温箱内保持 2～3h 即可干燥，或放在无菌室内过夜干燥。

②真空抽干法。将放有抗菌药物纸片的试管，放在干燥器内，用真空抽气机抽干，一般需要 18～24h。

③将制好的各种药物纸片装入无菌小瓶中，置冰箱内保存备用，并用标准敏感菌株作敏感性试验，记录抑制圈的直径，若抑菌圈比原来的缩小，则表明该抗菌药物已失效，不能再用。现在已有现成的药敏纸片供应，可根据需要购买。

2. 培养基　一般细菌如肠道杆菌及葡萄球菌等可用营养琼脂平板；链球菌、巴氏杆菌或肺炎球菌等可用鲜血琼脂平板；测定对磺胺类药物的敏感试验时，应使用无蛋白胨琼脂平板。

3. 菌液　为培养 10～13h 的幼龄菌液（抑菌圈的大小受菌液浓度的影响较大，因而菌液培养的时间一般不宜超过 17h）。

4. 试验方法　用接种环挑取培养 10～18h 的幼龄菌，均匀涂抹于琼脂平板上，待干燥后，用镊子夹取各种抗生素纸片，平均分布于琼脂表面（每块平板放置 4～5 片），在 37℃温箱内培养 18h 后观察结果。

5. 结果测定　根据药敏纸片周围无菌区（抑菌区）的大小，测定其抗药程度。因此，必须测量抑菌圈的直径（包括纸片），按其大小，报告该菌株对某种药物敏感与否。各种药物抑菌圈与敏感性的关系见表实-2、表实-3、表实-4。

表实-2　青霉素抑菌圈标准

抑菌圈直径	敏感性
＜10mm	抗药
10～20mm	中度敏感
＞20mm	极度敏感

表实-3　其他抗生素及磺胺类药物敏感标准

抑菌圈直径	敏感性
＜10mm	抗药
11～15mm	中度敏感
＞15mm	极度敏感

表实-4　中药抑菌素标准

抑菌圈直径	敏感性
＜15mm	抗药
15mm	中度敏感
15～20mm	极度敏感

（二）快速敏感试验——葡萄糖指示法

许多细菌能分解葡萄糖而产酸，使培养基 pH 发生改变，若在培养基中加入抗菌药物，接种的细菌对抗菌药物敏感时，培养基中的葡萄糖就不被细菌分解利用，不会形成酸性物质，pH 不发生变化，因而指示剂也不变色，相反，细菌对抗菌药物不敏感时，抗菌药物抑制不了该菌的生长繁殖，因而分解葡萄糖并产酸，使加入其中的溴甲酚紫由紫变黄，以此来测定细菌对药物的敏感性。具体操作方法如下：

（1）抗生素纸片及菌液的准备，同纸片法。

（2）配制指示培养基。取普通琼脂 15mL，加入 1%葡萄糖及 0.6%溴甲酚紫指示剂 0.7mL。

（3）灭菌后，待培养基凉至 50℃左右时，加入菌液 0.5mL，充分混匀后（防止气泡）作倾注培养。

（4）待凝固后，用镊子将抗生素纸片分别贴于表面，于 37℃条件下培养 24h 后观察。

（5）结果判定。纸片周围有细菌生长者呈现黄色，不生长时仍为紫色，并测量抑菌圈的直径，判定其敏感方法，方法同纸片法。

（三）试管法

试管法是将药物作倍比稀释，观察不同含量对细菌的抑制能力，以判定细菌对药物的敏感度，常用于测定抗生素及中草药对细菌的抑制能力。

1. 试验方法　取无菌试管 10 支，排列于试管架上，于第一管中加入肉汤 1.9mL，其余 9 管各加入 1mL，吸取配制好的抗生素原液、磺胺类原液或中药原液 0.1mL，加入第一管中，充分混合后吸出 1mL 吸入第二管中，混合后，再从第二管移 1mL 到第三管，依次移到第九管中，吸出 1mL 弃去。第十管不加药液作对照。然后向各管中加入幼龄菌液稀释液 0.05mL（培养 17h 的菌液作 1∶1000 稀释，培养 6h 作 1∶10 稀释），于 37℃温箱中培养 18～24h 后观察结果。

2. 结果测定　培养 18h 后，凡无细菌生长的药物最高稀释管中即为该菌对药物的敏感度。若由于加入药物（如中药）而使培养基变为混浊，眼观不易判断时，可进行接种或涂片染色镜检判定结果。

【考核标准】

1. 优秀　倍比稀释操作熟练，培养基划线均匀，无菌观念强。

2. 合格　倍比稀释操作欠熟练，培养基划线欠均匀，无菌观念不强。

3. 不合格　倍比稀释操作不熟练，培养基划线不均匀，无无菌观念。

【注意事项】

1. 器材　抗菌药物敏感性试验是利用微生物学方法进行的，其用量极微，实验仪器的规格和精确度会直接影响实验结果，因此必须严格要求。试管、吸管、培养皿和其他器皿，尤其是定量用的吸管，均须选用中性，硬质一级品，并且必须经过彻底灭菌。

2. 培养基成分　培养基成分不但影响敏感菌株的生长繁殖，并可影响到抑菌圈的直径。不同批号的蛋白胨，所含的氨基氮的总量不同，因而抑菌圈大小有一定差别。氯化钠、琼脂中的钙、镁离子影响链霉素、新霉素的扩散，尤其是氯化钠对链霉素影响大，含量越高，抑菌圈越小，甚至不出现反应，但氯化钠对多黏菌素反而有助于扩散。琼脂含量和平板厚度也影响抑菌圈的大小，含量大，影响抗生素的扩散，一般以1.3%～1.6%的浓度较合适，琼脂层过厚抑菌圈也较小，以2～4mm为最适宜。磺胺类药用琼脂平板法试验时，不能含蛋白胨，因蛋白胨会使磺胺失去作用。血清成分的吸附或结合作用，会使金霉素、中药提取物抗菌作用减弱。

3. 敏感菌株 菌种的敏感度差别较大，如金黄色葡萄球菌对青霉素最敏感。四联球菌对四环素族最敏感。大肠杆菌对链霉素、多黏菌素敏感。因此，接种量要适宜，接种量多，即使最敏感的菌株也不能抑制其发育，影响实验结果。

4. 标准液和被检液 要用同一方法和在同一条件下配制，避免因操作方法不一致而造成误差。

5. 培养时间 细菌在发育过程中，对数期繁殖最快，以后处于稳定和衰落期，必须掌握这一规律和特性，以便达到预期试验目的。时间过短则细菌不繁殖，过长则敏感性降低，抑菌圈不清楚。一般以37℃16～18h为适宜。

6. pH 对实验结果有显著的影响，新霉素、链霉素在碱性环境中活性最大，而在酸性时抑菌圈缩小。四环素族以酸性为佳。青霉素、氯霉素以中性为宜。

实训六 鸡胚接种技术

【实训目标】

掌握病毒的鸡胚培养方法及其目的；学会病毒的鸡胚接种技术。

【主要仪器设备与场地】

1. 设备材料 受精卵、恒温箱、照蛋器、卵盘、卵杯、接种箱、注射器（1～5mL）、针头、中号镊子、眼科剪和镊子、毛细吸管、橡皮乳头、灭菌平皿、试管、吸管、酒精灯、试管架、胶布、蜡、锥子、锉、煮沸消毒器、消毒剂（3%碘酊棉、75%酒精棉、5%石炭酸或3%来苏儿）。

2. 场地 传染病实验室。

【实训内容与步骤】

鸡胚接种技术用途广泛，除了可以分离培养病毒、支原体及衣原体等病原以确诊传染病外，还可用于病毒的鉴定，效价测定，致病力测定及制造疫苗、抗原等。因此掌握鸡胚接种技术对进行传染病的研究和防制工作非常有用。下面介绍鸡胚接种的基本技术。

1. 选胚 根据需要选用合适日龄的鸡胚，大多数病毒适于9～12日龄的鸡胚。鸡胚应以白色蛋壳者为好，便于照蛋观察。鸡胚应发育正常，健康活泼，不要过大、过小或畸形蛋孵化的胚。鸡胚应来自健康无病的鸡群，而且不能含有可抑制所接种病毒的母源抗体，最好选用SPF鸡胚或非免疫鸡胚。

2. 照蛋定位 接种前应在照蛋器下检查鸡胚，挑出死胚和弱胚。对所有健康胚应先用红铅笔画出气室位置，再于胚胎对侧画出接种位点（进针点），接种点应避开大血管，靠近气室边缘处，离胚头1cm左右。

3. 接种 照蛋定位完毕后，即可开始接种。根据部位，鸡胚接种有以下几种方法。

（1）尿囊腔接种法。

①选用 9～12 日龄发育良好的鸡胚，照蛋标出气室及胚胎位置，在气室底边胚胎对侧附近无大血管处标出尿囊腔注射部位。

②气室向上放置鸡胚于卵架上，在气室及标记处先用碘酊将接种位点和气室消毒，再用 70%酒精脱碘，然后用消毒的三棱针或 20 号针头在蛋壳上所标记注射部位打孔。注意用力要稳，恰好使蛋壳打通而不伤及壳膜。为防止注射接种物时因胚胎内产生压力而使接种物溢出，可在气室顶端也打一小孔。

③用 1mL 注射器抽取接种物，针头斜面（与卵壳成 30°角）刺入注射部位 3～5mm 达尿囊腔内，注入接种物。一般接种量为 0.1～0.2mL。

④另一种接种方法是只开一小孔，在距气室底边 0.5cm 处的卵壳上打一个孔，由此孔进针注射接种物。

⑤注射完毕，用熔好的石蜡或消毒胶布封闭注射孔和气室孔。气室朝上于 35～37℃温箱中孵育。弃去 24h 内的死亡鸡胚，因多系机械损伤、细菌或霉菌污染等因素所引起，以后每天检卵 1～2 次。

⑥检视出的死鸡胚、孵育 48～72h 的活鸡胚（某些病毒并不收获活鸡胚，应弃之），取出置 4℃冰箱过夜或－20℃冰箱中 1h，以免收获时胚体出血。

⑦取出冷却的鸡胚，气室端卵壳表面用碘酊和酒精棉球消毒，用镊子无菌击破气室部卵壳并去除壳膜，撕破绒毛尿囊膜，以眼科镊子镊住绒毛尿囊膜，用毛细吸管或吸管吸取尿囊液和羊水，置无菌容器中保存备用（低温冰箱冻结保存）。一般每胚能收获尿囊液 6mL 左右，最多可达 10mL。

⑧取出鸡胚胎，于平皿内观察胚胎有无病理变化，如出血、蜷缩、侏儒胚等。根据需要，也可保存鸡胚胎或经匀浆机（器）处理后的悬浮液备用。

（2）绒毛尿囊膜接种法。

①选用 10～12 日龄发育良好的鸡胚，检视并用铅笔标出气室和胚胎位置，在胚胎附近无大血管处的蛋壳上标出一个边长约 0.6cm 的等边三角形，作为接种部位。

②在气室及标记处先后用碘酊和酒精棉球消毒蛋壳表面。

③横放鸡胚于卵架上，标记处朝上，用牙科钻砂轮锉或小钢锉轻锉三角处，不破坏壳膜取下三角形蛋壳。气室中央用钢锥开一小孔。滴加灭菌生理盐水一滴于三角形壳膜上，用灭菌针头或火焰消毒钢锥在壳膜上斜刺挑破一小孔，注意不能伤及绒毛尿囊膜。同时用吸头或洗耳球于气室小孔上轻吸，使三角处绒毛尿囊膜下陷，生理盐水吸入，造成人工气室。（可在检卵器上检视人工气室的确实与否）。

④用无菌注射器吸取接种物于三角处小孔上刺入 0.5～1mm，注入病毒液，注射量一般为 0.1～0.2mL。轻轻旋转鸡胚，使接种液扩散到人工气室的整个绒毛尿囊膜上。用消毒胶布封闭三角形小口及气室小孔，横放鸡胚，开口向上，于 35～37℃温箱中继续孵育。24h 后检视，死胎弃去。以后每天检视 1～2 次。

⑤检视出的死鸡胚、孵育 48～72h 的活鸡胚（或视不同的病毒、不同的实验目的孵育更长时间），取出并用碘酊和酒精棉球消毒人工气室周围蛋壳，去除胶布，用无菌眼科剪、镊子去除人工气室处卵壳、壳膜。剪下人工气室处绒毛尿囊膜置于无菌平皿中，用灭菌生理盐水冲洗，展平后观察痘斑等病理变化。收集绒毛尿囊膜并低温保存、备用。也可收集部分绒毛尿囊膜、固定，供组织病理学切片检查包含体。

⑥绒毛尿囊膜的另一种接种方法是，检视鸡胚划出胚胎位置及气室界线，用碘酊和酒精棉球消毒，在气室边缘附近将卵壳开一半径约 0.3cm 的小窗口，左手持鸡胚，使小窗口朝向操作者，右手持注射器用针头将气室边缘的壳膜挑起一小孔，缓缓注入接种物，使接种物渗入壳膜与绒毛尿囊膜之间。用消毒胶布封口，直立放置孵育。或不必开小窗，在大头顶端刺一小孔，插入针头，接种病料于空室内，针头继续深入，刺破卵壳膜及绒毛尿囊膜（深1～1.5cm），拔出针后封口，卵直立使气室向上，培养几小时后，即可随便翻动。

（3）卵黄囊接种法。

①选用 5～8 日龄发育良好的鸡胚，检视标出气室及胚胎位置。

②气室向上置鸡胚于卵架上，气室端卵壳用碘酊和酒精棉球消毒，用消毒的三棱针或 20 号针头在气室中央轻刺一小孔。

③用注射器吸取接种物，通过气室中央小孔，用长针头（3～4cm）垂直刺入 2～3cm，也可刺入达鸡胚长径的二分之一，注入接种物。注射量一般为 0.2～0.5mL。

④注射完毕，用熔化石蜡封闭气室小孔，直立鸡胚，于 35～37℃温箱中继续孵育。24h 后检视，死胎弃丢。以后每天检视 1～2 次。

⑤继续孵育 24h 以上死亡或濒死的鸡胚取出，气室向上直立于卵架上，气室周围卵壳用碘酊和酒精棉球消毒，去除气室端卵壳。用无菌镊子撕破绒毛尿囊膜和羊膜，提起鸡胚，夹住卵黄带，分离绒毛尿囊膜，取出鸡胚与卵黄囊于平皿内。用无菌生理盐水冲去卵黄液，分别将鸡胚和卵黄囊置于无菌容器中，低温冰箱保存备用。如欲作涂片，可取一小块轻轻涂于载玻片上制成薄片。

另外，由于卵黄是鸡胚的营养供给者，病毒可通过卵黄而进入胚胎，所以收获的胚胎一般病毒滴度很高。

（4）羊膜腔接种法。

①选用 10 日龄发育良好的鸡胚，照蛋标出气室和胚胎位置。

②鸡胚气室向上置于卵架上，用碘酊和酒精棉球消毒气室，将气室顶端开一直径 0.7～1.2cm 的小窗口。

③滴加一滴灭菌液状石蜡于胚胎位置（也可用生理盐水代替石蜡，但透明度较差）。用眼科镊子仔细地由无血管处穿过绒毛尿囊膜，捏住羊膜，将其提出于绒毛尿囊膜外，使成伞状。

④用注射器吸取接种物注入羊膜腔内，接种量一般为 0.1～0.2mL。注毕，用灭菌胶布封闭窗口，35～37℃温箱直立孵育。24h 后检视，死胎弃去。以后每天检视 1～2 次。

⑤经 48h 或稍长时间的孵育，死胚或活胚按尿囊腔接种法收获时的办法低温处置鸡胚。用碘酊和酒精棉球消毒气室卵壳，自气室处打开窗口，用无菌吸管吸出尿囊液，再用眼科镊子轻轻夹起羊膜使之成伞状，用一无菌毛细吸管插入羊膜腔内吸取羊水，置于灭菌容器中低温保存、备用。方法得当，一般可获得 0.5～1mL 羊水。

【考核标准】

1. 优秀　能运用各种方法进行鸡胚接种，操作熟练。

2. 合格　各种鸡胚接种的方法基本正确，操作过程中错误较少。

3. 不合格　各种鸡胚接种的方法不清楚，接种操作过程中错误较多。

【注意事项】

1. 无菌技术 鸡胚一旦污染，即迅速死亡，或影响病毒的培养。卵壳上常带有细菌，故一切用品及操作时，均应遵守无菌操作，以减少污染率。接种罩在使用前用紫外灯照射30min，或以3%石炭酸溶液喷雾消毒。接种后注射口和气室孔均应用石蜡确实密封，防止细菌污染造成死亡。死亡鸡胚应随时取出，以免时间过长细菌繁殖并对周围鸡胚造成污染。

2. 细心谨慎操作 鸡胚培养是在活鸡胚中进行操作，故必须不影响其生理活动，才能在接种后继续发育。严禁粗鲁操作，引起损伤死亡。

3. 保持培养条件 鸡胚发育与培养的条件如温度、湿度、翻动等密切相关，而鸡胚的培养需时甚久，至少1～2周，故必须保持适当恒定的条件，方可得出正常结果。

4. 无菌试验 毒种试用前及收获后，须先作无菌试验，确定无菌后方能使用或保藏。

实训七 动物接种与剖检技术

【实训目标】

学习并掌握实验动物的接种方法和剖检方法。

【主要仪器设备与场地】

1. 设备材料

（1）实验动物。家兔、豚鼠、鸡、小鼠等。

（2）接种材料。细菌培养物（肉汤培养物或细菌悬液）、尿液、脑脊液、血液、分泌物、脏器组织悬液等。

（3）接种器材。注射器、针头、剪毛剪、剪刀、镊子。

2. 场地 传染病实验室。

【实训内容与步骤】

1. 实验动物常用的接种方法

（1）皮肤划痕接种。实验动物多用家兔，用剪毛剪剪去肋腹部长毛，必要时再用剃刀或脱毛剂脱去被毛，以75%酒精消毒，待干，用无菌小刀在皮肤上划成几条平行线。划痕口可略见出血，然后用刀将接种材料涂在划痕口上。

（2）皮下接种。

①家兔皮下接种。由助手使家兔伏卧或仰卧保定，于其背侧或腹侧皮下结缔组织疏松部分剪毛消毒，术者右手持注射器，以左手拇指，食指和中指捏起皮肤使成一个三角形皱褶，或用镊子夹起皮肤、于其底部进针，感到针头可随意拨动即表示插入皮下。当推入注射物时感到流利畅通也表示在皮下，拔出注射针头时用消毒棉球按针孔并稍加按摩。

②豚鼠皮下接种。保定和术式同家兔。

③小鼠皮下接种。无须助手帮助保定，术者在做好接种准备后，先用右手抓住鼠尾，令其前爪抓住饲养罐的铁丝盖，然后用左手的拇指及食指捏住颈部皮肤，并翻转左手使小鼠腹部朝上，将其尾巴挟在左手掌与小手指之间，右手消毒术部，把持注射器、以针头稍微挑起皮肤插入皮下，注入时见有水泡微微鼓起即表示注入皮下。拔出针头后，同家兔皮下注射时一样处理。

（3）皮内接种。作家兔、豚鼠及小鼠皮内接种时，均需助手保定动物，其保定方法同皮下接种。接种时术者以左手拇指及食指夹起皮肤，右手持注射器、用细针头插入拇指及食指之间的皮肤内，针头插入不宜过深，同时插入角度要小，注入时感到有阻力且注射完毕后皮肤上有小硬疱即为注入皮内。皮内接种要慢，以防使皮肤胀裂或自针孔流出注射物而散播传染。

（4）肌内接种。肌内注射部位在禽类为胸肌，其他动物为后肢内股部。术者消毒后，将针头刺入肌肉内注射感染材料。

（5）腹腔内接种。在家兔、豚鼠、小鼠作腹腔接种，宜采用仰卧保定。接种时稍抬高后躯，使其内脏倾向前腔，在腹后侧面插入针头，先刺入皮下，后进入腹腔、注射时应无阻力，皮肤不隆起。

（6）静脉注射。

①家兔的静脉注射。将家兔纳入保定器内或由助手把握住它的前、后躯保定，选一侧耳边缘静脉，先用75%酒精涂擦兔耳或以手指轻弹耳朵，使静脉扩张。注射时，用左手拇指和食指拉紧兔耳，右手持注射器，使针头与静脉平行，向心脏方向刺入静脉内，注射时无阻力且有血向前流动表示注入静脉、缓缓注射感染材料，注射完毕用消毒棉球紧压针孔，以免流血或注射物溢出。

②豚鼠静脉内接种。使豚鼠伏卧保定。腹面向下，将其后肢剃毛、用75%酒精消毒皮肤，施以全身麻醉，用锐利刀片向后肢内上侧向外下方切一长约1cm的切口，使露出皮下静脉，用最小号针头刺入静脉内慢慢注入感染材料。接种完毕，将切口缝合一两针。

③小鼠静脉接种。其注射部位为尾侧静脉。选15～20g体重的小鼠，注射前将尾部血管扩张易于注射。用一烧杯扣住小鼠，露出尾部，最小号针头（4号）刺入尾侧静脉，缓缓注入接种物，注射时无阻力，皮肤不变白、不隆起，表示注入静脉内。

（7）脑内接种法。作病毒实验研究时，有时用脑内接种法，通常多用小鼠，特别是乳鼠（1～3日龄），注射部位是耳根连线中点略偏左（或右）处。接种时用乙醚使小鼠轻度麻醉，术部用碘酒，酒精棉球消毒，在注射部位用最小号针头经皮肤和颅骨稍向后下刺入脑内进行注射，而后以棉球压住针孔片刻，接种乳鼠时一般不麻醉，不用碘酒消毒。家兔和豚鼠脑内接种法基本同小鼠，唯其颅骨稍硬厚，事先用短锥钻孔，然后再注射、深度宜浅，以免伤及脑组织。

2. 接种剂量 家兔0.20mL，豚鼠0.15mL，小鼠0.03mL。凡作脑内注射后1h内出现神经症状的动物作废，认为是接种创伤所致。

3. 实验动物采血法 如欲取得清晰透明的血清，宜于早晨没有饲喂前抽取血液。如采血量较多则应在采血后，以生理盐水做静脉（或腹腔内）注射或饮用盐水以补充水分。

（1）家兔采血法。可自其耳静脉或心脏采取，耳边缘静脉采血方法基本与静脉接种相同，不同之处是以针尖向耳尖反向抽吸其血，一般可采血1～2mL。如采大量血液，则用心脏采血法。动物左仰卧，由助手保定，或以绳索将四肢固定，术者在动物左前肢腋下处局部剪毛及消毒，在胸部心脏跳动最明显处下针。用12号针头直刺心脏，感到针头跳动或有血液向针管内流动时，即可抽血，一次可采血15～20mL。如采其全血，可自颈动脉放血。将动物保定，左颈部剃毛消毒，动物稍加麻醉，用刀片在颈静脉沟内切一长口，露出颈动脉并结扎，于近心端插入一玻璃导管，使血液自行流至无菌容器内，凝后析出血清；如利用全血，可直接流入含抗凝剂的瓶内，或含有玻璃珠的三角瓶内振荡脱纤防凝。放血可达50mL

以上。

（2）豚鼠采血法。豚鼠一般从心脏采血。助手使动物仰卧保定，术者在动物胸部心跳最明显处剪毛消毒，用针头插入胸壁稍向右下方刺入。刺入心脏则血液可自行流入针管，一次未刺中心脏稍偏时，可将针头稍提起向另一方向再刺。如多次没有刺中，应换一动物，否则有心脏出血致死亡的可能。

（3）小鼠采血法。可将尾部消毒，用剪刀断尾少许，使血液溢出，即得血液数滴，采血后用烧烙法止血。也可自心脏采血，或摘除眼球放血。

（4）绵羊采血法。在微生物实验室中绵羊血最常用。采血时由一助手半坐骑在羊背上，两手各持其一耳（或角）或下腭，因为羊的习惯好后退，令尾部靠住墙根。术者在其颈部上1/3处剪毛消毒，一手压在静脉沟下部使静脉怒张，右手持针头猛力刺入皮肤，此时血液流入注射器或直接流入无菌容器内，一切应无菌操作，以获得无菌血液。

（5）鸡采血法。剪破鸡冠可采血数滴供作血片用。少量采血可从翅静脉采取，将翅静脉刺破以试管盛之，或用注射器采血。需大量血可经心脏采取：固定家禽使侧卧于桌上，左胸部朝上，从胸骨脊前端至背部下凹处连线的中点垂直刺入，约3cm深即可采得心血。一次可采10～20mL血液。

4. 实验动物的观察与尸体剖检

（1）动物接种后，须按照试验要求进行观察和护理。

①外表检查。注射部位皮肤有无发红、肿胀及水肿、脓肿、坏死等。检查眼结膜有无肿胀发炎和分泌物。对体表淋巴结注意有无肿胀、发硬或软化等。

②体温检查。注射后有无体温升高反应和体温稽留、回升、下降等表现。

③呼吸检查。检查呼吸次数或呼吸状态（节律、强度等）。观察鼻分泌物的数量、色泽和黏稠性等。

④循环器官检查。检查心脏搏动情况，有无心动衰弱，紊乱和加速，并检查脉搏的频度、节律等。

（2）正常实验动物的体温、脉搏和呼吸见表实-5。

表实-5　正常实验动物的体温、脉搏和呼吸

动物	体温（℃）	脉搏（次/min）	呼吸（次/min）
猪	38.5～40.0	60～80	10～20
绵羊或山羊	38.5～40.0	70～80	12～20
犬	37.5～39.0	70～120	10～30
猫	38.0～39.0	110～120	20～30
豚鼠	38.5～40.0	150	100～150
大鼠	37.0～38.5	—	21
小鼠	37.4～38.0	—	—
鸡	41.0～42.5	140	15～30
鸭	41.0～42.5	140～200	16～28
鹅	41.0～42.5	140～200	16～28

（3）尸体剖解。实验动物经接种后而死亡或予以扑杀后，应对其尸体进行剖解，以观察其病变情况，并可取材保存或进一步作微生物学、病理学、寄生虫学、毒物学等检查。

①先用肉眼观察动物体表的情况。

②将动物尸体仰卧固定于解剖板上，充分露出胸腹部。

③用70%酒精或其他消毒液浸擦尸体的颈胸腹部的皮毛。

④以无菌剪刀自其颈部至耻骨部切开皮肤，并将四肢腋窝处皮肤剪开，剥离胸腹部皮肤使其尽量翻向外侧，注意皮下组织有无出血、水肿等病变，观察腋下、腹股沟淋巴结有无病变。

⑤用毛细管或注射器穿过腹壁及腹膜，吸取腹腔渗出液供直接培养或涂片检查。

⑥另换一套灭菌剪剪开腹腔，观察肝、脾及肠系膜等有无变化，采取肝、脾、肾等实质脏器各一小块放在灭菌平皿内，以备培养或直接涂片检查。然后剪开胸腔，观察心、肺有无病变，可用无菌注射器或吸管吸取心脏血液进行直接培养或涂片。

⑦必要时破颅取脑组织作检查。

⑧如欲作组织切片检查，将各种组织小块置于10%甲醛溶液中固定。

⑨剖检完毕妥善处理动物尸体，以免散播传染，最好火化或高压蒸汽灭菌，或者深埋，若是小鼠尸体可浸泡于3%来苏儿液中杀菌，而后倒入深坑中，令其自然腐败，所用解剖器械也须煮沸消毒，用具用3%来苏儿浸泡消毒。

【考核标准】

1. 优秀 会进行实验动物的保定，各种动物接种方法操作正确。

2. 合格 会进行实验动物的保定，各种动物接种方法操作基本正确，错误较少。

3. 不合格 不会进行实验动物的保定，各种动物接种方法操作不正确或错误较多。

【注意事项】

（1）动物接种时，注意保定确实，以免伤人。

（2）接种时必须要无菌操作。

技能二

传染病实验室诊断技术

实训一　犬瘟热的实验室诊断

【实训目标】

掌握犬瘟热毒病的实验室常用诊断技术。

【主要仪器设备与场地】

1. 设备材料　显微镜、血细胞计数器、CDV 诊断试剂盒。

2. 场地　传染病实验室。

【实训内容与步骤】

1. 临床诊断要点

(1) 传染性强，患犬年龄多在 3 月龄到 1 岁，3～6 月龄幼犬最易感。

(2) 呈双相热型，体温 40℃以上，结膜炎，眼与鼻有浆液性、黏性或脓性分泌物，有咳嗽、呼吸急促等支气管肺炎症状。

(3) 发病后期出现神经症状。

(4) 病程长的患犬腹部皮下有脓性皮疹、足垫角化增厚。

2. 实验室诊断　病毒感染期白细胞数量减少 [(4～10) $\times 10^6$ 个/L]。如有继发感染时，淋巴细胞减少，单核细胞和中性粒细胞数量增多，在外周循环血液中的白细胞特别是淋巴细胞中可见有包含体。在疾病早期，取抗凝血离心后，用白细胞层作涂片，常规染色检查包含体很有价值。

3. CDV 诊断试剂盒诊断法　用棉签采集犬眼、鼻分泌物，在专用的诊断稀释液中充分挤压洗涤，然后用小吸管将稀释后的病料滴加到诊断试剂盒的检测孔中任其自然扩散，3～5min后判定结果。若 C、T 两条线均为红色，则判为阳性；若 T 线颜色较淡，则判为弱阳或可疑；若 C 线为红色而 T 线为无色，则判为阴性；若 C、T 两条线均无颜色，则应重做。应注意的是用此法诊断有时可能出现假阳性。故还应结合其他诊断方法，如中和试验、补体结合试验、荧光抗体试验等进行确诊。

【考核标准】

1. 优秀　操作熟练，步骤方法正确，结果判定准确。

2. 合格　能独立完成操作，操作较熟练，结果判定较准确。

3. 不合格　操作错误较多或有严重错误。

实训二 犬细小病毒病的实验室诊断

【实训目标】

掌握犬细小病毒病的实验室常用的诊断技术。

【主要仪器设备与场地】

1. 设备材料 恒温培养箱、微量振荡器、离心机、离心管、微量加样器、96 孔 V 型反应板、注射器（1mL、5mL）、针头、试管、吸管、pH7.2 磷酸盐缓冲盐水、0.5%猪红细胞悬液、灭菌生理盐水、青霉素、链霉素、CP 标准阳性血清等，CPV 诊断试剂盒。

2. 场地 传染病实验室。

【实训内容与步骤】

1. HA、HI 试验诊断法

（1）病毒的分离。取患犬粪便 2g 加入 4 倍量 PBS，摇匀后 3000r/min 离心 20min，取上清作为待检抗原备用。

（2）犬细小病毒血凝及血凝抑制试验。本法检查犬细小病毒有两种情况，一种是检查病原，另一种是检查抗体。检查病原时，取分离到的疑似病料进行血凝试验检测其血凝性，如凝集再用 CP 标准阳性血清进行血凝抑制试验可达确检。检查抗体时，需采取疑似犬细小病毒急性期和康复后期的双份血清，即间隔 10d 的双份血清，用血凝抑制试验，证实抗体滴度增高可达确检。

①试验准备。

制备 pH7.0～7.2 磷酸缓冲盐水：氯化钠 170.0g，磷酸二氢钾 13.6g，氢氧化钠 3.0g，蒸馏水 1000.0mL。高压灭菌，4℃保存，使用时做 20 倍稀释。

0.5%猪红细胞悬液制备：从健康猪耳静脉采血，加入含有抗凝剂（3.8%枸橼酸钠）的试管内，用 20 倍的磷酸缓冲盐水洗涤 3～4 次，每次以 2000r/min 离心 3～4min，最后一次 5min。直至上清液完全透明。弃去上清液，并彻底洗去血浆和白细胞，最后取红细胞泥用磷酸盐缓冲液配成 0.5%红细胞悬液。

被检血清：采取被检犬新鲜血液，分离血清。分离的血清要透明、微黄色，混浊、溶血或有异味的不可用于实验。

标准 96 孔反应板的准备：须注意将每个孔穴刷净，置 2%盐酸中浸泡 14min，长流水漂洗数小时，然后再用蒸馏水冲洗 5～8 次，放 30℃温箱中干燥（切勿放烘干箱内干烤）。

②操作方法。参照新城疫的实验室诊断。

2. CPV 诊断试剂盒诊断法 用棉签采集犬排泄物，在专用的诊断稀释液中充分挤压洗涤，然后用小吸管将稀释后的病料滴加到诊断试剂盒的检测孔中任其自然扩散，3～5min 后，若 C、T 两条线均为红色，则判为阳性，若 T 线颜色较淡，则判为弱阳或可疑；若 C 线为红色而 T 线为无色，则判为阴性；若 C、T 两条线均无颜色，则应重做。应注意的是用此法诊断有时可能出现假阳性。故还应结合其他诊断方法进行确诊。

【考核标准】

1. 优秀 操作熟练，步骤方法正确，结果判定准确。

2. 合格　能独立完成操作，操作较熟练，结果判定较准确。

3. 不合格　操作错误较多或有严重错误。

实训三　布鲁氏菌病的实验室诊断

【实训目标】

掌握布鲁氏菌病的实验室诊断方法和判定标准。

【主要仪器设备与场地】

1. 设备材料

（1）病料。阴道分泌物、绒毛叶、流产胎儿内脏或胃液、待检血清、豚鼠、家兔。

（2）科兹罗夫斯基法染色液、鲜血琼脂、10%马血清琼脂、0.5%葡萄糖肝汤琼脂、生理盐水、石炭酸、布鲁氏菌阳性血清、布鲁氏菌试管凝集抗原、布鲁氏菌虎红平板凝集抗原等。

（3）接种环、酒精灯、注射器、玻璃铅笔、研钵、试管、玻片、吸管、恒温箱、显微镜等。

2. 场地　传染病实验室。

【实训内容与步骤】

1. 临诊检疫要点　明确畜群的免疫接种状况、畜群品种、数量及饲养管理等情况。根据布鲁氏菌病的临诊症状进行仔细观察，特别注意母畜是否有流产现象及流产物的病理变化。

2. 病原学检验

（1）涂片镜检。取新鲜病料制成涂片，用科兹罗夫斯基法染色，布鲁氏菌被染成红色，单在或成对，呈球杆状。其他细菌被染成绿色或蓝色。

（2）分离培养。新鲜病料可直接接种鲜血琼脂、10%马血清琼脂或0.5%葡萄糖肝汤琼脂等培养基。若为陈旧病料，可在培养基中加入1∶20的龙胆紫置于含有5%～10%CO_2的环境中培养7～10d。选择可疑菌落制成涂片，经科兹罗夫斯基法染色后镜检，发现有红色球杆菌时，即可作出初步诊断。

（3）动物接种。将病料用生理盐水制成1∶50的乳剂，取上清液经腹腔接种豚鼠，0.1～0.3mL/只。陈旧病料可接种于豚鼠的股内侧皮下。病料若为乳汁则先离心，取沉淀与脂肪层的混合物经腹腔接种豚鼠，0.5mL/只。接种后经4～8周扑杀，取肝、脾的病变部位分离细菌。也可在接种10～20d后，采集心血分离血清，作凝集试验，血凝价达1∶5时则证明豚鼠已患布鲁氏菌病。

3. 免疫学试验

（1）试管凝集反应。

①操作方法。取洁净试管7支（其中4支为试验管，3支为对照管），并标明血清号和试管号；用5mL吸管吸取0.5%石炭酸生理盐水于第1支小试管内加2.3mL，2～5号试管内各加入0.5mL；取被检血清0.2mL加入第一管混匀，吸取1.5mL弃于消毒缸内，再吸0.5mL于第二管混匀，再从第二管吸0.5mL于第三管，如此类推，到第四管混匀后吸0.5mL弃去；第六管加0.5mL 1∶25阳性血清，第七管加0.5mL 1∶25阴性血清。然后每

管加入抗原（1∶20 石炭酸生理盐水稀释）0.5mL 摇匀；如此，被检血清稀释倍数从第一管至第四管依次为 1∶12.5、1∶25、1∶50、1∶100（表实-6）。

各成分加完后充分混合，置 37℃22～24h 时观察结果并记录。与此同时，每批凝集试验应有阳性血清（1∶800）、阴性血清（1∶25）对照，方法与被检血相同。

表实-6　布鲁氏菌试管凝集反应

单位：mL

管号	1	2	3	4	5	6	7
稀释倍数	1∶12.5	1∶25	1∶50	1∶100	抗原对照	阴性血清（1∶800）	阴性血清（1∶25）
生理盐水	2.3	0.5	0.5	0.5	0.5	—	—
被检血清	0.2	→0.5	→0.5	→0.5	—	0.5	0.5
	弃 0.5			弃 0.5			
1∶20 抗原	0.5	0.5	0.5	0.5	0.5	0.5	0.5

②记录反应。抗原完全凝集而沉淀，液体完全透明，管底有极显著的伞状沉淀物，以“++++”表示；75%抗原被凝集而沉淀，液体浮悬抗原稍混浊，以“+++”表示；50%抗原被凝集而沉淀，液体不甚半透明，以“++”表示；25%抗原被凝集而沉淀，液体不透明，沉淀不明显或仅有沉淀痕迹，以“+”表示；抗原完全不凝集，以“—”表示。

③判定标准。犬、猫在 1∶50 血清稀释管出现“++”以上为阳性，1∶25 出现“++”为可疑；可疑反应动物应再过半个月后重检。重检如仍为可疑，可依据畜群具体情况判定，即畜群中有阳性病畜则该可疑家畜判为阳性，若无阳性畜，判为阴性。

④配制比浊管。每次试验时也可配制比浊管作为判定凝集反应程度的依据。先将抗原（1∶20）用等量稀释液作一倍稀释，然后按下表（表实-7）配制比浊管。

表实-7　比浊管配制

单位：mL

试管号	1	2	3	4	5
抗原稀释液 1∶40	1.00mL	0.75mL	0.50mL	0.25mL	0
0.5%石炭酸生理盐水	0	0.25mL	0.55mL	0.75mL	1.00mL
凝集度标记	—	+	++	+++	++++

注：++++为抗原完全凝集而沉淀，液体完全透明；+++为 75%抗原被凝集而沉淀，液体浮悬抗原稍混浊；++为 50%抗原被凝集而沉淀，液体不甚半透明；+为 25%抗原被凝集而沉淀，液体不透明，仅有沉淀痕迹；—为抗原完全不凝集。

（2）平板凝集反应。

①操作方法。取清净玻璃板一块，用玻璃铅笔划分 4cm^2 方格。用 0.2mL 吸管将被检血清以 0.08mL、0.04mL、0.02mL 及 0.01mL 的剂量，分别加于一排 4 个方格内。然后在每格血清上垂直滴加布氏平板凝集抗原 0.03mL，以牙签将血清抗原混合摊开，摊开时 1 根牙签只用于 1 份血清，并依次向前搅拌混合。混合完毕后，将玻璃板置酒精火焰上或凝集反应

箱上均匀加温，使达30℃左右，但应防止水分蒸发。5～8min后读记反应结果。每次试验须用标准阳性、阴性血清作对照。

②结果判定。100%抗原被凝集，即出现大凝集片和小的粒状物，液体完全透明，记录符号为“++++”；75%抗原被凝集，即有明显凝集片和颗粒，液体几乎完全透明，记录符号为“+++”；50%抗原被凝集，即有可见凝集块和颗粒，液体不甚透明，记录符号为“++”；25%抗原被凝集，仅仅可见颗粒，液体混浊，记录符号为“+”；无凝集现象，记录符号为“−”。

③判定标准。血清量0.08mL、0.04mL、0.02mL和0.01mL加入抗原后，其效价相当于试管凝集价的1∶25、1∶50、1∶100和1∶200，判定标准与试管凝集试验相同。

【考核标准】

1. 优秀 操作熟练，步骤方法正确，结果判定准确。

2. 合格 能独立完成操作，操作较熟练，结果判定较准确。

3. 不合格 操作错误较多或有严重错误。

实训四 犬结核病诊断技术

【实训目标】

学会犬结核病的检测方法。

【主要仪器设备与场地】

1. 设备材料 显微镜、培养箱、离心机、结核分枝杆菌PPD、培养基、苯酚复红染色液、3%盐酸酒精、骆氏美蓝染色液、4%～6%硫酸溶液、75%酒精棉球、酒精灯、橡胶管、注射器、玻片、吸管、离心管、试管、棉签等。

2. 场地 传染病实验室。

【实训内容与步骤】

（一）细菌学检查

1. 病料的采集和处理 当病犬有可疑的呼吸道结核、乳房结核、泌尿生殖道结核时，其痰、乳、尿可作为细菌学检查的材料。

（1）痰。对病犬可用痰进行细菌学检验。用硬橡胶管自口腔伸入至气管内，外端连接注射器吸取痰液。亦可取犬咳出的痰块或鼻分泌物进行检验。

痰样品稀薄时，可加入等量的4%～6%硫酸处理，如痰样品黏稠时，则加入5倍量的1%硫酸处理。充分摇匀后置37℃作用30min，以3000～4000r/min离心，弃上清，取沉淀物作涂片镜检、培养。

（2）尿。肾结核可疑时，可采集尿液，一般采集中段尿液，以早晨第一次尿为宜。如仅作染色镜检，可将尿液以3000～4000r/min离心20min后，取沉淀物涂片。如作培养或动物试验，则应将尿液进行消化浓缩处理，再进行检验以免杂菌生长而影响检验结果。

（3）乳。怀疑有乳房结核时，可无菌采集乳汁进行检验。一般以挤出人最后乳汁含菌量较多，早晨挤出的乳汁，含菌量最高。将乳汁分置4～6支离心管中，以3000～4000r/min离心20～30min，吸取上层乳脂和管底的沉淀物作染色镜检、培养。

2. 检验方法

（1）染色镜检。

①涂片。先在玻片上涂布一层薄甘油蛋白（鸡蛋白20mL，甘油20mL，水杨酸钠0.4g，混匀），然后吸取标本滴加其上，涂布均匀。

②染色。处理过的被检材料涂片后，经火焰固定，加苯酚复红染色液（见附录）覆盖，将玻片在火焰上加热至出现蒸汽（不能产生气泡），如此热染5min（如染色液干涸，须加适量补充）水洗后滴加3%盐酸酒精脱色30～60s（至无色素脱下为止）。水洗后以骆氏美蓝染色液复染1min。水洗，吸干，镜检。

③镜检。抗酸菌为红色，其他细菌及动物细胞均被染成蓝色。结核分枝杆菌在显微镜下呈细长平直或微弯曲的杆菌，长1.5～5μm，宽0.2～0.5μm，在陈旧培养基上，偶尔可见长达10μm或更长。

（2）培养。初次分离，可用配氏培养基、L-J培养基或青霉素血液琼脂培养基。

被检标本经消化浓缩后吸取其沉淀物作为培养材料，直接接种到培养基上（同时作2～4份），37℃培养1d后，再以熔化的石蜡封口培养，继续培养3～5周。见到典型菌落后，染色镜检。

（二）结核分枝杆菌PPD（提纯蛋白衍生物）皮内变态反应试验

在犬的大腿内侧或肩胛上部，先以75%酒精消毒术部，然后皮内注射0.1mL（含2000U）结核分枝杆菌PPD，注射后局部应出现小疱，如对注射有疑问时，应另选15cm以外的部位或对侧重作。经48～72h后，结核病犬于注射部位可发生明显肿胀，其中央可出现坏死（阳性反应）。对阴性犬和疑似反应犬，于注射后96h和120h再分别观察一次，以防个别犬出现较晚的迟发型变态反应。

结果判定：阳性反应局部有明显的炎性反应；疑似反应局部炎性反应不明显；阴性反应无炎性反应。

凡判定为疑似反应的犬，于第一次检疫60d后进行复检，其结果仍为疑似反应时，经60d再复检，如仍为疑似反应，应判为阳性。

【考核标准】

1. 优秀 操作熟练，步骤方法正确，结果判定准确。

2. 合格 能独立完成操作，操作较熟练，结果判定较准确。

3. 不合格 操作错误较多或有严重错误。

【附】

1. 苯酚复红染色液 碱性复红饱和酒精溶液10mL（每100mL95酒精加3g碱性复红），5%苯酚溶液90mL，二者混合后用滤纸滤过备用。

2. 3%盐酸酒精脱色液 浓盐酸3mL，95%酒精97mL，混匀后备用。

3. 骆氏美蓝染色液

甲液：美蓝0.3g，95%酒精30mL。

乙液：0.01%氢氧化钾溶液100mL。

将甲乙两液相混合。

4. 配氏（Petragnane）培养基

（1）成分。新鲜脱脂牛奶450mL，马铃薯淀粉18g，天门冬素（或蛋白胨2.6g，去皮马铃薯225g，鸡蛋15个（除去3个蛋清），甘油40g，2%孔雀绿水溶液30mL。

（2）制法。将马铃薯去皮擦成丝，加入马铃薯淀粉、天门冬素（或蛋白胨）、脱脂牛奶置烧杯中水浴煮沸40～60min，并不时搅拌均匀，使成糊状。待冷却至50℃时加入打碎的鸡蛋（蛋壳先用75%酒精消毒洗净），混匀后用四层纱布过滤除渣。最后加入甘油和孔雀绿水溶液搅拌均匀，分装于灭菌的试管中。将分装培养基的试管置血清凝固器（或流通蒸汽锅）内，间歇灭菌3次，每天一次，第一天65℃灭菌30min，第二、第三天75～80℃灭菌30min。

（3）用途。分离培养结核分枝杆菌用。

5. LA（Lowenstein-Jensen）培养基

（1）成分。无水磷酸二氢钾（KH_2PO_4）2.4g，硫酸镁（$MgSO_4 \cdot H_2O$）0.24g，枸橼酸镁0.6g，DL-天门冬素（DL-Asparagin）3.6g，甘油12g，蒸馏水600mL，马铃薯粉30g，鸡蛋（约30个）1000mL2%孔雀绿水溶液20mL。

（2）制法。将磷酸二氢钾、硫酸镁、枸橼酸镁、甘油和蒸馏水混合，加热溶解。取马铃薯粉加入上述溶液内，边加边搅拌，水浴煮沸1h。鸡蛋用75%酒精消毒外壳后打开，将蛋清和蛋黄充分搅匀，4层纱布过滤。待上述加马铃薯粉的盐溶液冷却至50℃时，加入鸡蛋液和孔雀绿，并充分搅匀。分装，80℃水浴灭菌30min后，置37℃培养48h，若无杂菌污染即可使用。

（3）用途。供培养结核分枝杆菌用。

6. 青霉素血液琼脂培养基

（1）成分。琼脂1.5g，中性甘油1mL，蒸馏水74mL，兔全血（或牛全血）25mL，青霉素（2000U/mL）1.85mL。

（2）制法。将琼脂、中性甘油及蒸馏水混合，经103.4kPa15min灭菌。待冷却到50℃时加入兔全血（或牛全血）与青霉素，混合后分装，经37℃培养48h，无杂菌污染即可使用。

（3）用途。供培养结核分枝杆菌用。

实训五　沙门氏菌病的实验室诊断

【实训目标】

初步掌握犬、猫沙门氏菌病的细菌学、血清学诊断等检疫方法。

【主要仪器设备与场地】

1. 设备材料　病料、革兰氏染色液、麦康凯培养基、SS琼脂培养基、四硫磺酸盐增菌液、三糖铁琼脂培养、菌种CowanⅠ（ATCC12598或NCTC8530）、pH8.6离子强度0.05巴比妥缓冲液，优质琼脂，玻板、打孔器、沙门氏菌悬液、标准阳性血清、电泳仪等。

2. 场地　传染病实验室。

【实训内容与步骤】

(一)细菌学检查

1. 染色检查

(1)抹(涂)片的制备。采集急性死亡病例的肝、脾、肺、肠系膜淋巴结等组织或分泌物、血液、尿液等。用镊子夹持病变组织肝或脾,然后以灭菌剪刀剪取小块,夹出后将其新鲜切面在载玻片上压印或涂抹成薄层;血液、尿液可用一次性注射器采集,然后取一滴涂片。自然干燥。将干燥好的抹片,涂抹面向上,以其背面在酒精火焰上来回通过数次,略作加热进行固定。

(2)革兰氏染色法。固定好的抹片上滴加草酸铵结晶紫色液(染色1～2min后水洗)→加革兰氏碘溶液于抹片上(媒染1～3min后水洗)→加95%酒精于抹片上(脱色0.5～1min水洗)→加石炭酸复红(复染30s后水洗)→吸干→镜检。本病原体为革兰氏阴性球杆菌或短杆菌,菌体大小为(0.7～1.5)μm×(2.0～5.0)μm。

2. 病原分离、培养

(1)病料的采集。急性病例可采集肝、脾、心血等。采病料时用烧红的刀片烧烙组织,并在灭菌处(烧烙处)刺一小口,而后用灭菌棉拭子或接种环通过小口插入组织或心脏内取样。

(2)培养基准备。麦康凯培养基、SS琼脂培养基、四硫磺酸盐增菌液、三糖铁琼脂培养基。

(3)增菌。污染严重的病料(应为培养基量的5%～10%)或粪便接种于增菌液内,混匀或乳化,在35～37℃下培养18～24h。增菌后再分离培养。

(4)培养。将病料或增菌后的培养物分别接种于麦康凯培养基和SS琼脂培养基中,在35～37℃下培养,经18～24h培养后菌落直径为1～3mm的无色、透明、光滑的菌落的;在SS琼脂平板上,产生H_2S的细菌,菌落中央往往呈灰黑色的,可初步鉴定。

(5)三糖铁琼脂培养。用灭菌接种环从上述培养基上培养的菌落选定4个,分别挑取少许,各接种三糖铁琼脂,置于37℃恒温箱中培养24h,取出观察。TSL上呈红色斜面/黄色底层有气或无气,产生或不产生H_2S。

3. 生化反应鉴定 由于生化反应项目繁多,在实际工作中,可根据初步鉴定的结果,与类似的细菌进行鉴别试验。

(二)免疫学诊断方法

1. 协同凝集试验(COA) 多数金黄色葡萄球菌的细胞壁内含有一种特殊的蛋白质,称为葡萄球菌A蛋白质(staphylococcal protein A,SPA),能与人及多种哺乳动物(猪、兔、豚鼠等)血清中IgG类抗体的Fc段非特异性结合。IgG的Fc段与SPA结合后,两个Fab段暴露在葡萄球菌菌体表面,仍保持其结合抗原的活性和特异性,当其与特异性抗原相遇时,能出现特异的凝集现象。在此凝集中,金黄色葡萄球菌菌体形成了反应的载体,故称协同凝集试验(coagglutination test)。

(1)菌种和培养基。

①菌种。目前国际上公认的含SPA丰富的菌株称为CowanⅠ,菌种编号为ATCC12598或NCTC8530;我国卫生部药品生物制品检定所将该菌株编号为26111。由我国筛选确定含

SPA 丰富的菌株有 1800 株、25 株、799 株、HH3 株等。国际上公认不含 SPA 的菌株是 Wood46，卫生部药品生物制品检定所将该菌株编号为 26107。以上菌种均可由卫生部药品生物制品检定所提供。

②培养基。种类很多，较简单的一种为葡萄糖肉汤或琼脂，配方如下：

蛋白胨	10g
$Na_2HPO_4 \cdot 12H_2O$	2g
葡萄糖	1g
氯化钠	3g
牛肉水	1000mL

调 pH 至 7.8，即为葡萄糖肉汤培养基。如在其培养基中加入琼脂 25g，即为固体营养琼脂。

(2) SPA 菌稳定液的制备。

①取 Cowan Ⅰ或 Wood46 菌种，接种在肉汤培养基内，经 37℃培养 18～24h，再转种有营养琼脂的克氏培养瓶中，每瓶 3～5mL，摇匀，使菌液布满整个培养基表面，放 37℃温箱培养 18～20h。

②每瓶以 10～20mL 无菌生理盐水洗下菌苔，以 3000r/min 离心 15min，弃去上清液，再用无菌生理盐水将沉淀悬浮后离心，如此再洗涤两次菌体，然后用含 0.5%福尔马林的 0.01mol/LpH7.4 的磷酸盐缓冲盐水制成 10%的菌悬液，室温放置 3h 或过液。

③将上述菌悬液放 56℃水浴加热 30min，迅速冷却，再用磷酸盐缓冲盐水洗离 3 次，最后用含叠氮钠（NaN_3）为 0.01%～0.05%的磷酸盐水制成 10%的菌悬液。4℃冰箱保存。

(3) SPA 菌诊断液的制备。即将上述稳定液与已知的抗血清结合。

①取 10%SPA 菌稳定液 1mL，离心弃上清，再用磷酸盐缓冲盐水洗菌体一次，并加缓冲盐水至 1mL，悬浮菌体，然后加沙门氏菌 AFO 多价血清 0.1mL，（注：血清预先放 56℃水浴加热 30min，进行灭活处理）。SPA 菌和血清充分摇匀，放 37℃水浴中作用 30min，此间应不断振摇，以保持菌体呈悬浮状态，利于菌体与 IgG 结合。

②将与抗体结合后的 SPA 菌液以 3000r/min 的转速离心 15min，弃上清，并用磷酸盐缓冲盐水悬浮菌体洗离 2 次，以洗去未给合的剩余血清，最终加含 0.05%～0.1%NaN_3 的缓冲盐水 10mL。这种菌悬液即为 1%标记的 SPA 菌诊断液。

在制备稳定液、诊断液的过程中，应同时作不含 A 蛋白的葡萄球菌及含 A 蛋白葡萄球菌与正常血清的对照试验。

(4) 结果观察。取诊断试剂一滴和待检或已知菌苔或抗原置于玻片上，用白金环或玻棒搅匀，在数分钟内即可观察结果，一旦发生凝集，葡萄球菌凝集成清晰可见的颗粒。

结果判断的标准为：

++++：液体透明，试剂凝成粗大颗粒。

+++：液体透明，试剂凝成较大颗粒。

++：液体稍透明，试剂凝成小颗粒。

+：液体混浊，试剂凝成可见颗粒。

－：液体混浊，无颗粒可见。

必要时，可用不含 A 蛋白的 Wood46 和正常兔血清标记菌体试剂作对照，以排除非特异性凝集可能造成的假阳性结果。

（5）注意事项。

①制备好的SPA菌稳定液，于4℃冰箱中至少可保存8个月，并不影响其与抗体结合的性能。

②免疫血清的效价及特异性是本反应中的一个关键因素。只有具备良好的免疫血清，才能制备出敏感性高、特异性强的SPA菌诊断液。

③所用洗液及稀释液的pH是影响反应敏感性的重要因素。试验前要进行优选确定。在沙门氏菌的检测中，以应用pH6.0 PBS效果较好。

④对被检标本进行煮沸处理是消除非特异性反应的一种有效方法。

⑤反应特异性的证实，可用SPA菌特异性花结试验对凝集阳性反应物进行证实。具体方法是：钓取阳性凝集物，涂布于玻片上，进行革兰氏染色。镜检时，如见有革兰氏阳性的葡萄球菌和被检菌团聚在一起，则为真阳性反应，否则为假阳性反应。

2. 对流免疫电泳　在pH8.6的琼脂凝胶中，抗体球蛋白只带有微弱的负电荷，在电泳时，由于电渗作用的影响，抗体球蛋白不但不能抵抗电渗作用向正极移动，反而向负极倒退。而一般抗原蛋白质带较强的负电荷，将抗原置于负极。电泳时，两种成分相对泳动，一定的时间后抗原和抗体则在两孔之间相遇，并在比例适当的部位形成肉眼可见的沉淀线。

本法由于抗原抗体分子在电场作用下定向运动，限制了自由扩散，增加了相应作用的抗原抗体的浓度，从而提高了敏感性，它较琼脂扩散敏感性高10～16倍。本法快速、操作简单。

（1）制备琼脂板。

①首先配制pH8.6，离子强度0.075的巴比妥缓冲液（巴比妥钠15.45g，巴比妥2.76g，蒸馏水加至1000mL）。然后取优质琼脂粉1～1.2g加到巴比妥缓冲液100mL中，配成巴比妥琼脂。

②琼脂板的大小根据需要选择，一般多用宽7（或5）cm，长12（或7.5）cm玻璃板，将其洗净后，烘干。制板时，将上述琼脂溶化，至56℃左右，用吸管吸取溶化琼脂加在玻璃板上，使琼脂厚3mm左右，待琼脂凝固后打孔，孔的直径3mm，两行相距5mm，同一玻板放置两排或三排抗原一抗体对，每排间距26mm。

（2）加样品。用毛细滴管分别吸取待测抗原和已知抗体，直接加入琼脂板的相应孔内。

（3）电泳。把加好样品的琼脂板放在电泳槽内，板的两端用滤纸（或脱脂纱布）搭桥，与缓冲液相连，槽内装的巴比妥缓冲液浓度可比琼脂中的高一倍或相同。电泳时，抗原端接负极（－），抗体端接正极（＋）。

电泳时，通常以板的宽度计算电流，以板的长度计算电压。可用5～6V/cm的电压，2～4mA/cm电流，实际工作中，可根据具体条件灵活掌握，一般泳动时间为30～60min后，即可观察结果。

（4）结果观察。通常于通电30～60min后，即可于两孔之间出现沉淀线。如抗原量少，沉淀线不清晰，可把琼脂板放在湿盒中，置37℃保温数小时，沉淀线的清晰度有时可得以加强。

（5）注意事项。

①对流免疫电泳是根据抗体球蛋白在pH8.6的琼脂凝胶中只带少量负电荷，在电泳进

程中不能抵抗电渗作用，因而向阴极倒退；而一般抗原多数不是免疫球蛋白，它们带负电荷多，电泳过程中抵抗电渗作用后，仍向阳极移动，因此，二者在两孔间相遇处生成沉淀线的原理设计而成的一种免疫电泳。如果抗原体都是免疫球蛋白，或者它们的电泳迁移率非常接近，电泳时都向一个方向泳动，就不能作对流免疫电泳检查。

②进行对流免疫电泳时，对所用琼脂质量应严格掌握。琼脂浓度要适当，浓度太高，可影响抗原抗体扩散速度；浓度低时，虽然抗原抗体扩散较快，但不易打孔和取出琼脂块，故以1%～1.2%的浓度较合适。

③抗原抗体比例适当，容易出现沉淀线，反之不易发生。

④电压与电流低时，电泳时间需要长；电压和电流加大时，电泳时间可缩短。但电压过高则能使孔径变形，甚至琼脂溶化。

【考核标准】

1. 优秀　无菌操作，操作熟练，步骤方法正确，结果判定准确。

2. 合格　无菌操作，能独立完成操作，操作较熟练，结果判定较准确。

3. 不合格　没有无菌观念，操作错误较多或有严重错误。

【附】用于肠道菌的特殊培养基

1. 亚硒酸盐煌绿增菌培养基

（1）基础液。蛋白胨5g，胆酸钠1g，酵母膏5g，亚硒酸氢钠4g，水900mL。将前4种成分加入水中煮沸5min，待冷加入亚硒酸氢钠。在20℃调pH至7.0±0.1，贮于4℃暗处备用，1周内用完。

（2）缓冲溶液。甲液：磷酸二氢钾34g，水1000mL。乙液：磷酸氢二钾43.6g，水1000mL。以甲液2份和乙液3份混合即成。此液在20℃时其pH应为7.0±2.0。

（3）煌绿溶液。煌绿0.5g，水100mL。将煌绿溶于水中，置于暗处不少于1d，使其自行灭菌。

（4）完全培养基。基础液900mL，煌绿溶液1mL，缓冲液100mL。将缓冲液加入基础液内，加热至80℃，冷却后加煌绿溶液。分装入试管，每管10mL，制备后应于1d内使用。

2. 四磺酸钠增菌液

（1）基础液。牛肉浸膏5g，碳酸钙4.5g，蛋白胨10g，氯化钠3g，水1000mL。以上各成分置水浴中煮沸，使可溶者全部溶解（因碳酸钙基本上不溶）。调pH使灭菌后（121℃灭菌20min）在20℃时pH为7.0±0.1。

（2）硫代硫酸钠溶液。硫代硫酸钠（$NaS_2O_3 \cdot 5H_2O$）50g，水加至100mL。将硫代硫酸钠溶于部分水中，最后加水至总量。在121℃中灭菌20min。

（3）碘溶液。碘片20g，碘化钾25g，水加至100mL。使碘化钾溶于最小量水中后，再投入碘片。摇振至全部溶解，加水至规定量。贮于棕色瓶内塞紧瓶塞。

（4）煌绿溶液。见亚硒酸盐煌绿增菌液。

（5）牛胆溶液。干燥牛胆10g，水100mL。将干燥牛胆置入水中煮沸溶解，在121℃中灭菌20min。

（6）完全培养基。基础液900mL，煌绿溶液2mL，硫代硫酸钠溶液100mL，牛胆溶液50mL，碘溶液20mL。以无菌条件将各种成分依照上列顺序加入基础液内。每加入一种成分后充分摇匀。无菌分装试管，每管10mL，贮于4℃暗处备用。配好培养基须1周内使用。

3. 麦康凯琼脂　蛋白胨 2g，琼脂 2.5～3g，氯化钠 0.5g，乳糖（CP）1g，胆盐（3 号胆盐或牛胆酸钠）0.5g，1%中性红水溶液 0.5mL，水 1000mL。除中性红水溶液外，其余各成分混合于锅内加热溶解，调整 pH 至 7.0～7.2，煮沸，以脱脂棉花过滤（冬季需用保温漏斗过滤）。加入 1%中性红水溶液，摇匀，121℃中灭菌 15min，待冷至 50℃时，倾成平板。等平板内培养基充分凝固后，置温箱内烘干表面水分。

4. SS 琼脂　蛋白胨 5g，牛肉浸膏 5g，乳糖 10g，琼脂 25～30g，胆盐 10g，0.5%中性红水溶液 4.5mL，枸橼酸钠 10～14g，0.1%煌绿溶液 0.33mL，硫代硫酸钠 8.5g，蒸馏水 1000mL，枸橼酸铁 0.5g。除中性红水溶液与煌绿溶液外，其余各成分混合，煮沸溶解，调整 pH 至 7.0～7.2，加入中性红水溶液、煌绿溶液，充分混匀再加热煮沸，待冷至 45℃左右，制成平板。此培养基不能经受高压。制备好的培养基应在 2～3d 内使用，否则影响分离效果。煌绿溶液配好后贮于暗处，于 1 周内用完。

5. 三糖铁琼脂　牛肉浸膏 3g，蛋白胨 20g，枸橼酸铁 0.3g，乳糖 10g，蔗糖 10g，酵母膏 3g，葡萄糖 1g，氯化钠 5g，硫代硫酸钠 0.3g，琼脂 12g，0.4%酚红水溶液 6.3mL，水 1000mL。以上各成分置入水中煮沸溶解，调 pH 至 7.4，分装于直径 15mm 的试管，每管 10mL，在 121℃中灭菌 10min。趁热做成底层部分约 2.5cm 高的高层斜面。

实训六　大肠杆菌病的实验室诊断

【实训目标】

掌握犬、猫大肠杆菌病的细菌学、血清学诊断技术。

【主要仪器设备与场地】

1. 设备材料　病料、革兰氏染色液、麦康凯琼脂平板培养基、伊红美蓝培养基、远藤氏培养基、生化反应微量发酵管、大肠杆菌琼脂扩散抗原、标准阳性血清和标准阴性血清、1%硫柳汞溶液、pH6.4 的 0.01mol/L 磷酸盐缓冲（PBS）溶液、生理盐水、酒精灯、打孔器、打孔图样、培养箱、毛细吸管等。

2. 场地　传染病实验室。

【实训内容与步骤】

（一）微生物学诊断

1. 直接镜检　采集急性病例的肝、脾、心血、肠系膜淋巴结以及肠内容物等。作触片或涂片；血液、尿液可以用一次性注射器取一滴涂片。自然干燥。将干燥好的抹片，涂抹面向上，加热进行固定。革兰氏染色镜检。

2. 病原分离、培养　取上述病料接种于麦康凯琼脂平板、伊红美蓝、远藤氏培养基上，置于 37℃恒温箱中培养 18～24h 后观察。如在麦康凯琼脂平板形成粉红的菌落，在伊红美蓝培养基上形成黑色具有金属光泽的菌落，在远藤氏培养基上，形成深红色，并有金属光泽的菌落，即为阳性。

3. 生化反应　大肠杆菌能发酵葡萄糖、麦芽糖、甘露醇、木糖、阿拉伯糖等，均产酸产气。

（二）免疫学诊断

琼脂扩散试验（用于产肠毒素大肠杆菌肠毒素的测定）

1. 制备琼脂平板　取 pH6.4 的 0.01mol/L PBS 溶液 100mL 放于三角瓶中，加入 0.8～1.0g 琼脂糖，8g 氯化钠。三角瓶在水浴中煮沸使琼脂糖等熔化，再加 1%硫柳汞 1mL 冷至 45～50℃时，将洁净干热灭菌直径为 90mm 的平皿置于平台上，每个平皿加入 18～20mL。加盖待凝固后，把平皿倒置以防水分蒸发，放普通冰箱中保存备用（时间不超过 2 周）。

2. 打孔　在制备的琼脂板上，用直径 4mm 的打孔器按六角形图案打孔，或用梅花形打孔器打孔，外周孔距离为 3mm。将孔中的琼脂用 8 号针头斜面向上从右侧边缘插入，轻轻向左侧方向将琼脂挑出，勿破坏边缘，避免琼脂层脱离平皿底部。

3. 封底　用酒精灯轻烤平皿底部到琼脂微熔化为止，封闭孔的底部，以防侧漏。

4. 加样　用微量移液器吸取用灭菌生理盐水稀释的抗原悬液滴人中间孔，标准阳性血清分别加入外周的 1、4 孔中，标准阴性血清（每批样品仅做一次）和受检血清按顺序分别加入外周的 2、3、5、6 孔中。每孔均以加满不溢出为度，每加一个样品应换一个吸头。

5. 感作　加样完毕后，静止 5～10min，将平皿轻轻倒置，放入湿盒内置 37℃温箱中反应，分别在 24h 和 48h 观察结果。

6. 结果判定

（1）判定方法。将琼脂板置于日光灯或侧强光下观察，标准阳性血清与抗原孔之间出现一条清晰的白色沉淀线，标准阴性血清与抗原孔之间不出沉淀线，则试验可成立。

（2）判定标准。

①若被检血清孔与中心孔之间出现清晰沉淀线，并与阳性血清孔与中心孔之间沉淀线的末端相吻合，则被检血清判为阳性。

②若被检血清孔与中心孔之间不出现沉淀线，但阳性血清孔与中心孔之间的沉淀线一端在被检血清孔处向抗原孔方向弯曲，则此孔的被检样品判为弱阳性，应重复试验，如仍为可疑，则判为阳性。

③若被检血清孔与中心孔之间不出现沉淀线，阳性血清孔与中心孔之间的沉淀线直向被检血清孔，则被检血清判为阴性。

④若被检血清孔与中心抗原孔之间沉淀线粗而混浊，和标准阳性血清孔与中心孔之间的沉淀线交叉并直伸，待检血清孔为非特异性反应，应重复试验，若仍出现非特异性反应则判为阴性。

【考核标准】

1. 优秀　操作熟练，步骤方法正确，结果判定准确。

2. 合格　能独立完成操作，操作较熟练，结果判定较准确。

3. 不合格　操作错误较多或有严重错误。

【注意事项】

（1）加样时不要将琼脂划破、溢出，以免影响沉淀线的形成。

（2）反应时间要适宜，时间过长，沉淀线可解离而导致假阴性、不出现或不清楚。

实训七　巴氏杆菌病的诊断

【实训目标】

掌握巴氏杆菌病的实验室诊断方法。

【主要仪器设备与场地】

1. 设备材料　巴氏杆菌病被检材料（肝、脾、心血等）、剪刀、组织镊、酒精灯、接种环、载玻片、无菌平皿、记号笔、显微镜、吸水纸、擦镜纸、香柏油、二甲苯、普通肉汤培养基、鲜血（血清）琼脂平板、75%酒精、3%来苏儿、染色液（美蓝、革兰氏、瑞氏）、实验动物（鸽、鸡或小鼠）。

2. 场地　传染病实验室。

【实训内容与步骤】

1. 鸟巴氏杆菌病临床诊断

（1）流行特点。多种鸟都能感染。患病和带菌动物是其传染源。除了经消化道、呼吸道和创伤感染外，吸血昆虫也能传播此病。可见于各个季节，但以春初秋末、产卵期间、性成熟期最常见。一切应激因素均可引起本病发生。

（2）临诊症状。病鸟精神委顿，废食，闭目缩颈，呼吸急促，口鼻分泌物增加，有时呈泡沫状。冠髯变紫，后期常有剧烈腹泻，排出黄色、灰白色或绿色稀粪。

（3）剖检变化。腹膜、皮下组织及腹部脂肪、心冠脂肪、心外膜等处有出血点。心包发炎变厚，心包内积有多量不透明淡黄色渗出液，有的含纤维素絮状液体。肺呈出血性实变。肝肿大、质脆，呈棕色或黄棕色，表面散布有许多灰白色、针尖大小的坏死点。肠道尤其是十二指肠呈卡他性和出血性肠炎。

2. 鸟巴氏杆菌病的实验室诊断

（1）涂片镜检。无菌采取病料制作涂片或触片数张，分别进行美蓝和瑞氏染色，镜检。多杀性巴氏杆菌呈卵圆形（或球杆状），两极浓染，并可清晰地看出两极之间两侧的连线。血液涂片用瑞氏染色时，细菌被染成蓝色或淡青色，红细胞染成淡红色，红细胞内有紫色的核。

（2）分离培养。将病料分别接种于鲜血琼脂、血清琼脂、普通肉汤，于37℃培养24h。多杀性巴氏杆菌在鲜血琼脂上长出较平坦、半透明的露滴样菌落，不溶血，在血清琼脂中生长旺盛。在普通肉汤中呈均匀混浊，以后便有沉淀，振摇时沉淀物呈瓣状升起。

（3）生化试验。培养物做涂片检查（在由培养基上的培养物所做的涂片中，大部分多杀性巴氏杆菌不表现两极染色特性，而常呈球杆状或双球状），观察其形态、染色特性、培养特性，同时做生理生化鉴定。本菌48h内能分解葡萄糖、甘露糖和蔗糖，产酸不产气。靛基质、接触酶和氧化酶均为阴性，MR试验和VP试验均为阴性。石蕊牛乳无变化，不液化明胶。多杀性巴氏杆菌生化试验特性见表实-8。

表实-8　多杀性巴氏杆菌的主要生化特性表

运动力	靛基试验	胆汁试验	菌落45°折光检验	葡萄糖	甘露醇	蔗糖	卫茅糖	乳糖	鼠李糖	麦芽糖
－	＋	－	呈蓝绿色或橘红色荧光	A	A	A	A	－	－	－ ±

注：A表示发酵；－表示不发酵；±表示不稳定。

(4) 动物试验。无菌采取病料，剪碎、研磨、用灭菌生理盐水稀释成1∶5～1∶10乳剂，接种于鸽、鸡或小鼠的皮下、肌肉或腹腔，剂量为0.2～0.5mL。实验动物如于接种后18～24h死亡，则采取心血及实质脏器做涂片检查，分离培养，然后再对病死动物尸体进行剖检并观察病理变化。接种局部可见肌肉及皮下组织发生水肿和发炎灶；胸腔和心包有浆液性纤维素性渗出物，心外膜有多数出血点；淋巴结水肿并增大；肝瘀血，鸡肝表面有密布的针尖至针头大灰白色小坏死灶。

巴氏杆菌病常与其他疾病并发，或继发于其他疾病。所以，经细菌学检查出病料中有多杀性巴氏杆菌后，还应注意有无其他疾病存在，尤其是要注意检查副黏病毒感染等严重危害鸟类的传染病。

【考核标准】

1. 优秀 无菌操作，操作熟练，步骤方法正确，结果判定准确。

2. 合格 无菌操作，能独立完成操作，操作较熟练，结果判定较准确。

3. 不合格 没有无菌观念，操作错误较多或有严重错误。

【附】多杀性巴氏杆菌病微生物学诊断程序

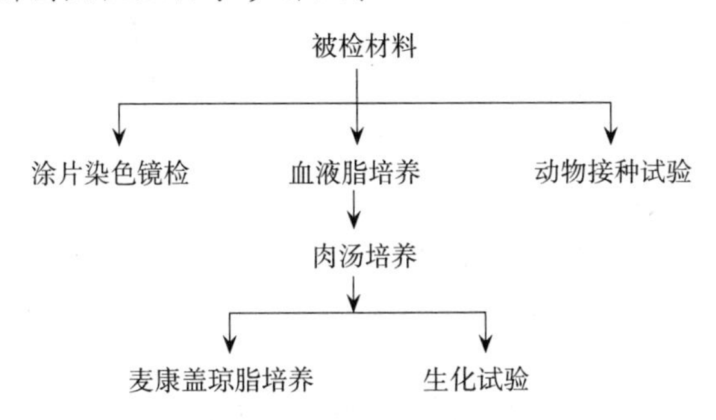

实训八 鸟新城疫的实验室诊断

【实训目标】

本实验以新城疫为例作为鸟类病毒性疾病诊断技术的代表，要求比较系统地了解新城疫的实验室诊断技术，以达到触类旁通的目的；掌握新城疫的免疫监测技术。

【主要仪器设备与场地】

1. 设备材料 新城疫被检病料（病鸟的脾、脑及肺）、新城疫被检血清、新城疫标准抗原（LaSota种毒感染的鸡胚尿囊液，HA效价在1∶640以上，或其他毒株生产的抗原）、新城疫阳性血清（HI效价为1∶640）、9～10日龄鸡胚、生理盐水、阿氏液、青霉素、链霉素、75%酒精棉球、5%碘酊棉球、孵化器（或电热恒温箱）、照蛋器、锥子、蛋架、玻璃注射器（1mL、5mL或10mL）、试管（10mm×100mm、15mm×150mm）、针头（5、7、16号）、刻度吸管（0.5mL、1mL、5mL、10mL）、手术剪刀、眼科剪刀、眼科镊、组织镊、试管架、研钵、电动离心机、微型振荡器、微量加样器、96孔V型反应板、1%鸡红细胞悬液、直径2～3mm塑料管（一次性输液管）、记号笔、酒精灯、培养箱。

2. 场地 传染病实验室。

【实训内容与步骤】

1. 病毒分离、培养与鉴定

（1）病料的采取及处理。材料应采自早期病例，病程较长的不适宜于分离病毒。病鸟扑杀后无菌采取脾、脑和肺组织；生前可采取呼吸道分泌物。将材料制成 1∶5～1∶10 的乳剂，并且加入青霉素、链霉素各 1000U/mL，以抑制可能污染的细菌，置 4℃冰箱 2～4h 后离心，取其上清液作为接种材料。同时，应对接种材料做无菌检查。取接种材料少许接种于肉汤、血琼脂斜面及厌氧肝汤各一管，置 37℃培养观察 2～6d，应无细菌生长。如有细菌生长，应将原始材料再做除菌处理，如有可能最好再次取材料。

（2）病毒的分离培养。常用 9～11 日龄的非免疫鸡胚，画出气室，在接近气室的绒毛尿囊膜而无大血管处作一标记，用碘酒消毒，并在此点钻一小孔，再在气室端钻一小孔，供排气用（图实-4a）。将针头与蛋壳成 30°角刺入注射孔 3～5mm，注入上述处理过的材料 0.1～0.2mL 于尿囊腔内。亦可在气室部距气室边缘 0.3～0.5cm 处的蛋壳上穿一小孔，针头垂直刺入 1～1.5cm（估计已透过绒毛尿囊膜），即可注入接种材料（图实-4b）。接种后用石蜡封口，气室向上，继续置 35～37℃孵化箱中孵育，每天照蛋 1～2 次，继续观察 4～7d。

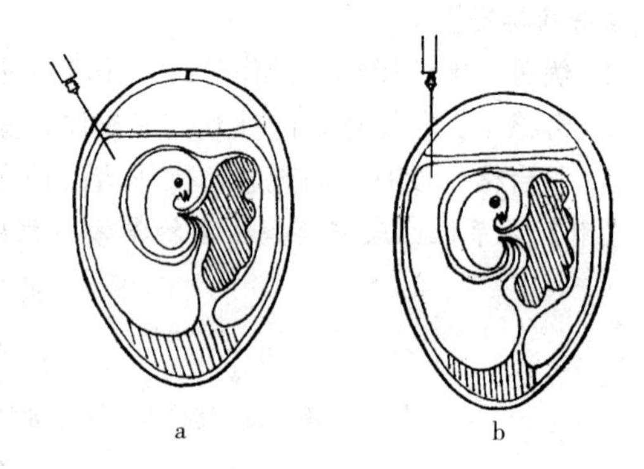

图实-4 鸡胚尿囊腔接种

（3）病毒收获。收集接种 24h 后死亡的鸡胚，鸡胚死亡后立即取出置 4℃冰箱冷却 4～24h（气室向上）。然后用碘酒消毒气室部，再用无菌镊除去气室部蛋壳及壳膜，另换无菌镊将绒毛尿囊膜撕破，用消毒注射器或吸管吸取尿囊液，并做无菌检查，混浊的鸡胚液应废弃。留下无菌的鸡胚液，贮入无菌小瓶中，置低温冰箱保存，供进一步鉴定。

同时，将鸡胚倾入一平皿内，观察其病变。由新城疫病毒致死的鸡胚，胚体全身充血，在头、胸、背、翅和趾部有小出血点，尤其以翅、趾部明显。这在诊断上有参考价值。

（4）病毒鉴定。对血凝试验呈阳性的样品采用新城疫阳性血清进一步进行血凝抑制试验。如果没有血凝活性或血凝效价很低，则采用初代分离的尿囊液继续经鸡胚传两代，若仍为阴性，则认为新城疫病毒分离阴性。

2. 血凝试验（HA）和血凝抑制试验（HI） 是目前诊断新城疫最常用、最可靠的一种血清学方法，它不仅用于病毒鉴定，还可用来监测鸟群免疫状况。免疫接种前检测，可以选择合适的免疫接种时机；免疫接种后监测可以了解免疫效果。HA 和 HI 有全量法和微量法两种，血清样品数量多时常采用微量法。

（1）被检血清制备。刺破鸟翅静脉，用塑料管引流吸取血液至塑料管长度的 2/3 处（长 3～5cm），然后将塑料管的一端在酒精灯上熔化封口。在管上贴胶布注明鸟号，待血液凝固后，经 1500r/min 离心 5min，取血清备用。在免疫鸟群中定期随机取样，抽样率保证有代表性，每群一般采 16 份以上血样。鸟群小的采样比例为 3%～10%，大的为 0.1%～0.3%。原则上，小鸟群（100 只以上）的采样不能少于 10 只，大鸟群（万只以下）不少于 50～100

只，万只以上的大鸟群，可按 0.1%～0.5%的比例采样。

（2）1%鸡红细胞悬液制备。经翅静脉或心脏采集 2～3 只健康公鸡（最好未经新城疫免疫或接种时间较长）血液与阿氏液混合后，置刻度离心管中用 1500r/min 离心 8min，弃上清，沉淀物再用生理盐水混匀，离心洗涤 3 次，最后根据离心压积的红细胞量，用生理盐水配制成 1%红细胞悬液。

（3）血凝试验。首先在 96 孔 V 型反应板 1～12 孔各加生理盐水 50μL。再用微量移液器取 50μL 被检抗原于第 1 孔，吹吸 3 次（或用稀释棒）混匀后，吸 50μL 至第 2 孔，依次做倍比稀释至第 11 孔，再从第 11 孔吸取 50μL 弃去，第 12 孔不加抗原作对照。然后换一个吸头，依次在各孔加入 1%红细胞各 50μL。最后在微型振荡器上振荡 1min，在 20～30℃静置 20min，每 5min 观察 1 次，观察 1h，以血凝图像判定结果（表实-9）。

表实-9　新城疫病毒微量血凝试验操作术式

单位：μL

孔号	1	2	3	4	5	6	7	8	9	10	11	12
稀释度	2	4	8	16	32	64	128	256	512	1024	2048	对照
生理盐水	50	50	50	50	50	50	50	50	50	50	50	50
被检病毒（抗原）	50	50	50	50	50	50	50	50	50	50	50	弃 50
1%红细胞悬液	50	50	50	50	50	50	50	50	50	50	50	50
生理盐水	50	50	50	50	50	50	50	50	50	50	50	50
感作	振荡 1min，20～30℃静置 20min，每 5min 观察 1 次，观察 1h											
结果举例	#	#	#	#	#	#	#	++	－	－	－	－

注：#为完全凝集；++为不完全凝集；－为不凝集。

能使鸡红细胞完全凝集的病毒最高稀释倍数，称为该病毒的血凝滴度，即一个血凝单位。计算出含 4 个血凝单位的病毒浓度。如表实-6 所示，1 个血凝单位为 1∶128，而用于下述血凝抑制试验的病毒需含 4 个血凝单位，被检抗原应稀释为 1∶128×4=1∶32。

（4）血凝抑制试验。能使 1%红细胞悬液发生凝集的不一定是新城疫病毒，其他病毒也可能引起红细胞凝集，如禽败血支原体、禽流感病毒等。所以还需要用已知的抗血清做血凝抑制试验，以鉴定病毒。

首先在 1～12 孔各加入生理盐水 50μL。用微量移液器吸 50μL 被检血清于第 1 孔内，吹吸 4 次混匀后，吸 50μL 至第 2 孔，依次做倍比稀释至第 11 孔，再从第 11 孔吸取 50μL 弃去。然后换一个吸头向 1～12 孔各加入 50μL 4 个血凝单位病毒液，振荡 1min 后置 20～30℃感作 15～20min。最后再换一个吸头，每孔加 50μL 1%鸡红细胞悬液，振荡 1min，放 18～20℃静置 10～20min 后观察结果（表实-10）。

表实-10　新城疫病毒血凝抑制试验操作术式

单位：μL

孔号	1	2	3	4	5	6	7	8	9	10	11	12
稀释度	2	4	8	16	32	64	128	256	512	1024	2048	对照

（续）

孔号	1	2	3	4	5	6	7	8	9	10	11	12
生理盐水	50	50	50	50	50	50	50	50	50	50	50	50
抗新城疫血清	50	50	50	50	50	50	50	50	50	50	50	弃 50
4 单位被检病毒	50	50	50	50	50	50	50	50	50	50	50	50
感作	振荡 1min，18～20℃静置 10～20min											
1%红细胞悬液	50	50	50	50	50	50	50	50	50	50	50	50
感作	振荡 1min，20～30℃静置 20min											
结果举例	－	－	－	－	－	－	－	＋＋	＋＋＋	♯	♯	♯

注：♯为完全凝集；＋＋＋、＋＋为不完全凝集；－为不凝集。

能使 4 个凝集单位的病毒凝集红细胞的能力完全受到抑制的血清最高稀释倍数，称为该病毒的血凝抑制价，又称血凝抑制滴度。上例阳性血清的血凝抑制价为 1∶128。有的用其倒数的 log2 来表示，即 1∶128 可写作 7log2。如果已知阳性血清，对一已知新城疫病毒参考毒株和被检病毒都能以相近的血凝抑制价抑制其血凝作用，而且都不被已知阴性血清所抑制，则可将被检病毒鉴定为新城疫病毒。反之，也可用已知病毒来测定被检鸟血清中的血凝抑制抗体，但不适用于急性病例。因为通常要在感染后的 5～10d，或出现呼吸症状后 2d，血清中的抗体才能达到一定的水平。如果同一病鸟发病初期和发病后期的血清血凝抑制价升高 4 倍，例如由 2log2 升高为 4log2，或鸟群中 10%以上鸟出现 11log2 以上的高血凝抑制滴度，则可诊断鸟群自然感染了新城疫；再结合流行特点、临诊症状和剖检变化，则可做出确诊。若监测鸟群的免疫水平，血凝抑制滴度在 4log2 的鸟群保护率为 50%左右；4log2 以上保护率达 90%～100%；在 4log2 以下的非免疫鸟群保护率约为 9%，免疫过的鸟群为 43%。鸟群的血凝抑制滴度以抽检样样品的血凝抑制滴度几何平均值表示，新城疫的免疫临界界限为 3log2～4log2，如平均水平在 4log2 以上，表示该鸟群为免疫鸟群。

【考核标准】

1. 优秀　操作熟练，步骤方法正确，结果判定准确。

2. 合格　能独立完成操作，操作较熟练，结果判定较准确。

3. 不合格　操作错误较多或有严重错误。

【注意事项】

在血凝和血凝抑制试验中，当红细胞出现凝集以后，由于新城疫病毒囊膜上的刺突含有神经氨酸酶，而裂解红细胞膜受体上的神经氨酸，结果使病毒粒子重新脱落到液体中，红细胞凝集现象消失，此过程称为解凝。试验时应注意，以免判定错误。

实训九　曲霉菌病的实验室诊断

【实训目标】

初步掌握犬、猫曲霉菌病的微生物学和血清学诊断方法。

【主要仪器设备与场地】

1. 设备材料　病料或患病动物、显微镜、10%～20%氢氧化钾溶、载玻片、盖玻片、葡萄糖蛋白胨琼脂培养基斜面、培养箱、烟曲霉的标准阳性血清和标准阴性血清、二乙基巴比妥钠、二乙基巴比妥酸、醋酸钠、琼脂粉、纯水、打孔器、打孔图样。

2. 场地　传染病实验室。

【实训内容与步骤】

（一）微生物学诊断

1. 直接镜检　取脓汁、痂皮、粪便、尿液等标本，置于载玻片上，加1滴10%～20%氢氧化钾溶液，加盖玻片。显微镜下观察可见分生孢子，有时可见分生孢子梗、顶囊及小梗。若为曲霉有性期感染，则可见闭囊壳及子囊孢子。

曲霉菌丝应与念珠菌及毛霉菌的菌丝相鉴别。念珠菌的菌丝较细不分隔，常有假菌丝，分支不规则；毛霉菌的菌丝粗，为曲霉菌丝的2～3倍，呈直角分支。

2. 培养　各种标本接种于葡萄糖蛋白胨琼脂培养基斜面后，置室温37℃或更高的温度培养。常见曲霉生长迅速，在48h后即有多量菌丝及分生孢子头出现。若有两种以上真菌菌落生长时，应迅速纯化，必要时用察氏培养基等做进一步真菌学鉴定。由于开放部位可能存在污染的可能，因此对于开放部位的标本培养结果，应结合临床综合评价分析。

3. 病理组织切片　痰、肺内咯出物、痂皮、活检或尸检组织，均可作病理切片，HE染色时，菌丝分隔分生孢子头显示良好，必要时做PAS染色及嗜银染色检查。

4. 常规化验　若为曲霉败血症或肺炎型曲霉病，周围血白细胞可升高或不高。若为变态反应型曲霉病，则白细胞总数轻度增高，嗜酸性细胞增高。

（二）免疫学诊断

主要是检测血液、体液中的抗曲霉菌抗体，以免疫双扩散为敏感，特异性强。采用免疫扩散法（微量测定）。

（1）抗原的制备。曲霉（菌丝相）——烟曲霉，经30℃沙氏肉汤培养后呈菌丝相为主，以生理盐水洗涤，机械破碎及研磨后，经纱布滤过，用纯酒精使之沉淀，取其上清浓缩8倍，使含糖量为1～1.5mg/mL（Anthrone法）即为耐热的碳水化合物抗原；再以含C-反应蛋白的血清与之反应为阴性，以排除可能存在的非致病抗原，再与含曲霉菌的抗血清反应，以确定浓度标化后，冰箱保存待用。

（2）酚缓冲化琼脂的制备。二乙基巴比妥钠5.16g加入二乙基巴比妥酸0.92g，醋酸钠2.05g，加水至500mL即成为离子强度0.1，pH8.6的缓冲液。取25mL，加优质琼脂及液化酚0.25mL，加水至100mL，沸腾直至完全溶解即可。

（3）加6.5mL琼脂于15～100mm平皿中。

（4）上层再加热琼脂3.5mL，固化后于4℃湿盒内（可保留1周）。

（5）打孔，在琼脂中呈梅花形（周围6个，中间1个）打孔，各孔径3mm，孔距5mm，中间置制备的抗原，上、下两侧各为待检血清及标准阳性、标准阴性对照。

（6）置湿盒内，于25℃48h后观察结果。注意，加标本前，应注意孔内无气泡，如临床疑为烟曲霉而结果为阴性时，可将标本浓缩4倍，重复检测1次。

（7）结果判定。如待检血清与中央孔（抗原）间形成 1 条光滑直线或各条相连（阳性对照血清与待检血清间），即为阳性。如形成 2 条沉淀线交叉出现，说明待检血清与已知抗原间的量不适合，应稀释重做。

有时待检血清与抗原间出现 15～20 条以上沉淀带仍显示阳性结果，一般沉淀带越多，阳性可能越大，在曲霉菌的患病动物中阳性率可高达 100%，结果阴性时可排除本病，也可见出现的沉淀线形态与阳性对照的不同，应考虑标本中存在有 C-反应蛋白，此时以枸橼酸钠处理即可消失，应报告结果为阴性，如处理后该异样线条持续存在，应继续随查以最后确诊。

【考核标准】

1. 优秀 操作熟练，步骤方法正确，结果判定准确。

2. 合格 能独立完成操作，操作较熟练，结果判定较准确。

3. 不合格 操作错误较多或有严重错误。

实训十 犬孢子菌病的实验室诊断

【实训目标】

掌握犬孢子菌病的实验室诊断方法。

【主要仪器设备与场地】

1. 设备材料 病料、暗室、伍氏灯、显微镜、氢氧化钾、盖玻片、70%酒精、葡萄糖蛋白胨琼脂、实验动物。

2. 场地 传染病实验室。

【实训内容与步骤】

1. 病料采取与实验室检查程序 采取活体、患部毛发、皮屑、病灶四周组织等病料。实验室检查程序如图实-5 所示。

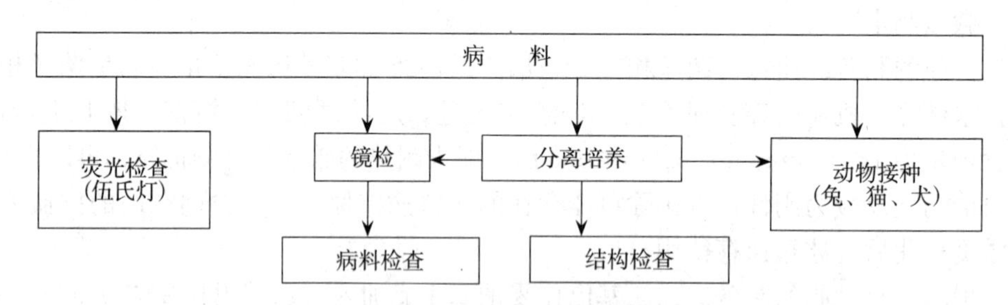

图实-5 犬孢子菌病的实验室检查程序

2. 荧光性检查 取患犬皮损区和毛发、皮屑，在暗室里用伍氏灯照射检查，可见到犬小孢子菌感染发出黄绿色的荧光；石膏样小孢子菌感染则少见到荧光；须（发）毛癣菌感染无荧光。

3. 镜检 取病灶边缘的毛发、皮屑或组织置于载玻片上，滴加 10%～20%氢氧化钾溶液后在火焰上微热，待软化透明后覆盖玻片，在低倍显微镜下进行病料镜检，在高倍镜下做结构检查。

（1）病料检查。在犬小孢子菌感染时，可见到毛干有多量圆形小孢子聚集成群地围绕着，在皮屑中可见到少量菌丝；在石膏样小孢子菌感染时，在病毛外孢子呈链状排列或聚集成群绕在毛干上，在皮屑中可见到菌丝和孢子。

（2）制片镜检。在犬小孢子菌感染时，可见到直而有格的菌丝和很多中央宽大、两端稍尖的呈纺锤形大分生孢子。孢子壁厚，末端部表面粗糙有刺，多格，小分生孢子较少，单细胞，呈棍棒状，沿菌丝侧壁产生；在石膏样小孢子菌感染时，可见大量分成4～6个的大分生孢子，呈纺锤形，两端稍细，菌丝较少。在初代培养物中偶见有少数小分生孢子，呈棍棒状，沿菌丝侧壁产生。

（3）分离培养。先将病料用70%酒精或2%石炭酸浸泡2～3min，以灭菌生理盐水洗涤后接种沙氏琼脂培养基或葡萄糖蛋白胨琼脂，在室温培养2～3周。在大小孢子菌感染时，可见到中心表面无气生菌丝，覆有白色或黄色细粉末、周围为白色羊毛状气生菌丝的菌落，菌落大小1mm以上。在石膏小孢子菌感染时，可见到中心隆起有一小环、周围平坦，上覆白色绒毛样气生菌丝，菌落初呈白色渐变为棕黄色粉末状，并凝成片。

（4）动物接种。取病料或培养物接种经剃毛、洗净、轻擦伤（用砂纸轻擦、不出血）的皮肤，使之感染。经数天，即可出现发痒、发炎、脱毛、结痂等变化。实验动物如兔、猫、犬等均可。

【考核标准】

1. 优秀　操作熟练，步骤方法正确，结果判定准确。

2. 合格　能独立完成操作，操作较熟练，结果判定较准确。

3. 不合格　操作错误较多或有严重错误。

实训十一　兔瘟的实验室诊断

【实训目标】

掌握兔瘟的实验室诊断程序和方法。

【主要仪器设备与场地】

1. 设备材料　病料（发病死亡兔的肝、脾或肾）、3%人O型红细胞悬液、1%人O型红细胞悬液、兔瘟阳性血清、白瓷板或玻璃板、棉签、红铅笔、96孔V型板、微量稀释器、微型振荡器等。

2. 场地　传染病实验室。

【实训内容与步骤】

本病的实验室诊断方法很多。但比较简便、快速、适用的方法是血凝（HA）和血凝抑制（HI）试验。

1. 平板快速血凝和血凝抑制试验

（1）将发病死亡兔的肝、脾或肾，用生理盐水制成1∶5的悬液，离心后取上清备用。

（2）用红铅笔在白瓷板上划好4cm×4cm的小方格。在一个方格内滴加1∶5脾、肝悬液2滴，生理盐水一滴，3%人O型红细胞悬液一滴，立即搅匀。另一个方格除将生理盐水换成兔瘟阳性血清外，其他与第一个方格操作相同。

（3）加样完毕并搅匀后，轻轻晃动瓷板，2～5min判定结果。

（4）结果判定。如果第一个格内出现明显的红细胞凝集现象，而第二格不出现，则可诊断为兔瘟。

2. 微量血凝和血凝抑制试验

（1）将发病死亡兔的肝、脾或肾，用生理盐水制成1∶5的悬液，离心后取上清备用。

（2）在96孔V型滴定板上每孔加0.05mL生理盐水，再吸取0.05mL1∶5稀释的待测肝悬液加入第一孔，充分混合后吸出0.05mL加入第二孔，于第二孔充分混匀后吸出0.05mL加入第3孔，依次倍比稀释至第11孔，弃去0.05mL。

（3）每孔均加入0.05mL%人O型红细胞悬液，在微型振荡器上振荡半分钟，37℃反应45min观察结果。以红细胞发生完全凝集的病毒最高稀释倍数作为该份病料的血凝价。此为病毒的定量测定。

（4）另用一块滴定板，按上述方法将病毒倍比稀释后，每孔加入兔瘟阳性血清一滴，振荡后37℃反应10min，再每孔加1%人O型红细胞悬液0.05mL，振荡后37℃反应45min，观察结果。若血凝价比未加阳性血清者低2个滴度以上，则可将病料判为兔瘟阳性。此为病毒的定性测定。

【考核标准】

1. 优秀 操作熟练，步骤方法正确，结果判定准确。

2. 合格 能独立完成操作，操作较熟练，结果判定较准确。

3. 不合格 操作错误较多或有严重错误。

参 考 文 献

白文彬.2002. 动物传染病诊断学［M］. 北京：中国农业出版社.
蔡宝祥，殷震.1990. 动物传染病诊断学［M］. 南京：江苏科技出版社.
蔡宝祥.2001. 家畜传染病学［M］.4 版. 北京：中国农业出版社.
费恩阁，李德昌，丁壮，等.2004. 动物疫病学［M］. 北京：中国农业出版社.
甘孟侯.1999. 中国禽病学［M］. 北京：中国农业出版社.
高得仪.2001. 犬猫疾病学［M］.2 版. 北京：科学出版社.
何英.2009. 宠物医生手册［M］.2 版. 沈阳：辽宁科学技术出版社.
侯加法.2002. 小动物疾病学［M］. 北京：中国农业出版社.
陆承平.2007. 兽医微生物学［M］.4 版. 北京：中国农业出版社.
陆承平.1990. 动物传染病学［M］. 北京：中国农业科技出版社.
陆承平.2001. 兽医微生物学［M］.3 版. 北京：中国农业出版社.
马兴树.2006. 禽传染病实验诊断技术［M］. 北京：化学工业出版社.
吴树青.2003. 犬猫疾病诊疗学［M］. 呼和浩特：内蒙古人民出版社.
杨玉平.2008. 宠物传染病与公共卫生［M］. 北京：中国农业科学技术出版社.
殷震.1997. 动物病毒学［M］.2 版. 北京：科学出版社.
张振兴.1994. 经济动物疾病学［M］. 北京：中国农业出版社.
郑明球.2001. 家畜传染病学实验指导［M］.3 版. 北京：中国农业出版社.
祝俊杰.2005. 犬猫疾病诊疗大全［M］. 北京：中国农业出版社.
B. W. 卡尔尼克.1999. 禽病学［M］.10 版. 高福，苏敬良主译. 北京：中国农业出版社.
Steven E Crow，Sally O Walshaw. 2004. 犬猫兔临床诊疗操作技术手册［M］.2 版. 梁礼成译. 北京：中国农业出版社.

图书在版编目（CIP）数据

宠物传染病/周建强主编．—2版．—北京：中国农业出版社，2015.1（2023.8重印）
高等职业教育农业部“十二五”规划教材
ISBN 978-7-109-19230-0

Ⅰ.①宠… Ⅱ.①周… Ⅲ.①宠物－动物疾病－传染病－高等职业教育－教材 Ⅳ.①S855

中国版本图书馆CIP数据核字（2015）第014480号

中国农业出版社出版
（北京市朝阳区麦子店街18号楼）
（邮政编码 100125）
责任编辑 徐 芳
文字编辑 马晓静

中农印务有限公司印刷 新华书店北京发行所发行
2008年1月第1版 2015年1月第2版
2023年8月第2版北京第9次印刷

开本：787mm×1092mm 1/16 印张：15.75
字数：375千字
定价：39.00元